冶金设备系列教材之二

火法冶金设备

主　编　唐谟堂
副主编　何　静

中南大学出版社

火法冶金设备

主　编　唐谟堂

副主编　何　静

□责任编辑　史海燕
□责任印制　易红卫
□出版发行　中南大学出版社
社址：长沙市麓山南路　　邮编：410083
发行科电话：0731－88876770　　传真：0731－88710482
□印　　装　长沙印通印刷有限公司

□开　　本　730×960　1/16　□印张 22　□字数 404 千字
□版　　次　2003 年 11 月第 1 版　　□2017 年 8 月第 5 次印刷
□书　　号　ISBN 978－7－81061－798－7
□定　　价　45.00 元

前　言

本教材是根据学校和冶金科学及工程学院对冶金工程专业的教学改革的要求，在本教材试用稿已试用4年的基础上而编写的，适于冶金工程专业本科生使用，也可供有关工程技术人员参考。在内容编排上，考虑到本专业以后的发展，书的内容较多，讲授时可酌情删减。

冶金设备系列教材共三本，将陆续出版。《冶金设备系列教材之一——冶金设备基础》主要介绍流体力学及传热、传质和动量传递的基本原理和应用基础，流体输送和热平衡计算；另外还讲述流体及颗粒物料输送设备及热交换设备。《冶金设备系列教材之二——火法冶金设备》主要介绍火法冶金设备的分类、结构尺寸、工作原理、应用范围、选择原则及发展趋势等内容；此外，还对耐热及保温材料、燃料与燃烧计算以及燃烧器等作了介绍；还要说明的是，与试用稿比较，本教材之二补充了炼铁高炉、炼钢转炉及电炉等钢铁冶金设备的内容。《冶金设备系列教材之三——湿法冶金设备》对反应槽、储槽、液固分离设备、水溶液电解设备、萃取及离子交换设备、蒸发及浓缩结晶设备等湿法冶金设备的内容作了详细介绍；并对防腐材料及设备防腐等有关知识给予讲述。书中按章附有思考题和习题，以利培养学生运用基本概念和解决实际问题的能力。

本教材将《冶金炉》和《化工原理及设备》两本教材合并，内容重组，是冶金工程专业课程体系的一大改革和首次尝试。这对加强冶金工程专业本科生的冶金设备基础和冶金设备工程知识将很有补益。

参加本教材编写工作的有中南大学唐漠堂（绪论、《火法冶金设备》的第二篇，《湿法冶金设备》第一、七篇），李运姣（《冶金设备基础》第一、二篇），曹刿（《冶金设备基础》第三篇，《湿法冶金设备》第四、五、六篇），何静（《火法冶金设备》第一篇的第一、二章，第三篇的第二、三章），姚维义(《火法冶金设备》第三篇的第一、四、五章)，彭志宏(《火法冶金设备》第一篇的第三章，第四篇，《湿法冶金设备》第二、三篇)；另外曾德文参与了试用稿中篇第一、二章，第五章(部分)，下篇第七章的撰写工作。冶金设备系列教材全书由唐漠堂主编，李运姣、何静和曹刿分别担任《冶金设备基础》、《火法冶金设备》和《湿法冶金设备》的副主编。

中南大学梅炽、任鸿九、李洪桂、刘道德、郭逵、彭容秋、张多默、张启修等老教师及冶金学院领导和原冶金系张传福、刘志宏等领导对本教材的编写提供了不少宝贵建议和组织领导工作，编者在此表示衷心感谢。

由于编者水平有限，编写时间仓促，书中错误一定不少，恳请读者批评指正。

编　者

2002 年 10 月

目　　录

第一篇　火法冶金设备工程基础

第二篇　焙烧及干燥设备

第三篇　熔炼设备

第四篇　融盐电解槽

附 录

绪　　论

0.1　冶金设备的内容

可供开发利用的有64种有色金属，加上铁、锰、铬三种黑色金属共67种，每种金属的冶炼方法均不相同，而且同一种金属有的有多种生产流程。但从冶炼温度及物料干湿状态看，可归纳为火法（干法）及湿法两类过程。焙烧、煅烧、烧结、熔炼、吹炼、精炼、熔盐电解可视为火法过程，广义地讲，干燥及收尘也属此范畴。而湿法过程则包括搅拌及混合、浸出、沉淀、固液分离、溶液电解、蒸发及浓缩、精馏、萃取、离子交换、吸收及吸附、解吸等单元过程。

以上诸过程所遵循的基本原理只有四种，即流体动力学原理、传热原理、传质原理以及化学和物理化学原理。其中化学及物理化学原理在相关课程中已有详细介绍。前三种基本原理简称动量传递、热量传递和质量传递，为冶金设备系列教材之一(《冶金设备基础》)研究的主要内容。火法过程的设备主要是炉窑。冶金炉非常重要，在现代，一种新冶金炉往往就代表着一种新的冶炼方法，如闪速熔炼法，基夫赛特法、悉罗法等等。因此，冶金设备系列教材之二：(《火法冶金设备》)重点研究冶金炉（窑），并对燃料及燃烧、耐火及保温材料、收尘等与火法冶金密切相关的内容亦作系统介绍。冶金炉（窑）种类繁多，每种炉（窑）均是个大系统，它包括炉（窑）本体和炉（窑）热工辅助系统两大部分。炉（窑）本体包括炉基、耐火砌体（炉顶、炉墙、炉底等）、保温砌体、支撑加固结构、运转机构等。炉（窑）热工辅助系统通常包括供风排烟装置、加料装置、供配电装置、炉体强制冷却与余热利用装置、自动检测与过程控制装置等。冶金设备系列教材之三：(《湿法冶金设备》)研究的重点是湿法过程设备，它包括反应设备、固液分离设备、水溶液电解设备、萃取及离子交换设备、蒸发及浓缩设备、精馏设备等。这些设备的分类及用途、特点及选型、现状及发展、典型设备的结构及工作原理、主要尺寸计算等均作详细介绍。此外，还系统介绍设备腐蚀及防腐的有关知识。

通过上述内容的学习以及做习题、实验和课程设计等教学环节，要求学生达到：

(1) 掌握冶金设备的基础理论，学会分析与诊断冶金设备运行过程中出现的有关“三传”、燃烧、耐火及保温、腐蚀及防腐等问题的方法。

(2) 学会一般冶金设备的计算方法，初步掌握选用标准设备的方法以及设计非标设备的一般方法和知识。

(3) 了解冶金设备节能及环保的基本知识，初步学会对现有冶金设备进行节能及环保为目的的技术改造。

0.2 国际单位制和单位换算

本书一律采用国家标准局制订的有关量和单位的国家标准。全套标准均用国际单位制(SI)。SI 制由 7 个基本单位和 2 个辅助单位组成(见表 0－1)。与本课程有关的具有专门名称的导出单位见表 0－2。我国法定计量单位中还包括了 15 个非国际单位制单位，如时间单位制中的分(min)、时(h)、天(d)、质量单位中的吨(t)、体积单位中的升(L)、声级单位中的分贝(dB)等。工程计算中必须先将同一算式中所有物理量换算成同一种单位制，然后进行运算。常用单位换算关系见表 3。

表 0－1 SI 单位制

物理量		单位名称	单位代号
基本单位	长度	米	m
	质量	公斤、千克	kg
	时间	秒	s
	电流(强度)	安培	A
	温度	开(尔文)	K
	光强	烛光	Cd
	物质的量	摩尔	mol
辅助单位	平面角	弧度	rad
	立体角	球面度	Sr

表 0-2　具有专门名称的导出单位

物理量	单位名称	单位代号	定义式
力	牛顿	N	$1\ N = 1\ kg \times 1\ m \cdot s^{-2}$
压强、压力	帕(斯卡)	Pa	$1\ Pa = 1\ N \cdot m^{-2}$
能、功、热量	焦耳	J	$1\ J = 1\ N \times 1\ m$
功率	瓦(特)	W	$1\ W = 1\ J \cdot s^{-1}$
电位	伏(特)	V	$1\ V = 1\ J \cdot A^{-1} \cdot s^{-1}$
电阻	欧(姆)	Ω	$1\ \Omega = 1\ V \cdot A^{-1}$

表 0-3　常用单位换算关系

物　理　量	制　外　单　位	对应的国际单位
压力(压强、应力)	1 Bar(巴)	10^5 Pa
	$1\ Dyn \cdot cm^{-2}$	0.1 Pa
	$1\ at(=1\ kgf \cdot cm^{-2})$	98066.5 Pa
	1 atm(标准大气压)	101325 Pa
	$1\ mm\ H_2O(=1\ kgf \cdot m^{-2})$	9.80665 Pa
	1 mm Hg(=1 乇)	133.322 Pa
动力粘度	$1\ P$(泊)$(=1\ Dyn \cdot s \cdot cm^{-2})$	$0.1\ Pa \cdot s$
	$1\ kgf \cdot s \cdot m^{-2}$	$9.80665\ Pa \cdot s$
运动粘度	1 st(斯托克斯)	$10^{-4}\ m^2 \cdot s^{-1}$
	$1\ m^2 \cdot h^{-1}$	$277.8 \times 10^{-6}\ m^2 \cdot s^{-1}$
温度	1 ℃	1 K
	1 ℉(华氏度)	5/9 K
比热	$1\ kcal \cdot kg^{-1} \cdot K^{-1}$	$4186.8\ J \cdot kg^{-1} \cdot K^{-1}$
功、能、热量	$1\ kg \cdot m$	9.80665 J
	1 HP·h(马力·小时)	2.648×10^6 J
	$1\ kW \cdot h$	3.6×10^6 J
	$1\ W \cdot h$	3.6×10^3 J
	1 erg(尔格)	10^{-7} J
	1 Btu(=0.252 kcal)	1055.06 J

续表 3

物 理 量	制 外 单 位	对应的国际单位
功率、热流	1 kcal·h^{-1}	1. 163 W
	1 cal·s^{-1}	4. 1868 W
	1 HP(马力)	735. 499 W≈0. 7355 kW
导热系数	1 kcal·(m·h·℃)$^{-1}$	1. 163 W·(m·K)$^{-1}$
	1 cal·(cm·s·℃)$^{-1}$	41868×10^3 W·(m·K)$^{-1}$
	1 Btu·(ft·h·℉)$^{-1}$	1. 73074W·(m·K)$^{-1}$
	1 Btu·(In·h·℉)$^{-1}$	20. 7689 W·(m·K)$^{-1}$
传热系数	1 kcal·(m^2·h·℃)$^{-1}$	1. 163 W·(m^2·K)$^{-1}$
	1 cal·(cm^2·s·℃)$^{-1}$	41868 W·(m^2·K)$^{-1}$
	1 Btu·(ft^2·h·℉)$^{-1}$	5. 67827 W·(m^2·K)$^{-1}$

第一篇
火法冶金设备工程基础

冶金炉(窑)是高温热工设备，为了保证其正常运行，除了采用大量的耐火材料外，还有其他的筑炉材料，如金属材料、保温材料和一般的建筑材料等。而燃料也是冶金炉(窑)必不可少的原料之一。本篇除了介绍耐火材料的特性、组成、种类和工作性能以及其应用外，还将重点介绍燃料的性质、燃烧和燃烧计算，常用的燃烧装置，燃烧产物和烟气的处理方法和收尘设备。

1　耐火及保温材料

1.1　概述

1.1.1　耐火材料在冶金中的地位和作用

耐火材料是指耐火度不低于 1580 ℃ 的无机非金属材料，它在一定程度上可以抵抗温度骤变和炉渣侵蚀，并能承受高温荷重。

冶金工业所用耐火材料占其生产总量的60% ~70%；冶金炉是大量优质耐火材料的消耗者，耐火材料费用在冶金生产成本中占有重要的比例，据不完全统计，一吨粗铜需消耗 2 ~5 kg 镁砖；而目前，我国钢铁工业耐火材料的单耗为 50 kg/t 钢左右，在钢铁工业发达国家一般为 20 kg/t 钢左右，日本、韩国的吨钢约为 10 kg 耐火材料。世界各国工业部门消耗比例列于表 1 -1 -1。

表 1 -1 -1　各国工业部门消耗比例/%

工业部门	日本	美国	苏联	英国	法国
钢　铁	69.7	50.7	60.1	73.3	6.5
有色金属	1.9	6.5	4.0	—	4.0
建　材	10.3	17.8	8.1	9.1	14.5
石油化工	1.4	2.7	4.7	1.3	4.0
发电锅炉	0.1	0.8	—	1.1	—
机械及其他	16.6	21.5	23.1	14.5	13.5

由此可见，正确选择和使用耐火材料，对于延长炉子使用寿命、强化冶金生产过程、降低燃料消耗和生产成本都是非常重要的。

1.1.2　冶金炉对耐火材料的要求

耐火材料在高温设备中受高温条件的物理化学侵蚀和机械破坏作用，所以耐火材料的性能应满足如下要求：

(1) 耐火度高　现代火法冶金和其他工业窑炉的加热温度一般都是在1000～1800 ℃之间，耐火材料应具有在高温作用下不易熔化的性能。

(2) 高温结构强度大　耐火材料不仅应具有较高的熔化温度，而且还应具有在受到炉子砌体的荷重下或其他机械震动下不发生软化变形和坍塌。

(3) 热稳定性好　冶金炉和其他工业窑炉在操作过程中由于温度骤变引起各部分温度不均匀，砌体内会产生应力而使材料破裂和剥落；因此，耐火材料应具有抵抗这种破损的能力。

(4) 抗渣蚀能力强　耐火材料在使用过程中，常受到高温炉渣、金属和炉尘的化学腐蚀作用；耐火材料应具有抵抗高温化学腐蚀的能力。

(5) 高温体积稳定　冶金炉在长期高温使用中，炉砖内部由于晶形转变会产生不可恢复的体积收缩或膨胀，造成砌体的破坏；因此，耐火材料必须在高温下体积稳定。

(6) 外形尺寸规整、公差小　砌体的砖缝虽用耐火泥填充，但密度和强度均比制品差，在使用过程中容易被侵蚀，因此应使砖缝愈小愈好，只有准确的外形尺寸才能达到这种要求，所以耐火制品不能有大的扭曲、缺角、溶洞和裂纹等缺陷，尺寸公差要合乎规定要求。

实际上并非所有耐火材料都要满足上述的全部要求，应根据具体条件合理地选用耐火材料。

1.2　耐火材料的分类、组成及性质

耐火材料的种类很多，除轻质耐火材料(绝热材料)外，所有耐火材料可根据不同特点进行如下分类。

1.2.1　耐火材料的分类

耐火材料的分类有多种方式。如有按耐火材料的化学矿物组成、耐火材料的外型尺寸以及耐火材料制造方法等分类；而根据耐火材料的耐火度高低可分为：

(1) 普通耐火材料　耐火度为1580～1770 ℃；

(2) 高级耐火材料　耐火度为1770～2000 ℃；

(3) 特级耐火材料　耐火度为2000 ℃以上。

1.2.2　耐火材料的一般化学矿物组成

耐火材料化学矿物组成是决定耐火材料物理性质和工作性能的基本因素。

1.2.2.1 化学组成

耐火材料的化学成分按含量的多少及其作用不同可分为主成分和副成分。

主成分是耐火材料的主体，是影响耐火材料的基本因素。如耐火材料的抗渣侵蚀能力就取决于主成分；酸性耐火材料（如，主成分为 SiO_2）能够抵抗酸性炉渣的侵蚀，而碱性耐火材料（如，主成分为 MgO）能够抵抗碱性炉渣的浸蚀。除碳质耐火材料以外，普通耐火材料的主成分都是氧化物，例如硅砖中的 SiO_2，粘土质耐火材料中的 SiO_2 和 Al_2O_3，镁砖中的 MgO。

副成分包括杂质和添加物，其化学成分也是氧化物，如 Fe_2O_3、K_2O、Na_2O 等，它使耐火材料的性能降低，有的具有溶剂作用，即在耐火砖的烧成过程中产生液相实现烧结。在耐火材料的生产过程中，为了促进其高温变化和降低烧成温度，往往加入少量的添加剂成分，例如矿化剂、烧结剂等。

1.2.2.2 矿物组成

在研究耐火制品的组成对其性质的影响时，不但要考虑化学组成而且也要考虑制品的矿物组成。原料及制品中所含矿物晶相种类和数量统称为矿物组成。同一化学成分的耐火材料，由于生产工艺的条件不同，所形成的矿物组成不同，致使性能差别很大。耐火材料的矿物组成包括主晶相和少量的基质。

主晶相是耐火材料中的主体，是熔点较高的结晶体，它在很大程度上决定耐火材料的性能，可以是一种，也可以是两种。例如，高铝砖中的莫来石和刚玉，镁砖中的方镁石，都是主晶相。

基质是填充在主晶相之间其他不同成分的结晶矿物和非结晶玻璃相，它的熔点低，起着溶剂作用，例如，镁铝砖的基质是一种称为尖晶石（$MgO \cdot Al_2O_3$）的结晶成分，依靠它将砖紧紧粘结成整体，因此也称结合相。基质的数量虽少，但它对耐火材料的性能影响很大，在耐火材料的使用过程中，往往首先从基质部分开始损坏。

1.2.3 耐火材料的物理性质

耐火材料的物理性质包括致密性、热电性、力学性和外形尺寸等。它也是衡量耐火材料质量好坏的重要指标，与其使用性能有着密切的关系。

1.2.3.1 致密性

耐火材料是固相和气相的非均匀质体，由不同形状和大小的气孔与固相构成宏观组织结构，对耐火材料的高温性能影响很大。它通常用气孔率、吸水率、体积密度、真密度和透气性来表示。

1. 气孔率

耐火制品中气孔体积占总体积的百分数。

耐火材料存在许多大小不一，形状不同的气孔，如图 1－1－1 所示，分为闭口气孔、开口气孔和连通气孔；开口气孔和连通气孔统称为显气孔，显气孔在耐火砖中占多数。由于气孔的形式不同，气孔率的表示有：

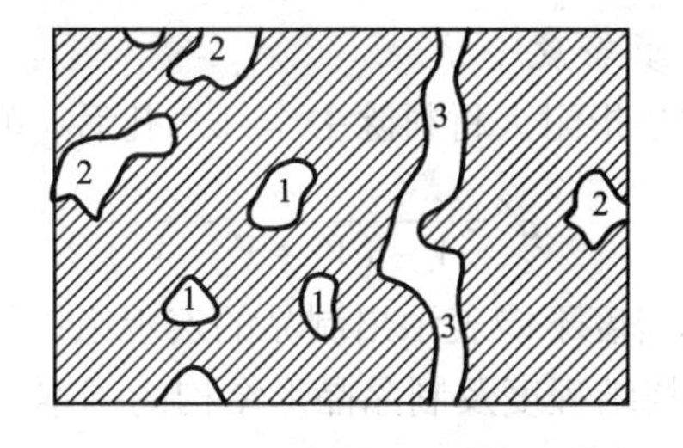

图 1－1－1　耐火制品中气孔类型

1—封闭气孔　2—开口气孔　3—贯通的开口气孔

$$总气孔率=\frac{V_1+V_2+V_3}{V}\times100\% \quad (1-1-1)$$

$$显气孔率=\frac{V_2+V_3}{V}\times100\% \quad (1-1-2)$$

式中　V、V_1、V_2、V_3——分别为试样总体积、闭口气孔、开口气孔和贯通气孔的体积，m^3。

显气孔率是鉴定耐火材料质量的重要指标之一，因为它影响耐火砖的使用寿命。显气孔率大的耐火砖在使用过程中，熔融炉渣容易通过开口及连通气孔浸入耐火砖内部，缩短耐火砖的寿命。此外，显气孔率高的耐火砖在储存过程中容易吸收外界水分而受潮，降低耐火砖的寿命。所以，在耐火砖质量指标中一般对显气孔率有规定，例如普通耐火砖的显气孔率在 10% ~28% 范围内。

2. 吸水率和透气性

吸水率是指耐火制品中显气孔吸收水的质量与制品干质量之比的百分数，即

$$吸水率=\frac{G_1-G}{G}\times100\% \quad (1-1-3)$$

式中　G_1——耐火制品吸水后质量，kg；

G——耐火制品烘干质量，kg。

耐火制品的透气性是指耐火材料对一定压力的气体的透过程度，用透气率表示，即在单位压力差的空气作用下，在单位时间内，通过单位厚度和单位面积制品的空气量。耐火材料的透气性与制品内连通气孔的数量及气体压力有关，一般要求透气性愈小愈好。

3. 体积密度

它是单位体积（含气孔体积）的质量，用符号“ρ”表示，单位为 $kg\cdot m^{-3}$。

$$\rho=\frac{m}{V} \quad (1-1-4)$$

式中　m——耐火材料的质量，kg。

4. 真密度

它是指耐火材料除去全部气孔后，单位体积的质量，用符号“ρ'”表示

$$\rho' = \frac{m}{V-(V_1+V_2+V_3)} \tag{1-1-5}$$

真密度不能表示出制品的宏观组织结构特征，但它的大小可以反映出原料的纯度、烧结程度及制品晶形结构的基本特征。

1.2.3.2 力学性质

1. 常温耐压强度

常温耐压强度是指耐火制品在常温条件下单位面积上所能承受的压力，$N \cdot cm^{-2}$。它与制品的组织结构、成型压力和烧成温度等因素有关。

耐火砖在冶金炉中所承受的实际荷重并不大，一般不超过 20 $N \cdot cm^{-2}$，特殊情况下也不超过 100 $N \cdot cm^{-2}$，但按现行规定耐火制品的耐压强度不应低于 1000 ~1500 $N \cdot cm^{-2}$，对高级的产品要求在 2500 ~ 3000 $N \cdot cm^{-2}$以上。

2. 高温耐压强度

高温耐压强度是耐火材料在高温条件下单位面积上所能承受的压力，$N \cdot cm^{-2}$。

制品的高温耐压强度是根据制品实际使用温度的要求，将试样加热到某一高温条件下测定的，借以了解制品在高温使用过程中的变化规律，这对于不定形耐火材料材质的选择和使用具有一定的指导意义。

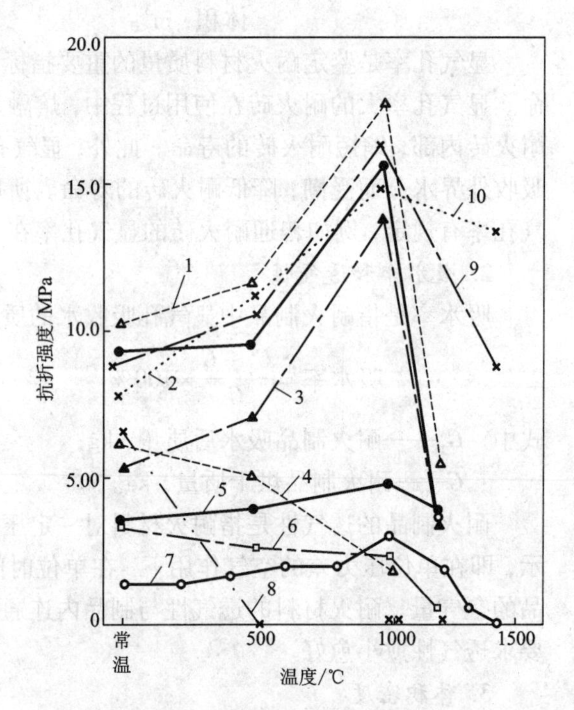

图 1-1-2 几种耐火砖的高温抗折强度曲线

1—白云石砖 2—高铝砖 3—叶蜡石砖 4—镁砖 5—硅砖 6—铬砖 7—熟料砖 8—不烧镁铬砖 9—直接结合镁铬砖 10—再结合镁铬砖

3. 耐磨性

耐火材料的耐磨性是指抵抗摩擦、冲击作用的能力。它取决于制品的矿物组织结构。在冶金炉内，由于炉料、液态炉渣和金属、以及含尘炉气的摩擦和冲击作用，致使内衬被磨损，缩短了炉子使用寿命。

4. 抗折强度

耐火材料的常温抗折强度与

耐压强度有关，通常常温耐压较高制品，其常温抗折性能也较好，高温抗折能力强的制品，在高温条件下，对于物料的撞击、磨损、液态渣的冲刷等，均有较好的抵抗能力。图1－1－2给出了几种砖的高温抗折曲线

5. 弹性模量

耐火材料的弹性模量是表征制品抵抗受力变形的能力。耐火制品在弹性极限内，外力作用产生的应力与应变之比称为弹性模量，即

$$E=\frac{\sigma}{\Delta L/L} \tag{1-1-6}$$

式中　E——弹性模量，$N\cdot cm^{-2}$

σ——制品所承受的应力，$N\cdot cm^{-2}$

$\Delta L/L$——制品相对长度的变化，即弹性变量。

由上式可知，弹性变量与弹性模量成反比。耐火制品的弹性模量愈小，说明它的弹性变量愈大，弹性好，有利于减少应力的破坏作用。

1.2.3.3　热、电性质

耐火材料的热、电性质有热膨胀性、导电性、热容性和导电性等。

1. 热膨胀性

它是指制品热胀冷缩可逆变化的性质，其大小用线膨胀率β表示

$$\beta_m=\frac{L_t-L_0}{L_t(t-t_0)} \tag{1-1-7}$$

式中　t_0、t——试样试验开始和终止温度，℃；

L_0、L_t——试样分别在t_0、t的长度，m；

β_m——制品的平均线膨胀率，$℃^{-1}$。

2. 导热性

即耐火材料传导热量的能力，用导热系数λ表示。影响其导热能力的主要因素是化学矿物组成、气孔率及温度。一般晶体的导热能力大于非晶体的玻璃质；气孔率大导热能力低；大部分耐火材料(例如粘土砖和硅砖等)的导热性随温度升高而增加，而镁砖、碳化硅的导热性随温度升高而降低。

3. 比热容

常压下加热1 kg样品使之升温1 ℃所需的热量称之为耐火材料的比热容，用“C_p”表示。C_p与矿物组成、气孔率及温度有关。实验测定证明，比热容C_p随温度升高而缓慢增加，工程计算中一般采用平均比热容。它是计算砌体储热量的重要参数，同时比热容的大小对耐火材料的热稳定性也有影响。表1－1－2列出了几种耐火材料的平均比热容。

表 1-1-2　耐火材料的平均比热容 C_p/kJ·kg^{-1}·K^{-1}

温度范围/℃	25～600	25～1000	25～1200	25～1400
粘土砖	0.921	0.963	0.996	1.022
镁质	0.883	0.942	0.971	1.000
硅质	1.130	1.193	1.214	–

4. 导电性

用作电炉内衬的耐火材料，要考虑其导电性。在低温下，除碳质、石墨粘土质、碳化硅质等耐火材料较好的导电性外，其他耐火材料都是电的绝缘体，但温度升高到1000 ℃以上时，则其导电性有明显增加。这是由于高温下耐火材料内部开始有液相生成而电离所致。采用较纯的原料制成的耐火材料，其电绝缘性能大为提高。

1.2.4　耐火材料的工作性能

工作(使用)性能是决定耐火材料寿命的主要因素，它与耐火材料的化学矿物组成以及物理性质有着密切的关系。耐火材料的工作性能包括耐火度、荷重软化温度、抗渣性、热震稳定性和高温体积稳定性。

1.2.4.1　耐火度

耐火度是指耐火材料在无荷重时抵抗高温而不熔化的能力，用温度表示。由于耐火材料是由多种化学矿物组成的混合物，故没有一定的熔点，而是有一定的熔化温度范围。

耐火度是用比较法进行测定的，即将被测试样制成上底每边2 mm，下底每边8 mm，高为30 mm的三角锥截头，将此锥头与已知耐火度且尺寸形状完全相同的标准锥同时放在耐火托盘上，如图1-1-3所示，然后放置电炉内以一定的升温速度进行加热。到某一温度，当试样锥的顶部同时弯倒接触底盘时，这时标准锥的耐火度即作为试样的耐火度。耐火度的标记表示方法，我国用标准锥的标号来表示，例如锥号WZ171的标准锥，其耐火度为1710 ℃。

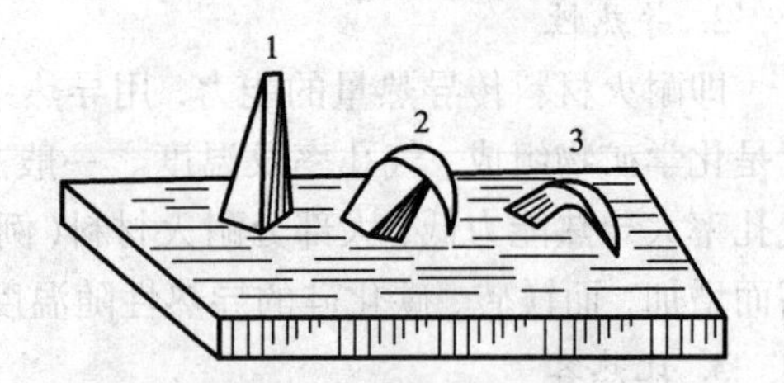

图1-1-3　测温锥弯倒情况

1—软倒前　2—在耐火度下的软倒情况
3—超过其耐火度时的软倒情况

当耐火材料的使用温度达到耐火度时，已经产生了大量的液相（70% ~ 80%），而且还有荷重和炉渣的作用，所以耐火度不能作为材料使用温度来考虑，实际上它仅作为耐火材料纯度的鉴定指标。

1.2.4.2　荷重软化温度

荷重软化温度是指耐火材料在高温下抵抗荷重的能力。由于耐火材料在高温下产生液相，在负荷的作用下发生变形，故其高温抗压强度比常温下的低很多。

荷重软化温度的测定方法是将直径36 mm，高30 mm的圆锥试样，在1.96×10^5 Pa压力下，在高温电炉内以一定的升温速度加热，测出试样的三个变形温度，如图1－1－4。即开始变形（从最高点下降0.3 mm）的温度和下降至原样高度的4%（称荷重软化点）及40%（变形终了温度或坍塌温度）的变形温度。

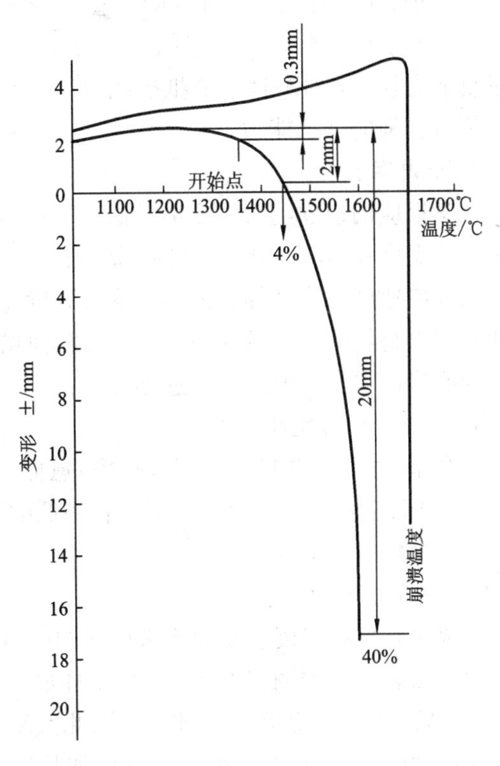

图1－1－4　高温荷重软化变形曲线

应该注意，耐火度是在不承受荷重情况下的软化变形温度，荷重软化温度必须低于耐火度。

荷重软化温度受多种因素影响，提高耐火材料的致密度，烧成温度和原料纯度，可以提高荷重软化温度。

1.2.4.3　抗渣性

耐火材料在高温下抵抗熔渣侵蚀的能力称为抗渣性。熔渣侵蚀是各种冶金炉（特别是熔炼炉）中耐火材料损坏的主要原因，所以抗渣性对耐火材料有着十分重要的意义。

熔渣对耐火材料侵蚀的原因，主要是高温下熔渣与耐火材料的化学反应，产生易熔化合物而使耐火材料由表及里一层层的侵蚀，其次是熔渣的物理溶解和冲刷作用。

抗渣性的主要影响因素有：

1. 耐火材料和熔渣的化学成分

以 SiO_2 为主成分的氧化硅等酸性耐火材料，能抵抗含 SiO_2、P_2O_5 等较多的酸性熔渣，因两者不起化学反应。但酸性耐火材料易被含 CaO、MgO 较多的碱性炉渣所侵蚀，因为高温下两者间产生化学反应，生成易熔硅酸盐化合物。以 MgO、CaO 为主成分的氧化镁质，白云石质等碱性耐火材料则相反，对碱性炉渣的抵抗能力强，但对酸性炉渣抵抗能力差。而中性耐火材料，无论对酸性或碱性炉渣都有较强的抵抗能力。

2. 炉内温度

化学反应的速度随着温度的升高而迅速增大，熔渣对耐火材料的化学侵蚀也是如此。温度在800～900 ℃之间，熔渣侵蚀不明显，到1200～1400 ℃以上时，化学侵蚀反应速度急剧增加。同时，熔渣温度愈高，粘度愈小，流动性增加，更容易渗入耐火材料的气孔及砖缝，反应接触面增加，侵蚀加剧。此外，物理溶解和机械冲刷作用也随炉温的升高愈强烈。

3. 耐火材料的气孔率

气孔率(尤其是开口及连同气孔率)愈低，则熔渣愈不容易渗入，反应接触面愈小，抗渣性就愈好。因此，生产气孔率低的致密耐火砖是提高抗渣能力和延长其使用寿命的有效措施。

1.2.4.4 耐急冷急热性

耐火材料抵抗温度急变而不被破坏的能力称为耐急冷急热性或热震稳定性。

耐急冷急热性的测定方法是：将试样放在炉内迅速加热到 850 ℃，保温一定时间，然后立即浸入流动的冷水中，如此反复处理，直到试样的脱落重量达到最初重量的20%以上为止。实验结果用加热冷却的次数作为热震稳定性的指标。表1－1－3为各种耐火砖的热震稳定性，由此可知，粘土砖的热震稳定性最好，硅砖、镁砖最差。

表1－1－3 各种耐火砖的热震稳定性/次

制品名称	细粒致密粘土砖	粗粒粘土砖	普通粘土砖	镁砖	镁铝砖	硅砖
热震稳定性	5～8	25～100	10～12	2～3	≥25	1～2

急冷急热会使耐火材料破损，这是由于耐火砖导热性较差，当其遭受急冷或急热时表层急剧收缩或猛烈膨胀产生应力，使表层产生崩裂或脱落。耐火材料在使用过程中应避免温度的激烈波动。一般耐火材料的热胀率越大，抗热震性越差；热导率越高，抗热震性越好，此外，制品组织结构、颗粒组成、制品形状等均

对抗热震性有影响。

1.2.4.5　高温体积稳定性

耐火砖在烧成过程中，其物理化学变化往往没有完结。因而在高温下使用时，某些物理化学变化仍然继续进行。其结果使耐火砖的体积发生收缩或膨胀。通常称为残存收缩或膨胀，亦称重烧收缩或膨胀。它与一般的热胀冷缩有区别，热胀冷缩的体积变化是可逆的，而残存收缩或膨胀是不可逆的。

重烧线收缩或膨胀按下式计算：

$$\Delta L = \frac{L_2 - L_1}{L_1} \times 100\% \tag{1-1-8}$$

式中　L_1、L_2——重烧前后试样长度，m。

重烧体积收缩或膨胀按下式计算：

$$\Delta V = \frac{V_2 - V_1}{V_1} \times 100\% \tag{1-1-9}$$

式中　V_1、V_2——重烧前后试样体积，m^3。

耐火材料残存收缩的原因是由于耐火制品长期在高温的作用下，烧成作用继续进行，生成的液相填充气孔，使结晶颗粒进一步靠近；或由于再结晶作用使晶粒增大，密度增加而体积缩小，使体积发生非可逆收缩。耐火材料产生膨胀的原因主要是某些结晶体转变引起非可逆膨胀，在常用的耐火材料中，粘土砖、高铝砖和镁砖具有残存收缩的性质，而硅砖则因有晶形转变而发生残存膨胀。

残存收缩使冶金炉砌体砖缝增大，带来强度降低以及熔渣侵蚀加剧的后果。对于烘炉，若残存收缩过大，砖缝过宽，有可能引起炉顶下沉，甚至倒塌。

残存膨胀不大时，使砖缝致密，在一定条件下对炉顶寿命带来好的影响。但残存膨胀过大则不利，用这样的耐火砖筑炉时，有可能破坏炉体结构。

因此，规定各种耐火材料的重烧率不得超过0.5%～1.0%。

1.3　常用耐火材料及其特性

1.3.1　硅酸铝质耐火制品

硅酸铝质耐火材料是以氧化铝和二氧化硅为基本化学组成的耐火制品，按 Al_2O_3 的含量不同可分为半硅质、高铝质和粘土质等三类耐火制品。除主要成分外，耐火制品中还含有 Fe_2O_3、TiO_2、CaO、Na_2O 和 K_2O 等杂质成分，这些杂质的存在使制品耐火度大大降低。

1.3.1.1 $Al_2O_3-SiO_2$ 二元系相图

$Al_2O_3-SiO_2$ 二元系状态图如图 1－1－5 所示，由图可知：

(1) $Al_2O_3-SiO_2$ 二元系有两个共晶低熔点，即 1540 ℃和 1810 ℃。但硅酸铝质材料因含有杂质，会生成低熔点化合物，故它的开始熔化温度比共晶低熔点要低。杂质愈多，硅酸铝质耐火材料的耐火性能愈差。

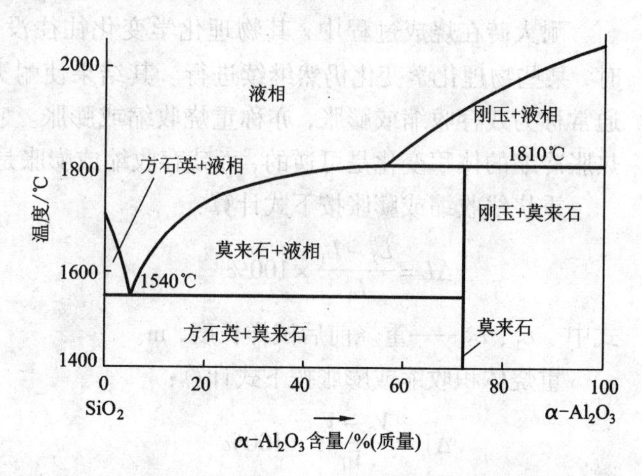

图 1－1－5 $Al_2O_3-SiO_2$ 二元系状态图

(2) $Al_2O_3-SiO_2$ 二元系有三个平衡相，即方石英（SiO_2 结晶体）、莫来石（$3Al_2O_3 \cdot 2SiO_2$ 结晶体）和刚玉（$\alpha-Al_2O_3$ 结晶体）。随着 Al_2O_3 的含量增加，方石英减少，莫来石和刚玉增加，液相线温度升高，硅酸铝质耐火材料的性能愈好。

1.3.1.2 粘土砖

在硅酸铝质耐火制品中，最常使用的为粘土砖。粘土砖的外表为浅棕黄色或黄色，加工成本低廉，工作温度在 1400 ℃左右，且对酸性炉渣有一定抵抗能力，目前广泛用于冶金工业的各种加热炉、锻造炉、热处理炉以及有色冶金炉等炉渣侵蚀作用不大的部位。

粘土砖含 SiO_2 45～65% 和 Al_2O_3 30～48%，SiO_2 和 Al_2O_3 在粘土砖内结晶形态为莫来石（$3Al_2O_3 \cdot 2SiO_2$），这是粘土砖的主晶相，其他成分是方石玉（SiO_2）和杂质组成的非结晶玻璃质。玻璃质起着结合剂作用，包围在莫来石结晶的四周，形成坚固的整体。

生产粘土砖的原料是天然的耐火粘土，其主要矿物组成是高岭石。根据性质不同，耐火粘土有硬质粘土和软质粘土，其主要矿物组成是高岭石。纯高岭石的分子式为 $Al_2O_3 \cdot 2SiO_2 \cdot 2H_2O$，实际的高岭石含有杂质，硬质粘土外观灰色，组织结构致密，可塑性差杂质少；经高温焙烧后的粘土熟料是制造粘土质耐火材料的主要原料。软质粘土组织松散，可塑性和粘结性很强，杂质多，是制造粘土砖的结合剂。

耐火粘土中的杂质主要是石英 SiO_2、铁的氧化物及钙、镁的盐类，它们起溶剂的作用，降低制品的耐火性能，尤其是铁的氧化物危害最大。为了保证粘土制品的质量，一般要求粘土中的 $Fe_2O_3 < 2.5\%$，$MgO + CaO < 1.5\%$，$K_2O < 1.5\%$。

粘土焙烧后的矿物相主要是莫来石和方石英。高岭石高温焙烧的反应如下：

加热到450～850 ℃时，分解结晶水，生成偏高岭石：

$$Al_2O_3 \cdot 2SiO_2 \cdot 2H_2O \longrightarrow Al_2O_3 \cdot 2SiO_2 + 2H_2O \tag{1-1-10}$$

加热到930～960 ℃时，偏高岭石分解无定性的 Al_2O_3 和 SiO_2：

$$Al_2O_3 \cdot 2SiO_2 \longrightarrow Al_2O_3 + 2SiO_2 \tag{1-1-11}$$

加热到1200～1300 ℃时，无定性的 Al_2O_3 和 SiO_2 生成莫来石结晶体：

$$3Al_2O_3 + 2SiO_2 \longrightarrow 3Al_2O_3 \cdot 2SiO_2 \tag{1-1-12}$$

综合焙烧反应式为：

$$3(Al_2O_3 \cdot 2SiO_2 \cdot 2H_2O) \longrightarrow 3Al_2O_3 \cdot 2SiO_2 + 4SiO_2 + 6H_2O \tag{1-1-13}$$

粘土砖的特性指标受化学成分、制造方法以及烧成温度的制约而差别较大，经高温焙烧后，使粘土充分收缩(线收缩率为2%～8%)，以保证制品的体积稳定性。粘土砖主要特性指标要求为：

(1) 耐火度　粘土砖的耐火度在1580～1750 ℃之间。由图1－1－5可知提高 Al_2O_3 含量可提高耐火度，但随着杂质含量增加耐火度下降。一般规定 Na_2O 及 K_2O 的含量不超过2%，Fe_2O_3 含量不超过5.5%。

按 Al_2O_3 含量及耐火度的不同可将制品分为四等：特等的耐火度不小于1750 ℃；一等的不小于1730 ℃；二等的不小于1673 ℃；三等的不小于1580 ℃。

(2) 荷重软化温度　荷重开始软化温度为1250～1400 ℃，比其耐火度低很多，其原因与粘土砖的化学矿物组成及结晶结构有关。提高 $3Al_2O_3 \cdot 2SiO_2$ 含量和降低杂质含量，能提高荷重软化温度。

(3) 抗渣性　粘土砖含 SiO_2 在45%～65%之间，属于弱酸性耐火材料，对酸性炉渣有一定抵抗能力，但容易被碱性炉渣侵蚀。粘土砖抗渣能力与熟料含量有关，熟料含量愈高，则气孔率愈低，砖愈致密，抗渣能力愈强。

(4) 耐急冷急热性　粘土砖的耐急冷急热性好，普通粘土砖为10～15次，多熟料粘土砖为50～100次。

(5) 体积稳定性　在1350 ℃时，粘土砖的重烧收缩率约为0.5%～0.7%。这使炉子砌砖体的砖缝变宽，给炉子寿命带来不利的影响。

1.3.1.2　半硅砖

半硅砖是指 $SiO_2 > 65\%$，Al_2O_3 15%～30%的耐火材料，它属半酸性的耐火材料。

生产半硅砖的原料大多采用天然含石英杂质的粘土和高岭石，制砖时，同样需经高温焙烧。由图1－1－5可知半硅砖的性能与粘土砖的性能相近，其特点是高温体积稳定性好，抗酸性渣的能力较好，可以砌筑焦炉、酸性化铁炉内衬等。

1.3.1.3 高铝砖

高铝砖耐火材料的主要成分是 Al_2O_3 和 SiO_2，矿物组成是莫来石和刚玉，以及由杂质生成的少量玻璃体。

凡是 Al_2O_3 含量大于48%的硅酸铝耐火制品统称为高铝质耐火制品，简称高铝砖。制品按 Al_2O_3 含量的不同分为三级：Al_2O_3 含量大于75%的为一级；Al_2O_3 含量65%～75%的为二级；Al_2O_3 含量48%～60%的为三级。按主要矿物组成又可分为：低莫来石质、莫来石质、莫来石－刚玉质和刚玉质等四类。

普通高铝砖的性能一般比粘土砖优越，其主要性能为：

(1) 耐火度　普通高铝砖的耐火度介于1750～1790 ℃之间，耐火度随着 Al_2O_3 含量的增加而升高，含 Al_2O_3 在95%以上的刚玉质（$\alpha-Al_2O_3$）高铝耐火制品，耐火度达1900～2000 ℃。Fe_2O_3、CaO 等杂质与游离的 SiO_2（莫来石结晶以外的）组成玻璃质，使高铝砖的耐火度降低。

(2) 荷重软化温度　普通高铝砖的荷重软化温度比粘土砖高，介于1400～1530 ℃之间。荷重软化温度随着 Al_2O_3 含量的增加而提高，随杂质含量的增加而降低。

(3) 抗渣性　高铝制品的主要成分是 Al_2O_3，而 Al_2O_3 属于两性氧化物，故既能抗酸性又能抗碱性渣的侵蚀，但抗酸性渣侵蚀能力不如硅砖，抗碱性渣侵蚀能力不如镁砖而优于粘土砖。制品的抗渣性随着 Al_2O_3 含量增加而增加。

(4) 耐急冷急热性　高铝制品的耐急冷急热性主要与矿物组成有关，呈现比较复杂的情况。如电炉刚玉砖可达水冷50次，一般高铝砖只能承受水冷5～6次。

目前高铝砖广泛用于砌筑高炉、热风炉、加热炉、回转窑以及铝熔炼炉等。

1.3.2 硅砖

硅砖是指含 $SiO_2>93\%$ 的耐火制品。它是用天然所产的石英岩为原料，并加入少量的矿化剂（铁磷、石灰乳）和结合剂（亚硫酸纸浆废液），成型后经高温（1350～1430 ℃）烧制而成。

1.3.2.1 SiO_2 的同质异性体

硅砖的主成分是 SiO_2，而 SiO_2 具有同质异性体的性质。在加热和冷却时 SiO_2 不同的异性体发生转变，并伴随有体积的变化。SiO_2 的同质异性体的转变如图1－1－6所示。

由图可知：

(1) SiO_2 有三类晶形七种变体及石英玻璃体　方石英熔点最高，变体转化时体积变化最大；石英熔点最低，变体转化时体积变化较小。硅砖中残留的石英在

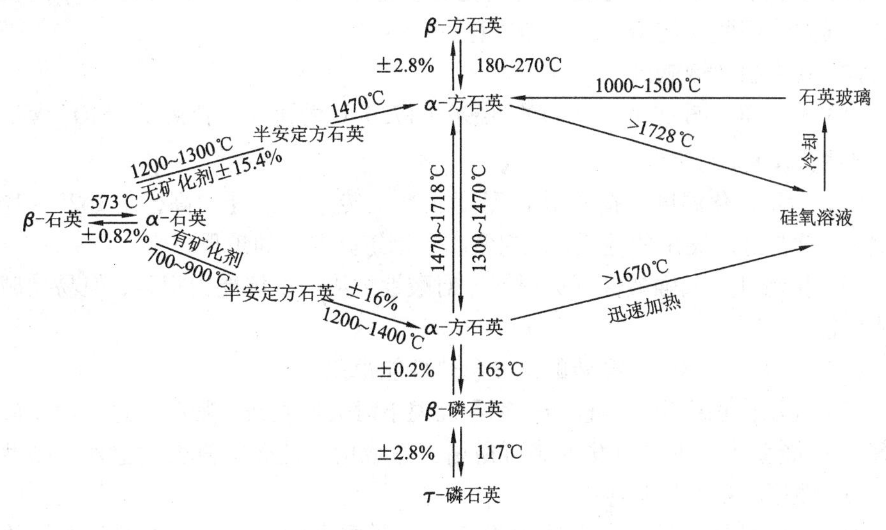

图 1-1-6　SiO_2 的晶型转变

使用时转变为其他晶型，体积变化较大，使制品结构松散；鳞石英为矛头双晶相交错的网状结构，密度最小。硅砖的真密度愈小，说明鳞石英含量多，硅砖质量好。

表 1-1-4　SiO_2 的同质异性体及晶形转变

晶　型	石英晶体	磷石英晶体	方石英晶体	石英玻璃
变　体	β-石英 α-石英	γ-磷石英 β-磷石英 α-磷石英	β-方石英 α-方石英	-
熔点	1600 ℃	-	1723 ℃	-
快速型转变	$\alpha \rightleftharpoons \beta$	$\alpha \rightleftharpoons \beta \rightleftharpoons \gamma$	$\alpha \rightleftharpoons \beta$	-
迟钝型转变	方石英晶体⇌石英晶体⇌磷石英晶体⇌石英玻璃(见图 1-1-6)			

(2) SiO_2 同质异性体快速型和迟钝型转变　快速型转变是 SiO_2 同类晶型不同变体之间的转变(如 $\alpha \rightleftharpoons \beta \rightleftharpoons \gamma$ 型转变)，这类转变只是结构的畸变，转变温度低、速度快、可逆、体积变化小。迟钝型转变是不同晶体之间的转变，这类转变原子排序为新的结构，转变在高温下进行，转变的时间长(有矿化剂时转变速度快)，多数是非可逆的，体积变化大。

(3) 硅砖在600 ℃下温度急剧变化热震稳定性变差。这是因为SiO_2的快速转变造成的，因此在使用时应特别注意。

1.3.2.2 硅砖的性质和应用

(1) 耐火度　硅砖的耐火度在1690～1730 ℃之间，一般来说，SiO_2含量越高，则耐火度愈高。

(2) 荷重软化温度　荷重软化温度比粘土砖及高铝硅均高，在1620～1670 ℃之间，这是硅砖突出的性质，故它常用于砌筑高温炉的炉顶。

(3) 抗渣性　属强酸性耐火材料。对酸性炉渣的抵抗能力很强，但易被碱性炉渣侵蚀。

(4) 耐急冷急热性　硅砖的急冷急热性能很差。

(5) 高温体积稳定性　硅砖长期在高温下时会产生残存膨胀。这是由于硅砖中SiO_2迟钝型转变使体积发生非可逆增大造成的。硅砖的真密度愈小，晶型转变充分，使用时残存膨胀愈小。

根据硅砖的性能特点，它适用于高温和荷重大的地方，如炼铜反射炉的炉顶，炼焦炉炉体等处。在使用时应减少和防止温度(尤其是600 ℃以下)的变化和避免碱性炉渣的侵蚀。

1.3.3 镁质耐火制品

通常把以方镁石为主晶的耐火材料统称为镁质耐火材料。一般MgO含量在80%以上，其产品包括冶金镁砂、镁砖、镁铝砖、镁铬砖和镁硅砖等品种。

1.3.3.1 冶金镁砂

冶金镁砂是由菱镁矿($MgCO_3$)或海水提取的氢氧化镁经过高温焙烧而来，除用于制作镁砖外，它还可作为反射炉、平炉烧结炉底、电炉打结炉底以及补炉材料。

菱镁矿的主要化学成分是碳酸镁$MgCO_3$(理论组成是MgO 47.82%、CO_2 52.18%)，杂质有CaO、SiO_2、Fe_2O_3和Al_2O_3等。有的杂质能促进菱镁矿烧结，但含量过大时，使冶金镁砂的耐火性能显著降低。用菱镁矿生产冶金镁砂时，必须经过高温焙烧，其烧结反应为：

$$350\sim1000\ ℃时\quad MgCO_3 \longrightarrow MgO(非结晶) + CO_2\uparrow \tag{1-1-14}$$

$$1000\sim1650\ ℃时\quad MgO(非结晶) \longrightarrow MgO(晶体) \tag{1-1-15}$$

菱镁矿在低温焙烧时分解得到的非结晶MgO称为轻烧镁石，即苛性镁石。轻烧镁石质地疏松，化学活性很大，易与水反应而水化，即

$$MgO(非结晶) + H_2O = Mg(OH)_2 \tag{1-1-16}$$

由于轻烧镁石易水化，不能用于制造镁质耐火材料，必须经过高温焙烧。菱

镁矿经高温焙烧后称烧结镁石或死烧镁石，其中的 MgO 结晶为方镁石。方镁石组织结构致密，化学活性显著降低，不易水化，是生产镁质耐火制品的主要原料。纯菱镁矿高温焙烧后为白色，真密度大(≥2600 kg·m^{-3})，重烧收缩率一般不超过0.5%。

1.3.3.2　普通镁砖的主要性能和应用

普通镁砖是由烧结镁石制造而来。按生产工艺不同，可分为不烧成镁砖(化学镁砖)与烧结镁砖两种。化学镁砖是在冶金镁砂中加入一定的粘结剂卤水和亚硫酸纸浆废液，经高压成型获得。烧结镁砖是用优质冶金镁砂为原料，用亚硫酸纸浆废液作粘结剂，成型后干燥，经高温烧成。二者比较，化学结合镁砂价格低，但许多性能不及烧结镁砖。普通镁砖的主要性能如下：

(1) 耐火度　镁砖的耐火度高，大于 2000 ℃，属于高级耐火材料；主要是 MgO 的熔点高(2800 ℃)的缘故。

(2) 荷重软化温度　镁砖的荷重软化温度较低，为 1500 ~ 1550 ℃，因此不能用来砌筑高温炉的炉拱顶。

(3) 抗渣性　镁砖的抗碱性渣浸能力强，尤其是对含铁炉渣侵蚀的抵抗能力强，对酸性炉渣侵蚀的抵抗能力差。

(4) 耐急冷急热性很差　仅 2 ~ 3 次。

(5) 体积稳定性差　与其他耐火材料相比，镁砖的热膨胀系数最大，故在砌筑过程中，应留有足够的膨胀缝。

(6) 导热性能很好　当用镁砖砌筑的炉体外层时，一般应有足够的隔热层，以减少散热损失。

由于普通镁砖具有热稳定性差和高温结构强度低的两个主要缺点，因而限制了其使用范围。我国用加入 Al_2O_3 的办法，成功地制造出了镁铝砖，它是以方镁石为主晶，镁铝尖晶石($MgO \cdot Al_2O_3$)为基质的耐火砖，它既保留了镁砖耐火度高、抗碱性渣和氧化铁炉渣性能好的特点，又改进了热稳定性差和高温结构强度低的两个缺点。

镁铬砖的性能与镁铝砖差不多,但其价格贵，应用较少。

1.3.4　含碳耐火材料

含碳耐火材料是指由碳或碳的化合物制成的耐火材料。比较常见的有：碳砖、石墨粘土制品和碳化硅制品。

碳砖是将质量好、含灰分低的冶金焦炭或无烟煤，经粉碎烘干后加入一定量熬好的焦油或沥青，经混合、成型，在隔绝空气下烧成。它具有耐火度高(只在 3500 ℃升华)、抗渣性极强、热稳定性好等优点。其最大缺点是在氧化气氛中会产生强烈氧化，所以只能用在不和氧化性气氛接触的地方，如高炉炉底和炉缸、化铁炉炉缸、冶炼铁合金的电炉炉衬以及冶炼铅、铝、锑等有色金属炉子的炉底、炉缸内衬。

石墨粘土制品是将质量良好的石墨配入部分软质粘土作粘结剂，混合后成型；在隔绝空气下烧成含碳量在 20% ~70% 的制品。该制品抗氧化性比碳砖强，但耐火度则较低，一般为 2000 ℃左右。

碳化硅(SiC)制品是以人造碳化硅(金刚砂)为原料，加入粘结剂，经高温煅烧而成含 SiC 30% ~90% 的耐火制品，它基本上保留了碳砖所具有的特性，如导电导热性好，不易被熔融金属和炉渣所润湿，具有良好的抗渣性、热稳定性，但抗氧化能力比碳砖强。

碳化硅耐火制品造价昂贵，所以主要用于要求导热性和导电性高的热工设备上，如锌冶金的蒸馏罐、精馏塔、电阻炉的发热体等。

1.3.5 不定形耐火材料

不定形耐火材料是由一定级别的耐火骨料和粉料与一种或多种结合剂混合而成，而无须预先成型、烧成即可在现场按规定的形状和尺寸构筑成所需要的砌体。不定形耐火材料又称散状耐火材料，其种类很多，包括耐火浇注料、耐火喷涂料、耐火混凝土、耐火可塑料、耐火泥、补炉料、捣打料等。

不论哪种散状耐火材料，基本上都是由作为耐火基体的“骨料”和作为结合剂“胶结料”等两部分组成。骨料可以是粘土质、高铝质、硅石质、碱性耐火材料和其他特殊耐火材料；胶结料可以是各种水泥、磷酸盐、硫酸盐、水玻璃、膨润土以及其他特殊材料。

与耐火砖比较，不定形耐火材料的优点是：生产和使用简便，投资少，热能消耗低，生产效率高；可塑成任何形状的炉体构件，炉体的整体性、密封性和坚固性好；修补炉衬即迅速又经济。它的缺点是气孔率高，耐侵蚀性差，许多胶结剂使制品的耐火性降低。

近年来，不定形耐火材料发展很快，应用正在推广，国外有的国家的消耗量占耐火材料的三分之一。

1.3.5.1 耐火混凝土

耐火混凝土由耐火骨料、掺合料、胶结材料及水按一定比例混合、成型和硬化后而得到的耐火制品。它能承受高温作用，一般混凝土允许工作温度在 300 ℃以下，而耐火混凝土允许温度最高可达 1700 ℃。

与普通耐火砖相比，耐火混凝土具有制造工艺简单，可以制成任意形状，产品成品率高，能源消耗小，便于筑炉施工机械化等优点；还可以进行炉子整体浇灌而减少砖缝，延长炉子寿命。所以，耐火混凝土是现代耐火材料的重要发展方向。目前已成功地运用于均热炉，各种加热炉，热处理炉，隧道窑，回转窑，煤气发生炉等许多热工设备上，并取得了满意的使用效果。

耐火混凝土存在的主要问题是：荷重软化温度较低、收缩较大、烘烤时间较长等。

耐火混凝土的种类很多。根据所用的胶结材料的不同，可以分为硅酸盐水泥耐火混凝土、水玻璃耐火混凝土、磷酸盐耐火混凝土等。根据其硬化条件，可分为水硬性、气硬性和热硬性混凝土三种。

1.3.5.2　耐火泥

耐火泥是由粉状物料和结合剂组成的供调制泥浆用的不定形耐火材料。用来填充砖缝，将砖块结合成整体，以增加砌筑物的强度、提高严密性、防止漏气、减少熔渣和金属液的渗透。就其性质而言应满足如下要求：耐火泥的化学矿物组成、物理性质和工作性质应和砌砖的性质相似或相同；耐火泥的颗粒组成应与设计允许的砖缝大小相适应，一般不大于砖缝的二分之一至三分之一；耐火泥调制后应具有良好的塑性和结合性，以免在干燥和烧结过程中产生较大收缩而出现裂纹；耐火泥在烧结后应具有较高的机械强度和良好的致密性以及抗渣性。

耐火泥由骨料细粉和结合剂（胶结剂）两部分组成。骨料一般用各种耐火材料的熟料粉，如粘土熟料、矾土熟料、烧结镁石等。结合剂有各种水泥、磷酸盐、水玻璃、沥青油、卤水、硼酸、软质粘土等。不同结合剂适用于相应的骨料粉，例如，卤水只适用于镁耐火泥，硼酸仅适用于硅质耐火泥，软质粘土用于制造粘土和高铝耐火泥。

1.3.5.3　耐火浇注料

耐火浇注料按耐火骨料品种分为：高铝质（$Al_2O_3 \geqslant 45\%$）、粘土质（$10\% \leqslant Al_2O_3 \leqslant 45\%$）、硅质（$SiO_2 \geqslant 85\%$，$Al_2O_3 > 10\%$）和镁质耐火浇注料等。耐火浇注料便于复杂制品成型，有利于筑炉施工机械化、成本低、降低了劳动强度，整体性好，耐崩裂性好，使用寿命与相应耐火砖相似，有的比耐火砖长，因此在工业炉窑上被越来越广泛的应用。

粘土质和高铝质耐火浇注料的理化指标见附录Ⅰ-5。目前生产耐火浇注料的厂家很多，牌号不同，技术性能也不完全一样，另外还有轻质耐火浇注料、耐火纤维浇注料、耐热钢纤维增强浇注料以及镁质、镁铝质耐火浇注料等，可根据不同使用条件和炉型选用。

1.3.5.4　耐火可塑料

可塑料是一种有可塑性的泥料或坯料，在较长时间内具有较高的可塑性，目前主要应用于工业炉捣打内衬和窑炉内衬的局部修补。可塑料具有高温强度高和热震稳定性好、耐剥落性强等特点。其缺点是施工效率低、劳动强度大。耐火可塑料的性能见附录Ⅰ-2。

1.3.5.5 耐火捣打料

耐火捣打料是一种没有可塑性的散状耐火材料，由耐火骨料和粉料、胶结剂或添加剂，按比例拌和后用捣打的方法成型。常用镁质和铬质耐火捣打料见附录Ⅰ-3。

1.4 耐火材料的外形尺寸

通用耐火砖形状尺寸（GB2992—82），砖号及代号命名方法如表1-1-5所示。

表1-1-5 砖号及代号命名

砖号	字母或数字	T	z	c	s	k	j	短横线后的数字
	意义	通用砖	直形砖	侧楔形砖	竖楔形砖	宽楔形砖	拱脚砖	顺序号
代号	字母	Z	C	S	K	J	k	
	意义	直形砖	侧楔形砖	竖楔形砖	宽楔形砖	拱脚砖	错缝宽砖：数字末尾字母	

例如：砖号为Ts-65、代号为S3075k，$b\times a/a_1\times c=300\times 75/55\times 225$，表示通用竖楔形错缝宽砖，其高、上下宽及长分别为300 mm、75 mm、55 mm和225 mm。各种形状砖的砖号、规格尺寸参见有关手册。

1.5 水冷与挂渣保护

在火法冶金生产过程中，许多的冶金炉如鼓风炉、烟化炉、闪速炉以及转炉和电炉等都有金属质水套或水箱作为其水冷保护层，有些金属构件在水冷的同时进行挂渣保护，还有一些转炉（窑）的耐火砖内衬，进行热挂渣保护。这些措施均可延长炉衬的使用寿命。

1.5.1 水冷挂渣机理

高温冶金炉内耐火材料炉衬和熔融物之间的接触表面温度愈低，耐火砖的损失愈慢。当接触表面的温度低于某一临界点时，熔融物便凝结，因而炉衬被固态渣覆盖而被保护。由于炉衬外表面温度因水冷而保持恒定，温度梯度最大，因而热传导最强。局部热损失也最大，但导热率低的熔融物来不及将这些热量传导到衬砖最薄处，此处熔融物温度迅速降低，如果低于熔渣软化温度，则在衬砖表面形成起保护作用的一层致密固渣层，侵蚀即停止。

在冶金炉内，特别是渣线以上的炉衬在恶劣的热负荷条件下，很容易损坏缩短炉龄，为此在炉顶、炉端、炉身等部位及一些特殊构件(如奥斯麦特炉的喷料嘴)均设置各种类型的水套进行强化冷却。当炉子使用到后期，裸露的永久层紧贴水箱，其温度与炉内温度相差很大，这是一种不稳定状态。在冶炼后期氧化或还原时，只要炉渣烟尘一有机会与冷却水套上永久层相遇，会迅速冷却凝固，逐渐在其表面上挂起一层由渣和尘组成的保护层，其厚度不断地增长，直至挂渣层的表面温度等于挂渣层组成物的凝固温度为止，这时达到了一种热平衡状态。这层渣层是热与电的良好绝缘体，起到了保护水套的目的。

1.5.2　水套

水套或水箱是高温冶金炉内产生水冷挂渣必不可少的装置。水套装置通常有水冷水套和汽冷水套两种。根据不同的炉子有不同材质的水套，如鼓风炉水套内衬常用锅炉钢板焊接制作，用水冷却时，水套也有用普通钢板制造的；而闪速炉反应塔外部则采用铜制水套实行强制冷却。为了满足生产，延长使用寿命，不同的炉子对水套有不同的要求。但水套制造应符合如下要求：① 水套壁应采取整块制作，内壁最好采用压制成型，或采用翻边结构，尽量避免高温接触面的焊缝；② 用优质焊条连续焊接，水套制成进行水压试验合格后方能进行安装，炉子安装完工对整个系统进行水压试验合格后方能投入生产；③ 水套尺寸误差允许 2 mm 左右，安装时两水套间夹以沾有水玻璃的石棉绳紧固，水套间石棉填缝在 8 ~ 10 mm 之间。

另外，水套还必须设有：① 进出水管，进水管径应小于出水管径，一般每块水套设有一个进水管其位置在水套的下部或中下部，内接弯管或档罩将水引向水套底部；出水管设在水套顶部，并稍向上倾斜，其溢流口高于水套顶缘，避免水蒸气滞留于水套顶部而被汽化，汽化冷却时宜设两个出水口；② 排污孔，设在水套底部为定期排出水套内积存的污垢，每块水套设 1 ~2 个；汽化冷却水套应在水套底部设排污管，定期排污；③ 加强筋，在水套内外壁间焊接加强筋，以防止水套在一定压力和温度下工作时变形；④ 调节阀，在每一进水管便于操作的位置设调节阀门，根据炉况调节水量。

1.5.3　热挂渣保护

与水冷挂渣不同，在冶金炉内人为地将熔渣粘挂到炉壁上，以保护衬砖不被迅速损坏的方法称之为热挂渣保护。如在炼铜转炉操作中，常利用 Fe_3O_4 熔点高、比重大的特点，特意转动炉体，将含有大量 Fe_3O_4 的炉渣粘挂到炉砖衬的内表面上，形成保护层，以达到延长炉子寿命的目的。热挂渣保护一般可分为挂渣护炉和溅渣护炉两类。

在20世纪90年代之前，炼钢转炉利用挂渣补炉操作来保护衬砖，但挂渣补炉只能解决转炉的两个大面(渣面、钢面)，而最终对转炉寿命起决定作用的耳轴及其他部分则无法挂渣，只能采取喷补、贴补等方法，效果均不理想。因此，90年代初美国LTV公司印第安纳厂开始采用溅渣护炉技术，并获得成功。其后，美国伊斯帕特内陆钢公司使用溅渣护炉技术使其4号转炉的炉龄突破36000炉，持续使用了7年。

溅渣护炉是在转炉在出钢后，操作人员用通氮气的氧枪将转炉的终渣吹溅到砖衬上保护炉衬。吹氮溅渣护炉要求转炉终渣有较高的 MgO 含量和炉渣碱度，较低的 FeO 含量和适宜的粘度及渣量，因此，需在终渣中加入一定的改质剂来调整成分。

溅渣层之所以能很好地保护炉衬，那是基于熔渣的分熔特性。一般说来，炉渣的相组成是不均匀的，其中既有高熔点相，也有低熔点相，固态炉渣从开始出现液相到完全变成液相是在一个温度范围内完成的。所谓分熔现象，就是炉渣在升温熔化过程中炉渣中的低熔点相先行熔化，并以一定速度与高熔点相分离、从未熔化的炉渣中流出，并使未熔炉渣体积收缩、物相组成发生变化，因留下的是高熔点相而使炉渣的熔化温度升高，从而起到了保护炉衬的作用。

1.6 绝热材料

1.6.1 概述

为了减少炉子砌体的导热损失，必须在耐火砖外层加砌绝热材料．绝热材料的导热系数较低，一般为 $0.3\ W\cdot m^{-1}\cdot ℃^{-1}$ 以下，气孔率一般在50%以上，由于气孔多，因而体积密度小($\leqslant 1300\ kg\cdot m^{-3}$)，机械强度低。

1.6.1.1 绝热材料的分类

绝热材料按使用温度不同分为：

(1) 高温绝热材料　使用温度 >1200 ℃，如轻质高铝砖、轻质硅砖、轻质镁砖、氧化铝空心球和耐火纤维板等制品。

(2) 中温绝热材料　使用温度 900 ~ 1200 ℃，如轻质粘土砖、蛭石等制品。

(3) 低温绝热材料　使用温度 <900 ℃，如硅藻土、石棉、水渣和矿棉渣等制品。

按体积密度可分为：

（1）一般绝热材料　体积密度 <1300 $kg \cdot m^{-3}$。

（2）常用绝热材料　体积密度 600 ~ 1000 $kg \cdot m^{-3}$。

（3）超轻质绝热材料　体积密度 <300 $kg \cdot m^{-3}$。

1.6.1.2 绝热材料的特性

绝热材料的具有如下特性：

（1）气孔率高，体积密度小。

（2）热容量和导热系数小，这是由于绝热材料的气孔率高，含有大量的气体，而气体的热容量和导热系数均较小所致。

（3）机械强度和抗渣性差，绝热材料气孔多，结构疏松，致使它抗压、耐磨性差，熔渣易渗透而被侵蚀。

绝热材料用于炉体绝热，不仅减少通过炉体的热损失、提高燃料的利用率，而且有利于提高温度，强化生产，并能改善炉子周围的劳动条件。实践证明，采用优质的轻质砖代替耐火砖，可节省能耗 40% ~60%，并使炉窑重量减轻，施工费用减少。

1.6.2　常用绝热材料

1.6.2.1　隔热砖

常用的隔热砖主要有粘土质、高铝质及硅藻土质的隔热耐火砖或制品，这些制品隔热性能好但耐压强度低，因此近期有的工厂已研究开发出了相应的轻质高强隔热砖，保持了低的导热系数，提高了制品的耐压强度和耐火度，不仅可作隔热砖使用，在某些条件下可直接用于砌筑炉衬。

中低温绝热材料(蛭石、硅藻土、石棉、矿渣棉等)制品，它们的主要性能如附录。

（1）蛭石制品　蛭石又称水云母，呈薄片状，含水 5% ~10%，熔点为 1300 ~1370 ℃，蛭石受热水分蒸发、体积膨胀成为膨胀蛭石。膨胀蛭石是一种良好的绝热材料，可直接使用，或加粘结剂制成蛭石制品。

（2）硅藻土制品　硅藻土是藻类腐败后形成的多孔矿物，其主要成分是非结晶的 SiO_2，并含有少量杂质，绝热性良好，使用温度 <1000 ℃。

（3）石棉制品　石棉为纤维状的蛇纹石，化学成分为含水硅酸镁($3MgO \cdot 2SiO_2 \cdot 2H_2O$)，石棉制品有石棉粉、石棉绳、石棉板等，使用温度 350 ~600 ℃

（4）矿渣棉　矿渣棉是熔融的冶金炉渣经高压蒸汽喷吹而成，具有导热性差、吸水性小的特点，使用温度为 600 ~900 ℃。

高温绝热材料是指使用温度在 1200 ℃以上的绝热材料。它包括各种轻质耐火材料(轻质粘土砖、轻质高铝砖、轻质硅砖等)、耐火纤维及其制品和各种空心球制品。

(1) 轻质高铝砖的性能　体积密度为500~1350 $kg\cdot m^{-3}$，常温耐压强度可达294~588 $N\cdot cm^{-2}$，气孔率≥50%以上。它是一种良好的高温绝热材料。

(2) 轻质粘土砖的性能　体积密度为400~1300 $kg\cdot m^{-3}$，耐压强度可达196~441 $N\cdot crn^{-2}$，最高使用温度可达1400 ℃。

(3) 轻质硅砖的性能指标　真密度不大于2300 $kg\cdot m^{-3}$；显气孔率不小于45%，体积密度不大于1200 $kg\cdot m^{-3}$，常温耐压强度不小于343 $N\cdot crn^{-2}$，耐火度不低于1670 ℃，在9.8 $N\cdot cm^{-2}$荷重下开始软化温度不小于1580 ℃。轻质硅砖的一级品一般用于扎钢加热炉顶及耐火材料工业烧成窑窑顶等，可直接与火焰接触，二级制品用于各种热工设备的隔热。

(4) 耐火空心球砖　耐火空心球砖及其制品是一种新型的保温材料，它除耐高温和保温性能好外，而且耐压强度高，耐磨耐侵蚀性能好，耐高温高速气流冲击好，因此它还可作高温炉的内衬，广泛应用于高温电炉、钼丝炉等热工设备上。目前使用的有氧化铝空心球砖及其制品，氧化锆空心球砖及其制品等。

氧化铝空心球含Al_2O_3 >98%，自然堆积密度为700~800 $kg\cdot m^{-3}$，其制品的性能为：气孔率66.9%，体积密度1180 $kg\cdot m^{-3}$，耐压强度38.2 $N\cdot cm^{-3}$，导热系数(1000 ℃)0.78 $W\cdot m^{-1}\cdot$℃，使用温度1800 ℃。

氧化锆空心球含Zr_2O_3在95%左右，自然堆积密度为1200 $kg\cdot m^{-3}$左右，导热系数是氧化铝空心球的一半，使用温度2200 ℃。

1.6.2.2 其他绝热材料

(1) 耐火纤维制品　耐火纤维又称陶瓷纤维。常用的是硅酸铝耐火纤维制品，其主要成分是Al_2O_3和SiO_2。耐火纤维制品具有质轻、耐高温、热容量小、隔热性好、抗热震性能好可加工性好等优点，因而在冶金、化工等工业炉窑上得到广泛应用。其缺点是强度低、易受机械碰撞和气流冲刷、物料磨檫作用而损坏，当与熔渣、熔液直接接触时易受熔液侵蚀而丧失隔热功能。耐火纤维及其制品品种繁多，可制成毡、毯、布和绳等，具体性能参见有关手册。

耐火纤维布、耐火纤维绳是用耐火纤维纱编织而成，在耐火纤维纱中可加入不同的增强材料，如玻璃纤维、黄铜丝或耐高温的合金丝，以增加耐火纤维布、绳的强度，可满足不同的使用温度和条件，耐火纤维布的厚度有2 mm和3 mm的，宽度为1000 mm。耐火纤维带，厚度有2 mm和3 mm的，宽度为10~120 mm。耐火纤维绳有方绳，边长6~35 mm，圆绳⌀3~35 mm多种规格。硅酸铝耐火纤维布其技术性能见表1-1-6、表1-1-7。

表 1-1-6　硅酸铝耐火纤维的基本性能

熔点/℃	颜色	导热系数(800 ℃)/$W \cdot m^{-1} \cdot ℃$	烧损失/%	体积密度/$kg \cdot m^{-3}$
1760	白色	0.17	15～25	350～600

表 1-1-7　硅酸铝耐火纤维布、绳技术性能

材　料	耐热合金丝型	黄铜丝型	玻璃纤维型
最高使用温度/℃	1260	650	550
连续使用温度/℃	100	600	450

(2) 岩锦和矿渣棉保温材料　岩棉和矿渣棉均为人造无机纤维材料，具有质轻、导热系数低、化学性能稳定、耐腐蚀、吸音、不燃烧和防震等特性，也可以制成毡、毯、板等各种制品，是一种使用广泛的隔热保温材料，使用温度比硅酸铝耐火纤维低，一般在低于600 ℃下使用。其价格明显低于硅酸铝耐火纤维制品。

岩棉和矿渣棉毡制品的密度可小到500～1800 $kg \cdot m^{-3}$，其热导率随温度升高而增大，如质量为0.14 $g \cdot cm^{-3}$的矿渣棉制品的热导率，100 ℃时为0.048 $W \cdot m^{-1} \cdot K^{-1}$，200 ℃时为0.067 $W \cdot m^{-1} \cdot K^{-1}$。

(3) 膨胀珍珠岩制品 膨胀珍珠岩制品密度小200～350 $kg \cdot m^{-3}$，绝热性能好，导热系数 $<0.087\ W \cdot m^{-1} \cdot K^{-1}$，化学性能稳定，是一种常用的隔热材料。

习题及思考题

1-1-1　耐火及保温材料在冶金中的重要性怎样？试举例说明。

1-1-2　分析耐火材料的化学矿物组成对耐火材料性能的影响。

1-1-3　耐火材料有哪些主要性质？它们与其用途的关系如何？

1-1-4　有哪几种耐火材料制品，列表比较其性能及用途。

1-1-5　试述耐火粘土、高铝矾土和菱镁矿高温焙烧的目的。

1-1-6　分析耐火材料在加热炉、熔炼炉内破损的原因。

1-1-7　耐火制品与不定型耐火材料的关系如何？它们各自具有的特点及用途。

1-1-8　反射炉熔炼炉渣为强碱性炉渣，该反射炉炉膛应用什么耐火砖砌筑？

1-1-9　怎样延长炉子的工作寿命，水冷保护对炉衬挂渣有何意义？

1-1-9　绝热材料的性能特点如何？绝热材料有哪几种？它们在性能与应用上有什么区别？

1-1-10　蒸汽管道保温用什么绝热材料最好？熔炼炉炉壁外面保温用此绝热材料可否，如果不行又采用哪些绝热材料？

2 燃料与燃烧

2.1 概述

冶金工业是消耗能源最多的工业部门之一。尽管，能源的形式多种多样，除了燃料能(化学能)，还有太阳能、水能、风能、潮汐能、波力能以及地热能等。但从目前世界的能源使用情况看，燃料能仍然占90%左右，所以现代工业中的主要能源还是燃料燃烧后产生的热量，在冶金工业中所使用的天然燃料主要是煤、石油和天然气等。

为了在冶金过程中合理选用燃料，必须了解所用燃料的特性以及燃烧过程的各种参数(如发热量、空气需要量、燃烧产物量和组成、燃烧温度等)的计算。

2.1.1 燃料的定义及种类

(1) 燃料的定义　凡是在燃烧时能够放出大量的热，并且此热量能够经济地被利用在工业和其他方面的物质统称为燃料。但通常所说的燃料是指那些能在空气中进行燃烧，以碳为主要成分的物质，一般称之为“碳质燃料”，如煤、燃气和重油等。

(2) 燃料的种类　在自然界中燃料的种类很多。按其来源和物态一般分类如表1-2-1所示。

表1-2-1　燃料的一般分类

燃料物态	来源	
	天然燃料	人造燃料
固体	木柴、煤、硫化矿、页岩等	木炭、焦炭、粉煤、块煤、硫化矿精矿等
液体	石油	汽油、煤油、重油、酒精等
气体	天然气	高炉煤气、发生炉煤气、沼气、石油裂化汽等

2.1.2　组织燃烧过程和炉子工作关系

在炼铁高炉及炼铅鼓风炉中，热能来自于焦炭的燃烧；在炼钢转炉及炼锌竖罐中，热能来自于煤气或天然气或重油的燃烧；而在炼铜反射炉中，热能来自于粉煤或重油的燃烧，在闪速炉及基夫赛特炉等自热熔炼设备中，热能主要来自硫化矿精矿的燃烧等等。也就是说燃料的燃烧是上述各种炉子的主要热源。因此，使用燃料的炉子中，燃烧装置是炉子的重要组成部分，而燃料的燃烧过程是炉子热工过程的重要内容。所以，燃烧过程不仅影响炉子的产量和质量，而且还影响炉子的使用寿命、车间的劳动生产条件和操作环境等；同时还在很大程度上决定产品的成本。

在炉子设计与生产中考虑如何合理地选用燃料，如何选择和计算燃烧装置，以及如何保证冶炼所需的高温等是非常重要的，例如，我国贵溪冶炼厂仅将精矿喷嘴和富氧系统进行技术改造，就将炉子的生产能力提高一倍，由原来的200 kt/a提高到400 kt/a。因此必须很好地组织炉内的燃烧过程，掌握燃料的特性及其燃烧过程的规律和燃烧计算，合理地设计燃烧器。

2.2　燃料

燃料同自然界其他物质一样，具有其本身的基本特性，而燃料的化学成分和发热量是燃料的两个基本特性。也是评定燃料的两个主要指标。

2.2.1　燃料的组成与换算

2.2.1.1　气体燃料的化学组成与换算

1. 气体燃料的化学组成

气体燃料包括煤气、天然气、石油液化气及沼气，统称为燃气。

燃气由各种简单气体组成的混合物，其中有可燃的和非可燃的。燃气中的可燃组分有 CO、H_2、H_2S、CH_4 和其他碳氢化合物 C_mH_n。碳氢化合物燃烧放出的热量最多，H_2 次之，CO 最少。显然，燃气中可燃气体尤其是碳氢化合物含量愈多，则燃气的质量愈好。燃气中非燃烧的气体主要有 N_2、CO_2、SO_2、O_2 和 H_2O 等，它们不仅降低燃气的质量，而且在燃烧过程中需要吸收热量，使燃烧温度降低。有的燃气含有 H_2S，它虽然可燃烧放热，但其燃烧产物 SO_2 有毒，对人和设备都有害，它和不可燃成分同属有害成分。另外，燃气中含有灰分和油类，应进行清除。

2. 气体燃料组成的表示方法和换算

气体燃料有湿成分和干成分两种表示方法，即湿燃气(又称实用燃气)的组成：

$$CO^S + H_2{}^S + CH_4{}^S + N_2{}^S + \cdots + H_2O^S = 100\% \quad (1-2-1)$$

式中 CO^S、$H_2{}^S$、$N_2{}^S$…——分别代表湿燃气中 CO、H_2、N_2 等在其中所占的体积百分数，上标“s”是燃气湿成分的标志。

除去水分的燃气，称为干燃气，其组成为：

$$CO^g + H_2{}^g + CH_4{}^g + N_2{}^g + \cdots + O_2{}^g = 100\% \quad (1-2-2)$$

式中 CO^g、$H_2{}^g$、$N_2{}^g$…——分别代表干燃气中 CO、H_2、N_2 等在其中所占的体积百分数，上标“g”是燃气干成分的标志。

湿燃气中水蒸气的含量通常按饱和水蒸气含量计算，由于气体所含饱和水蒸气的数量随温度而变化，因此，湿燃气各组分的含量亦随温度而变化。为了消除这种影响，燃气的成分可用干成分表示。

由于实际使用的是湿燃气，因此在热工计算时需根据该温度下的饱和水蒸气量，将干成分换算成湿成分。其通式为：

$$R^S = R^g \times \frac{100}{100 + 0.124 g_{H_2O}^g} \quad (1-2-3)$$

式中 R^S——湿燃气中各成分的体积百分数，%；

R^g——干燃气中各成分的体积百分数，%；

$g_{H_2O}^g$——1 m^3 干燃气含饱和水蒸气量，$g \cdot m^{-3}$，它可根据燃气温度由附录查得。

【例 1-2-1】 已知煤气的干成分为(%)：CO^g 29.84，$H_2{}^g$ 15.40，$CH_4{}^g$ 3.08，$CO_2{}^g$ 7.73，$O_2{}^g$ 0.35，$N_2{}^g$ 43.60。试确定此该煤气在平均温度为 25 ℃时的湿成分。

解 查附录得高炉煤气在 25 ℃时 =26.0 $g \cdot m^{-3}$，根据式(2-3)可求的各组分的湿成分为：

$$R^S = R^g \times \frac{100}{100 + 0.124 g_{H_2O}^g} = R^g \times \frac{100}{100 + 0.124 \times 26} = R^g \times 0.969$$

$$CO^S = CO^g \times 0.969 = 29.84\% \times 0.969 = 28.91\%$$

$$H_2{}^S = H_2{}^g \times 0.969 = 15.40\% \times 0.969 = 14.92\%$$

$$CH_4{}^S = CH_4{}^g \times 0.969 = 3.08\% \times 0.969 = 2.98\%$$

$$CO_2{}^S = CO_2{}^g \times 0.969 = 7.73\% \times 0.969 = 7.49\%$$

$$O_2{}^S = O_2{}^g \times 0.969 = 0.35\% \times 0.969 = 0.34\%$$

$$N_2{}^S = N_2{}^g \times 0.969 = 43.60\% \times 0.969 = 42.25\%$$

$$H_2O = \frac{26.0 \times 22.4}{18 \times 1000} = 0.03235 m^3_{标}$$

$$H_2O^S=\frac{0.03235}{1+0.03235}=0.0313=3.13\%$$

2.2.1.2　固体和液体燃料的化学组成与换算

固体(液体)燃料的化学成分可用元素分析方法和工业分析方法测定。元素分析法测定结果为元素分析成分；工业分析法测定结果为工业分析成分。

1. 固体和液体燃料的元素分析法

固体和液体燃料虽然物理状态不同，但它们都是由碳、氢、氧、氮、硫五种元素以及水分和灰分所组成。它们在燃烧过程中的变化及对燃烧的影响分述如下：

碳(C)　碳在固液体燃料中以单质和化合物状态存在，而在液体燃料中则完全以化合物形态存在，即与氢、氧、氮等元素组成复杂的有机化合物。碳能燃烧并放出大量的热量，约为33913 $kJ\cdot kg^{-1}$(C)，是主要可燃成分；在煤中碳含量为50%～90%，而在液体燃料中碳含量一般在85%以上。

氢(H)　氢在固液体燃料中以两种形式存在。一种是与碳、硫化合的氢，称为可燃氢或有机氢，能燃烧并放出大量的热量，约为碳的3.5倍，为143020 $kJ\cdot kg^{-1}$(H)；另一种是与氧化合物的氢，称为水合氢，不可燃烧。氢在液体燃料中约含10%，而在固体燃料中则在6%以下。

氧(O)　固液体燃料中的氧与碳、氢等元素化合。这种化合了的氧，既不能燃烧，又不能助燃，反而使燃料的质量降低。所以氧是固液体燃料中的有害成分，含量越低越好。

氮(N)　氮是惰性成分，不能燃烧。它的存在是燃料中的可燃质减少，降低燃料的质量，而且，氮在高温(>2100 ℃)下与 O_2 生成 NO_x，NO_x 是有害气体。不过氮在固液体燃料中的含量仅为1%～2%。

硫(S)　固液体燃料中的硫以三种形态存在：①有机硫，与碳、氢化合的硫；②硫化矿硫，如 FeS_2；③硫酸盐硫，存在于各种硫酸盐中，例如 $CaSO_4$、$FeSO_4$ 中的硫。有机硫和硫化矿中的硫能燃烧，称可燃硫或挥发硫，其燃烧产物 SO_2 有毒；硫酸盐中的硫不能燃烧。故要求燃料中的硫含量<1%，但对硫化矿精矿自热熔炼要补充的燃料对硫的含量不作要求。

水分(*W*)　水分是有害的，它不仅降低可燃成分百分含量，而且使燃料发热量降低。液体燃料含水2%以下，固体燃料较高且波动范围大。

灰分(*A*)　是燃料中不能燃烧的矿物质，其组成主要是 SiO_2、Al_2O_3、CaO、Fe_2O_3 等。液体燃料灰分含量一般在0.3%以下，固体燃料灰分含量多在2%～40%之间。它不仅降低可燃组成的含量，影响燃料燃烧过程，而且还影响冶炼过程。低熔点的灰分影响尤甚，易熔化结块妨碍通风，清渣困难，故一般要求灰分熔点大于1300 ℃，灰分含量不超过10%～13%。

2. 固液体燃料的元素组成表示方法和换算

根据生产实践的需要，固、液体燃料各化学组成的质量百分含量用以下四种成分来表示：

实用成分　它包括全部水分和灰分的燃料质量分数(%)，即

$$C^y + H^y + O^y + N^y + S^y + A^y + W^y = 100\% \tag{1-2-4}$$

干燥成分　除去水分以外的燃料质量分数(%)，即

$$C^g + H^g + O^g + N^g + S^g + A^g = 100\% \tag{1-2-5}$$

可燃成分　除去水分和灰分以外的燃料质量分数(%)，即

$$C^r + H^r + O^r + N^r + S^r = 100\% \tag{1-2-6}$$

有机成分　除去水分、灰分和硫以外的燃料质量分数(%)，即

$$C^j + H^j + O^j + N^j = 100\% \tag{1-2-7}$$

式(1-2-4)~(1-2-7)中的右上标 y、g、r、j 分别表示为实用成分、干燥成分、可燃成分、有机成分。C、H、O、N、S、A、W 为碳、氢、氧、氮、硫、灰分和水分的质量分数。

固、液体燃料各化学成分的换算系数如表 1-2-2 所示。

表 1-2-2　固、液体燃料各化学成分的换算系数

已知的燃料组成	换算成下列组成的换算系数			
	有机成分	可燃成分	干燥成分	实用成分
有机成分	1	$\frac{100-S^r}{100}$	$\frac{100-(A^g+S^g}{100)}$	$\frac{100-(S^y+A^y+W^y)}{100}$
可燃成分	$\frac{100}{100-S^r}$	1	$\frac{100-A^g}{100}$	$\frac{100-(A^y+W^y)}{100}$
干燥成分	$\frac{100}{100-(S^g+A^g)}$	$\frac{100}{100-A^g}$	1	$\frac{100-W^y}{100}$
实用成分	$\frac{100}{100-(S^y+A^y+W^y)}$	$\frac{100}{100-(A^y+W^y)}$	$\frac{100}{100-W^y}$	1

【例 1-2-2】　已知烟煤的成分为(%)：C^r 81.5、H^r 5.00、O^r 10.00、N^r 2.00、S^r 1.50，A^g 12.00，W^y 15.00，求该煤的实用成分。

解　先求灰分的实用成分 A^y，然后根据 W^y 和 A^y 求其他元素的实用成分：

$$A^y = \frac{100-W^y}{100} \times A^g = \frac{100-15.00}{100} \times 12.00\% = 10.20\%$$

$$C^y = \frac{100-(W^y+A^y)}{100} \times C^r = \frac{100-(15.00+10.20)}{100} \times 81.50\%$$

$$=0.748 \times 81.50\% = 60.96\%$$

同理：　$H^y = 0.748 \times 5.00\% = 3.74\%$　$O^y = 0.748 \times 10\% = 7.48\%$

$N^y = 0.748 \times 2.00\% = 1.50\%$　$S^y = 0.748 \times 1.50\% = 1.12\%$

则：　$C^y + H^y + O^y + N^y + S^y + A^y + W^y$

$$=(60.96+3.74+7.48+1.50+1.12+10.20+15.00)\% = 100\%$$

以上实用成分合计为100%。

3. 固液体燃料的工业成分表示方法

由于元素分析比较复杂，在工业上常常采用比较简单的工业分析法进行分析。工业分析法是测定固液体燃料的水分(W)、灰分(A)、挥发分产率(V)和固定碳(F)的含量，将分析结果表示成这些成分在燃料中的质量百分数，作为评价和选择燃料的重要指标。即

$$W + V + F + A = 100\% \qquad (1-2-8)$$

式中　W、V、F、A——燃料中水分、挥发分、固定碳和灰分的质量分数(%)。

工业分析法是将一定质量的固(液)体燃料试样加热到110 ℃，是其水分完全蒸发，测出水分的含量(W)；接着将干燥后的试样在850 ℃下隔绝空气加热(干馏)，使挥发物挥发并测出其含量(V)，挥发物的主要成分是H_2、CH_4、C_nH_m和N_2等气体，能燃烧且形成较长的火焰；干馏后的试样即焦炭让其充分燃烧，燃烧掉的物质是固定碳(F)；剩余的是灰分(A)。应该指出，固定碳不是全部的含碳量，还有少量的氢和硫。

燃料工业分析结果，能反映燃料的许多特性，挥发物和固定碳能燃烧，它们的含量愈多，则燃料的质量愈好；挥发物愈多，燃料燃烧的火焰长，可作为火焰炉的燃料；焦炭的性质、颜色、气孔、强度等，能初步判断煤的结焦性的好坏；灰分和水分愈多，说明燃料的质量愈差。

2.2.2　燃料发热量及计算

2.2.2.1　燃料发热量及标准燃料的概念

燃料的发热量是指单位质量或单位体积的燃料在完全燃烧时所放出的热量，用Q表示，单位是$kJ \cdot kg^{-1}$或$kJ \cdot m^{-3}$。根据燃烧产物中水存在的状态不同又可分为高发热量Q_{GW}和低发热量Q_{DW}。

高发热量Q_{GW}是指燃料完全燃烧后燃烧产物冷却到使其中的水蒸气凝结成0 ℃的水时放出的热量；而低发热量Q_{DW}是指燃料完全燃烧后燃烧产物冷却到使其中的水蒸气凝结成20 ℃的水时放出的热量。1 kg的水由0 ℃汽化并加热到20 ℃

所消耗的汽化热为2512.2 kJ，而燃烧产物中水的来源有两方面，一方面是燃料中含有的水 W(%)，另一方面是燃料中氢 H(%)的燃烧生成的水，Q_{GW} 与 Q_{DW} 之间的换算公式为：

$$Q_{GW} = Q_{DW} + 25.122(W + 9H) \tag{1-2-9}$$

式中 W、H——燃料中的水和氢的质量分数值，例如燃料中水分含量为12%，则 $W=12$。

2.2.2.2 标准燃料的概念

为了统计燃料的用量和比较同类热工设备燃料的消耗量，通常用标准燃料来衡量。规定发热量为29308 kJ·kg^{-1}（气体燃料为29308 kJ·m^{-3}）的燃料为标准燃料。这样，任何燃料都可以换算成标准燃料。例如低发热量 Q_{DW} = 24201 kJ·kg^{-1} 的烟煤，标准燃料为24201/29308 = 0.83 kg。

2.2.2.3 发热量的计算

燃料发热量可用量热计测量，但在炉子热工计算中，往往根据成分进行计算。

1. 气体燃料发热量的计算

燃气发热量是简单可燃气体燃烧放出热量之和，即

$$Q_{DW} = 126.2CO^S + 107.8H_2{}^S + 359.1CH_4{}^S + 597.7C_2H_4{}^S + \cdots + 231.2H_2S^S \tag{1-2-10}$$

式中 CO^S、$H_2{}^S$、$CH_4{}^S$、…——100 m^3 湿燃气中各成分体积数，m^3；

Q_{DW}——湿燃气的低发热量，kJ·m^{-3}。

【例1-2-3】 根据例1-2-1的计算结果，求煤气的低发热量 Q_{DW}。

解 由式(1-2-10)可知，煤气的发热量为

$$Q_{DW} = 126.2CO^S + 107.8H_2{}^S + 359.1CH_4{}^S$$
$$= 126.2 \times 28.91 + 107.8 \times 14.92 + 359.1 \times 2.98$$
$$= 6385\ (kJ\cdot m^{-3})$$

2. 固液体燃料发热量根据元素组成进行计算

由于固液体燃料的化合物非常复杂，所以很难根据成分获得准确的结果。目前多采用经验公式，其中应用最广的是门捷列夫公式：

$$Q_{DW} = 339C^y + 1030H^y - 109(O^y - S^y) - 25W^y \tag{1-2-11}$$

式中 C^y、H^y、O^y、S^y、W^y——100 kg 实用燃料中各元素及水的质量，kg。

Q_{DW}——固液体燃料的低发热量，kJ·kg^{-1}

【例1-2-4】 根据例1-2-2的计算结果，求烟煤的低发热量 Q_{DW}。

解 由式(1-2-11)可知，烟煤的发热量为

$$Q_{DW} = 339C^y + 1030H^y - 109(O^y - S^y) - 25W^y$$

$$=339 \times 69.96+1030 \times 3.74-109(7.47-1.12)-25 \times 15$$
$$=23450\ (\mathrm{kJ \cdot kg^{-1}})$$

3. 固液体燃料发热量根据分析结果进行计算

煤的发热量有以下计算公式，即

褐煤　$Q_{DW}=(10F+6500-10W-5A)\times 4.18-\Delta Q$　(1-2-12)

烟煤　$Q_{DW}=(50F-9A+K-\Delta Q)\times 4.18$　(1-2-13)

无烟煤　$Q_{DW}=[100F+3(V-W)-K']\times 4.18-\Delta Q$　(1-2-14)

式中　F、V、W、A——100 kg 燃料中固定碳、挥发分、水分、灰分的质量，kg；

K——经验系数，与粘结序数和灰分有关，其值如表 1-2-3；

K'——经验系数，与灰分有关，其值如表 1-2-4；

ΔQ——高低发热量的差值，单位是 $\mathrm{kJ \cdot kg^{-1}}$，即

$V<18\%$时　$\Delta Q=[2.97(100-W-A)+6W]\times 4.18$　(1-2-15)

$V\geqslant 18\%$时　$\Delta Q=[2.16(100-W-A)+6W]\times 4.18$　(1-2-16)

表 1-2-4　经验系数 K

V/%	≤20		>20~30		>30~40		>40	
粘结序数[①]	<4	<5	>4	>5	<4	<5	<4	>5
K	4300	4600	4600	5100	4800	5200	5050	5500

① 粘结序数是表示煤的焦渣特性，<4 为不熔融粘结渣；>5 为熔融粘结渣。

表 1-2-4　经验系数 K'

V/%	<3.5	≥3.5
K'	1300	1000

2.2.3　常用燃料

2.2.3.1　燃气

冶金生产常用的燃气有高炉煤气、焦炉煤气、发生炉煤气、重油裂化气和天然气等。钢铁联合企业广泛采用高炉煤气和焦炉煤气；有色冶金企业往往使用发生炉煤气或石油裂化气。

与固液体燃料比较，燃气有许多优点：燃气易与空气混合，燃烧较完全；燃气可进行预热，有利于提高燃烧温度；燃气燃烧过程便于控制，火焰长短、燃烧温度、炉气性质等便于调节；燃气便于输送，燃烧操作劳动强度小，劳动环境好。

燃气的质量，主要取决于它的化学成分，含碳氢化合物愈多，则燃气的质量愈好。表1－2－4为常用燃气的性质及用途。

表1－2－4　常用燃气的性质及用途

名　称		高炉煤气	焦炉煤气	发生炉煤气	天然气
燃气干成分/%	CO^g	25～31	4～8	24～33	–
	$H_2{}^g$	2～3	53～60	0.5～15	0～2
	$CH_4{}^g$	0.3～0.5	19～25	0.5～3	85～97
	$C_mH_n{}^g$	–	1.6～2.3	0.2～0.4	0.1～0.4
	H_2S^S	–	–	0.04～1	0～5
	$CO_2{}^g+H_2S^g$	9～15.5	2～3	5～7	0.1～2
	$O_2{}^g$	0～1	0.7～1.2	0.1～0.3	–
	$N_2{}^g$	47～53	7～13	46～66	1.2～4
$Q_{DW}/kJ\cdot m^{-3}$		3553～4598	15466～16720	4138～6479	33440～38456
燃烧温度/℃		2003	1998	1600	1900～1986
用　途		热风炉、平炉燃料	高炉喷吹、热风炉燃料	炉子、发动机燃料，化工原料	高炉、热风炉、平炉燃料
注意事项		易中毒	易爆炸	易中毒	易爆炸

2.2.3.2　液体燃料

用于冶金的液体燃料主要有重油、重柴油和轻柴油。而重油具有发热量高、燃烧时火焰辐射能力大和燃烧过程便于控制和调节的特点，因而在冶金生产中得到较为广泛的应用。其质量指标见有关手册。

重油为褐色或黑色，是天然石油（原油）蒸馏后的常压、减压渣油和裂化渣油等残渣油的统称。重油的性能不仅和原油有关而且和加工方法有关。其性能有：

（1）粘度 E_t　重油粘度表征输送和雾化的难易程度，常以恩氏粘度°E来表示：

$$E_t=\frac{t\ ℃,\ 200\ mL\ 油流出的时间}{20\ ℃,\ 200\ mL\ 油流出的时间} \tag{1-2-17}$$

式中　E_t——重油在 t ℃的粘度，°E。

如果所用的重油不是标准牌号的，则粘度和温度的关系应通过实验确定。

（2）密度 ρ_t　随温度变化 ρ_t 可用下式计算：

$$\rho_t=\frac{\rho_{20}}{1+\beta(t-20)} \tag{1-2-18}$$

式中　ρ_{20}、ρ_t——重油在20 ℃、t ℃时的密度；$t\cdot m^{-3}$，

$$\rho_{20}=0.92\sim0.98\ t\cdot m^{-3}\approx1\ t\cdot m^{-3}$$

β——体积膨胀系数，和重油的密度有关，用下述经验式来确定

$$\beta_{重油}=0.0025-0.002\rho_{20} \quad (1-2-19)$$

$$\beta_{焦油}=0.0026-0.002\rho_{20} \quad (1-2-20)$$

（3）比热 C_t　在 20～100 ℃范围内，重油的比热 C_t 可近似地取 1.80～2.09 kJ·(kg·℃)$^{-1}$，对粘度较大的渣油可取其上限；焦油的比热 C_t 为 2.09～2.42 kJ·(kg·℃)$^{-1}$。t ℃时重油的真比热也可用下述经验式进行计算：

$$C_t=1.736+0.0025\ t \quad (1-2-21)$$

（4）热导系数 λ_t　重油的传热系数随温度上升而略有下降，一般可近似地取 0.13～0.16 W·(m^2·℃)$^{-1}$，焦油则可取 0.12～0.17 W·(m^2·℃)$^{-1}$；另外也可用下述经验式计算：

$$\lambda_t=\frac{136.7}{\rho_{15}}(1-0.00054t)\times10^{-3} \quad (1-2-22)$$

（5）熔化潜热　重油为 167～251 kJ·kg^{-1}；焦油为 209～293 kJ·kg^{-1}。

（6）闪点　在常压下石油产品蒸气与空气的混合物在接触火焰闪出火花并立即熄灭时的最低温度，叫做闪点。它表征油的易燃程度，可用来判断发生火灾的可能性和确定防火等级。测定闪点的装置有开口型和闭合型两种，所以其数值也有开口和闭口之分。同一油品，其开口闪点比闭口闪点高 15～25 ℃。

（7）燃点、自燃点　在一个大气压下，石油产品蒸气与空气的混合物当遇到火焰着火并继续燃烧的最低温度，叫做燃点。重油的燃点一般比开口闪点高 10～30 ℃。

不用引火，可燃液体自行着火的最低温度叫做自燃点，一般石油产品的自燃点均在 200 ℃以上。

（8）凝固点　油品丧失流动状态时的温度叫做凝固点，它是输送和贮存作业的重要指标，重油的凝固点约为 11～25 ℃，有的高达 36 ℃。

2.2.3.3　固体燃料

冶金生产使用的固体燃料主要是煤及其加工产品焦炭和粉煤。煤虽然具有分布广、储量多和使用方便的优点，但由于它燃烧操作劳动强度大和燃烧过称不便于调节和控制等缺点，在冶金生产中很少直接应用。

1. 煤

煤是古代植物在地下经长期碳化形成的。根据炭化的程度不同，煤分为泥煤、褐煤、烟煤和无烟煤四种，其基本特征如表 1－2－5 所示。

煤的密度有干燥质煤的密度和假密度，其计算方式为：

$$\rho_{干}=\frac{144}{100-0.5A^{g}} \quad (2-23)$$

$$\rho_{假}=\frac{100\rho_{干}}{100+(\rho_{干}-1)K}\times\frac{100-K}{100-W^{y}} \tag{2-24}$$

式中　K——系数，$K=4+1.06W^{y}$。

表1-2-5　不同炭化程度的煤的基本特征

煤的品种	特征							
	炭化时间	密度	挥发物	固定碳	结焦性	比热 /kJ·(kg·℃)$^{-1}$	热导系数 /W·(m·℃)$^{-1}$	用　途
泥　煤	短	小	多	少	无	-	-	地方性燃料
褐　煤	较短	较小	较多	较少	无	1.67~1.88	0.029~0.174	气化、化工原料
烟　煤	较长	较大	较少	较多	好	1.25~1.50	0.19~0.65	燃烧、气化、焦炭
无烟煤	长	大	多	多	无	1.09~7.17	0.19~0.65	民用、气化

我国煤的分类标准是根据煤的挥发物和胶质层的厚度不同，分为无烟煤、焦煤、肥煤、气煤、弱粘结煤和长焰煤等十大类，具体情况见国家标准(GB5751-86)。在工业用煤中，烟煤的耗量占居首位。

烟煤含挥发物30%~40%，固定碳50%~60%，灰分10%~30%，水分2%~10%，发热量Q_{DW}23000~29000 kJ·kg^{-1}，最大的特点是具有结焦性。我国用胶质层(煤粉在300~600℃干馏时产生的胶质体)厚度Y表示煤的结焦性的好坏。用于炼焦的煤必须具有良好的结焦性。用于气化和燃烧的煤，不应具有结焦性，否则因结焦阻碍通风影响气化和燃烧。

2. 焦炭

焦炭是炼焦烟煤在炼焦炉内经高温(900~1100℃)干馏形成的。它是冶金生产的优质燃料，是高炉、鼓风护等竖炉不可代替的专用燃料。在炼焦生产过程中还产出焦煤气和煤焦油等副产品。

优质冶金焦炭的断口为银灰色，具有金属般的响声，气孔率大(45%以上)，发热量Q_{DW}为$(25\sim29)\times10^{3}$ kJ·kg^{-1}。焦炭用于竖炉不仅提供热量，而且对炉子工艺有很大的影响，在还原性的竖炉中，焦炭不仅是燃料，而且还是还原剂。因此对冶金焦炭有一定的理化要求，参见冶金焦炭标准(GB1996-80)。

3. 粉煤

工业用的粉煤，其粒度为0.05~0.07 mm，挥发物>20%。制造粉煤的原煤一般是用烟煤或烟煤与其他煤配合。粉煤通常用作回转窑、反射炉的燃料，而且可用作高炉、闪速炉的喷吹燃料。

与块煤比较，粉煤的优点是：用劣质煤和煤屑加工的粉煤，可达到同样的燃烧效果；粉煤可采用流态化输送，而且燃烧操作劳动强度小；粉煤的粒度小，易与空气混合；燃烧过程便于控制调节，燃烧较完全。

2.3　燃烧计算

2.3.1　概述

燃料燃烧计算是根据燃料在燃烧过程中物质平衡的原理进行的。它是炉子热工计算的重要组成部分。

燃料燃烧计算的内容有：燃烧需要的空气量、燃烧产物的生成量，成分和密度以及燃烧的温度。

燃烧需要的空气量，是保证燃料完全燃烧，选择风机和设计空气管道必不可少的数据。燃烧产物的生成量、成分和密度，是设计排烟系统(烟道、烟囱、抽烟机等)和计算炉气黑度所必需的。燃烧温度，是正确选择炉子所用燃料、合理组织燃烧过程和能否满足炉温要求的重要依据。

在燃料的计算过程中，为了简便燃烧计算，有以下假设条件：

(1) 气体的体积按标准状态(0 ℃，101325 Pa)下的体积计算。在标准状态下，1 kmol 的任何气体，其体积为 22.4 m^3；

(2) 燃料的化学成分，按实际使用状态时成分计算，即固体(液体)燃料为应用成分，气体燃料为湿成分；

(3) 燃料完全燃烧，当温度不高于 2100 ℃时，不计热分解消耗的热量和分解的产物；

(4) 燃料燃烧需要的氧气来自空气。空气的成分由 O_2 和 N_2 组成，不计其他气体。按体积，空气中 O_2 的含量为 21%，N_2 的含量为 79%。如果需要按湿空气计算时，则取饱和水蒸气的含量。

燃料燃烧计算的方法有分析计算法，图解计算法和经验公式计算法等。本章主要是介绍分析计算法和经验公式计算法。

2.3.2　空气需要量、燃烧产物量及其成分的计算

2.3.2.1　燃气燃烧空气需要量的计算

燃气燃烧的空气需要量包括理论空气需要量和实际空气需要量，理论空气需要量是根据燃气完全燃烧反应计算出来的，其燃烧反应方程式如表 1-2-6。但在实际燃烧过程中，由于燃料与空气混合不均匀，造成不完全燃烧。因此，为减

少或避免燃烧的不完全燃烧，实际空气需要量比理论空气需要量多。实际空气需要量 L_n 与理论空气需要量 L_0 之比，称为燃料燃烧的空气消耗系数，用 n 表示，即：

$$n = \frac{L_n}{L_0} \tag{1-2-25}$$

表 1-2-6　标准状态下 1 m³ 燃气燃烧时的燃烧反应表

湿成分 /%	反应方程式(体积比)	需氧体积 /m³·m⁻³	燃烧产物体积/m³·m⁻³				
			CO_2	H_2O	SO_2	N_2	O_2
CO^S	$CO+\frac{1}{2}O_2=CO_2$ $1:\frac{1}{2}:1$	$\frac{1}{2}CO^S$	CO^S				
$H_2{}^S$	$H_2+\frac{1}{2}O_2=H_2O$ $1:\frac{1}{2}:1$	$\frac{1}{2}H_2{}^S$		$H_2{}^S$			
$CH_4{}^S$	$CH_4+2O_2=CO_2+2H_2O$ $1:2:1:2$	$2CH_4{}^S$	$CH_4{}^S$	$2CH_4$			
$C_nH_m{}^S$	$C_nH_m+\left(n+\frac{m}{4}\right)O_2=nCO_2+\frac{m}{2}H_2O$ $1:n+\frac{m}{4}:n:\frac{m}{2}$	$\left(n+\frac{m}{4}\right)C_nH_m{}^S$	$nC_nH_m{}^S$	$\frac{m}{2}C_nH_m{}^S$			
H_2S^S	$H_2S+\frac{3}{2}O_2=SO_2+H_2O$ $1:\frac{3}{2}:1:1$	$\frac{3}{2}H_2S^S$		H_2S^S	H_2S^S		
$CO_2{}^S$	不燃烧		$CO_2{}^S$				
$SO_2{}^S$	不燃烧			$SO_2{}^S$			
$O_2{}^S$	消耗	$O_2{}^S$					
$N_2{}^S$	不燃烧					$N_2{}^S$	
H_2O^S				H_2O^S			

从表 1-2-6 可看出，标准状态下，1 m³ 气体燃料完全燃烧所需的空气量为：

$$L_0 = \frac{100}{21\times 100}\times\left[\frac{1}{2}CO^S+\frac{1}{2}H_2{}^S+2CH_4{}^S+\left(n+\frac{m}{4}\right)C_nH_m{}^S+\frac{3}{2}H_2S^S-O_2{}^S\right] \tag{1-2-26}$$

空气消耗系数 n 由表 1-2-7 选定，实际空气需要量按下式计算：

$$L_n = nL_0 \tag{1-2-27}$$

式(1－2－25)～(1－2－27)中　L_0——理论空气需要量，$m^3 \cdot m^{-3}$燃气；
L_n——实际空气需要量，$m^3 \cdot m^{-3}$燃气。

表1－2－7　各种燃料燃烧时空气消耗系数 *n* 的经验值[①]

燃烧过程	烟煤	无烟煤\焦炭	褐煤	粉煤	重油	煤气
人工操作	1.50～1.70	1.40～1.45	1.50～1.80	1.20～1.25	1.20～1.25	1.15～1.20
自动控制操作	机械加煤：1.20～1.40	—	—	1.15	1.15	1.05～1.10

注：①采用燃料与空气混合良好的燃烧装置时 *n* 取低值，反之取高值。

空气消耗系数 *n* 是组织燃料燃烧过程的重要参数。在确定空气消耗系数的大小时应考虑燃料的种类、燃烧方法和燃烧设备和影响。

2.3.2.2　固液体燃料燃烧空气需要量的计算

固液体燃烧理论空气需要量的计算与燃气的计算方法一样，其燃烧反应如表1－2－8所示。

表1－2－8　1 kg 固、液体燃料燃烧时的燃烧反应

燃料各组分的含量		反应方程式(摩尔比)	需氧量/kmol	燃烧产物量/kmol				
应用成分/%	kmol			CO_2	H_2O	SO_2	N_2	O_2
C^y	$\frac{C^y}{12}$	$C+O_2=CO_2$ 1∶1∶1	$\frac{C^y}{12}$	$\frac{C^y}{12}$				
H^y	$\frac{H^y}{2}$	$H_2+\frac{1}{2}O_2=H_2O$ $1:\frac{1}{2}:1$	$\frac{H^y}{4}$	$\frac{H^y}{2}$				
S^y	$\frac{S^y}{32}$	$S+O_2=SO_2$ 1∶1∶1	$\frac{S^y}{32}$			$\frac{S^y}{32}$		
O^y	$\frac{O^y}{32}$	消耗掉	$\frac{O^y}{32}$					
$N_2{}^y$	$\frac{N^y}{28}$	不燃烧					$\frac{N^y}{28}$	
W^y	$\frac{W^y}{18}$	不燃烧			$\frac{W^y}{18}$			
A^y		不燃烧、无气态产物						

根据表 1-2-8 分析，可得出 1 kg 燃料完全燃烧的所需理论空量为：

$$L_0=\frac{22.4\times100}{21\times100}\times\left(\frac{C^y}{12}+\frac{H^y}{4}+\frac{S^y}{32}-\frac{O^y}{32}\right)\qquad(1-2-28)$$

式(1-2-28)中　L_0——为理论空气需要量，$m^3\cdot kg^{-1}$。

当固液体燃料的空气消耗系数 n 确定后，实际空气需要量 L_n 按(1-2-27)式计算，单位为 $m^3\cdot kg^{-1}$。

2.3.2.3　燃料燃烧产物的计算

根据燃烧反应的物质平衡原理，燃料燃烧产物的计算内容有：气态产物的生成量、气态产物的成分和密度。

1. 燃烧产物生成量的计算

碳质燃料燃烧生成的气态产物主要有 CO_2、$H_2O(g)$、SO_2、N_2 和 O_2，它们是由燃料中的可燃物燃烧生成或非可燃物(除灰分)转入的，以及助燃空气带入的。标准状态下 1 m^3 的湿燃气完全燃烧时生成的产物量 V_n 为各成分生成量之和，即：

$$V_n=V_{CO_2}+V_{SO_2}+V_{N_2}+V_{O_2}\qquad(1-2-29a)$$

由表 1-2-6 中的燃气燃烧反应的产物量以及空气带入的 N_2、O_2 和水分量，来计算燃烧产物量：

$$V_n=[CO^S+H_2{}^S+3CH_4{}^S+(n+\frac{m}{2})C_nH_m{}^S+CO_2{}^S+2H_2S^S+SO_2{}^S+N_2{}^S+H_2O^S]\times\frac{1}{100}+(n-\frac{21}{100})L_0+0.00124g^g_{H_2O}L_n\qquad(1-2-29b)$$

同理由表 1-2-8 中，亦可计算固液体燃料燃烧产物量：

$$V_n=(\frac{C^y}{12}+\frac{S^y}{32}+\frac{H^y}{2}+\frac{W^y}{18}+\frac{N^y}{28})\times22.4\times\frac{1}{100}+(n-\frac{21}{100})L_0+0.00124g^g_{H_2O}L_n\qquad(1-2-29c)$$

式(1-2-29)中　V_n——燃烧产物的量，$m^3\cdot m^{-3}$(或 kg^{-1})；式中其他符号同前。

2. 燃烧产物的成分

燃烧产物成分是燃烧产物中各组分所占的体积百分数：

$$\left.\begin{aligned}&CO_2{}'=\frac{V_{CO_2}}{V_n}\times100\quad N_2{}'=\frac{V_{N_2}}{V_n}\times100\quad SO_2{}'=\frac{V_{SO_2}}{V_n}\times100\\&H_2O'=\frac{V_{H_2O}}{V_n}\times100\quad O_2{}'=\frac{V_{O_2}}{V_n}\times100\end{aligned}\right\}\qquad(1-2-30)$$

式中　V_{CO_2}、V_{SO_2}、…——为标准状态下燃烧产物中 CO_2、SO_2、N_2、H_2O、O_2 的体积数，可分别由表 1-2-6 或由表 1-2-8 求得，单位为 $m^3\cdot m^{-3}_{燃气}$ 或 $m^3\cdot kg^{-1}_{燃料}$。

3. 燃烧产物的密度

燃烧产物密度是指标准状态下 1 m^3 燃烧产物所具有的质量，用 ρ_0 表示，单位是 $kg \cdot m^{-3}$。已知产物成分时，密度亦可根据燃料燃烧产物的成分按下式计算：

$$\rho_0 = \frac{44CO_2' + 18H_2O' + 64SO_2' + 28N_2' + 32O_2'}{22.4 \times 100} \tag{1-2-31a}$$

当不知燃烧产物成分时，可用参加反应物的总质量除以燃烧产物的总体积得出密度，即根据燃料燃烧过程物质平衡的关系按下列公式计算。对气体燃料：

$$\rho_0 = \frac{1}{V_n}[28CO^S + 2H_2^S + (12n+m)C_nH_m^S + 34H_2S^S + 44CO_2^S + 32O_2^S + 28N_2^S + 18H_2O] \times \frac{1}{100 \times 22.4} + \frac{1.293L_n}{V_n} \tag{1-2-31b}$$

对于固体、液体燃料用下式计算：

$$\rho_0 = \frac{(1-A^y) + 1.293L_n}{V_n} \tag{1-2-31c}$$

2.3.2.4 各种燃料燃烧计算的经验公式

各种燃料燃烧计算理论空气需要量 L_0 和实际产物生成量 V_n 的经验式可参考表 1-2-9。按表中的经验公式计算的结果亦具有足够的准确性。

表 1-2-9　燃料计算的经验公式(标准状态下)

燃料种类	理论空气需要量 L_0 /$m^3 \cdot m^{-3}$或 $m^3 \cdot kg^{-1}$	实际燃烧产物生成量 V_n /$m^3 \cdot m^{-3}$或 $m^3 \cdot kg^{-1}$
木柴和泥煤	$\frac{0.256}{1000}Q_{DW} + 0.007W^y - 0.06$	$\frac{0.227}{1000}Q_{DW} + 1.09 + 0.007W^y + (n-1)L_0$
各种煤	$\frac{0.241}{1000}Q_{DW} + 0.5$	$\frac{0.213}{1000}Q_{DW} + 1.65 + (n-1)L_0$
各种液体燃料	$\frac{0.203}{1000}Q_{DW} + 2.0$	$\frac{0.265}{1000}Q_{DW} + (n-1)L_0$
煤气 $Q_{DW} < 12500\ kJ \cdot m^{-3}$	$\frac{0.209}{1000}Q_{DW} - 0.25$	$\frac{0.173}{1000}Q_{DW} + 1.0 + (n-1)L_0$
煤气 $Q_{DW} > 12500\ kJ \cdot m^{-3}$	$\frac{0.26}{1000}Q_{DW} - 0.25$	$\frac{0.272}{1000}Q_{QW} + 0.25 + (n-1)L_0$
焦炉与高炉混合气	$\frac{0.239}{1000}Q_{DW} - 0.2$	$\frac{0.226}{1000}Q_{DW} + 0.765 + (n-1)L_0$
天然气 $Q_{DW} < 35800\ kJ \cdot m^{-3}$	$\frac{0.264}{1000}Q_{DW}$	$\frac{0.282}{1000}Q_{DW} + 0.83 + (n-1)L_0$
天然气 $Q_{DW} > 35800\ kJ \cdot m^{-3}$	$\frac{0.264}{1000}Q_{DW}$	$\frac{0.282}{1000}Q_{DW} + 0.83 + (n-1)L_0$

2.3.3 燃烧温度的计算

以燃料供热的炉子，炉温的高低主要取决于燃料燃烧的温度。

所谓燃烧温度是指燃料燃烧时其气态产物（烟气）所能达到的温度。燃烧产物所含热量越多，它的温度就越高。由于燃烧条件不同，燃烧温度有理论燃烧温度 t_{th} 和实际燃烧温度 $t_{c.p}$。

2.3.3.1 理论燃烧温度

理论燃烧温度是指在绝热条件下燃料完全燃烧时所达到的温度，用 t_{th} 表示。理论燃烧温度可根据燃料燃烧过程的热平衡关系求得。

按单位（标准 m^3 或 kg）燃料燃烧计算，实际燃烧过程的热收入与热支出如表 1-2-10。

根据热平衡原理，燃料燃烧过程的热收入等于热支出，即：

$$Q_{DW} + Q_f + Q_a = V_n C_{c.p} t_{c.p} + Q_{t.d} + Q_i + Q_{t.c} \tag{1-2-32a}$$

式中 $C_{c.p}$——燃烧产物的平均比热，$kJ \cdot (m^3 \cdot ℃)^{-1}$；

表 1-2-10 单位（标准 m^3 或 kg）燃料燃烧过程的热收入与支出

热收入/$kJ \cdot kg^{-1}$（或 $kg \cdot m^{-3}$）	热收入/$kJ \cdot kg^{-1}$（或 $kg \cdot m^{-3}$）
（1）燃料完全燃烧放出的热量 Q_{DW}	（1）燃烧产物吸收的热量 $Q_{c.p} = V_n C_{c.p} t_{c.p}$
（2）燃料带入的物理热 $Q_f = C_f t_f$	（2）燃烧产物在高温下热分解消耗的热量 $Q_{t.d}$
（3）空气带入的物理热 $Q_a = L_n C_a t_a$	（3）燃料不完全燃烧而损失的热量 Q_i
	（4）由燃烧产物传给周围物体的热量 $Q_{t.c}$
$Q_{DW} + Q_f + Q_a$	$Q_{c.p} + Q_{t.d} + Q_i + Q_{t.c}$

由以上关系，燃料燃烧的实际燃烧温度的计算式为

$$t_{c.p} = \frac{Q_{DW} + Q_f + Q_a - Q_{t.d} - Q_i - Q_{t.c}}{V_n C_{c.p}} \tag{1-2-33}$$

式中 $t_{c.p}$——实际燃烧温度，℃

按上式求燃烧温度是很复杂的，影响因素很多，且 $Q_{t.d}$、Q_i、$Q_{t.c}$ 和 $C_{c.p}$ 都与燃烧温度有关，故不能直接算出。当燃烧温度不超过 2100 ℃时，燃烧产物很少发生热分解，因此，在这种情况下，热分解热可忽略不计 $Q_{t.d} = 0$；若在绝热条件下完全燃烧即 $Q_{t.c} = 0$、$Q_i = 0$。燃烧产物吸收的热量 $Q_{c.p}$ 按下式计算：

$$Q_{c.p} = V_n C_{c.p} t_{th} \tag{1-2-34}$$

式中 t_{th}——理论燃烧温度，℃

则(1－2－35)式为：

$$Q_{DW} + Q_f + Q_a \approx V_n C_{c.p} t_{th} \quad (1-2-32b)$$

由以上关系，燃料燃烧的理论燃烧温度的计算式为：

$$t_{th} = \frac{Q_{DW} + Q_f + Q_a}{V_n C_{c.p}} \quad (1-2-35)$$

由于燃烧产物的平均比热 $C_{c.p}$ 是理论燃烧温度 t_{th} 的函数。为了计算简便，工程上往往利用 $I-t$ 图图解法近似计算。$I-t$ 图如图 1－2－1 所示，即

$$t_{th} = f(I, V_L\%) \quad (1-2-36)$$

式中　I——燃烧产物在理论燃烧温度时的热含量，$kJ \cdot m^{-3}$；

$V_L\%$——过剩空气在燃烧产物中的体积百分数，%。

根据已知的 I 和 $V_L\%$，便可从图 1－2－1 中查得理论燃烧温度 t_{th}。其计算方法和步骤为：

(1) 求出燃烧产物的理论热含量　燃烧产物的理论热含量是假设在燃烧过程中不存在任何热损失的理想条件下，燃烧产物单位体积中所含的物理热，以 I 表示。计算式为：

$$I = t_{th} \cdot C_{c.p} = \frac{Q_{DW} + Q_f + Q_a}{V_n} \quad (1-2-37)$$

燃料的物理热 Q_f，对于固体(液体)燃料，一般不进行预热，而在常温下含有的物理热很少，可忽略不计。对于燃气，往往进行预热，其含有的物理热可按下式计算：

$$Q_f = C_f \cdot t_f \quad (1-2-38)$$

式中　C_f——燃气的平均比热，$kJ \cdot (m^3 \cdot ℃)^{-1}$；

t_f——燃气预热的温度，℃。

燃气是多种简单气体的混合体，而每一种气体的数量和比热又不相同，因此燃气的平均比热 C_f 按下式计算：

$$C_f = C_{CO} \times CO^S\% + C_{H_2} \times H_2{}^S\% + C_{CH_4} \times CH_4{}^S\% + C_{CO_2} \times CO_2{}^S\% + \cdots \quad (1-2-39)$$

空气带入的物理热 Q_a 可按下式计算：

$$Q_a = L_n \cdot C_a \cdot t_a \quad (1-2-40)$$

式中　C_a——空气在 t_a 温度下比热，$kJ \cdot (m^3 \cdot ℃)^{-1}$；

t_a——空气燃烧前的温度，℃。

(2) 求出燃烧产物中过剩空气的体积百分数 $V_L\%$：

$$V_L\% = \frac{L_n - L_0}{V_n} \times 100\% \quad (1-2-41)$$

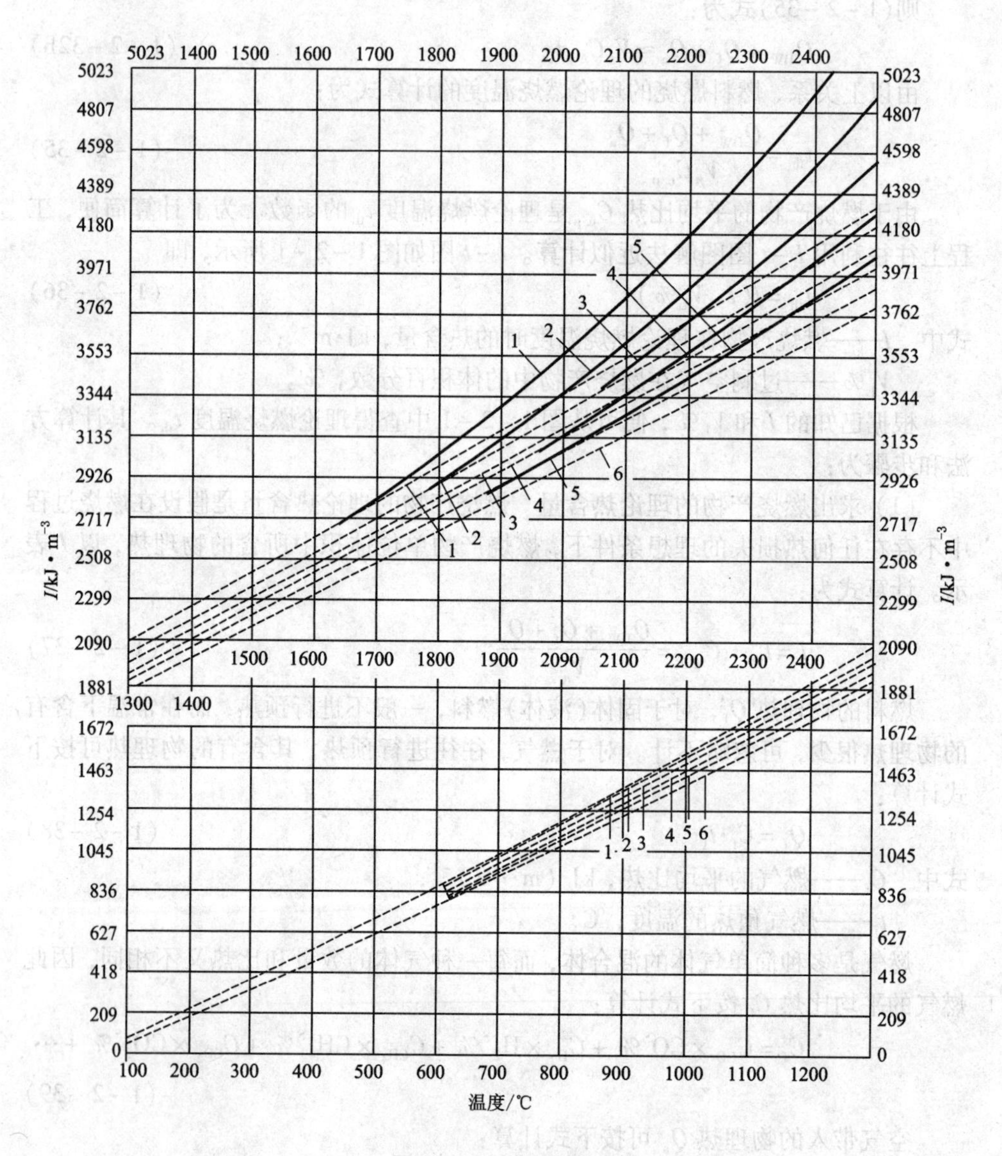

图 1－2－1　*I*－*t* 图

（适用于重油、烟煤、无烟煤、焦炭、发生炉煤气及 $Q_W = 8360 \sim 12540$ kJ/m^3 的高炉－焦炉混合煤气等的燃烧产物）

1—$V_L = 0\%$　2—$V_L = 20\%$　3—$V_L = 40\%$　4—$V_L = 60\%$　5—$V_L = 80\%$

6—$V_L = 100\%$（空气）　V_L—燃烧产物中过剩空气的体积百分数，$V_L = \frac{L_n - L_0}{V_n} \times 100\%$

(3) 确定t_{th}的数据 根据I、$V_L\%$在$I-t$图(图1-2-2)的横坐标上就可查到所求的理论燃烧温度t_{th}。

2.3.3.2 实际燃烧温度

燃料在实际燃烧过程所达到的温度称为实际燃烧温度，用$t_{c.p}$表示。实际燃烧温度$t_{c.p}$比理论燃烧温度t_{th}低。其原因是燃料不完全燃烧以及燃烧过程散热等因素造成的热损失。由于无法准确计算，所以目前工程上多按以下经验公式近似计算：

$$t_{c.p}=\eta\cdot t_{th} \tag{1-2-42}$$

式中 η——炉温系数，为经验值，可由表1-2-11查得。

表1-2-11 炉温系数η的经验数据

炉子类型		η	炉子类型	η
铜锍反射炉		0.75~0.85	蓄热式热风炉	0.92~0.98
离析窑燃烧炉		0.82~0.88	热处理炉(炉温1000℃)	0.65~0.70
重油炼钢平炉($Q_{DW}=37620\sim41860\ kJ\cdot kg^{-1}$)		0.705~0.74	匀热炉	0.68~0.73
连续加热炉	生产率500~600 $kg\cdot(m^2\cdot h)^{-1}$	0.70~0.75	室式加热炉	0.75~0.85
	生产率200~300 $kg\cdot(m^2\cdot h)^{-1}$	0.75~0.85	直通式炉	0.72~0.76
室式窑(间隙作业)	气体燃料	0.73~0.78	带材加热炉	0.75~0.80
	固体燃料	0.66~0.70	缓慢装料封闭结构的隧道窑	0.75~0.82
回转窑(粉煤、煤气、重油)		0.70~0.75	水泥煅烧回转窑	0.65~0.75
隧道窑(煤气、重油)		0.78~0.83	球团竖式焙烧炉燃烧室	0.92~0.95

【例1-2-5】 某铜精练反射炉以重油为燃料，其化学组成(%)为：$C^r88.2$，$H^r10.4$，$O^r0.3$，$N^r0.6$，$S^r0.5$，$W^y1.0$，$A^g0.2$。已知助燃空气在燃烧前预热到200℃，求实际助燃空气量；燃烧产物的体积、组成和密度；实际燃烧温度。

解 ①燃料组成换算 燃烧计算须按燃料的实用组成来进行，因此，须将可燃组成换算成实用组成。按表1-2-2的换算系数，先将A^g换算成A^y，再换算其他成分：

$$A^y=A^g\times\frac{100-W^y}{100}=0.2\times\frac{100-1}{100}=0.198\%$$

$$C^y=C^r\times\frac{100-(W^y+A^y)}{100}=88.2\times\frac{100-(1+0.198)}{100}=87.14\%$$

同理可算得：$H^y=10.28\%$；$O^y=0.296\%$；

$N^y=0.592\%$；$S^y=0.494\%$。

则 $A^y + C^y + H^y + O^y + N^y + S^y + W^y$

$= (0.198 + 87.14 + 10.28 + 0.296 + 0.592 + 0.494 + 1)\%$

$= 100\%$

② 计算助燃空气　理论空气量按式(1-2-28)计算

$$L_0 = \frac{22.4 \times 100}{21 \times 100} \times \left(\frac{C^y}{12} + \frac{H^y}{4} + \frac{S^y}{32} - \frac{O^y}{32}\right)$$

$$= 0.0889C^y + 0.2667H^y + 0.0333(S^y - O^y)$$

$$= 0.0889 \times 87.14 + 0.2667 \times 10.28 + 0.0333(0.494 - 0.296)$$

$$= 10.5\ m^3_{标准} \cdot kg^{-1}$$

设此条件下选用高压重油喷嘴，其空气消耗系数由表1-2-7查得，取 $n = 1.2$，则实际空气需要量为：

$$L_n = nL_0 = 1.2 \times 10.5 = 12.6\ m^3_{标准} \cdot kg^{-1}$$

③ 燃烧产物量　根据式1-2-29a和表1-2-8计算燃烧产物各成分的体积

$$V_{CO_2} = \frac{C^y}{12} \times \frac{22.4}{100} = \frac{87.14}{12} \times \frac{22.4}{100} = 1.63\ m^3_{标准} \cdot kg^{-1}$$

$$V_{H_2O} = \left(\frac{H^y}{2} + \frac{W^y}{18}\right) \times \frac{22.4}{100} = \left(\frac{10.28}{2} + \frac{1}{18}\right) \times \frac{22.4}{100} = 1.16\ m^3_{标准} \cdot kg^{-1}$$

$$V_{SO_2} = \frac{S^y}{32} \times \frac{22.4}{100} = \frac{0.494}{32} \times \frac{22.4}{100} = 0.00346\ m^3_{标准} \cdot kg^{-1}$$

$$V_{O_2} = \frac{21}{100}(L_n - L_0) = 0.21 \times (12.6 - 10.5) = 0.44\ m^3_{标准} \cdot kg^{-1}$$

$$V_{N_2} = \frac{N^y}{28} \times \frac{22.4}{100} + \frac{79}{100} \times L_n = \frac{0.592}{28} \times \frac{22.4}{100} + \frac{79}{100} \times 12.6 = 9.959\ m^3_{标准} \cdot kg^{-1}$$

则：

$$V_n = V_{CO_2} + V_{H_2O} + V_{SO_4} + V_{N_2} + V_{O_2}$$

$$= 1.63 + 1.16 + 0.00346 + 0.44 + 9.959 = 13.19\ m^3_{标准} \cdot kg^{-1}$$

④ 燃烧产物组成

$$CO_2' = \frac{V_{CO_2}}{V_n} \times 100\% = \frac{1.63}{13.19} \times 100\% = 12.36\%$$

$$H_2O' = \frac{V_{H_2O}}{V_n} \times 100\% = \frac{1.16}{13.19} \times 100\% = 8.79\%$$

$$SO_2' = \frac{V_{SO_2}}{V_n} \times 100\% = \frac{0.00346}{13.19} \times 100\% = 0.03\%$$

$$O_2' = \frac{V_{O_2}}{V_n} \times 100\% = \frac{0.44}{13.19} \times 100\% = 3.34\%$$

$$N_2 = \frac{V_{N_2}}{V_n} \times 100\% = \frac{9.956}{13.19} \times 100\% = 75.48\%$$

⑤ 燃烧产物密度　按式(1-2-33)

$$\rho_0 = \frac{44CO_2' + 18H_2O' + 64SO_2' + 28N_2' + 32O_2'}{22.4 \times 100}$$

$$= \frac{44 \times 12.36 + 18 \times 8.79 + 64 \times 0.03 + 28 \times 75.48 + 32 \times 3.34}{22.4 \times 100}$$

$$= 1.30\ \mathrm{kg \cdot m^{-3}_{标准}}$$

⑥ 重油的发热量　按式(1-2-11)为

$$Q_{DW} = 339C^y + 1030H^y - 109(O^y - S^y) - 25W^y$$

$$= 339 \times 87.14 + 1030 \times 10.28 - 109 \times (0.296 - 0.494) - 25 \times 1$$

$$= 40125.44\ \mathrm{kJ \cdot kg^{-1}}$$

⑦ 燃烧温度的计算　由式(1-2-37)计算燃烧产物的理论热含量 I

由于重油温度不高(常温)Q_f 可忽略不计；助燃空气预热至 200 ℃，其物理热 Q_a 按下式(1-2-40)计算，由附录查得，200 ℃时，干空气的平均比热 $C_a = 1.306\ \mathrm{kJ \cdot (m^3 \cdot ℃)^{-1}}$。则

$$Q_a = L_n C_a t_a = 12.6 \times 1.306 \times 200 = 3291.12\ \mathrm{kJ \cdot kg^{-1}_{重油}}$$

Q_a 值也可按 $V_L\% = 100\%$ 的那条线，从 $I-t$ 图查得。

于是，燃烧产物的理论热含量

$$I = \frac{40125.44 + 0 + 3291.12}{13.19} = 3291.63\ \mathrm{kJ \cdot m^{-3}_{标准}}$$

$$V_L\% = \frac{L_n - L_0}{V_n} = \frac{12.6 - 10.5}{13.19} = 16\%$$

根据 I 和 $V_L\%$ 由图 1-2-1 的 $I-t$ 图查得 $t_{th} = 1940$ ℃。

由表 1-2-11 取炉温系数 $\eta = 0.75$，则实际燃烧温度为

$$t_{c.p} = \eta \cdot t_{th} = 0.75 \times 1940 = 1455\ ℃$$

2.3.3.3 燃烧温度的讨论

根据实际燃烧温度的表达式(1-2-33)可知，影响实际燃烧温度的因素有：

1. 燃料的发热量 Q_{DW}

燃料的发热量越高，其理论燃烧温度越高。故对要求高温的炉子，应选择发热量高的优质燃料。但对于气体燃料，当 Q_{DW} 在 3400 ~ 8400 $\mathrm{kJ \cdot m^{-3}}$ 标准范围内时，其燃烧温度随 Q_{DW} 值的增加而增长较快；当 $Q_{DW} > 8400\ \mathrm{kJ \cdot m^{-3}}$ 标准时，随着 Q_{DW} 的增加，其生成烟气量 V_n 也增加较快，因而使单位体积燃烧产物的热含量没有多大变化(本质地讲，燃烧温度主要取决于单位体积燃烧产物的含热量)，所以

其理论燃烧温度增长缓慢。

2. 空气和燃气的预热温度

燃烧温度随着燃料和空气的物理热含量 Q_f 和 Q_a 增加而升高，为增加 Q_f 和 Q_a 采取燃烧前预热燃气和空气，但预热空气较为方便，对发热量高的燃气效果更大。这是实际采用提高燃烧温度的普遍有效的办法。

一般利用炉子废气的热量采用换热装置来预热空气。这样不仅提高了燃烧温度，而且利用了废气的热量，节约了燃料。从经济观点看，用预热的办法比提高发热量等其他办法提高燃烧温度更为合理。

3. 使燃料完全燃烧

不完全燃烧所造成的热损失量 Q_i 增加，将使燃烧温度降低。因此应控制好助燃空气量，并根据燃料特点，采用相应的燃烧措施，如加强燃气与空气的混合，加强重油的雾化等等，以使燃料充分燃烧。

4. 空气消耗系数 n

它影响燃烧产物的生成量和成分，并影响燃料的燃烧程度，从而影响燃烧温度。因为空气消耗系数太大($n\gg1$)，使燃烧产物体积增大而导致燃烧温度降低；如果空气消耗系数过小($n\leqslant1$ 时)，则造成不完全燃烧，而同样使燃烧温度降低。因此，为提高燃烧温度，应该在保证完全燃烧的前提下，尽可能减小空气消耗系数 n。

5. 助燃空气的富氧程度

从燃烧计算可知，燃料产物的主要组分是 N_2 一般约(70% ~80%)，而 N_2 又绝大多数来自助燃空气。如果采用富氧(往空气中混入氧气，使 N_2 含量相对降低)或纯氧气做助燃剂，使燃烧产物体积大大减小，燃烧温度显著上升。生产实际表明，富氧程度对发热量较高的燃料影响较大，而对发热量较低的燃料影响较小。当采用富氧来提高燃烧温度时，富氧空气在含氧27% ~30%有明显效果，而再提高富氧程度，效果便越来越不明显。

6. 减小燃烧产物传给周围物体的散热量 $Q_{t.c}$

燃烧过程中向外界散失的热量，是使实际温度降低的因素之一。为减小这项损失，应加强燃烧室的保温。

7. 提高燃烧强度

燃烧强度是指燃烧室空间的单位容积在单位时间内所燃完的燃料量(或以放出热量的多少来表示)若燃烧技术合理，加快完全燃烧速度，提高燃烧强度，增加热量的收入，从而使实际燃烧温度上升。这是生产实践中通常采用的方法。当然，在一定条件下提高燃烧强度是有限的，超过这个限度再增加燃料量，将导致燃料的不完全燃烧而对温度的提高无益。

2.4　燃料的燃烧与燃烧器

燃料的燃烧是急剧的氧化过程，并伴着放热和发光。燃料燃烧的必要条件是供给足够的助燃空气和加热到着火温度。

燃料燃烧需要的空气量通过燃烧计算确定。着火温度是指燃料与空气的混合物进行化学反应自动加速而达到自燃着火的最低温度。各种燃料的着火温度见表1-2-12。

表1-2-12　各种燃料的着火温度

燃料种类	木柴	烟煤	无烟煤	焦炭	重油	高炉煤气	焦炉煤气	发生炉煤气	天然气
着火温度/℃	300	400~500	600~700	700	580	530	500	530	530

燃料的燃烧过程是指燃烧与助燃空气混合、经加热着火、最后进行燃烧反应的过程。它是一个非常复杂的物理和化学过程。当燃烧过程受加热和燃烧反应速度的限制时，则称为动力燃烧。当燃烧过程受混合速度限制时，则称为扩散燃烧。

燃烧燃烧后不剩有可燃物，称为完全燃烧。燃料燃烧后产物中还含有可燃物，称为不完全燃烧。燃料产生不完全燃烧的主要原因是供给的助燃空气不足，燃料与空气混合不均，没达到着火温度等。燃料的不完全燃烧，造成燃料的利用率降低，燃烧温度下降，影响生产，应尽量减少或避免。

2.4.1　气体燃料的燃烧及烧嘴

2.4.1.1　燃气燃烧过程

煤气、天然气、石油液化气等燃气的燃烧过程，从本质上看包括三个阶段：即燃气和空气的混合，混合后可燃气体的加热和着火，完成燃烧化学反应而进行正常燃烧。

1. 燃气和空气的混合

是一个紊流扩散和机械掺混过程，其影响因素主要有：

（1）燃气和空气的流动方式　燃气和空气平行流动时的混合速度最慢，火焰最长；当燃气和空气的流动方向之间有一定交角特别是呈旋转运动时，能够加快混合速度。

（2）气流速度　在层流情况下，混合是通过分子扩散的方式进行的，与气流速度无关。在紊流情况下，气流速度越大，紊流作用就越强，混合也就越快。

（3）气流相对速度（速度差） 气流速度差越大，混合就越快。

（4）气流直径 气流直径越大，完成混合所需的时间越长。因此，采用多喷口，细流股，扁流股的烧嘴，将气流分成许多细小流股，均可增加燃气和空气之接触面，从而加速其混合，提高燃烧强度。

（5）空气消耗系数 适当增大空气消耗系数能使混合加快，火焰缩短；反之则混合放慢，火焰拉长。

2. 燃气和空气混合物的加热和着火

着火过程是指燃料与空气混合均匀后，从开始加热到进行激烈氧化的过程。着火可分为自然着火和强迫着火。常把使容器内整个气体的温度同时达到着火温度的过程称为自然着火（煤气爆炸属于这种过程）；如果是先用一小的热源（小火焰、电火花或灼热的小物体等）将可燃混合物某一局部先加热到着火温度，然后引起其他部分着火，这样的着火过程称为强迫着火或点火。工业炉内燃气的燃烧过程都属于强迫着火的类型。在这种着火方式下，为了使燃烧反应连续稳定地进行下去，必须使燃气燃烧以后所放出的热量足以能够使邻近的未燃气体加热到着火温度。因此，燃气燃烧过程的稳定与否和燃气与空气的混合比例有直接关系。只有当燃气的浓度处于一定范围之内时，才能使燃气保持稳定的燃烧，这一浓度范围叫做“着火浓度极限”。其值见表1－2－13。

表1－2－13 燃气空气混合物的着火温度和着火浓度

气体名称	着火温度/℃		着火浓度极限/%	
	最低	最高	上限	下限
氢气（H_2）	550	609	1.0～9.5	65.0～75.0
一氧化碳（CO）	630	672	12.0～15.6	70.9～75.0
甲烷（CH_4）	800	850	4.9～6.3	11.9～15.4
乙烷（C_2H_6）	540	594	3.1	12.5
丙烷（C_3H_8）	525	583	2.0	9.5
丁烷（C_4H_{10}）	490	569	1.93	8.4
乙烯（C_2H_4）	540	550	3.0	28.6
乙炔（C_2H_2）	335	500	2.5	80.0
焦炉煤气	556	650	5.6～5.8	28.0～30.8
发生炉煤气	700	800	20.7	77.4
高炉煤气	700	800	35.0～40.0	56.0～73.5
天然气	750	850	5.1～5.8	12.1～13.9

3. 完成燃烧化学反应

当燃气空气混合物加热到其着火温度后，就立即开始剧烈地氧化反应，并放出大量光和热，这就是燃气的燃烧反应阶段。

燃气的燃烧反应只表示了反应的最初和最终的物质，而没有表示反应的机理，即反应的中间过程。理论研究表明，燃气的燃烧反应机理是属于支链反应。即燃烧反应是通过一些化学性活泼的中间物质——活性核心实现的。活性核心主要是由于高温分解产生的氢原子、氧原子和氢氧基，它们具有较大的活化能，故反应速度极快。氢气的燃烧反应是典型的支链反应，其反应过成如下：

氢在高温下分解产生活性氢原子，即

$$H_2 \longrightarrow H + H$$

活性氢原子是支链反应的基础，它与氧分子碰撞产生活化氧原子和氢氧基，其支链反应如下：

$$H + O_2 \nearrow O + H_2$$
$$O + H_2 \nearrow H$$
$$O + H_2 \searrow OH + H_2$$
$$OH + H_2 \nearrow H$$
$$OH + H_2 \searrow H_2O$$
$$H + O_2 \searrow OH + H_2$$
$$OH + H_2 \nearrow H_2O$$
$$OH + H_2 \searrow H$$

由以上支链反应可知，一个氢原子能产生三个新的氢原子分别参与反应时产生九个氢原子。这样的结果，大大加速了燃烧反应的速度，且温度愈高，燃烧反应的速度愈快。

综上所述，燃气的燃烧过程可分为混合、着火和燃烧三个阶段。在冶金炉正常生产时，三者几乎同时进行的，只有在不同的条件下，影响燃速度的因素不同。在高温的冶金炉内，燃气和空气混合的好坏，是影响燃烧质量 的关键。

2.4.1.2　燃气燃烧方法

根据燃气和空气在燃烧前的混合方式不同，可将燃气燃烧方法分为有焰燃烧、无焰燃烧和半无焰燃烧。

1. 有焰燃烧(扩散燃烧)

指燃气和空气在烧嘴中不预先进行混合，而是在离开烧嘴进入炉内，在炉内(或燃烧室中)边混合边燃烧，这时火焰较长并有鲜明的轮廓，故名有焰燃烧。因为混合过程是一种物质扩散过程，故有焰燃烧的原理属于扩散燃烧。

2. 无焰燃烧(动力燃烧)

所谓无焰燃烧法，是燃气和空气进入炉膛(或燃烧室前)预先进行了充分混合，这时燃烧速度极快，整个燃烧过程在烧嘴砖(或叫烧嘴坑道)内就可以结束，火焰很短，甚至看不到火焰，这种“预混式”的燃烧称为“无焰燃烧”。因为它的着火和正常燃烧已不需要混合过程，主要取决于化学动力学方面的因素，故无焰燃烧的原理属于“动力燃烧”。

无焰燃烧的特点为：① 燃烧速度快，清澈透明，且不易控制，高温集中在烧嘴附近；② 要求燃气的压力较高，对于喷射式烧嘴一般为4000 ~ 29420 Pa，而且要求使用净化后的燃气；③ 燃气和空气的预热温度受到限制(空气≤500 ℃；煤气≤300 ℃)，原则上不能高于混合气体的着火温度，否则将造成严重的回火现象，使烧嘴无法正常工作；④ 空气消耗系数较有焰燃烧小，一般 $n = 1.02 \sim 1.05$ 就能达到完全燃烧，且理论燃烧温度高回；⑤ 燃烧空间的热强度高，比有焰燃烧时大 100 ~ 1000 倍。

2.4.1.3 燃气燃烧的火焰传播速度

火焰的传播速度如图 1 - 2 - 2 所示，在一水平放置的玻璃管中充满燃气与空气混合好的可燃气体，管的右端与大气相通以保持恒压，并装有点火器。点火时，火源附近的可燃混合气体着火燃烧，形成一层燃烧反应层，称为火焰前沿。高温的火焰前沿加热它邻近的可燃气体，使之着火燃烧。新的火焰前沿又使其临近的燃气受热着火燃烧。这样，可燃混合气体一层一层被加热、着火燃烧，即火焰前沿不断向前移动。火焰前沿移动的速度 u 称为火焰传播速度——燃气燃烧的速度。

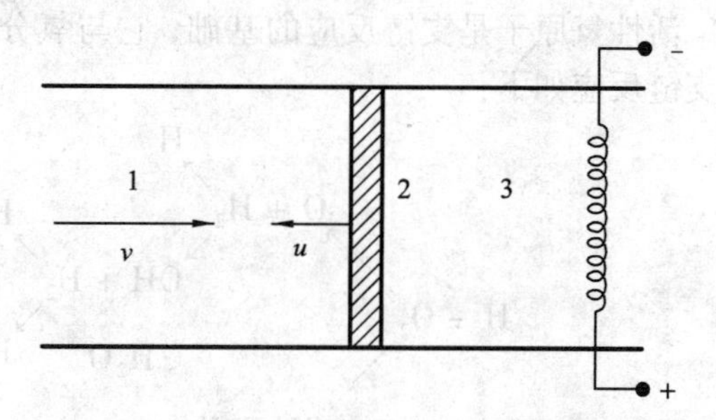

图 1 - 2 - 2 燃烧前沿传播示意图

1—可燃混合物 2—燃烧前沿 3—燃烧产物

在燃气与空气混合均匀的条件下，由于燃气燃烧的火焰传播过程是传热和化学反应的混合过程，故影响火焰传播速度的因素有：可燃气体的性质，空气的数量，可燃气体的温度等。

各种可燃气体在不同的空气消耗系数下的火焰速度如图 1 - 2 - 3 所示，氢气由于导热性好，易加热着火，故火焰传播速度快。当空气消耗系数 $n < 1$ 时，火焰传播速度最快。这是因为燃气的浓度偏高时，支链反应活性核心浓度大，加热着火的时间缩短，致使燃烧反应速度加快，如图 1 - 2 - 4 所示。

掌握火焰的传播速度对正确组织燃气的燃烧是非常重要的。火焰传播速度是设计和选择燃气燃烧器的重要依据。当可燃混合气体从烧嘴喷出的速度小于火焰传播速度时，将产生回火(火焰进入烧嘴)，严重时将引起爆炸；在开炉点火时，炉温较低，若可燃气体从烧嘴喷出的速度过大地超过火焰传播速度时，将会发生灭火现象。

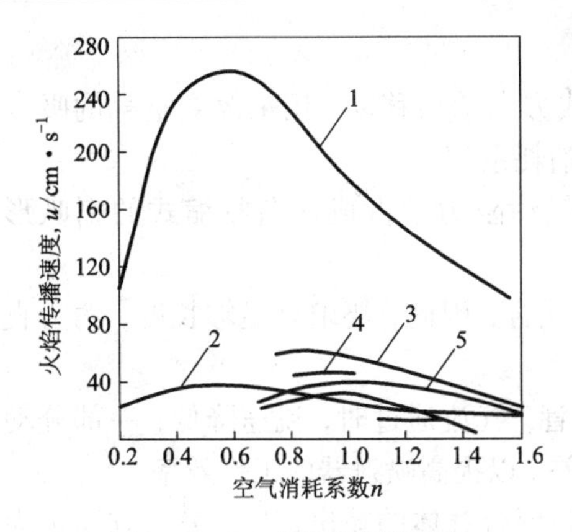

图 1-2-3　火焰传播速度与空气消耗系数的关系

1—H_2　2—CO　3—C_2H_4

4—C_3H_6　5—C_3H_3　6—CH_4

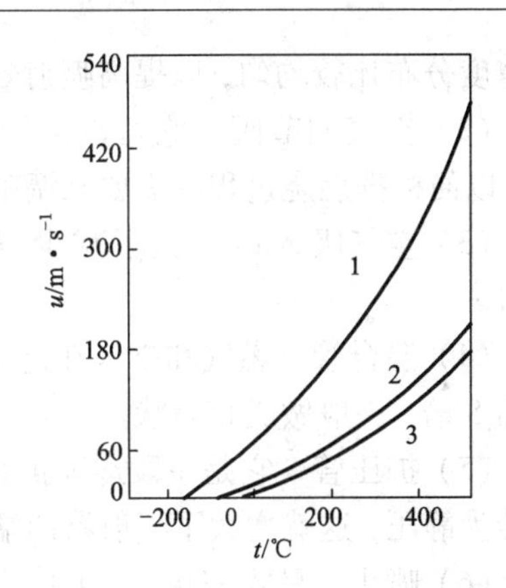

图 1-2-4　火焰传播速度与温度的关系

1—焦炉煤气　2—天然气　3—发生炉煤气

2.4.1.4　燃气燃烧器——烧嘴

1. 有焰烧嘴

有焰燃烧所用的燃烧器称为有焰烧嘴。常用的有焰烧嘴有套管式烧嘴、低压涡流式烧嘴、扁缝涡流式烧嘴、环缝涡流式烧嘴等同。

2. 无焰烧嘴

目前工业上应用的无焰烧嘴多为喷射式烧嘴。它是以燃气作为喷射介质，按比例吸入助燃所需的空气，并在混合管道内充分混合，而后喷射燃烧。其结构示意图如图 1-2-5 所示。

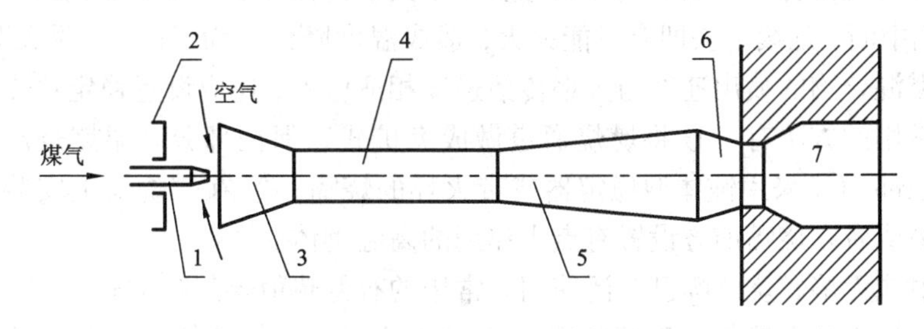

图 1-2-5　喷射式无焰烧嘴结构示意图

1—煤气喷口　2—空气调节阀　3—空气吸入口　4—混合管　5—扩压管　6—喷头　7—燃烧坑道

无焰烧嘴（喷射式）各部件的用途及特点如下：

(1) 燃气喷口　它是一个收缩型管嘴。做成收缩形是为了使出口断面上的气流速度分布比较均匀，以提高喷射效率。

(2) 空气调节阀　它可以沿烧嘴轴线方向前后移动，用来改变空气的吸入量，以便根据燃烧过程的需要来调整空气消耗系数。

(3) 空气吸入口　为了减少空气的气动阻力常做成逐渐收缩式的喇叭形管口。

(4) 混合管　燃气和空气在这里进行混合，因此，要求有足够长度，约为直径的 S 倍，一般做成直筒状。

(5) 扩压管　它是一段逐渐扩张的圆管，气流通过时，流速降低，一部分动压转为静压，这就增大了喷射器两端的压差，以提高喷射器的工作效率。

(6) 喷头　呈收缩状，一方面为了提高混合气体的喷出速度，另一方面是为了使出口断面上速度分布均匀化，有利于防止回火。在一些大型的喷射式烧嘴的喷头上必须安装散热片，或者做成水冷式，以便加强散热，这是防止回火的一个有效措施。

(7) 燃烧坑道　用耐火材料砌成，可燃气体在这里被迅速加热到着火温度并完成燃烧反应。燃烧坑道对可燃气体的加热点火一方面依靠燃烧坑道壁的高温辐射作用，另一方面还可以使部分高温燃烧产物回流到喷头附近（火焰根部），以构成直接点火热源，因此，坑道的张角不宜小于90°。

无焰烧嘴在使用时要特别注意火焰的稳定性。火焰能保持一定的位置和体积，即不“回火”也不“脱火”。火焰传播度大于可燃混合气体喷出速度时会导致“回火”。为了防止“回火”，可燃混合物气体从喷嘴喷出的速度必须大于某一临界速度。此外，还应注意保证出口断面上速度的均匀分布，避免使气流受到外界扰动。

如果可燃混合气体从喷嘴喷出速度大于火焰传播速度，则发生“脱火”，脱火后，火焰中断，延续下去即有可能灭火，造成温度降低。为了防止“脱火”，除了应使可燃混合物的喷出速度与火焰传播速度相适应外，还应设置稳定可靠的点火热源。常用的方法有：① 将燃烧通道做成突扩式以保证部分高温燃烧产物回流到火焰根部；② 采用钝体型稳定器或带火环的烧嘴；③ 在燃烧器上安装辅助性点火烧嘴或者在烧嘴前方设置有点火作用的高温砌体。

喷射式无焰燃烧烧嘴已广泛使用。常用的有低热值煤气喷射式烧嘴、焦炉煤气喷射式烧嘴和天然气喷射式烧嘴。其详细结构和工作性能和主要尺寸可参考《工业炉设计参考手册》。

2.4.2 液体燃料的燃烧与烧嘴

工业生产使用的液体燃料主要是重油。在组织重油燃烧时，预先应进行加热、加压和过滤处理。

2.4.2.1　重油的燃烧过程

工业生产组织重油燃烧时，首先将重油雾化为小颗粒的油雾，接着使油雾与空气混合，并将油雾与空气混合物加热到重油的着火温度，最后进行燃烧反应。在工业炉正常生产的过程中，重油燃烧的好坏，主要取决于重油的雾化和油雾与空气的混合。

1. 重油的雾化

重油的雾化是利用外力的作用克服重油本身的内力（表面力和粘性力），将重油粉碎成 10 ~ 200 μm 的油雾颗粒。为了便于油雾与空气的混合，油雾的粒度小于 50 μm 的应在 50% 以上。实验结果表明，油粒燃烧需要的时间与油雾颗粒直径的平方成正比。在燃油量一定的条件下，油雾颗粒愈小，重油总的表面积大，则易于空气混合，燃烧时的速度快，燃烧较完全，燃烧温度高。所以重油雾化的好坏，是组织好重油燃烧的前提。

重油雾化的方法有雾化剂雾化和油压雾化。冶金生产采用较多的是雾化剂雾化。用雾化剂雾化时，重油受高速度的雾化剂的冲击和摩擦作用而被粉碎为油粒。常用的雾化剂有空气和蒸汽。根据雾化剂的压力不同，有低压雾化和高压雾化。油压雾化是利用重油本身的压力通过烧嘴进行的。

影响重油雾化的因素有重油的性质、雾化剂的工况和重油燃烧器的结构等：

（1）重油的性质对雾化的影响　重油的性质对雾化的影响主要是重油的温度和压力。重油的温度愈高，油的粘度和表面张力愈小，有利于油的雾化，生产实际要求重油在燃烧时的粘度不得超过 5 ~ 10°E。因此，重油在使用时必须加热。不同牌号的重油在燃烧时的温度如表 1 - 2 - 14 所示。

表 1 - 2 - 14　各种牌号的重油在燃烧前加热的温度

重油牌号	20 号	60 号	100 号	200 号
加热温度/℃	65 ~ 80	80 ~ 100	95 ~ 105	100 ~ 115

重油压力影响重油从烧嘴喷出的速度和流量。重油压力增加，重油喷出的速度和流量增加。当采用雾化剂雾化时，重油压力不能过高。用低压油烧嘴在燃烧时，油压较低（有的低到 9.81×10^4 Pa）。而用高压油燃烧重油时，油压一般为 4.91×10^5 Pa，但对高压内混式油烧嘴，为防止高压雾化剂阻碍重油的喷出，重油压力区接近雾化剂的压力。对于油压雾化燃烧时，情况与上述不同，它是靠重油本身的压力进行雾化的。因此油压愈大，重油喷出的速度愈大，雾化的质量愈

好。故重油在油压雾化燃烧时，要求的油压较高，一般为 1.96×10^6 Pa。

(3) 雾化剂的工况对重油雾化的影响　雾化剂的工况(即工作状况)是指雾化剂的种类、压力、流量和温度等，它们均对重油雾化产生重要影响。

重油雾化常用的雾化剂有空气和蒸汽。在通常情况下，蒸汽压力大，比空气雾化的好。但是来用蒸汽雾化时，重油燃烧需要的全部空气需由鼓风机供给，因而重油与空气的混合较差，使之燃烧不完全降低燃烧温度，并使炉气的氧化能力增强，影响金属的加热。重油用空气雾化时，由于空气既是雾化剂，又是助燃剂，故重油与空气混合较好，有利于重油的燃烧。

应以相对速度和单位重油所消耗的雾化剂的数量来分析雾化剂的压力对重油雾化的影响。实践证明：雾化剂的压力愈大，雾化剂相对于重油的速度大，单位重油消耗的雾化剂数量愈多，重油雾化较好。所以高压雾化较低压雾化好。但是雾化剂的数量过多，会对燃烧带来负作用。

由高压气体喷出原理可知，高压气体在绝热流出时，温度降低，因而使重油温度也下降，粘度增加。雾化质量变坏。所以提高雾化剂的温度，尤其是提高蒸汽雾化剂的温度，有利于重油的雾化。

(4) 重油烧嘴的结构对重油雾化的影响 重油烧嘴的结构对重油雾化的质量影响很大。通过烧嘴的结构，可使重油流股和雾化剂流股的数量、大小、流速和流动方向不同，从而影响重油雾化时受力的大小，面积和时间，致使重油雾化的质量不同。为了提高重油雾化的质量可调整和改变烧嘴的结构，使重油和雾化剂的流股直径尽量小些，并使二者流股的流向成一定交角，甚至造成流股旋转；使重油分级雾化、多孔流出和实现内部混合箅。

2. 油雾与空气的混合

油雾与空气的混合和煤气与空气的混合过程相似，但混合的难度大。这是因为燃烧 1 kg 重油需要与 10 m^3 标准左右的空气量混合。影响油雾与空气混合的因素，除与煤气相同的外。还与重油雾化的质量有关。凡是影响重油雾化质量的因素，也必然影响油雾与空气的混合。

3. 油雾的加热着火

重油在加热的过程中，部分蒸发为油蒸汽，其余的为固体残查。当加热到 200～300 ℃时，重油沸腾，蒸发速度加快，到着火温度时，即着火燃烧。但是在高温缺氧(由于混合不均造成)时，重油中的碳氢化合物发生热解：

$$C_nH_m \longrightarrow nC + \frac{m}{2}H_2 - Q$$

产生固体碳粒 C 和黑烟，这明燃烧不好。但是分解的碳粒能增加火焰的辐射能力，有利于炉料的辐射加热。所以在生产实际中，为了强化对炉料的辐射加热，利用这种方法火焰增碳。

重油在高温下缺氧时，还会发生热裂。即重油分裂为分子量较小的碳氢化合物气体和分子量较大的固体焦粒或沥青。长期发生热裂，会导致重油烧嘴结焦，影响燃烧过程。

要减少或避免重油在燃烧过中的热解和热裂，应该尽量提高重油雾化的质量，改善油雾与空气的混合，并使可燃混合气体迅速加热到着火温度。

4. 着火燃烧

重油经雾化、混合加热到着火温度时，就能立即着火燃烧。燃烧反应与煤气相同属于支链反应，只是比煤气的更复杂些。另外，热解、热裂产生的碳粒、焦粒也进行燃烧。因此，重油的燃烧过程属于多相燃烧，但以气相燃烧为主。

油粒在燃烧过程中，加热蒸发的油蒸汽和热解、热裂产生的气体由油粒的内部向外扩散，而助燃空气中的氧向油的表面和内部扩散，二者相遇进行燃烧反应。燃烧放出的热量使油粒受热蒸发，而后遇氧燃烧。由此可知，油粒的燃烧过程包括传热、传质和化学反应。其中加热和扩散是影响重油燃烧的主要因素。

2.4.2.2　油掺水雾化燃烧法

近些年来，为了强化油的燃烧过程，节约燃料，将一部分水加入到油中，经乳化使之成油水乳化液，然后经过油喷嘴燃烧。工业实践表明，在油中掺水10%～30%，可节油10%～20%，掺水量过多，由于水分过多地吸收热量而降低重油燃烧的效果。在油掺水乳化燃烧时，应采取低氧烧燃，即空气消耗系控制在1.02～1.05为好。

实现重油掺水乳化燃烧的关键是乳化油的制取。目前国内外制备乳化油的方法有机械搅拌法、乳化剂法和超声波法，其中超声波法的效果较好。

油掺水乳化燃烧的理论是二次雾化论。重油掺水乳化后，形成油包水的颗粒，当其进入高温区时，里面的水首先达到沸点而汽化，由于变成蒸汽后体积剧增，致使冲破外层油膜而产生“微爆效应”，出现二次雾化，较大的蒸汽压力冲破外表的油层，致使油层粉碎为更小的油粒。这样有利于重油的混合燃烧，所以能在低氧条件下强化燃烧，降低空气过剩系数，减少排烟热损失。这就是二次雾化理论。另一方面，乳化油燃烧一般为对称裂解，不会产生单质游离碳，故可消除黑烟和结焦。由于形成燃烧活化中心，因而促进燃烧火焰均匀稳定，增加热辐射和热传递。由于燃烧充分，能大幅度减少烟尘及有害气体的排放，油掺水乳化燃烧还能消烟除尘，并能减少NO_x的生成量，有利环境保护。

2.4.2.3　重油烧嘴

燃烧重油的装置称为油烧嘴或油喷嘴。对油烧嘴的基本要求是：具有一定的燃烧能力，并有较大的调节范围；使重油乳化较好，并与空气进行混合；燃烧过程便于调节；结构简单，工作可靠，维修方便。重油烧嘴的形式很多，常用的有低压油烧嘴、高压油烧嘴和机械油烧嘴以及转杯式油烧嘴。燃油烧嘴分类概况及特点见表1-2-15。

表1-2-15　燃油烧嘴分类概况及特点

类　型		型号举例	雾化理论	特点及使用范围
低压油烧嘴	套管式低压油烧嘴	C型	利用低压空气使油雾化	用一般的离心风机就能满足其压力要求，运行费用较低，燃烧过程易调节，噪声小；燃烧能力小，空气预热温度较低。广泛适用于小型炉子
	涡流式低压油烧嘴	K型		
	比例调节低压油烧嘴	B型或R型		
	非比例调节低压油烧嘴	RK型		
	油压比例调节油烧嘴	F型、F-RF型		
	油气混烧烧嘴	LDB型		
	磁化比例调节油烧嘴	CB型		
高压油烧嘴	套管式高压外混油烧嘴	GZP型	利用蒸汽或压缩空气冲击油股使油雾化	结构紧凑，燃烧能力和调节比较大，雾化较好，空气预热温度较高；运行费用较高，噪声大，点火比低压烧嘴难。适用于大型熔炼炉、加热炉、回转窑等
	涡流式高压油烧嘴	GW型		
	多喷口高压内混油烧嘴	GN型或Y型		
	两级雾化式油烧嘴			
	内混式平火焰油烧嘴	JBP型		
	声震动烧嘴			
	再循环式烧嘴			
	自身预热式烧嘴	LK型		
机械式油烧嘴	一般离心机械油烧嘴	S2	利用高压油通过切向槽和旋流室时产生强烈旋转，再经喷孔喷出，因离心力的作用而被雾化	结构紧凑，燃烧能力大，操作方便，噪声小，不需雾化剂；雾化质量差。适用于锅炉、回转窑等
	可调式离心油烧嘴	S5		
	内回油型离心油烧嘴			
转杯式油烧嘴		ZBF	油受高速旋转杯离心力作用及一次空气摩擦冲击作用而被雾化	雾化较好，管路简单，对油品适应广；设备笨重，构造复杂，噪声大。只用于锅炉、热处理炉和某些有色熔炼炉等

下面介绍冶金生产常用的几种油烧嘴。其他类型的烧嘴见有关设计手册。

1. 低压油烧嘴

低压油烧嘴是用鼓风机供给的空气作雾化剂和氧化剂，空气压力较低[$(0.5 \sim 1.0)\times10^4$ Pa]。由于空气压力较低，影响重油的雾化，需增加25% ~50%的空气量，在雾化过程中同时进行混合，故混合较均匀，烧烧较完全，空气消耗系数较小(1.10 ~1.15)。但助燃空气的预热温度不能过高，一般为300 ~400 ℃下。这是因为空气预热温度过高时，重油被加热到高温将会发生热解、热裂。

低压油烧嘴燃烧重油时，要求油压为$(0.3 \sim 1.5)\times10^5$ Pa，烧嘴能力为5 ~300 $kg \cdot h^{-1}$。

2. 高压油烧嘴

高压油烧嘴用压缩空气或高压蒸汽作雾化剂，压力分别为0.3 ~0.8 MPa和2 ~1.2 MPa。由于雾化剂的压力大，喷出速度高(接近音速或超音速)，故重油雾化质量较好。重油燃烧需要的空气，除用压缩空气作雾化剂时满足少量的外。其余的由风机另外供给，故重油与空气混合较差，燃烧时火焰较长(可达6 ~7 m)，要求的空气消耗系效较大(1.2 ~1.25)，但允许空气预热的温度较高。

高压油烧嘴结构简单，燃烧能力大，大型的可达数千公斤，且调节倍数大，一般为4 ~5倍，最大可达10倍。这种烧嘴用于要求火焰长、热负荷大的反射炉和大型的连续加热炉。

由于雾化的方式不同，高压油烧嘴分为外混式和内混式两类。具体情况参看有关资料。

3. 机械式油烧嘴

机械式油烧嘴不用雾化剂，重油的雾化是利用重油高压(2.0 ~3.5 MPa)的作用实现的。重油燃烧需要的空气由鼓风机供给。重油雾化的质量不仅与重油压力有关，而且亦受烧嘴结构的影响。

机械式油烧嘴不需要雾化剂，结构简单紧凑，工作时噪音小。空气预热温度不受限制。但是，这种油烧嘴要求油压很高，重油雾化的质量不如用雾化剂的好，且烧嘴头易堵塞。这种烧嘴广泛用于锅炉，而在冶金类生产的炉子上应用较少。

4. 重油烧嘴尺寸的计算

与燃气烧嘴一样，重油烧嘴可根据实际需要可选用定型产品。只有在需要进行设计和验算时，才对烧嘴的基本尺寸进行初步计算，重油烧嘴计算的原理与燃气烧嘴的基本相同，具体计算方法，可参阅有关资料，这里不作介绍。

2.4.3　固体燃料的燃烧

根据国体燃料在燃烧过程中的运动方式不同，固体燃料燃烧的方法有层状燃烧、喷流燃烧、旋转燃烧和流态化燃烧。这里仅介绍前面两种燃烧方法。

2.4.3.1　块煤的层状燃烧

块煤的层状燃烧是指在燃烧室的炉栅上具有一定厚度的块煤层，与由下部鼓入的空气进行燃烧的过程如图1-2-6所示。高炉、鼓风炉和煤气发生炉内焦炭或块煤的燃烧，亦属于层状燃烧。

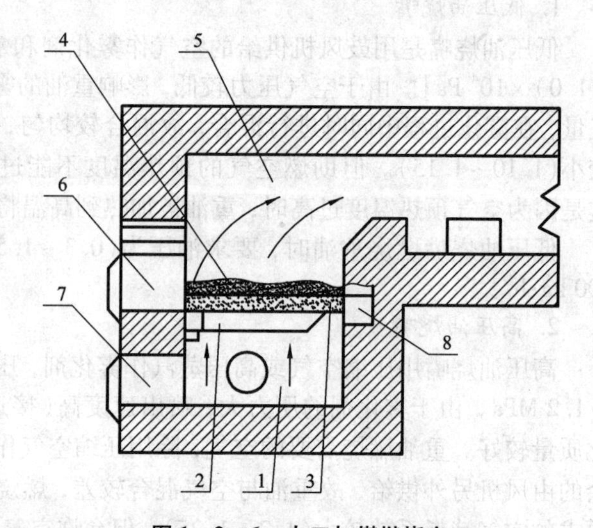

图1-2-6　人工加煤燃烧室

1—灰坑　2—炉篦　3—灰层　4—煤层
5—燃烧室空间　6—加煤口　7—清灰口　8—冷却水箱

1. 块煤层状燃烧过程

块煤加入燃烧室后。首先受到由煤层下部上来的高温少氧气流的干燥和干馏，放出水分和挥发份，而后是挥发物和块煤干馏形成的焦炭进行燃烧。在煤层的燃烧过程中，形成灰层、氧化层（即燃烧层）、还原层（煤层较厚时）和干燥层。沿煤层高度上，气体成分的变化如图1-2-7所示。由图可知，在氧化带，碳燃烧生成CO_2，并有少量的CO生成；在氧化带末端，鼓风中的O_2已基本耗尽，CO_2的数量最大，煤层的温度最高。实验证明，氧化带的厚度大约是煤的粒度的3~4倍。当煤层的厚度大于氧化带的厚度时，在氧化带的上部出现还原带。从氧化带上升的CO_2被炽热炭还原生成CO，并消耗热量。因此在还原带，CO_2的数量减少。CO的数量增加，而且煤层温度下降。

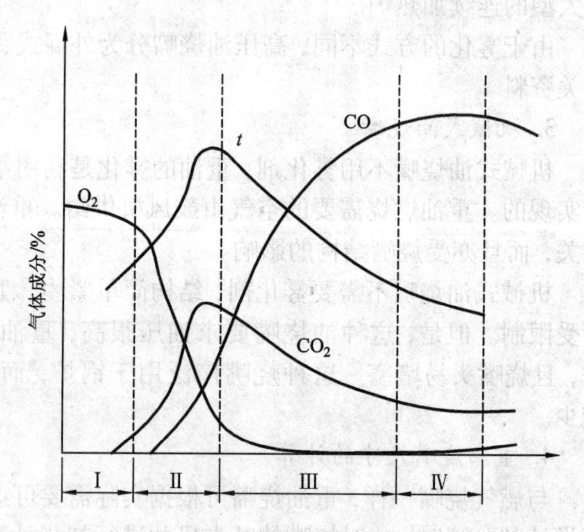

图1-2-7　煤层厚度方向上气体成分的变化

Ⅰ—灰渣带　Ⅱ—氧化带　Ⅲ—还原带　Ⅳ—干馏带

氧化带的燃烧是多相燃烧，既有可燃气的燃烧，又有固体碳的燃烧。影响块煤燃烧速度的因素有燃烧反应速度和气体扩散速度。在组织块煤层状燃烧时，应控制好以下因素：

（1）应保证煤层的温度在1000 ℃以上。

（2）提高鼓风中氧的浓度和鼓风的速度，尽量减少煤块的粒度，但是鼓风速度和块煤粒度必须合理配合。

2. *块煤层状燃烧的方法*

根据煤层厚度的不同，块煤层状燃烧的方法有薄煤层燃烧和厚煤层燃烧法。烟煤采用薄煤层燃烧时，煤层厚度为100～150 mm，燃烧需要的空气全部由煤层下部鼓入，煤层中不产生还原层。因此燃烧室的温度高，但炉内温度有所降低，影响炉内的加热。

厚煤层燃烧又称半煤气燃烧。烟煤厚煤层燃烧时，厚度为200～400 mm，煤层中产生还原带。在还原带 CO_2 和 H_2O 被还原生成 CO 和 H_2。为了满足煤块和煤气燃烧的需要，空气分两次供给。从煤层下部鼓入的空气为一次空气，供块煤燃烧的需要。从煤层上部鼓入的空气为二次空气，以满足煤气燃烧的需要。一次空气和二次空气的比例，应根据块煤挥发物的含量和还原层生成可燃气体的数量确定。合理地组织块煤的厚煤层燃烧，能形成较长的火焰，改善炉内温度分布，以适应大中型炉子生产的需要。

块煤层燃烧时的煤层厚度和鼓风压力见表1－2－16。

表1－2－16　层状燃烧法的煤层厚度和鼓风压力

煤炭种类	煤层的厚度/mm		鼓风压力/Pa	
	薄煤层	厚煤层	薄煤层	厚煤层
烟　煤	100～150	200～400	245～785	490～1570
褐　煤	200～300	400～600	245～785	490～1570
无烟煤	-	981～1200	1900～2400	

块煤层燃燃烧方法简单，常用于中小型工业炉。

3. *块煤层状燃烧室*

块煤层状燃烧室分为人工加煤的和机械加煤的两种。人工加煤的燃烧室如图1－2－6所示，它主要是田炉栅（篦），燃烧室空间、挡火墙、加煤口和灰坑等部分组成。

炉栅是支持煤层的，并使鼓风均匀。炉栅用铸铁或铸钢制成，形式有梁式的和板状的，一般为水平式。炉栅缝隙上小下大，以防煤灰堵塞。炉栅缝隙一般为3～15 mm，其面积炉栅总面积的26%～32%。炉栅的面积可按下式计算：

$$F=\frac{B}{R_A} \tag{1-2-43}$$

式中 F——炉栅面积，m^2；

B——燃烧室燃煤的消耗量，$kg \cdot h^{-1}$；

R_A——炉栅强度，$kg \cdot (m^2 \cdot h)^{-1}$。

炉栅燃烧强度是指单位炉栅面积，在单位时间内燃烧煤的数量，可从有关资料中选取。

燃烧室空间是指煤层上部的空间，其作用使燃烧产物中的可燃物在此燃烧，并引导燃烧产物进入炉膛。因此燃烧室空间应具有一定的容积，其大小可按下式计算：

$$V=\frac{B \cdot Q_{DW}}{q_V} \tag{1-2-44}$$

式中 V——燃烧室空间的容积，m^3；

Q_{DW}——煤的低发热量，$kJ \cdot kg^{-1}$；

B——燃烧室煤的消耗量，$kg \cdot h^{-1}$；

q_V——燃烧室的容积热强度，$kJ \cdot (m^3 \cdot h)^{-1}$，其数值可从有关设计手册选取。

2.4.3.2 粉煤喷流燃烧

1. 粉煤喷流燃烧的过程

粉煤的喷流燃烧是将粒度为0.20～0.70 mm的粉煤用空气喷到炉内，使其在运动的过程中进行燃烧，它与煤气的燃烧相似，具有明显轮廓的火焰。喷吹粉煤的空气称为一次空气，一般为粉煤燃烧需要空气总量的15%～50%（含挥发物多的煤可多些），其余的为二次空气。二次空气允许预热的温度较高。

粉煤的燃烧过程可分为混合、着火和燃烧。碳粒的燃烧与块煤的燃烧基本相同，但由于粉煤粒度小、并采用空气喷吹，故混合较好，燃烧速度快，燃烧较完全。粉煤的燃烧速度主要取决于粉煤的粒度和挥发物的含量，如图1－2－8所示。粉煤的粒度愈大、含挥发物愈少，煤粒燃烧的时间愈长。

与层状燃烧法相比，粉煤燃烧法具有以下优点：可以大量使用劣质煤；由于粉煤颗粒细，与空气接触面大，故燃烧速度快，在较少的空气消耗系数（$n=1.2～1.25$）下即可完全燃烧，因而保证获得较高的温度；其燃烧过程易于调节，并可实现炉温自动控制，而且开炉点火较快，大大地减轻了劳动强度，改善劳动条件；粉煤火焰具有较高的辐射能力；二次空气允许预热到较高温度，有利于提高炉温，回收余热和节约燃料。

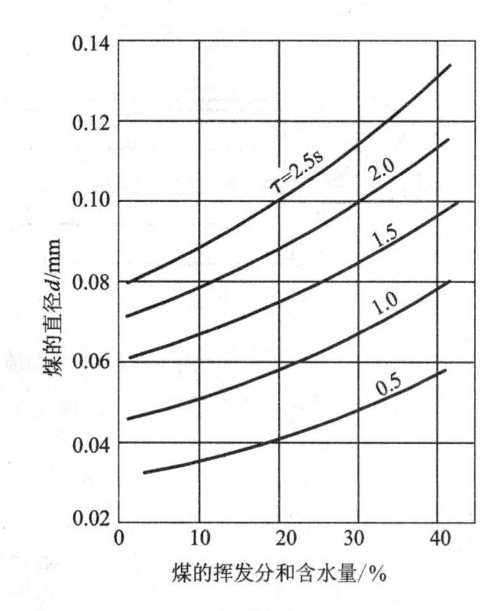

图 1－2－8　粉煤燃烧所需时间

粉煤燃烧法的主要缺点是需要建立一套粉煤制备和运输系统，设备比较复杂，并且粉煤燃烧后的灰分大部分落在炉膛里，对金属加热和熔炼质量均有影响，在高温下灰分对炉衬有侵蚀作用，因此要求其灰分的熔点要比炉温高 150 ~ 200 ℃，以减轻对耐火材料的侵蚀。此外，在使用和贮存不当时易发生爆炸。

粉煤燃烧时生成的火焰很长，适用于大型的熔炼反射炉或大型回转窑等。

2. 粉煤燃烧器

粉煤燃烧器的型号种类很多。按喷出口断面形状可分为圆型和扁型两种。后者的火焰较宽，铺展性好，同时气层较薄，有利于粉煤与二次空气的混合，但不能造成气流的旋转运动。

按送风方式分，可分为单管式与双管式。前者只有一个管子，助燃空气全部作一次空气与粉煤混合，由该管喷出燃烧。故燃烧速度慢，火焰很长。后者有二次空气喷出管，在二次空气的扰动下，粉煤的燃烧得到强化，故火焰较长。

按气体的运动方式分，有直流式与涡流式。后者的粉煤与空气混合物形成涡流状自烧嘴喷出，粉煤在燃烧带停留的时间较长，而且与空气的混合较充分，有利于粉煤的燃烧，火焰较短。

下面介绍几种常用的粉煤燃烧器：

（1）涡流式双管粉煤燃烧器。其结构如图 1－2－9 所示。目前我国大型熔炼冰铜反射炉均使用此种燃烧器。其断面为圆形，二次空气从切线方向通入，在出口处与粉煤及一次空气的混合物相遇，带动后者一同成旋涡状喷出。在一次空气与粉煤的出口处有一锥形扩散阀，其作用是要使粉煤和一次空气成一定的角度（45° ~ 75°）与二次空气相遇，以加强混合和改善燃烧。扩散阀的调节由手柄操纵。

（2）扁口式粉煤燃烧器　其结构如图 1－2－10 所示。燃烧器的特点为中心管可前后移动，故能调节出口断面，在中心管前端有叶片可使气流旋转以消除碳粒表面附有的薄膜，从而达到混合好和缩短燃烧时间的目的。其工作性能为燃烧速度 5 ~ 8 $m \cdot s^{-1}$，混合物速度 15 ~ 20 $m \cdot s^{-1}$，二次空气速度 10 ~ 20 $m \cdot s^{-1}$。二次

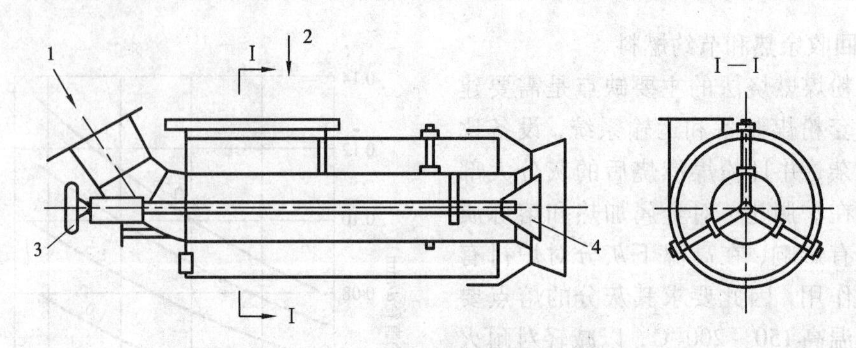

图 1-2-9 涡流式双管粉煤烧嘴

1—粉煤与一次空气进口 2—二次空气进口(切线方向) 3—手柄 4—扩散阀

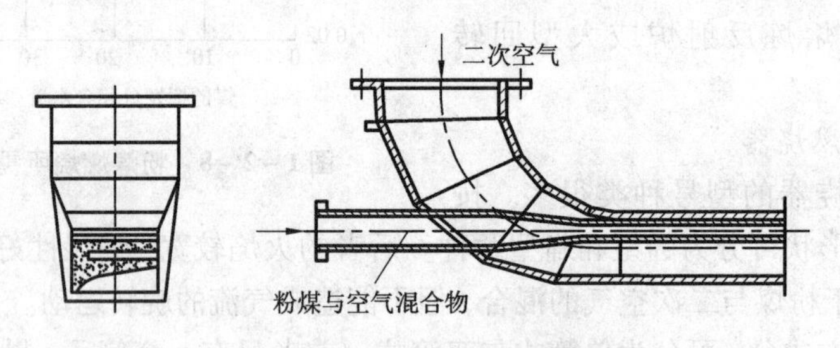

图 1-2-10 扁口式粉煤燃烧器

空气可预热至高温。

常用粉煤燃烧器的技术性能可从有关手册中查得，实际使用的粉煤燃烧器常是几种型式的结合。

2.4.3.2 闪速炉加料喷嘴

闪速炉精矿喷嘴是设于闪速炉反应塔顶部的一种加料装置。其作用是向炉内喷入精矿、富氧和重油，并使气、液、固物料充分混合，均匀下落，以便使精矿在反应塔中能迅速完成燃烧、熔炼等反应。

自 1949 年闪速炉熔炼投入工业生产以来，闪速炉喷嘴经历了多次革新，目前喷嘴主要有一段收缩式和喷射式两类。随着富氧熔炼的发展，工厂能力的大型化，许多厂家以将一段收缩式改为中央喷射式喷嘴。

1. 一段收缩式喷嘴

这种喷嘴的均匀布料性是靠过程空气在喷嘴喉部的高速流动完成。如图 1-2-11 所示。

该喷嘴有如下缺点：① 精矿和空气喷入反应塔后呈束流状，精矿颗粒与空气的混合也不均匀，容易造成沉淀池堆料及烟尘率提高；② 油喷嘴安装在精矿喷嘴里面，精矿在喷嘴端部经常粘结、堆积，需定期停料清扫；③ 处理精矿能力低，限制了闪速炉能力的发挥；④ 大中型闪速炉的反应塔须设3～4个喷嘴，这样高温区接近塔壁，内衬易被侵蚀，特别是各个喷嘴的工作情况往往不一致，造成反应塔的局部过早损坏。

2. 中央喷射式喷嘴

图1－2－12为中央喷射式喷嘴示意图。这种喷嘴的中央安装了一根通富氧空气的小管，改善了反应塔内温度分布。此外，进风系统也改进了，使其具有三个设定的最佳气流速度范围。

实践证明，它具有如下优点：① 炉料和富氧空气一起喷入炉内，充满反应塔的整个空间；使火焰中心点上升，可缩短反应塔的高度，减少热损失，降低油耗。② 烟尘率低（约5%）。③ 减少气流速度的影响，允许使用高富氧空气熔炼。④ 喷嘴端部不结瘤，避免了中断进料，并改善劳动条件。⑤ 处理精矿能力大，单个喷嘴的处理能力达到160 $t \cdot h^{-1}$，而一段收缩式喷嘴不到20 $t \cdot h^{-1}$。贵溪冶炼厂通过富氧工程和中央喷嘴的技术改造，闪速炉的熔炼能力翻了一番，已由过去的200 $kt \cdot a^{-1}$提高到目前的400 $kt \cdot a^{-1}$。

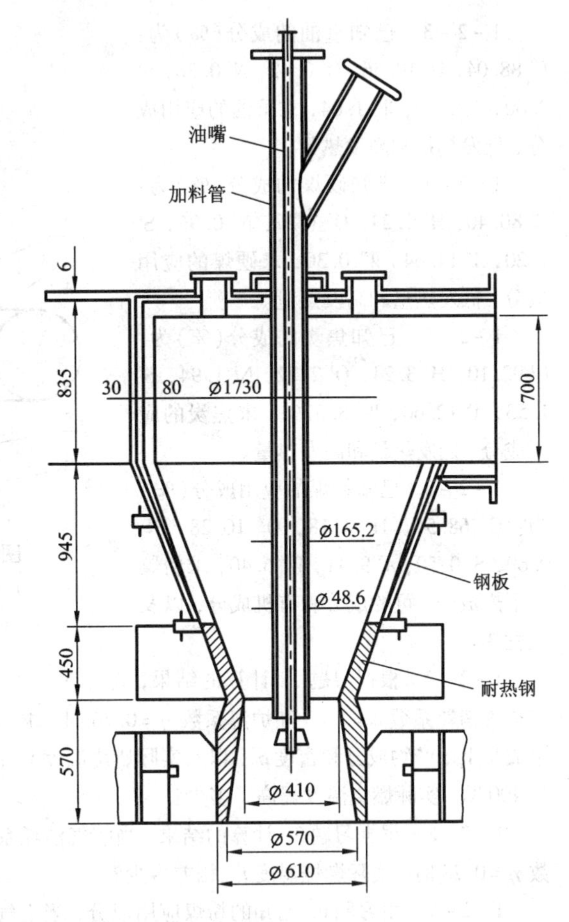

图1－2－11　改造前贵溪冶炼厂精矿喷嘴

习题及思考题

1－2－1　已知干煤气成分（%）为：CO^g 26.40，$H_2{}^g$ 12.60，$CH_4{}^g$ 1.56，$CO_2{}^g$ 4.87，$N_2{}^g$ 54.55，求在30 ℃时湿煤气的成分和高发热量。

1－2－2　已知干煤气成分（%）为：CO^g 28.40，$H_2{}^g$ 2.40，$CH_4{}^g$ 0.15，$CO_2{}^g$ 15.60，$N_2{}^g$ 53.27，求在25 ℃时湿煤气的成分和低发热量。

1－2－3　已知重油的成分(%)为：C^r 88.04，H^r 10.56，O^r 0.42，N^r 0.38，S^r 0.60，A^g 0.40，W^y 1.64，求重油的应用成分、低发热量和高发热量。

1－2－4　已知硬煤的成分(%)为：C^r 80.40，H^r 1.23，O^r 1.27，N^r 0.96，S^r 1.20，A^g 14.64，W^y 0.30，求硬煤的应用成分、低发热量和高发热量。

1－2－5　已知焦炭的成分(%)为：C^j 92.10，H^j 3.24，O^j 2.72，N^j 1.94，S^r 1.53，A^g 12.60，W^y 8.37%，求焦炭的应用成分、低发热量和高发热量。

1－2－6　已知粉煤的应用成分(%)为：C^y 68.54，H^y 4.18，O^y 10.28，N^y 0.69，S^y 0.50，A^y 9.41，W^y 6.40，求粉煤的干燥成分、可燃成分和有机成分，以及低发热量。

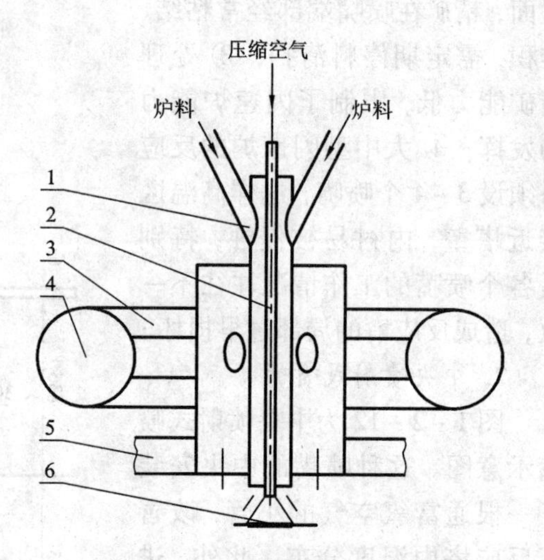

图1－2－12　中央喷射式喷嘴

1—加料管(2根)　2—压缩空气管
3—支风管(6根)　4—环形风管
5—反应塔顶　6—喷头

1－2－7　根据习题1. 计算的结果，当空气消耗系数 $n=1.08$ 和炉温系数 $\eta=0.76$ 时，求：(1) 实际空气需要量 L_n，实际燃烧产物生成量 V_n，产物成分和密度 ρ_0，以及实际燃烧温度 $t_{c.p}$；(2) 若将煤气预热到300 ℃，空气预热到400 ℃，实际燃烧温度提高了多少？

1－2－8　根据习题3. 计算的结果，当空气消耗系数分别为 $n=1.10$ 和 $n=1.25$，炉温系数 $\eta=0.78$ 时，实际燃烧温度 $t_{c.p}$ 相差多少？

1－2－9　由习题6. 已知的粉煤应用成分，当空气消耗系数 $n=1.2$，炉温系数 $\eta=0.78$，助燃空气含氧量90%时，实际燃烧温度比非富氧燃烧提高多少度？

1－2－10　试述降低冶金能源结构和开发冶金新能源的意义。

1－2－11　燃料的化学成分为什么用不同的表示方法。

1－2－12　如何获得优质发生炉煤气。分析煤气燃烧的影响因素，如何合理组织好煤气的燃烧过程？

1－2－13　在冶金生产过程中，为什么要"以煤代油"，其效果如何？不同炉子(竖炉、火焰炉等)如何合理选择燃料？

1－2－14　燃料燃烧的必要条件是什么？掌握燃料燃烧的必要条件对正确组织燃料燃烧有何意义？

1－2－15　什么是煤气的火焰传播速度？煤气燃烧产生回火的原因是什么？怎样防止回火现象？

1－2－16　什么是支链反应？支链反应对煤气燃烧有什么作用？

1－2－17　重油燃烧时为什么要进行雾化？重油雾化有哪几种方法，其各有何特点？雾化方式如何。

1－2－18　重油掺水乳化燃烧有什么效果？为什么掺水量不能过多？

1－2－19　重油燃烧时为什么会产生热解和热裂？热解和热裂对炉子生产带来什么影响，如何防止热解和热裂现象？

1－2－20　试述块煤的层状燃烧过程，并分析其燃烧过程的影响因素。

1－2－21　试述粉煤的燃烧过程，与块煤燃烧比较，粉煤燃烧有什么特点？

1－2－22　什么是空气消耗系数？空气消耗系数的大小对炉子工作有什么影响？如何确定空气消耗系数的大小？

1－2－23　气体燃料与液体燃料燃烧器在结构上有什么异同，它们的作用是什么？

1－2－24　试述粉煤燃烧器的结构及作用，其使用时注意事项是什么？

1－2－25　要保证燃料完全燃烧，要采取哪些措施？

3 气固分离设备

3.1 概述

在冶金以及化工、建筑、矿山等工业生产过程中，经常会产生含有大量悬浮固体颗粒(烟或尘)的气体，将固体颗粒从气体中分离出来，实现气固分离的操作过程中又称为收尘。

收尘在很多生产过程中是一个重要的环节。如流态化焙烧炉的烟尘率高达30% ~50%，必须将烟尘收回，否则这种先进的生产方法将因回收率低而无法使用。

收尘也是回收有价金属，实现资源综合利用的必要手段。在火法冶炼中，有大量的金属化合物或冷凝后的金属烟尘悬浮在烟气中，将这些烟尘回收下来，不仅可以提高金属的回收率，而且也是某些金属的重要提炼途径。

收尘同时也是工业生产中净化气体、控制空气污染的重要方法，通过收尘将烟气中的固体物质分离出来，使排出的气体中烟尘含量低于国家规定的标准，保护环境。

本章主要结合冶金生产的特点，介绍气固分离设备的类型、工作原理、基本结构、性质、操作以及有关计算。

收尘设备可分为干式和湿式两大类，常用收尘设备的类型、性能及其适用范围列于表1-3-1。选择收尘设备的主要依据是尘粒性质、气体性质和对收尘的要求。

3.2 重力收尘器与惯性收尘器

3.2.1 重力收尘器

利用烟尘受重力作用而自然沉降的原理，将烟尘与气体分离的方法，称为重力收尘。如图1-3-1(a)所示，含尘气体由管道进入比管道宽大得多的沉降室时，流速突然减低，使颗粒在沉降室内停留的时间增长，因此颗粒在水平流动的

表 1-3-1　常用收尘设备的类型、性能及其适用范围

型式	收尘作用力	收尘器种类	适用范围				不同粒径效率/%			备注
			烟尘粒径/μm	烟气含尘量/$g \cdot m^{-3}$	温度/℃	阻力损失/Pa	50 μm	5 μm	1 μm	
干式收尘器	惯性	惯性收尘器	>15	>10	<400	200~1000	96	16	3	
	重力	重力收尘器	>20		<500	100~300				收尘效率40%~60%
	离心力	旋风收尘器 中效 高效	>5	10~200	450	600~2000	94 96	27 73	8 27	
	静电力	电收尘器 高效电收尘器	>0.05	<30	<400	100~200	>99 100	99 >99	86 98	投资大
	惯性、扩散、与筛分	滤袋收尘器 振打清灰 气环清灰 脉冲清灰 高压反吹清灰	>0.1	3~10	<300	800~2000	>99 100 100 100	>99 >99 >99 >99	99 99 99 99	
	接触凝聚 筛滤惯性	水平颗粒层收尘器 垂直颗粒层收尘器	>0.5	5	<350	1000~2000				总收尘效率98%~99%
湿式收尘器	惯性、扩散与凝聚	快速收尘器（文氏管收尘器）	0.05~100	<10	~400	1000~6000	100	>99	93	
		高压喷雾洗涤器	0.05~100	<10	<400	800~2000	100	96	75	
	离心力	旋风膜收尘器	5~10	<20	<200	600~800				收尘效率80%~90%

过程中由于重力影响所下沉的距离亦增大，从而落入底部的灰斗中。

重力收尘设备结构简单，操作方便，能有效地除去 50 μm 以上的颗粒。因此法捕集微小颗粒效率低，故一般用它分离较大的颗粒，作为预收尘器，以改善后面其他收尘器的条件。一般沉降室的阻力损失为 50 ~ 100 Pa，收尘效率为 40% ~60%。

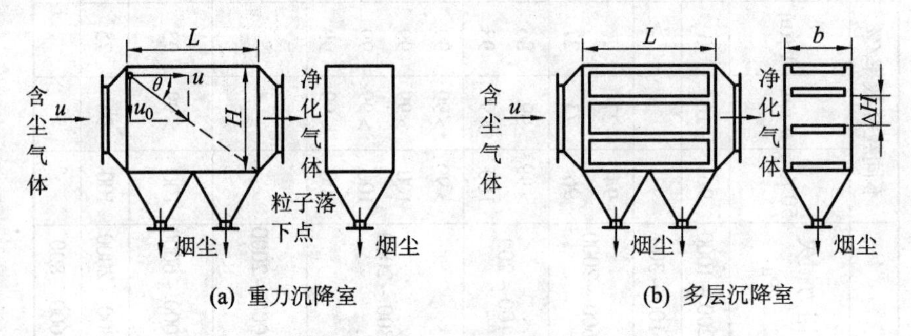

图 1-3-1　重力沉降降室

沉降室还可以作成多层的，见图 1-3-1(b)，在多层沉降室的气速与单层沉降室的气速保持相同时，由于颗粒沉降到底面的距离短了，所以多层沉降室的效率比单层的高。

3.2.2　惯性收尘器

3.2.2.1　惯性收尘原理

含尘气流进入惯性收尘器内与挡板相遇时，气流方向急剧改变，而颗粒因惯性力和离心力的作用，不能与气流同样改变方向，同挡板碰撞与气流分离，从而被捕集下来。这种利用颗粒惯性使其与气流分离的收尘方法称为惯性收尘。

如图 1-3-2 所示，含尘气体以流速 u 与挡板 B_1 碰撞，气流便改变方向，而颗粒脱离气体被分离出来。另一些随气流流动的较小颗粒，由于气流遇到第二块板 B_2 而改变方向，颗粒则在气流改变方向时，受到离心力作用而与挡板 B_2 碰撞也被分离出来。这时颗粒的分离速度，与颗粒粒径的平方、颗粒圆周速率的平方成正比，与转弯时曲率半径成反比，故气流速率适当加快，曲率半径

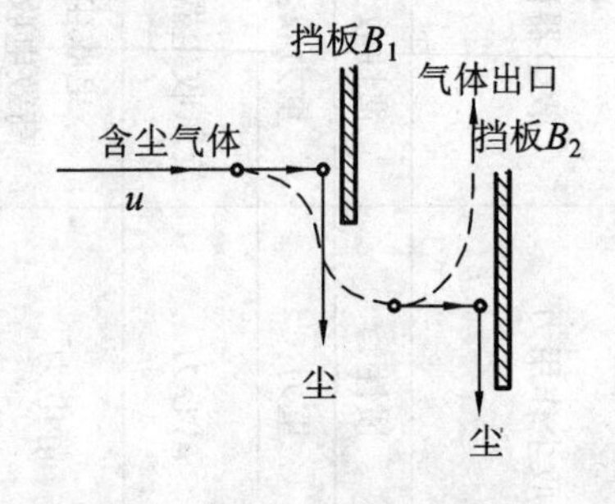

图 1-3-2　惯性收尘器工作原理示意图

越小，能分离的颗粒愈小。颗粒的惯性愈大，即颗粒粒径、密度和气速愈大，惯性收尘效率愈高。

3.2.2.2　惯性收尘器种类与特性

如图1-3-3所示，惯性收尘器有冲击式、弯管式和反转式，其效率一般比沉降室高，能有效地捕集10~20 μm的颗粒。阻力损失依收尘器类型和气速而异，流速一般为2~30 $m\cdot s^{-1}$，这时阻力损失约为100~1000 Pa。其占地比重力收尘器小而紧凑，一般也作为预收尘器用。

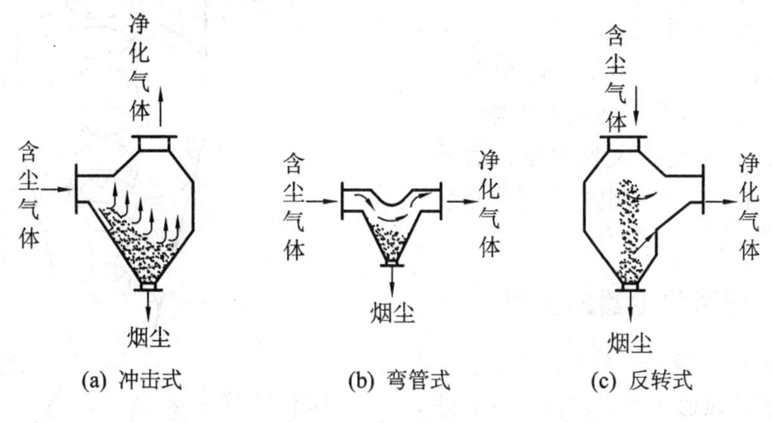

图1-3-3　惯性收尘器

3.3　旋风收尘器

3.3.1　旋风收尘器工作原理

旋风收尘器是利用含尘气流旋转产生的离心力作用，将粉尘从气流中分离出来的气固分离设备。如图1-3-4所示，含尘气体切向进入旋风收尘器内，向下作螺旋运动，悬浮的颗粒在离心力作用下，甩向周边而与气流分离，然后沿筒壁落下，由下端排灰管排出。净化后的气体到达锥体下部后，在外螺旋气流中心部分向上作螺旋运动(又称内螺旋流，其方向与外螺旋气流相同)，然后由上端排气管逸出。筒体直径、气体进口、排气管形状和大小对旋风收尘器的技术性能影响很大。适当减小筒体直径有利于提高收尘效率，工程上筒体直径(单筒)多大于200 mm，但不宜超过800~1000 mm。

旋风收尘器的技术性能为：捕集烟尘粒度大于5 μm；允许最高含尘量100~200 $g\cdot m^{-3}$；允许最高温度450 ℃；进口气流速度15~25 $m\cdot s^{-1}$；阻力损失600~

2000 Pa；收尘效率 80% ~95%。

旋风收尘器具有结构简单、管理方便、造价和运行费用较低、能用于高温高压及有腐蚀性气体和可以直接回收干烟尘等优点，在工业上应用已有上百年历史，广泛用于冶金、化工、石油、建筑、矿山等工业部门。一般用来捕集分离粒度 5 ~15 μm 以上的粉尘，收尘效率可达 80% ~96%。烟气一般先用重力收尘器除去大颗粒后，再进入旋风收尘器，以减小磨损。经过旋风收尘净化后的气体，一般还需送入电收尘器或布袋收尘器等作进一步净化。

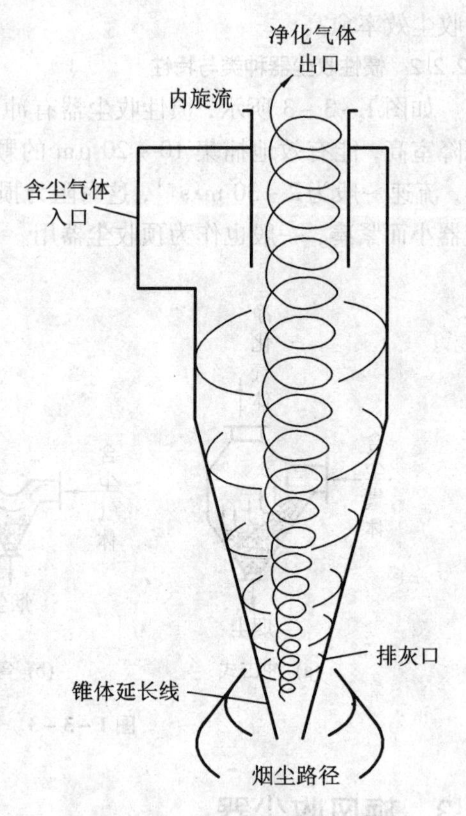

图 1-3-4 旋风收尘器工作原理

3.3.2 旋风收尘器的类型

旋风收尘器可以分为两大类：一是返转式旋风收尘器，其进气口与排气口都在收尘器上部，气体进入后旋转向下，到达底部后又返转向上，由排气管排出（见图 1-3-4）；二是直通式旋风收尘器，其进气口和排气口分别在收尘器的两头，气流从收尘器的一头进入，通过收尘器由另一端排出。由于返转式旋风收器的广泛应用已有上百年历史，故通常所说的旋风收尘器一般就是指的这种旋风收尘器。表 1-3-2 为常用旋风收尘器类型与结构特点。

3.3.2.1 返转式旋风收尘器

1. *旋风收尘器内气流运动情况*

气流在旋风收尘器中作旋转运动，其速度可分解为切向速度 u_θ、径向速度 u_r 和轴向速度 u_z。由实验测出，切向速率 u_θ 在外旋流中，符合式（1-3-1）表示的修正旋转流动的规律，n 值在 0.5 ~0.7 之间。如图 1-3-5 所示，u_θ 值从壁面随着旋转半径的减小而激增，在大约（0.6-0.7）$D_2/2$ 处达到最大值，约为入口速度的 2-3 倍。此后 u_θ 值随旋转半径的减小而减小，直至轴心处为零，其 u_θ 与 r 的关系近似为式（1-3-2）。

$$u_\theta = \frac{c}{r^n} \tag{1-3-1}$$

式中　c——常数；

n——常数；

r——旋转半径，m。

$$u_\theta r^{-1} = c \tag{1-3-2}$$

可见此时 $n = -1$。上式表示内旋流的规律。因此内旋流与外旋流的分界处大约在 $(0.6 \sim 0.7) D_2/2$ 处。

表 1－3－2　有色冶金工厂常用旋风收尘器类型与结构特点

气流导入	结构类型	类型	结构特点
切流反转式旋风收尘器	CLT 型旋风收尘器改进型	CLT/A	具有下倾 8°～20°螺旋切线气体进口，锥体和筒体较长，阻力损失和收尘效率适中。
	螺旋线型	ЦН－15	结构与 CLT/A 型大致相同，顶板下倾角 15°，只是钢板较厚，适用于 400－450 ℃以下烟气，效果较好。
	螺旋线型	ЦН－24	具有下倾 24°螺旋切线气体进口，筒体和锥体较短，适用于 400～450 ℃烟气，阻力小，处理能力大，适于含尘量高的气体收尘。
	旁路式	XLP/A XLP/B	具有半螺旋线型或螺旋线型旁路分离室。属高效旋风收尘器，对捕集 5 μm 以下的尘粒效率可达 80%，进口含尘量以不大于 20 g/m³ 为宜。
	扩散式	CLK	筒体下部呈倒锥体形状，并在锥体的底部装有反射屏，防止烟尘重新被带走，可进一步提高收尘效率。
	长锥式	CZT	具有较长的锥体和较短的筒体。体积小，用料省，收尘效率高，适用于捕集非粘性的金属，矿物、纤维性粉尘。
	旋流式		又称龙卷风收尘器，是一种新旋风收尘器，特点是采用二次风，有切向和轴向布置的多喷嘴型、切向喷嘴型、导向叶片型和反射型。对 5 μm 烟尘收尘效率达 100%。
轴流式旋风收尘器	多管式		由若干个并联的旋风收尘器单元（旋风体）组成。它和一般旋风收尘器不同的是气流由轴向进入，通过设在圆筒和排气管之间的螺旋叶片，使气流获得旋转运动，在离心力的作用下，达到高的收尘效果。

轴向分速度在外旋流中的方向向下，在内旋流方向向上，如图 1－3－5 和图 1－3－6 所示。在壁面与中心轴之间有一分界点，在此点以内，气流轴向速度方向向上；在此点以外，轴向速度向下。

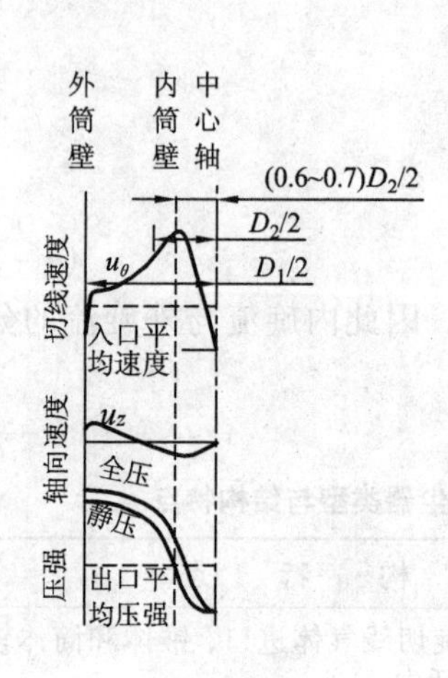

图 1-3-5　旋风收尘器的气流分布

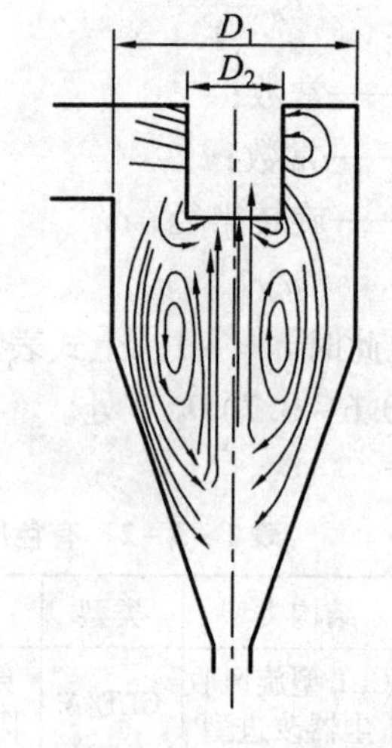

图 1-3-6　旋风收尘器内气流轴向断面分布

径向分速度比较小，而其分布情况受收尘器尺寸影响较大。一般在排气口下方有一分界点，此点的径向速度为零，如果设计得合适，则径向速度在此点上部方向向外(指向器壁)，而在此点以下方向向内(向轴心)。如设计不合适，则在排气管下口处，气流短路会直接进入排气管，从而降低了收尘效率。

压强分布如图 1-3-5 所示，静压随收尘器半径减小而降低，特别在排气管下方降低更为急剧，直到收尘器中心压强为零或为负值。当入口速度愈大，排气管愈小，这种现象愈为显著。动压的变化规律与切线速度变化规律是一致的，在外旋流随半径减小而增大，在内旋流随半径减小而降低。全压与静压数值决定于半径 r，而与轴向位置无关。

收尘器压强的分布规律，对收尘效率影响极大。实验证明，一般旋风收尘器效率不高的主要原因，是排灰口密封不严，致使已分离的烟尘，在大气压的作用下又重返气流，随内旋流上升，由排气管排出。为了使烟尘不重返气流，出现了多种改良的旋风收尘器，扩散式旋风收尘器(图 1-3-7)就是其中比较有发展前途的新

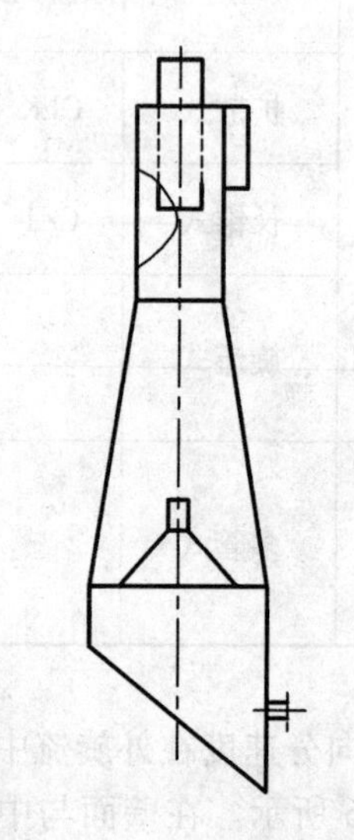

图 1-3-7　扩散式旋风收尘器

式收尘器。它的特点是，使分离出的烟尘避开负压区而从器壁附近的排灰口排出。其收尘效率可达95% ~99%，能分离2 -5 μm的颗粒，阻力损失为1300 ~1600 Pa。

(2) 旋风收尘器的入口形式 返转式旋风收尘器常用的入口形式有四种：螺旋式入口[图1 -3 -8(a)]；蜗卷式入口[图1 -3 -8(b)]；轴流式入口[图1 -3 -8(c)]和切线式入口(图1 -3 -9)。

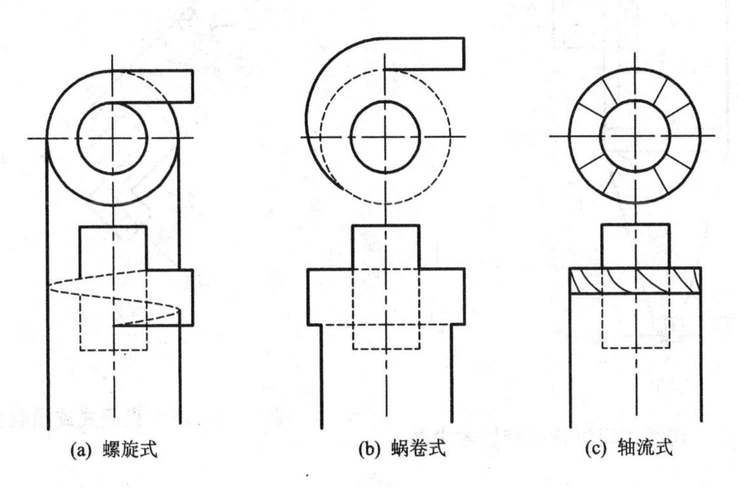

图1 -3 -8　返转式旋风收尘器的入口形式

3.3.2.2　直通式旋风收尘器

如图1 -3 -10所示，含尘气流进入直通式旋风收尘器，由于导流叶片的作用，形成螺旋旋转运动。气流在通过收尘器时，亦可分为切向分速度和轴向分速度。切向分速度使得颗粒与气流分离，轴向分速度使气流通过收尘器，并由排气口逸出。由于离心力的作用，靠近器壁处颗粒浓度比较大，而靠近轴心处颗粒很少，分离的颗粒由排灰口排出，而净化后的气体从中央排出。

3.3.2.3　多管旋风收尘器

由于旋风收尘器的直径越大，颗粒在其中作螺旋运动时所受离心力越小，因此大直径的旋风收尘器分离效率低。所以处理大量烟气时，一般不采用大直径旋风收尘器，而是将若干个旋风收尘器并联起来使用，称为旋风收尘器组合；或是将许多小旋风收尘器(称为旋风子)组合在一箱体内，称为多管收尘器(图1 -3 -11)。

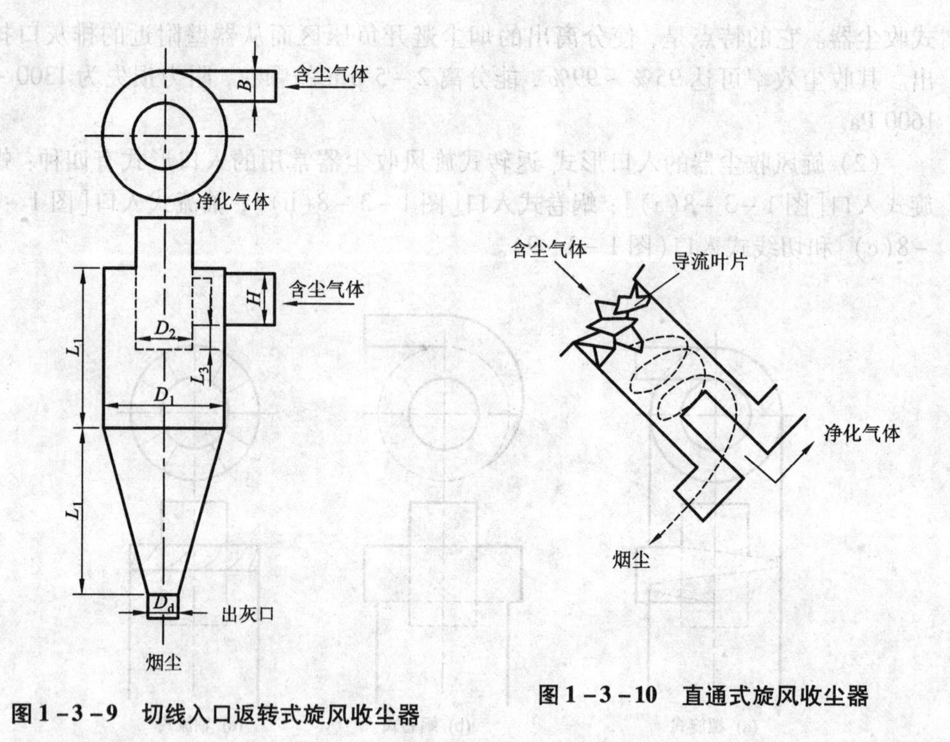

图 1-3-9　切线入口返转式旋风收尘器

图 1-3-10　直通式旋风收尘器

多管收尘器一般都采用轴流式入口旋风子，其入口气流分布比较均匀。旋风子可以是返转式的(如图 1-3-11)，也可以是直进式的(见图 1-3-12)。后者阻力损失较小(约为 150 Pa)，可以根据流量大小选择旋风子个数，直接安装在管道内，用起来十分方便。

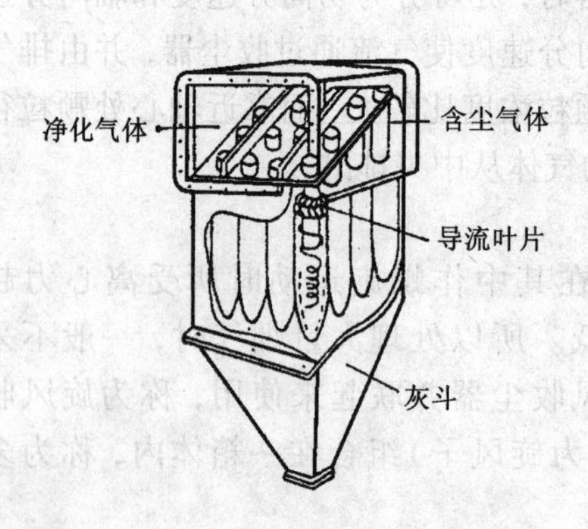

图 1-3-11　返转轴流式多管收尘器

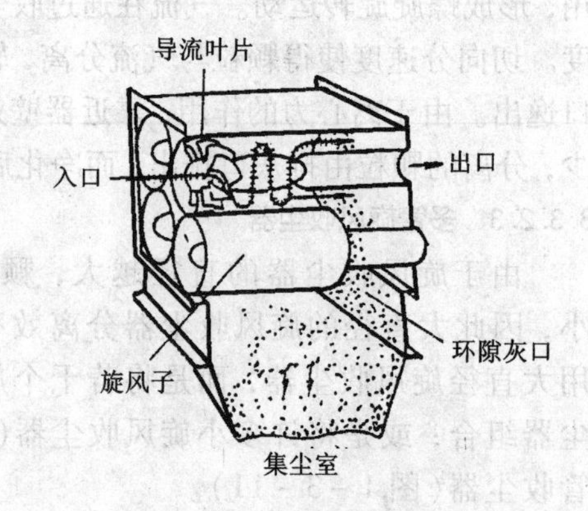

图 1-3-12　直进式多管收尘器

3.3.3 旋风收尘器型号选择与阻力损失计算

可根据要处理的烟气量，按表1－3－3选择常用的CLT/A型旋风收尘器型号。所选型号是否满足气量需要，可按下述步骤验算。

1. CLT/A型旋风收尘器处理气量 Q 的验算

$$Q=2820nu_jD^2 \quad \mathrm{m^3 \cdot h^{-1}} \tag{1-3-3}$$

式中　n——旋风圆筒个数；

u_j——进口气速，$\mathrm{m \cdot s^{-1}}$；

D——筒体直径，m。

2. 阻力损失 ΔP 的确定

$$\Delta P=\xi\frac{u_j^2}{2}\rho_t \quad \mathrm{Pa} \tag{1-3-4}$$

式中　ρ_t——温度为 t ℃时含尘气流的速度，$\mathrm{kg \cdot m^{-3}}$；

ξ——阻力系数，X型为5.5，Y型为5.0。

为简化计算，对于CLT/A型旋风收尘器，尚可按图1－3－13求出阻力损失

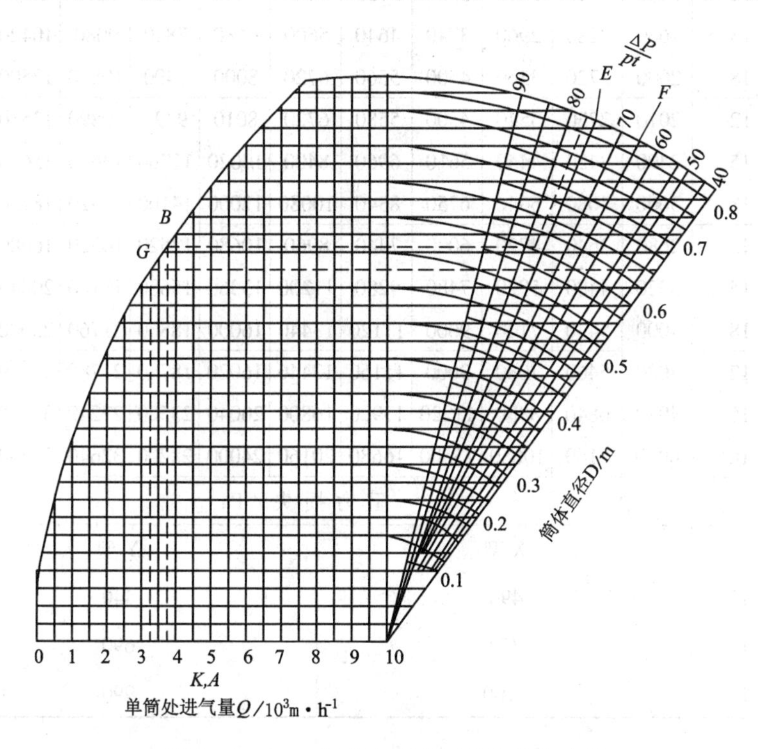

图1－3－13　CLT/A型旋风收尘器计算图

ΔP。如已知处理气量 Q、操作时的气流密度 ρ_t 及筒体直径 D，可依 $A \to B \to C \to E$ 顺序先求得 $\Delta P/\rho_t$ 值，然后算出阻力损失 ΔP。图 1-3-13 还可用来确定筒体直径 D。若已知单筒处理气量 Q、ρ_t 和允许阻力损失 ΔP，则根据 $\Delta P/\rho_t$ 值按 $K \to G \to N$ 和 $F \to N$ 两顺序的交点求得筒体直径 D。

表 1-3-3　CLT/A-Z 型旋风收尘器的处理气量和阻力损失(20 ℃)

Z		3.0	3.5	4.0	4.5	5.0	5.5	6.0	6.5	7.0	7.5	8.0
筒径/mm		300	350	400	450	500	550	600	650	700	750	800
组合式	进口气速/$m \cdot s^{-1}$	处理气量/$m^3 \cdot h^{-1}$										
单筒	12	670	910	1180	1500	1860	2240	2670	3120	3630	4170	4750
	15	830	1140	1480	1870	2320	2800	3340	3920	4540	5210	5940
	18	1000	1360	1780	2250	2780	3360	4000	4700	5440	6250	7130
双筒	12	1340	1820	2360	3000	3720	4480	5340	6260	7260	8340	9500
	15	1660	2280	2960	3740	4640	5600	6680	7840	9080	10420	11880
	18	2000	2720	3560	4500	5560	6720	8000	9400	10880	12500	14260
三筒	12	2010	2730	3540	4500	5580	6720	8010	9390	10890	12510	14250
	15	2490	3420	4440	5610	6960	8400	10020	11760	13620	15630	17820
	18	3000	4080	5340	6750	8340	10080	12000	14100	16320	18750	21390
四筒	12	2680	3640	4720	6000	7440	8960	10680	12520	14520	16680	19000
	15	3320	4480	5920	7480	9280	11200	13360	15680	18160	20846	23760
	18	4000	5440	7120	9000	11120	13440	16000	18800	21760	25000	28520
六筒	12	4020	5460	7080	9000	11160	13446	16020	18780	21780	25029	28500
	15	4980	6840	8880	11220	13920	16800	20040	23520	27240	31260	35640
	18	6000	8160	10680	13500	16680	20160	24000	28200	32640	37500	42780
		阻力损失/Pa										
		X型					Y型					
	12	490					440					
	15	770					690					
	18	1100					990					

3.4 过滤式收尘器

含尘气体通过滤布、滤纸或各种填充层等多孔过滤介质，尘粒被截留，而含尘气体被净化，这个过程称为过滤收尘。过滤收尘器一般能捕集小于 1 μm 的烟尘，收尘效率可达 90% ~99%，属高效收尘设备。

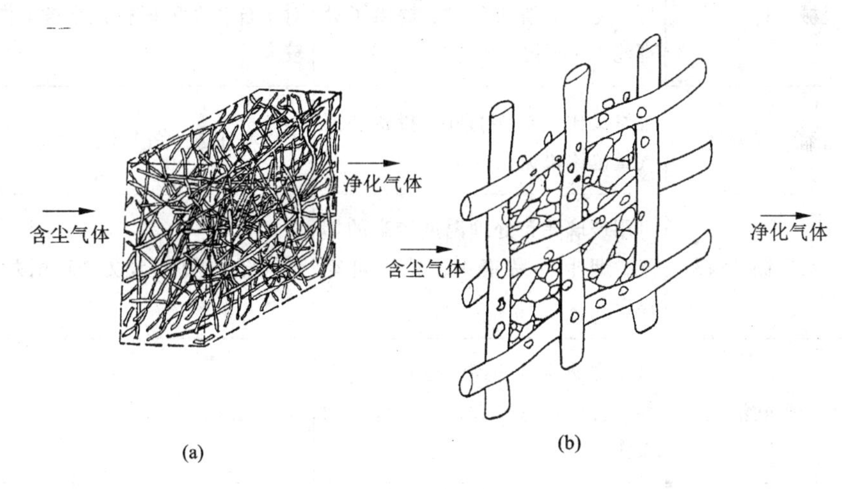

图 1-3-14 过滤方式示意图

过滤收尘的方式可以分为两种基本类型，如图 1-3-14 所示，图中(a)为内部过滤，图中(b)为表面过滤，前者的过滤介质为填料层，被捕集的烟尘留在填料间的空隙内，不暴露在填料层外。常用的填料有玻璃纤维、硅石或砾石颗粒等，其中以硅石、砾石颗粒为填料的收尘器是具有耐高温、耐腐蚀的一种新型收尘器，收尘效率在 95% 以上，有的可达 99% 以上，阻力损失约为 1500 Pa。表面过滤的过滤介质为滤布，捕获集烟尘的过程在过滤介质表面上进行，现在工业上广泛采用的布袋收尘器，就是采用这种过滤方式。过滤式收尘器的分类及其主要特征列于表 1-3-4。

表 1-3-4 过滤式收尘器分类及主要特性

过滤式收尘器类型		优　点	缺　点
滤袋收尘器	自然落灰和人工拍打	结构简单，易操作	过滤速度低，滤袋面积大，占地面积大
	机械振打	比自然落灰和人工拍打清灰效果好，改善了清灰条件，提供了处理能力，简化了操作	滤袋受到机械力作用，损坏较快，对于自动循环振打，维修工作量较大
	压缩空气振打	维修量比机械振打小，投资和漏气量也比机械振打小	工作受压缩空气气源的限制
	反吸风循环清灰	可用玻璃滤布处理温度较高的烟气，烟尘较易集中，并能自动操作	烟气部分循环，动力消耗稍大
	脉冲喷吹清灰	可用玻璃滤布处理温度较高的烟气，烟气流速较大，可实现自动操作	要求较高管理水平
	气环移动反吹清灰	与其他清灰方式的滤袋相比，单位面积的处理能力大	滤袋和气环摩擦影响滤布的寿命，气环箱传动结构和软管耐温等问题尚需进一步解决。
颗粒层收尘器	水平颗粒层收尘器（旋风颗粒层收尘器）	根据处理气量的大小进行多个并联组合，结构简单，颗粒料来源广，耐高温，耐腐蚀，磨损轻微，收尘效率高。比垂直颗粒层收尘器应用广泛	颗粒层容尘量有限，不适用于进口气体含尘浓度太大的系统，对极细粉尘的捕集效率，不如滤袋收尘器。
	垂直颗粒层收尘器	根据处理气量的大小进行多个并联组合，收尘效率高，颗粒来源广，耐高温、耐腐蚀	结构比水平式颗粒层收尘器复杂，颗粒层是收多个上下叠置的百叶叶片栅面支托，其维护、使用不如水平式颗粒层收尘器方便，故目前应用较少。

图1－3－15所示为脉冲布袋收尘器，含尘气体从入口进入布袋收尘器，在气体通过滤布时，烟尘被截留在布袋上，净化后的气体从出口排出。经过一定的时间，开启压缩空气反吹系统，使脉冲气流进入布袋内，布袋外的烟尘受到脉冲振动而落入灰斗。

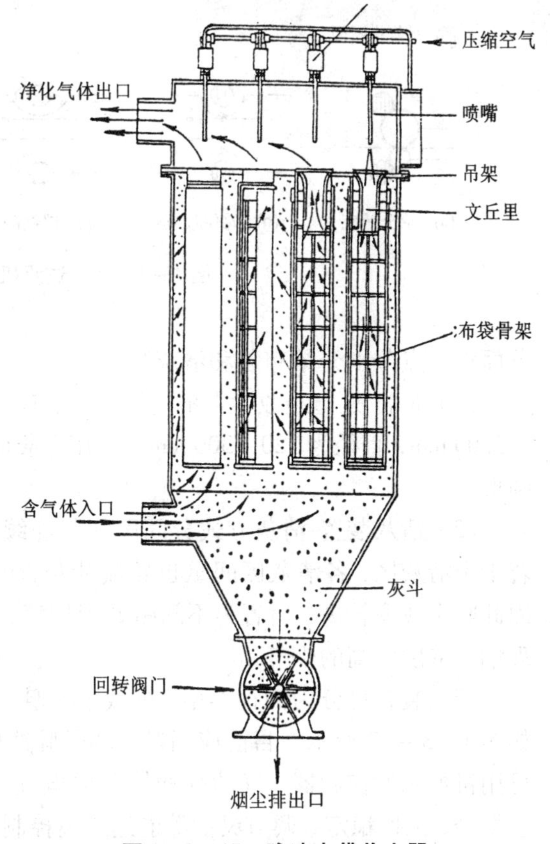

图1－3－15　脉冲布袋收尘器

3.4.1　过滤式收尘的原理

3.4.1.1　过滤速度

布袋收尘器处理的烟气流量被滤布的总面积除得的速度称为过滤速度，可用下式表示：

$$u_f = \frac{Q}{A} \qquad (1-3-5)$$

式中　u_f——过滤速度，$m \cdot s^{-1}$；

Q——处理的烟气流量，$m^3 \cdot s^{-1}$；

A——有效滤布总面积，m^2。

过滤速度的数值，应根据烟气的性质和要求的收尘效率来确定。

3.4.1.2　过滤机理

一般气体含尘，其粒径大小不一，虽然滤布纤维间孔隙一般为20～50 μm（短纤维起毛滤布为5～10 μm），但对1 μm，甚至0.1 μm的颗粒也能捕集下来，往往收尘效率在99%以上。这是因为烟气通过滤布时，烟尘受不同效应作用的结果。这些效应有：筛分效应、勾住效应、惯性碰撞、静电效应和扩散效应（见图1－3－16所示）。

3.4.2　过滤式收尘装置

3.4.2.1　布袋收尘器结构

如图1－3－15所示，布袋收尘器的结构主要包括下列几部分：布袋及其骨架、清灰装置、滤袋吊架、滤布支撑板、进气管、排气管、灰斗、排灰阀、排灰口。

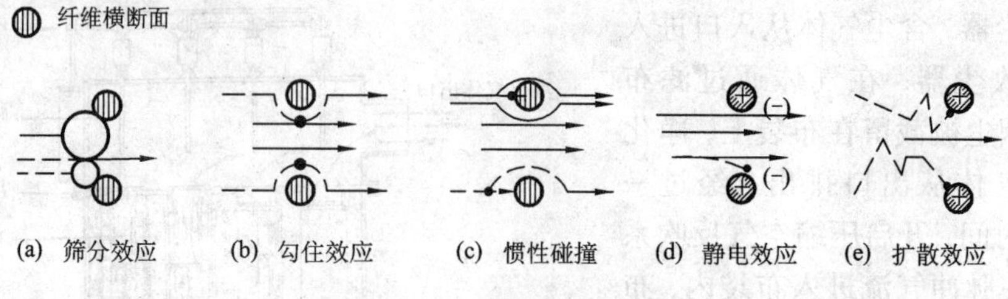

图 1－3－16　过滤机理示意图

下面将重点分别介绍布袋和清灰装置。

（1）布袋 是布袋收尘器的主要部分，有色冶炼厂常用的布袋，一般长为 2000 ~3500 mm，直径为 120 ~300 mm。采用布袋的个数决定于过滤面积，布袋一般为圆形。

（2）清灰装置 清灰方式分间歇式与连续式两大类，前者将布袋收尘器分为若干个清灰区，各清灰区间歇也轮流清灰，正进行清灰的清灰区暂停处理烟气，因此收尘效率较高；后者为不间断处理烟气，每隔一定时间进行清灰，适用于处理烟尘浓度较高的烟气。

清灰装置可分为四种类型：机械振动型、逆气流型、吹灰圈型和脉冲反吹型，如图 1－3－17 所示。目前应用最多的是脉冲反吹型清灰装置。脉冲气源的发生，可用机械脉冲控制器、气动脉冲控制或电气控制器，后者具有寿命长、体积小、重量轻、工作稳定、调节灵活等能远距离控制等优点。

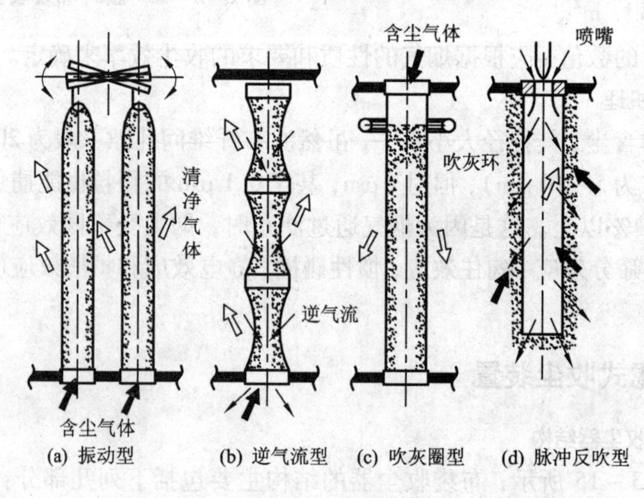

图 1－3－17　清灰装置简图

3.4.2.2　滤布

滤布的选择是布袋收尘关键性的问题。滤袋寿命长，不仅能降低费用，而且可提高收尘效率和改善劳动条件，因此正确选择滤布非常重要。

滤布种类可分为：

(1) 天然纤维　如棉花、羊毛、柞蚕丝纤维。棉纤维对 10 μm 以下的烟尘截留率低，故一般很少采用。毛织滤布一般作成绒布(呢料)，它的透气性好，阻力小，容尘量大，收尘效率高，易于清灰，但造价高。柞蚕丝滤布透气性好，阻力小，但容尘量低，过滤速度大时效率低。天然纤维最高使用温度为 80 ℃。

(2) 无机纤维　目前广泛采用的是玻璃纤维，它的过滤性能好，阻力小，化学稳定性好，耐高温，最高工作温度为 250 ℃，不吸湿，价格不高，耐拉强度高，但较脆不耐磨，不抗折。用芳香基有机硅或氟树脂溶液浸洗处理后，能提高耐磨性、疏水性、柔软性，使表面光滑易清灰，延长使用时间。玻璃纤维用石墨－聚四氟乙烯处理后，可提高抗腐蚀能力，大大延长使用时间，现被广泛用于制硫酸的烟气收尘中。

(3) 合成纤维　已被广泛采用的有：

聚酰胺纤维(尼龙、锦纶)，一般在 80 ℃以下工作，耐磨性好，耐碱，但不耐酸；

聚丙烯腈纤维(腈纶、奥伦)，可在 100 ℃下长期工作，耐磨性好，耐稀酸不耐碱；

聚酯纤维(涤纶)，一般用于 130 ℃以下，强度高，耐磨性好，仅次于聚酰胺纤维，耐稀碱而不耐浓碱，对氧化剂和有机酸稳定性较好，但不耐高浓度的硫酸，可用于冶金和水泥工业 140 ℃以下的烟气净化。

3.4.2.3　脉冲喷吹滤袋收尘器的选择计算

脉冲喷吹滤袋收尘器是一种周期性地向滤袋内或滤袋外喷吹压缩空气以清除滤袋积灰的滤袋收尘器。其优点是自动化程度和处理能力均较高，已广泛应用于生产。

脉冲喷吹滤袋收尘器的脉冲控制仪有气动、电动和机械三种。因此脉冲喷吹滤袋收尘器可分为气动控制脉冲喷吹滤袋收尘器(QMC 型)、电动控制脉冲喷吹滤袋收尘器(DMC 型)和机械控制脉冲喷吹滤袋收尘器(JMC 型)。

脉冲喷吹滤袋收尘器主要尺寸和技术性能列于表 1－3－5。

脉冲喷吹滤袋收尘器选择计算按下列步骤进行：确定过滤速度，根据收尘系统处理的烟气量和选定的过滤速度计算过滤面积，再根据求得过滤面积选择面积相近的滤袋收尘器型号。

脉冲喷吹滤袋收尘器的计算方法与步骤也适用于其他形式滤袋收尘器。

表1-3-5　脉冲喷吹滤袋收尘器主要尺寸与技术性能

项　目	型			号				
	$MC_2$4-Ⅰ型	MC36-Ⅰ型	MC48-Ⅰ型	MC60-Ⅰ型	MC72-Ⅰ型	MC84-Ⅰ型	MC96-Ⅰ型	MC120-Ⅰ型
过滤面积/m^2	18	27	36	45	54	63	72	90
滤袋数量/条	24	36	48	60	72	84	96	120
滤袋规格（直径×长度）/mm	120×2000	120×2000	120×2000	120×2000	120×2000	120×2000	120×2000	120×2000
收尘器阻力损失/Pa	1200～1500	1200～1500	1200～1500	1200～1500	1200～1500	1200～1500	1200～1500	1200～1500
收尘效率/%	99～99.5	99～99.5	99～99.5	99～99.5	99～99.5	99～99.5	99～99.5	99～99.5
进口气体含尘浓度/$g \cdot m^{-1}$	3～15	3～15	3～15	3～15	3～15	3～15	3～15	3～15
过滤气速/$m \cdot min^{-1}$	2～4	2～4	2～4	2～4	2～4	2～4	2～4	2～4
处理气量/$m^3 \cdot h^{-1}$	2160～4300	3250～6840	4320～8630	5400～10800	6450～12000	7550～15100	8650～17300	10800～18000
脉冲阀数量/个	4	6	8	10	12	14	16	20
最大外形尺寸（长×宽×高）/mm	1025×1678×3660	1425×1678×3660	1820×1678×3660	2225×1678×3660	2625×1678×3660	3025×1678×3660	3585×1678×3660	4385×1678×3660
质量/kg	850	1116.80	1258.70	1572.66	1776.65	2028.88	2181.25	2610

（1）总烟气量　当收尘器在负压状态下工作时，应考虑收尘器的附加吸风量，总烟气量可按下式计算：

$$Q=\beta \cdot Q_1 \qquad (1-3-6)$$

式中　Q_1—处理烟气量，$m^3 \cdot h^{-1}$

β——气量附加系数（MC 型脉总喷吹滤袋收尘器，$\beta=1.15$）。

（2）总过滤面积 $F(m^2)$

$$F=\frac{Q}{q} \qquad (1-3-7)$$

式中　q——过滤比负荷，$m^3 \cdot m^{-2} \cdot h$，$q=60u$；

u——过滤速度，$m \cdot min^{-1}$

（3）所需总的滤袋数量：

$$N = \frac{F}{f} \tag{1-3-8}$$

式中　f——每条滤袋有效面积，m^2。

3.5　电收尘器

电收尘器是一种细净化的收尘设备，在适宜条件下具有很高的收尘效率，广泛应于有色冶金及其他工业部门。

3.5.1　电收尘器的工作原理

电收尘是使含尘气体通过高压直流静电场，利用静电分离原理分离烟尘和气体的过程。电收尘(见图1-3-18)一般分为四个过程：气体电离、颗粒荷电、荷电烟尘运动和荷电颗粒放电。

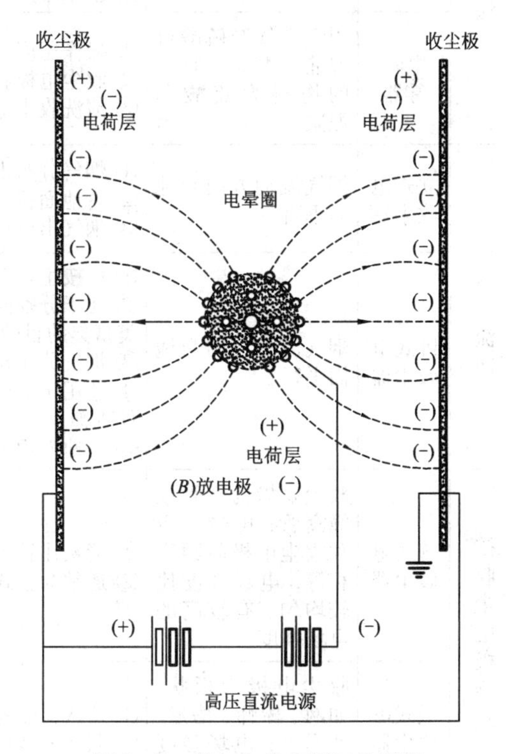

图1-3-18　电收尘器工作原理

在电收尘操作中，如果气体含尘浓度过大，使大部分电荷附着在颗粒上，由于荷电颗粒运动速度较气体离子运动速度小得多，故单位时间内转移的电荷减少，即电离电流减少，甚至等于零。但随着空间电荷的增加，电晕区电场强度减小，电晕被削弱，收尘情况恶化，这种现象称为电晕封闭。为了防止这种现象发生，进入电收尘器的烟尘一般先经重力沉降与旋风收尘进行预处理，使入口含尘浓度降低到60 $g\cdot m^{-3}$以下。

3.5.2　电收尘器的类型与特点

电收尘器的结构是由电晕电极、收尘电极、气流分布装置、清灰装置、外壳和供电设备等组成。由于各部分的分类不同，所以电收尘器也有不同类型。电收尘器分类及特点见表1-3-6。

表 1-3-6 电收尘器分类及特点

分类方法	名 称	特 性	使 用 特 点
按清灰方法	干式电收尘器	收下的烟尘呈干燥状态	① 操作温度一般为 350 ~ 450 ℃或高于露点 20 ~ 30 ℃ ② 振打方式可用机械振打、电磁振打、压缩空气振打等
	湿式电收尘器	收下的烟尘呈泥浆状	① 操作温度较低，烟气预先冷却使温度降至 40 ~ 70 ℃，然后进入电收尘器。 ② 设备须防腐 ③ 清洗收尘电极采用连续供水方式，清洗电晕电极采用定期供水方式
	电除雾器	用于烟气制硫酸过程捕集酸雾，收下的物料为硫酸和泥浆	① 操作温度在 50 ℃以下 ② 收尘电极和电晕电极需防腐蚀 ③ 清洗收尘电极和电晕电极都采用定期供水方式
按烟气流向	立式电收尘器	烟气流动方向与地面垂直	① 烟气分布不易均匀 ② 占地面积小 ③ 烟气出口设在顶部，可节约管道
	卧式电收尘器	烟气流动方向与地面平行	① 可按生产需要适当增加电场数 ② 便于分别回收不同成分、不同粒度的烟尘，达到分类富集的目的 ③ 烟气分布比较均匀 ④ 适用于负压操作，有利于风机寿命的提高和劳动条件改善 ⑤ 占地面积较大
按收尘电极型式	管式电收尘器	收尘电极为圆管或蜂窝管；电晕电极和收尘电极间距离相等，电场强度比较均匀，有较高的电场强度	① 清灰比较困难，宜用于湿式电收尘器 ② 通常为立式电收尘器
	板式电收尘器	收尘电极为板状，如网、棒帏、槽形、波形等；电场强度不够均匀	① 清灰比较容易 ② 制造安装比较方便
按工作电压	高压电收尘器	供电电压一般为 45 ~ 60 kv	① 同极间距较小，一般为 200 ~ 350 mm，安装、检修、清灰比较困难 ② 适用于捕集比电阻 105 ~ 1010 Ω·cm 的烟尘 ③ 使用比较成熟，实践经验较丰富
	超高压电收尘器	供电电压一般为 100 ~ 300 kv	①同极间距大，一般为 500 ~ 1500 mm，安装、检修、清灰比较方便 ②适用于捕集 10 ~ 1014 Ω·cm 的烟尘

(1) 按荷电形式　可分为一段式电收尘器和二段式电收尘器。一段式电收尘器如图 1-3-19(a)所示，颗粒的荷电与放电是在同一个电场中进行，现在工业上一般都采用这种形式。

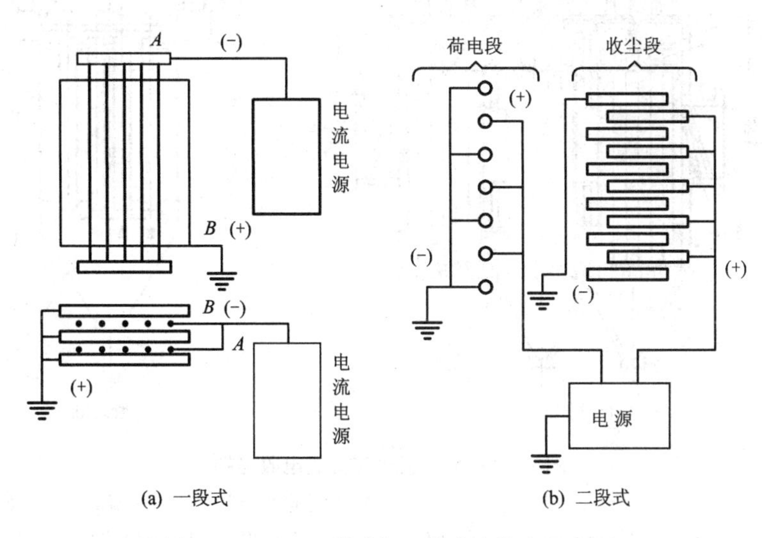

图 1-3-19　一段式与二段式电收尘示意图

(2) 按收尘电极种类　可分为板式与管式两类，图 1-3-20(a)为板式电收尘，图 1-3-20(b)为管式电收尘。其电极形式见图 1-3-21。

板式电收尘器多用于干法收尘，它的收尘电极接地，是由数个平行的平板(或网状物)组成。每两列平板间悬挂一组阴极线。阴极线通过绝缘管，由收尘器的顶部穿出而与供电设备相连。管式电收尘器多用于捕集气体中的液体雾沫。它是在一个圆筒外壳内，安装许多管子作收尘电极。在管中心悬挂着放电电极的极线，此极线通过绝缘管穿过电收尘器顶盖而与供电设备连接。

(3) 按清灰方式分为干式和湿式　湿式电收尘器，即通过喷雾淋水或溢流等方式，在收尘电极表面形成连续的水膜，将附于电极上的烟尘带走。由于收尘电极保持非常清洁，所以能得到较高的电场强度，并且可避免反电晕和防止烟尘再飞散，处理的气体流速也可比干式的大。因此收尘效率高，气体处理量大，且放电电极与收尘电极都不需要振打。但增加了含尘污水的处理工序，所以只有当气流含尘浓度低而效率要求很高时才采用。

干式电收尘器收尘极上的烟尘振打落灰斗，因此得到了是干烟尘，它便于综合利用，虽然收尘效率不如湿法高，但仍被广泛采用。

(4) 按气流方向　可分为卧式与立式，前者气流方向平行于地面[如图 1-3

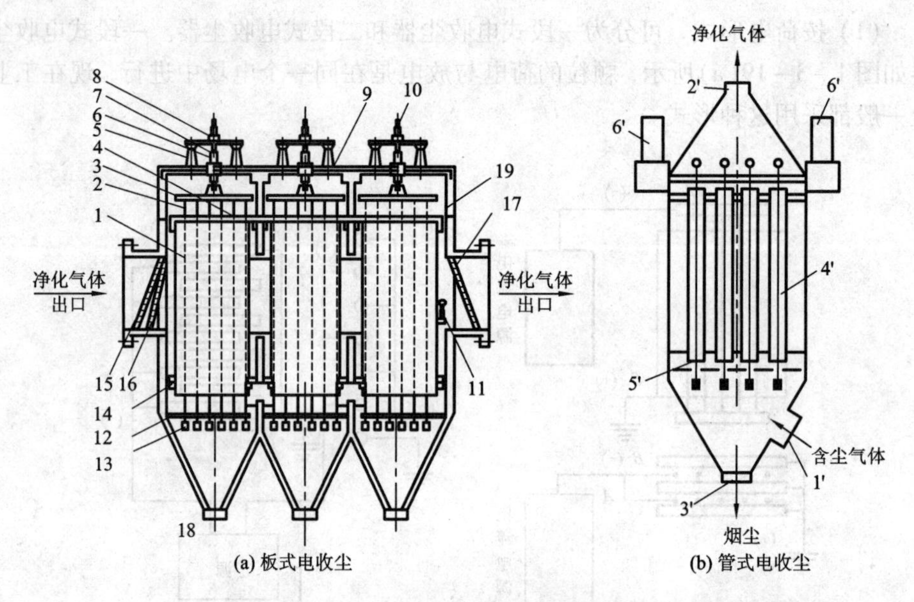

图 1-3-20　板式与管式电收尘器

(a) 1—收尘电极　2—电晕电极　3—电晕电极上架　4—收尘电极上部支架　5—绝缘支座　6—石英绝缘管　7—电晕电极悬吊管　8—电晕电极支撑架　9—顶板　10—电晕电极振打装置　11—收尘电极振打装置　12—电晕电极下架　13—电晕电极吊锤　14—收尘电极下部隔板　15、16—进口分流仪　17—出口分流板　18—排灰装置　19—外壳　(b) 1′—含尘气体入口　2′—净化气体出口　3′—烟尘出口　4′—收尘电极(圆管)　5′—电晕电极　6′—绝缘箱

-20(a)所示]，占地面积大，但操作方便，故目前被广泛采用；后者气流方向垂直于地面，通常由下而上，目前管式电收尘均采用立式。卧式收尘器可根据收尘效率的要求增加收尘器的长度，目前从结构和供电的要求考虑，板式电收尘器通常每隔 3 m 左右分隔成单独的电场，一个电收尘器通常由 2～4 个电场串联而成。

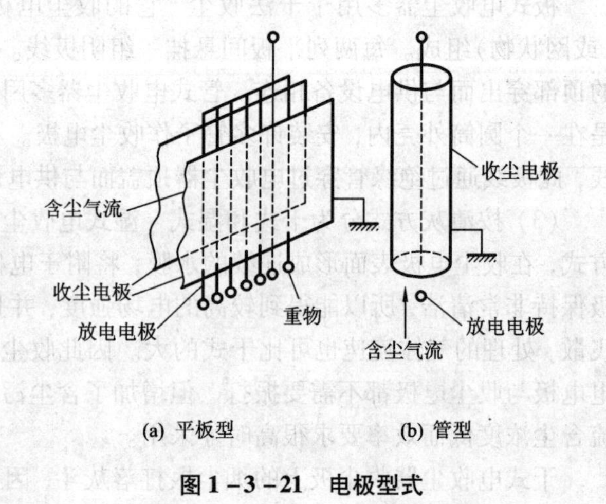

图 1-3-21　电极型式

电收尘器是高效率的收尘设备。它的特点是；能有效地捕集小到 0.1 μm 甚至小于 0.1 μm 的烟尘；收尘

效率高，能达到99.99%以上；处理烟气量大，能达每小时几十万甚至上百万立方米；能用于高温气体，通常在400 ℃以下工作，若采用专门措施，温度还可以提高；烟气湿度可大可小；阻力损失小，有时还可小于100 Pa；可以回收干烟尘；其缺点是：一次投资费用高，但由于维护费少，所以总的费用不算高；设备占地面积大，安装维护管理要求严格；一般的电收尘对烟尘比电阻有一定要求。

3.5.3　常用电收尘器结构尺寸与技术性能

电收尘器结构包括壳体、烟气分布板、收尘电极、电晕电极、收尘电极和分布板的振打装置、电晕电极振打装置、电晕电极的悬挂装置保护网和漏斗。其中收尘电极和电晕电极是保证收尘效率的主要部件。

收尘电极有多种类型(如管式和板式收尘电极)，使用较多的是板式收尘电极，其种类较多，有网状、棒帏式、“C”型、“Z”型以及袋式收尘电极等。

为保证最好的放电性能，电晕电极形式有圆线、绞线、棱形线、螺旋线、芒刺状电晕线等,其中使用较多的是螺旋线和芒刺状电晕线。

冶金厂应用较普遍的是棒帏状电收尘器。其主要尺寸与技术性能列于表1-3-7。

表1-3-7　冶金厂常用电收尘器主要尺寸与技术性能

电收尘器类型	棒帏式	“C”型	“C”型	“Z”型
型　号	有色-3-30	W2/4×20-C	W2/4×30-C	SUWB40
型　式	卧式，双组三电场，砖外墙包钢板壳	卧式，双组四电场，砖外墙	卧式，双组三电场，砖外墙	卧式，双组四电场，砖外墙
有效面积/m^2	30	20	30	40
同极间距/mm	280	-	325	-
电场长度/m	2.5×3=7.5	2.245×4=8.980	2.73+2×3.555=9.840	2.4×4=9.6
收尘电极总数	13×6=78	9×8=72	11×6=66	11×8=88
收尘电极尺寸/mm	2500×4500	2270×4175	3555×5220	2400×6700
电晕电极总长/m	3888	2768	3120	6360
操作温度/℃	300-450	<250	<200	<300
操作压力/Pa	<-1000	<-2000	<-1500	<-100

续表

电收尘器类型		棒帏式	"C"型	"C"型	"Z"型
振打频率/次·min^{-1}	收尘电极	–	0.5(一、二电场) 0.3(三、四电场)	2	2
	电晕电极	–	1	1	2
电晕电极类型		–	芒刺状	芒刺状	–
振打电动机型号		JQ41 – 6(1 kW)	收尘电极 JO42 – 6 (1.7 kW) 电晕电极 JO41 – 4 (1.7 kW)	收尘电极 JO41 – 4 (1.7 kW) 电晕电极 JO32 – 4 (1 kW)	带电动机的行星摆线针轮减速机 XWED0.4 – 63 – 1/841
振打电机台数		12	–	–	–

为进一步提高收尘效率，减少二次扬尘，新型的宽极距超高压电收尘器(收尘电极、电晕电极的同极间距 500 ~ 1500 mm，工作电压 100 ~ 300 kv)捕集烟尘的范围扩大(由此电阻 105 ~ 1010 Ω·cm 烟尘扩大到捕集比电阻 101 ~ 1014 Ω·cm 烟尘)，因而引起人们重视，在国内外冶金厂得到较为广泛的应用。

3.5.4 电收尘器选择计算

当已知某种类型电收尘器在生产实践中能满足所要求的收尘效率，型号选定后，通过计算，确定设备规格、数量。

首先计算电收尘器所需的有效面积 $F(m^2)$

$$F = \frac{Q_t}{3600u_t} \tag{1-3-9}$$

式中 Q_t——进入电收尘器的实际温度下总烟气量，$m^3 \cdot h^{-1}$

u_t——烟气在电收尘器内有效截面上的实际流速；$m \cdot s^{-1}$

再计算电收尘器的台数 n：

$$n = \frac{F}{F'} \tag{3-10}$$

式中 F'——每台电收尘器的有效面积，m^2。

3.6 湿式收尘器

湿法收尘是使含尘气体与液体(常用水)充分接触形成悬浮液，从而将烟尘与气体分离。

湿法收尘能捕集小至0.1～1 μm的尘粒。不适于采用电收尘的烟气往往可用湿法收尘来净化。它的优点是收尘效率高，可达99%以上，操作条件好，特别适用于处理含毒烟气；一次投资费用少，约为布袋或电收尘收尘器的10%左右；能处理任何温度和湿度的烟气，尚能起到吸附、吸收、冷却和增湿等作用。但缺点是增加悬浮液处理的工序；由于有色冶炼烟气中常含有SO_2、SO_3等气体，当洗涤水与烟气接触时则溶于水中，使设备受到腐蚀。

3.6.1　湿式收尘器的类型与特性

在湿式收尘器中气流与液体的接触方式有两种：一种是气流与水膜或已被雾化的水滴接触，如快速收尘器、旋风水膜收尘器以及喷淋式收尘器等。另一种是气流冲击水层时鼓泡，形成细小的水滴或水膜，如泡沫收尘器、冲击式收尘器。各种湿式收尘器的类型及特性见表1－3－8。

表1－3－8　湿式收尘器的类型与特性

型　式	设备类型	收尘效率/%	入口允许含尘量/$g \cdot m^{-3}$	阻力损失/Pa	温度/℃
离心式	CLS/A型立式旋风水膜收尘器	80～90	<20	600～800	<200
	卧式旋风水膜收尘器	80～90	<20	1000～1150	<200
文氏管式	快速收尘器(文氏管收尘器)	94～99	<10	1000～6000	～400
冲击式	冲击式收尘器	>90	<20	2000～4000	<400
	自激式收尘器	93～98	<20	1000～1600	<400
	水浴收尘器	90～98	<20	990～1060	<400
筛板式	泡沫收尘器	90～95	<10	每层筛板600～800	<200
	湍球塔	90	<10	1500～3000	<80

3.6.2　快速收尘器

快速收尘器又称文氏管收尘器，属高效湿式收尘设备之一，具有较好的收尘、降温、吸收等作用，故在常用于烟气降温和收尘。该种收尘器由文氏管和除雾器组成。在冶金厂常用的快速收尘器有文氏管－旋风收尘器、文氏管－沉降室、文氏管－泡沫收尘器和文氏管－冲击洗涤器等。快速收尘器设备见图1－3－22。

快速收尘器的主体部分是文氏管，其主要尺寸计算见表1－3－9。各种操作条件下的喉管烟气速度列于表1－3－10。

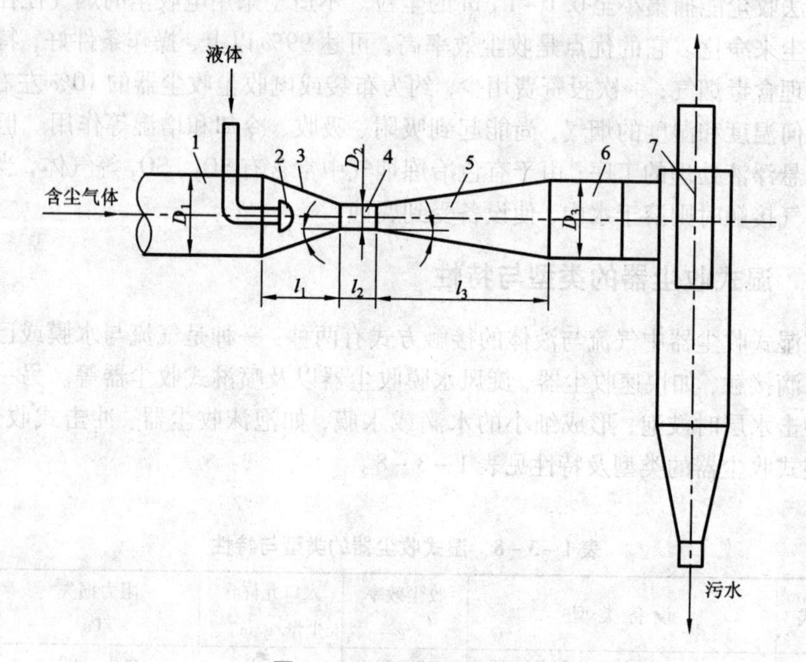

图 1-3-22　快速收尘器

1—进气管　2—喷水装置　3—收缩管　4—喉管
5—扩散管　6—连接风管　7—除雾器

表 1-3-9　文氏管主要尺寸计算

项　目	公　式	符号及说明
收缩管入口直径/m	$D_1=0.0188\sqrt{\frac{Q_1}{u_1}}$	Q_1——文氏管入口烟气量，$m^3\cdot h^{-1}$ u_1——文氏管入口烟气速度，$m\cdot s^{-1}$，取 10 ~ 20 $m\cdot s^{-1}$
喉管直径/m	$D_2=0.0188\sqrt{\frac{Q_2}{u_2}}$	u_2——喉管烟气速度，$m\cdot s^{-1}$，按表 1-3-10 选取 Q_2——喉管烟气流量，$m^3\cdot h^{-1}$， $Q_2=Q_0\left(\frac{273+t_2}{273}\right)\left(1+\frac{w}{0.804}\right)\left(\frac{9.8\times10^4}{B+\Delta p}\right)$ Q_0——文氏管入口标准干烟气量，$m^3\cdot h^{-1}$， w——在出口温度 t_3 的条件下，1 m^3 干烟气的饱和蒸汽量，$kg\cdot m^{-3}$ t_2——喉管烟气温度℃，可近似取 $t_2=t_3$ B——当地大气压，Pa Δp——文氏管压力降，Pa，近似计算时可忽略不计

续表

项　目	公　式	符号及说明
扩散管出口直径/m	$D_3 = 0.0188\sqrt{\frac{Q_3}{u_3}}$	Q_3——文氏管出口烟气，$m^3 \cdot h^{-1}$， u_3——文氏管出口烟气速度，$m \cdot s^{-1}$，一般取 $u_3 = u_1$
收缩管长度/m	$l_1 = \frac{D_1 - D_2}{2\tan\frac{\beta_1}{2}}$	β_1——收缩角，一般取 23°～26°
喉管长度/m	$l_2 = (0.8 \sim 2.0)D_2$	
扩散管长度/m	$l_3 = \frac{D_3 - D_2}{2\tan\frac{\beta_2}{2}}$	β_2——收缩角，一般取 6°～7°

表 1－3－10　各种操作条件下的喉管烟气速度/$m \cdot s^{-1}$

工艺操作条件	喉管烟气速度
捕集小于 1 μm 的尘粒和液滴	90～120
捕集 3～5 μm 的尘粒和液滴	70～90
气体的冷却和吸收	40～70

习题及思考题

1－3－1　简述气固分离设备的常用类型和选用方法。
1－3－2　旋风收尘器和惯性收尘器的工作原理有何不同？
1－3－3　旋风收尘器有哪些类型？各有何优缺点？
1－3－4　简述布袋收尘器的结构和工作原理。
1－3－5　电收尘器的特点和适用范围有哪些？
1－3－6　干式收尘和湿式收尘器各有哪些优缺点？

第二篇
焙烧及干燥设备

工业炉窑的分类方法有多种，一般按其供热或传热方式进行分类。本书中采用特定的分类方法，按照这种分类法，用来完成熔炼过程的炉窑统称为熔炼炉窑。熔炼过程的主要特征是至少产生一种液相，不存在或很少存在固相，当然，可存在多种液相及气相。在运行过程中，炉料不产生液相的炉窑一般是冶炼原料预处理炉窑或粉状湿法冶金产品的后处理设备，这里包括焙烧炉、煅烧炉、烧结及干燥设备。这些设备有一些共同的工艺及热工特点：

（1）干燥与焙烧过程都是在比物料熔点低得多的温度下进行的，因此这类炉子的工作温度一般比较低，炉料呈固相。

（2）干燥与焙烧及烧结过程都要求物料与气流有良好的接触，以保证两相之间传热及传质过程顺利进行。

（3）为保证产品质量均一，要求炉温均匀且炉气能与物料均匀接触。

可用于焙烧、干燥及煅烧作业的炉窑有流态化焙烧炉（俗称沸腾炉）、回转窑及多膛炉等，而带式烧结机是应用最广泛的烧结设备。在干燥过程中，不产生化学反应，物料呈散状固体，产生大量水蒸气。干燥设备很多，除了回转窑及流态化焙烧炉也可用作干燥设备外，另外还有多膛炉、气流干燥器、喷雾干燥器、旋转干燥器、盘式干燥器及链板式振动干燥器等。

1　干燥工程基础

在冶金过程中存在着不少干燥问题，例如原材料的干燥，在这方面，现代炼铜方法——闪速熔炼的炉料干燥尤为重要；再如湿法冶金粉状产品的干燥也十分重要。干燥过程涉及到传质和传热过程，其原理是正确设计和选择干燥装置的基础。

1.1　湿空气性质和焓湿图

1.1.1　湿空气的性质

湿空气很接近于理想气体，可以将湿空气当作理想气体处理，下面简介湿空气的基本性质。

1.1.1.1　空气的绝对湿度

每 $1\ m^3$ 湿空气中所含水蒸气的质量称为空气绝对湿度，以 ρ_w 表示，单位为 $kg \cdot m^{-3}$（湿空气）。

当空气被水蒸气饱和时，空气的绝对湿度称为饱和绝对湿度，以 ρ_s 表示，其对应的饱和水蒸气分压以 p_s 表示。空气的饱和绝对湿度随温度升高而增大。

1.1.1.2　空气的相对湿度

空气的相对湿度是空气的绝对湿度 ρ_w 与同温度下饱和绝对湿度 ρ_s 之比，用 φ 表示，即

$$\varphi = \frac{\rho_w}{\rho_s} \times 100\% \qquad (2-1-1)$$

$$\varphi = \frac{p_w}{p_s} \times 100\% \qquad (2-1-2)$$

式中　p_w——水蒸气分压，Pa；

p_s——饱和水蒸气分压，Pa；

φ——空气相对湿度，%。

空气的相对湿度表示空气被水蒸气饱和的程度。干空气 $\varphi=0$，饱和湿空气 $\varphi=100\%$，一般湿空气 $0<\varphi<100\%$。相对湿度反映了空气作为干燥介质时所具

有的干燥能力。在干燥过程中，空气的相对湿度越低，则吸收水蒸气的能力越强，干燥速度越快；反之，空气的相对湿度越高，干燥速度就越慢，当空气被水蒸气饱和时，则不能进行干燥。

1.1.1.3 空气的湿含量

空气的湿含量是指在湿空气中，每1 kg干空气所含水蒸气的质量(kg)，以X表示，单位为$kg \cdot kg^{-1}$(干空气)，即

$$X=\frac{m_w}{m_a} \tag{2-1-3}$$

式中 m_w——水蒸气质量，kg；

m_a——干空气质量，kg。

根据气体状态方程式，不难导出湿含量与相对湿度二者之间的关系：

$$X=0.622\frac{p_w}{p-p_w}=0.622\frac{\varphi p_s}{p-p_s} \tag{2-1-4}$$

式中 p——大气压力，Pa。

由上式不难看出，在大气压力一定的情况下，湿含量X仅与温度t和相对湿度φ有关。

1.1.1.4 空气的热含量

空气的热含量是指湿空气中1 kg干空气及其所带水蒸气的热含量之和。以I表示，单位为$kJ \cdot kg^{-1}$(干空气)。

当湿空气的温度为t，计算热含量的起始温度为0时，1 kg干空气的热含量I_a

$$I_a=c_a t$$

式中 c_a——干空气的平均比热容，近似可取$1.0\ kJ \cdot kg^{-1} \cdot ℃^{-1}$。

1 kg水蒸气的热含量(kJ)：$I_w=2490+1.93t$。

所以湿含量为X的湿空气的热含量为：

$$I=I_a+I_w=(1+1.93X)t+2490X \tag{2-1-5}$$

由式可见，湿空气的热含量I随温度t和湿含量X的升高而增大。式中右侧第一项为湿空气的显热，第二项为水蒸气的潜热。在干燥过程中可利用的只是显热部分。

1.1.1.5 干球温度、湿球温度及露点

干球温度 用一般温度计(如水银温度计等)测出的空气温度即为干球温度，以t ℃表示。干球温度为湿空气的实际温度。

湿球温度 用湿球温度计(即将温度计的温包用浸没在水里的纱布包起来)测出的空气温度即为湿球温度，以t_w℃表示。

当大量的水与有限的空气接触时，在绝热的情况下，水向空气中汽化所需的潜热和升温所需的显热，完全来自空气降低温度所放出的显热，空气温度将逐渐降低，与此同时空气将逐渐被水汽所饱和。当此空气达到饱和，而温度不再下降时的温度称为空气的绝热饱和温度。

绝热饱和温度与湿球温度是两个不同的概念，但在空气－水汽系统中，其数值相近，可以认为湿球温度近似地等于绝热饱和温度。

露点 如果保持湿空气的湿含量不变而使其冷却，一直冷却到湿气空气达到饱和状态（$\varphi=100\%$），而开始凝结成露水时的温度称为露点，以 $t_{d.p}$℃表示。

在未饱和的湿空气中，干球温度 > 湿球温度 > 露点；在饱和湿空气中，则三个温度相等。

从上述讨论中可知，表征湿空气性质的主要参数有热含量 I、湿含量 X、干球温度 t、相对湿度 φ 等四个。只要已知其中任意两个独立的物理量，其他参数便可通过计算求得。

1.1.2　焓湿（$I-X$）图

$I-X$ 图是为了计算简便，在既定的大气压力下，将湿空气各主要参数：热含量 I、湿含量 X、干球温度 t、相对湿度 φ 以及水蒸气分压 p_w 之间关系绘制成专门的图表。其中以热含量 I 为纵坐标，以湿含量 X 为横坐标，故简称为 $I-X$ 图，见图 2－1－1。图中的全部数据均以湿空气中所含 1 kg 干空气作为基准，其总压力为 98066.5 Pa。图中共有五组曲线，即等热含量线、等湿含量线、等干球温度线、等相对湿度线、等水蒸气分压线。

1.2　干燥计算

1.2.1　确定干燥介质的状态参数

$I-X$ 图上的任意一点都表示湿空气某一状态下的 I，X，t，φ，p_w 参数。若已知其中任意两个独立的物理量，就可以在 $I-X$ 图上确定一个点。根据此点便很容易读出其他各物理量。

例如，已知某湿空气的 $t=45$ ℃，$\varphi=60\%$，求该湿空气的 I，X_1，t_w，t_d，p，p_w。求解见图表 2－1－2。

（1）热含量 I_1：首先在 $I-X$ 图上找到 $t=45$ ℃和 $\varphi=60\%$ 两线交点 A（即该湿空气的状态点），然后过 A 点作平行于等 I 线的直线，交纵坐标于 I_1，即可读出 $I_1=142\ \mathrm{kJ\cdot kg^{-1}}$（干空气）。

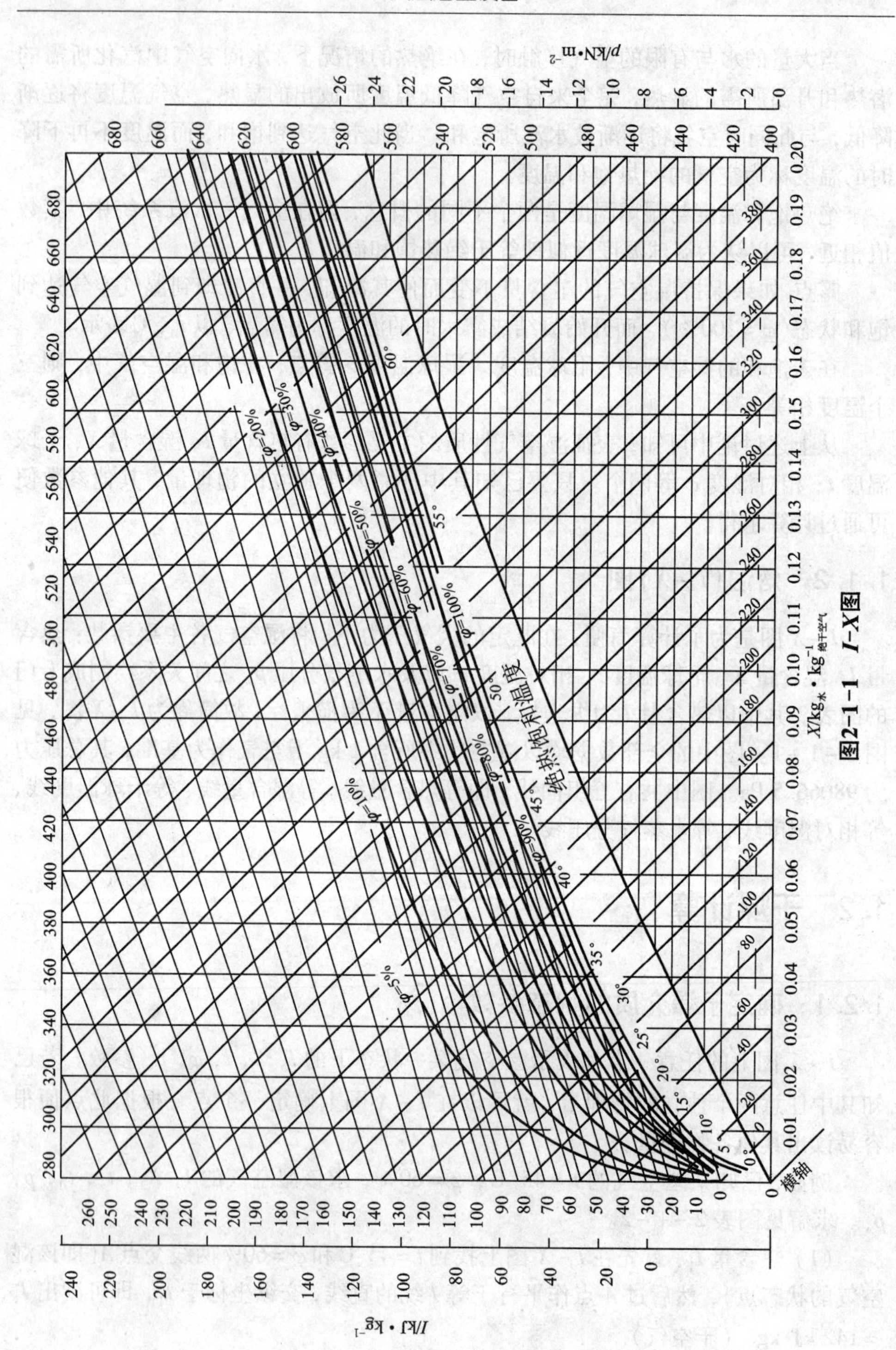
I/kJ·kg⁻¹
X/kg水·kg⁻¹绝干空气
p/kN·m⁻²
绝热饱和温度
横轴
φ=5%
φ=10%
φ=20%
φ=30%
φ=40%
φ=50%
φ=60%
φ=70%
φ=80%
φ=90%
φ=100%

图2-1-1 I-X图

(2) 湿含量 X_1：过 A 点作平行于等 X 线的直线 AX_1，交水平轴于 X_1，读出 $X_1 = 0.037\ kg \cdot kg^{-1}$(干空气)；

(3) 湿球温度 t_w：因为湿球温度近似等于绝热饱和温度，所以由 A 点出发延伸等 I 线与饱和湿空气($\varphi = 100\%$)曲线交点 C 的温度即是，$t_w = 37$ ℃。

(4) 露点温度 $t_{d.p}$：因露点是在 X 不变而被冷却达到饱和时的温度。即达 A 点的等 X 线与 $\varphi = 100\%$ 曲线相交于 B 点的温度，$t_{d.p} = 35.2$ ℃

(4) 水蒸气分压 p_w：过 A 点的等 X 线与水蒸气分压线相交于 E 点的水蒸气分压即是，$p_w = 5.79 \times 10^3$ Pa。

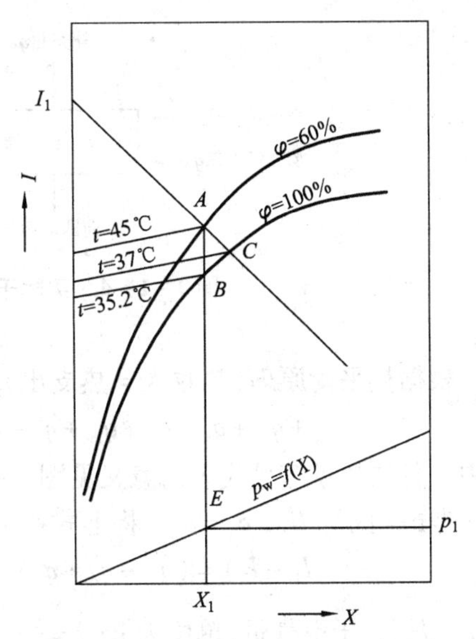

图 2-1-2　用 $I-X$ 图求湿空气参数

1.2.2　干燥过程计算

利用热空气对物料进行干燥的流程如图 2-1-3 所示。冷空气用鼓风机送入预热器内被加热后进入干燥器，在干燥器中把热量传给物料使水分蒸发，然后排出干燥器；湿物料进入干燥器后被热空气加热，蒸发其中的水分，干燥后的物料由干燥器中卸出。

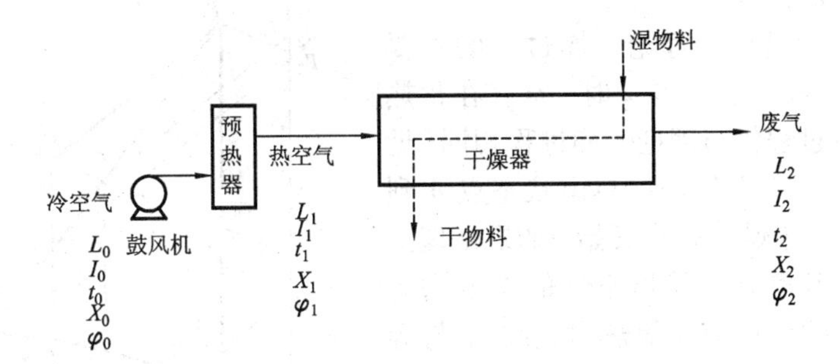

图 2-1-3　干燥流程示意图

干燥过程计算是确定物料在干燥器中每小时蒸发的水分量，需要供给的空气量及消耗的热量等，为干燥器的设计和操作提供依据。这些计算目前广泛利用 $I-X$ 图解法进行。实际干燥过程热平衡收支项目如图 2-1-4。

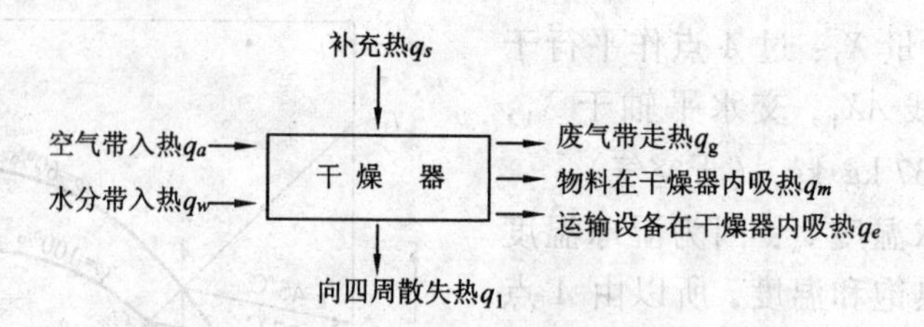

图2-1-4　实际干燥过程热平衡示意图

根据热平衡原理(热收入=热支出)，干燥器热平衡式为：

$$q_a + q_w + q_s = q_g + q_m + q_c + q_1 \tag{2-1-6}$$

式中　各项热量符号代表的意义见图2-1-4，单位为 $kJ \cdot kg_{水}^{-1}$。

考虑到 $q_a = lI_1$，$q_g = lI_2$，将上式移项整理后，得：

$$l(I_1 - I_2) = (q_m + q_c + q_1) - (q_s + q_w)$$

式中　l——干空气量，单位为 kg，$l = \dfrac{1}{x_2 - x_1}$。

上式右边第一项为热量损失，第二项为补充热量，两者之差为 $l(I_1 - I_2)$ 即是蒸发1 kg水需要向干燥器内供给的热量。如果用符号Δ表示，则

$$\Delta = l(I_1 - I_2)$$

或

$$\Delta = \frac{(I_1 - I_2)}{X_2 - X_1} \tag{2-1-7}$$

Δ值可正可负。在大多数情况下，$\Delta = l(I_1 - I_2) > 0$，这表明在干燥器中损失的热量大于补充的热量。

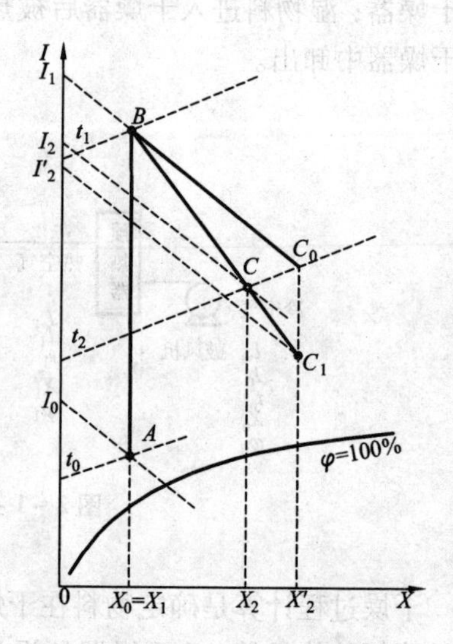

图2-1-5　实际干燥过程

实际干燥过程与理论干燥过程的主要区别在于 $I_1 \neq I_2$。当 $I_1 > I_2$ 时，空气在预热器中的加热过程仍与理论干燥过程相同(见图2-1-5)，冷空气经加热由状态点 A 到达状态点 B。干燥自 B 点开始，如果是理论干燥过程，且离开干燥器空气的温度为 t_2 时，则过程的终点应是等热含量线 I_1 与等温度线 t_2 的交点 C_0。但因为是实际干燥过程的热损失，$I_1 < I_2$ 假设空气离开干燥器的湿含量与理论干燥过程相同为 X'_2，由于实际干燥过程热含量降低，所以干燥过程必定沿着较 BC_0 线陡的 BC_1 线进行，C_1 点将

在 C_0 点的垂直下方。其 C_1 点的具体位置，可通过求算 C_1 点的热含量线 I_2' 来确定。根据公式(2－1－7)：

$$I_2' = I_1 - \frac{\Delta}{1} = I_1 - \Delta(X_2' - X_0) \quad (2-1-8)$$

式中　I_1 及 $(X_2' - X_0)$ 可从 $I-X$ 图(图 2－1－1)上直接读数；

Δ 可按式(2－1－7)，即 $\Delta = (q_m + q_c + q_i) - (q_s + q_w)$ 进行计算。这样就可以求出 I_2'。

在图中等热含量线 I_2' 与等湿含量线 X_2' 的交点即为 C_1 点，与离开干燥器的空气温度 t_2 的等温线(或相对湿度(2 线)相交于 C 点，C 点便是实际干燥过程空气离开干燥器的状态点。所以，实际干燥过程在 $I-X$ 图上是按折线 ABC 进行的。

实际干燥过程蒸发 1 kg 水分所需要的干空气量和耗热量分别为

$$l_2 = \frac{1}{X_2 - X_0} \quad q = l(I_1 - I_0) \quad (2-1-9)$$

很明显，因为 $X_2 < X_2'$，所以实际干燥过程的空气需要量和耗热量都较理论干燥过程要多些。

当 $I_1 < I_2$ 时，实际干燥过程及其计算与 $I_1 > I_2$ 时的作图和求算方法类同，不再累述。当 $I_1 = I_2$ 时，即为理论干燥过程。

【例题 2－1－1】 某干燥器每小时的产量 $G_1 = 100$ kg，湿物料进入干燥器时的相对水分 $v_1 = 20\%$，离开干燥器的相对水分 $v_2 = 2\%$。以空气为干燥介质，冷空气进预热器的温度 $t_0 = 20$ ℃，相对湿度(0 = 70%；经预热器加热至 $t_1 = 85$ ℃；离开干燥器的 $t_2 = 60$ ℃。干燥器内各项热损失$(q_m + q_c + q_1) = 1300$ kJ·kg^{-1}(水)。用 $I-X$ 图计算干燥所需要的空气量和消耗的热量。

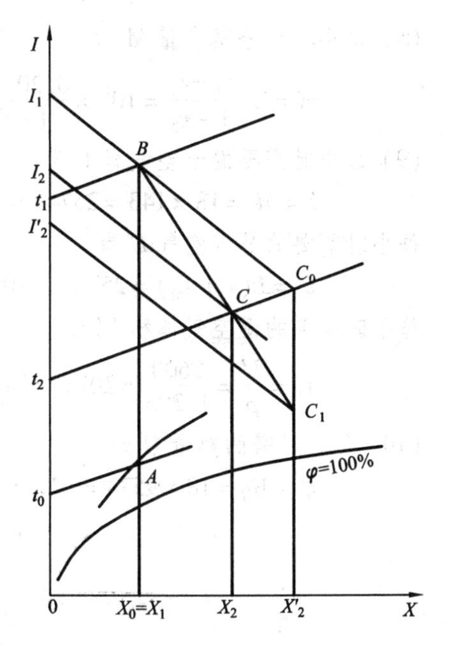

图 2－1－6　例题图解

解　见图 2－1－6。

(1) 由 $t_0 = 20$ ℃，$\varphi_0 = 70\%$，得空气状态点 A，读得：

$X_0 = 0.01$ kg$_{(水)}$·kg$^{-1}_{(干空气)}$；

$I_0 = 45$ kJ$_{(水)}$·kg$^{-1}_{(干空气)}$。

(2) 由 A 点沿等湿含量线 $X_0 = X_1$

向上与 $t_1=85$ ℃等温线相交得 B 点，读得：$I_1=112\ \text{kJ}\cdot\text{kg}^{-1}_{(干空气)}$。

(3) 由 B 点沿等热含量线 I_1 向下与 $t_2=60$ ℃等温线交于 C_0 点，读得：$X_2'=0.02\ \text{kg}(水)\cdot\text{kg}^{-1}_{(干空气)}$。则

$$l=\frac{1}{X_2'-X_0}=\frac{1}{0.02-0.01}=100\quad(\text{kg}_{(干空气)}\cdot\text{kg}^{-1}_{(水)})$$

(4) $\Delta=(q_m+q_c+q_1)-q_w=1300-1\times t_w\times c_w$

$=1300-1\times20\times4.183=1216\ \text{kJ}\cdot\text{kg}^{-1}_{(水)}$，则

$$I_2'=I_1-\frac{\Delta}{l_0}=112-(1216/100)\approx100\quad(\text{kJ}\cdot\text{kg}^{-1}_{干空气})$$

(5) 由 $I_2'=100\ \text{kJ}\cdot\text{kg}^{-1}_{干空气}$ 等热含量线与 $X_2'=0.02\ \text{kg}_水\cdot\text{kg}^{-1}_{干空气}$ 等湿含量线相交于 C_1 点，连接 B、C_1 与 $t_2=60$ ℃等温线相交于 C 点，C 点即为离开干燥器的空气状态点，读得：$X_2=0.017\ \text{kg}_水\cdot\text{kg}^{-1}_{干空气}$，$I_2=104\ \text{kJ}\cdot\text{kg}^{-1}_{干空气}$。

(6) 蒸发 1 kg 水所需要的干空气量为

$$l_0=\frac{1}{X_2-X_1}=\frac{1}{0.017-0.01}=143\quad(\text{kg}_{干空气}\cdot\text{kg}^{-1}_{水})$$

(7) 蒸发 1 kg 水所消耗的热量为

$$q=l(I_1-I_0)=\frac{I_1-I_0}{X_2-X_1}=\frac{112-45}{0.017-0.01}=9570\quad(\text{kJ}\cdot\text{kg}^{-1}_{水})$$

(8) 每小时水分蒸发量 M 为

$$M=G_1\frac{v_1-v_2}{1-v_2}=100\times\frac{0.20-0.02}{1-0.01}=18\quad(\text{kg}_水\cdot\text{h}^{-1})$$

(9) 每小时需要的干空气量 L 为

$$L=Ml=18\times143=2574\quad(\text{kg}_{干空气}\cdot\text{h}^{-1})$$

每小时需要的是湿空气 L' 为

$$L'=L(1+X_0)=2574(1+0.01)=2600\quad(\text{kg}_{湿空气}\cdot\text{h}^{-1})$$

每小时需要的湿空气体积 V_0' 为

$$V_0'=\frac{L'}{\rho}=\frac{2600}{1.293}=2011\quad(\text{m}^3\cdot\text{h}^{-1})$$

(10) 每小时需的热量 Q 为

$$Q=Mq=18\times9574=172260\quad(\text{kJ}\cdot\text{h}^{-1})$$

习题及思考题

2－1－1　已知湿空气的总压力为 101.3 $kN \cdot m^{-2}$，温度为 30 ℃，湿度为 0.024 $kg \cdot kg^{-1(绝干气)}$，试计算湿空气的相对湿度、露点、绝热饱和温度、焓和空气中水气的分压。

2－1－2　利用湿空气的 $I-X$ 图，求习题 2－1－1 中的湿空气状态点和有关的参数。

2－1－3　若将习题 2－1－2 中的湿空气（$t=30$ ℃，$X=0.024\ kg \cdot kg^{-1}_{绝干气}$）在预热器中加热到 90 ℃，空气的流量为 100 kg 绝干气$\cdot h^{-1}$，试求加热空气单位时间内所需热量为若干 kWh。

2－1－4　将 $X=0.0065\ kg \cdot kg^{-1}_{干空气}$，$I=41.0\ kJ \cdot kg^{-1}_{干空气}$，25 ℃的 10 m^3 的空气加热到 50 ℃，将其通入一个绝热干燥器中，空气离开干燥器时完全被饱和，问需要多少热量？蒸发了多少水分？

2－1－5　湿空气具有哪些性质？湿度图的作用是什么？

2－1－6　空气和物料的的湿度有什么异同处？

2　回转窑

2.1　概述

回转窑是对散状物料或浆状物料进行干燥、焙烧和煅烧的热工设备，它的主要部分是水平的由钢板铆接或焊接的圆筒，内衬为粘土砖、高铝砖，炉体支持于几对托轮上。为使物料移动，炉子具有2% ~6% 的倾斜度，并以一定的速度连续不断地旋转。

一般情况下，按逆流原理工作，原料由较高的一端加入，与热气相反，朝炉头(为燃烧端)运动。

用重油、粉煤或发生炉煤气加热，喷嘴燃烧器装于炉子头部。燃烧后气体自炉尾经各种收尘设备，再由抽风机送入电收尘室，然后排入烟囱。

为加强窑内的热交换，在窑筒的尾段安装有耐热合金或耐火材料制成的耙齿或栅形金属板(图2－2－1)，有时也采用沿炉横截面垂直悬挂的链条。

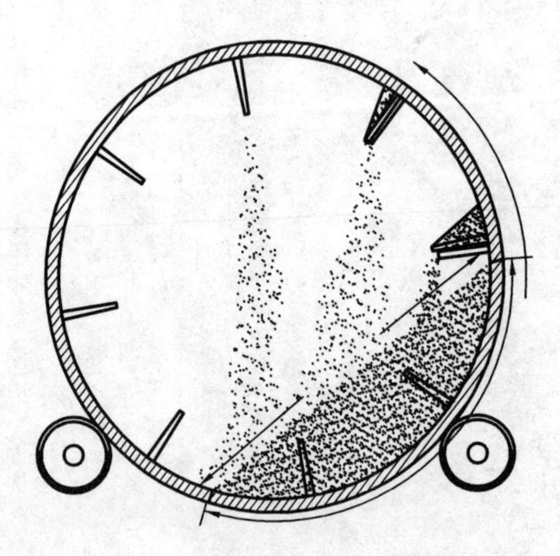

图2－2－1　带有耙齿的回转窑

由于窑体体重，故支撑装置为炉子结构的重要部件。炉体借固定于其表面的钢领圈支撑于数对托轮上。托轮的对数决定于窑体的质量。炉子由马达经齿轮系统传动。

冶金工程中若干回转窑的技术特点列于表2－2－1。

表2－2－1　回转窑的规格

窑的种类	直径/m	长度/m	转数/r·min^{-1}	倾斜度/%	马达功率/kW
干燥窑	1.0～2.0	6～20	2～7	3～5°	3～28
挥发焙烧窑	1.8～3.6	30～60	0.75～1.5	—	14.7～18.4
铝矿烧结窑	2.0～3.6	50～150		3～4	-
汞矿烧结窑	1.0～2.0	10～22	0.6～2	2～7°	10～15
硫化物焙烧窑	2.1～2.8	21～24	0.6～2	2.2～2.6	40

回转窑可以从不同角度分为如下几种类型：

(1) 根据入窑物料是否带附着水，分为干法窑、湿窑和半干法窑。

(2) 根据长径比分为长窑和短窑。一般说来，干法窑内工作带 $L/\overline{D}\leqslant16$，为短窑；湿法窑 $L/\overline{D}=30\sim40$，L 为长窑，$\overline{D}$为窑衬里后的有效直径，m。

(3) 按筒体几何形状　分为直筒窑、热端扩大窑、冷端扩大窑、两端扩大窑。

(4) 按加热方式　分为内热式窑与外热式窑，多数窑是内热式窑。当处理物料为剧毒物或要求烟气浓度高时，使用外加热式回转窑，用电热丝或重油在筒体外对物料进行间接加热。

回转窑按用途可分为两类：即

(1) 烧结、锻炼、焙烧及挥发用窑。此类窑长与直径之比(称为长径比)为20～30，其操作的温度较高。

(2) 含水物料的脱水及干燥窑，这类窑的长径比较小(5～15)，且高温带的温度也较低，不超过500～900 ℃。

干燥用回转窑与焙烧、烧结用回转窑不同，前者工作温度较低，故一般采用单独的火箱供热，并且热气与物料成顺流运动。

回转窑在冶金、化工、建筑材料及耐火材料工业中应用颇广。在有色轻金属冶金中用来进行铝矿石的干燥与脱水，曾广泛用于铝矾土的烧结与氢氧化铝煅烧；在重金属冶金中同样可用于原料及产品的干燥、硫化物料的焙烧，如高镍矿、锌精矿及汞矿的氧化焙烧；处理各种半成品及残料，又如用于从锌浸出残渣及铅鼓风炉渣中挥发出锌及其他稀有金属。

回转窑具有下列优点：

(1) 生产能力可大可小，温度可高可低；适应范围较广；

(2) 机械化程度较高，可以实现自动控制；

(3) 产品质量容易控制；

(4) 燃料的利用率比较高。

2.2 回转窑的结构及结构参数

2.2.1 回转窑的结构

回转窑由筒体、滚圈、支承装置、传动装置、头、尾罩、燃烧器、热交换器及喂料设备等部分组成，现分述如下。

1. 筒体与窑衬

筒体由钢板卷成，内砌筑耐火材料，称为窑衬，用以保护筒体和减少热损失(图2-2-1)。

2. 滚圈

筒体、衬砖和物料等所有回转部分的重量通过滚圈传到支承装置上，滚圈重达几十吨，是回转窑最重要的部件。

3. 支承装置

由一对托轮轴承担和一个大底座组成。一对托轮支承着滚圈，容许筒体自由滚动。支承装置的套数称为窑的档数，一般有2~7档，其中一档或几档支承装置上带有档轮，称为带档轮的支承装置。档轮的作用是限制或控制窑的回转部分的轴向位置。

4. 传动装置

筒体的回转是通过传动装置实现的。传动末级齿圈用弹簧板安装在筒体上。为了安全和检修的需要，较大型的回转窑还设有使窑以极低转速转动的辅助传动装置。

5. 窑头罩与窑尾罩

窑头罩是连接窑热端与流程中下道工序(如冷却机)的中间体。燃烧器及燃烧所需空气经过窑头罩入窑。窑头罩内砌有耐火材料，在固定的窑头罩回转的筒体之间有密封装置，称为窑头密封。

窑尾罩是连接窑冷端与物料预处理设备以及烟气处理设备的中间体，其内砌有耐火材料。在固定的窑尾罩与回转的筒体间有窑尾密封装置。

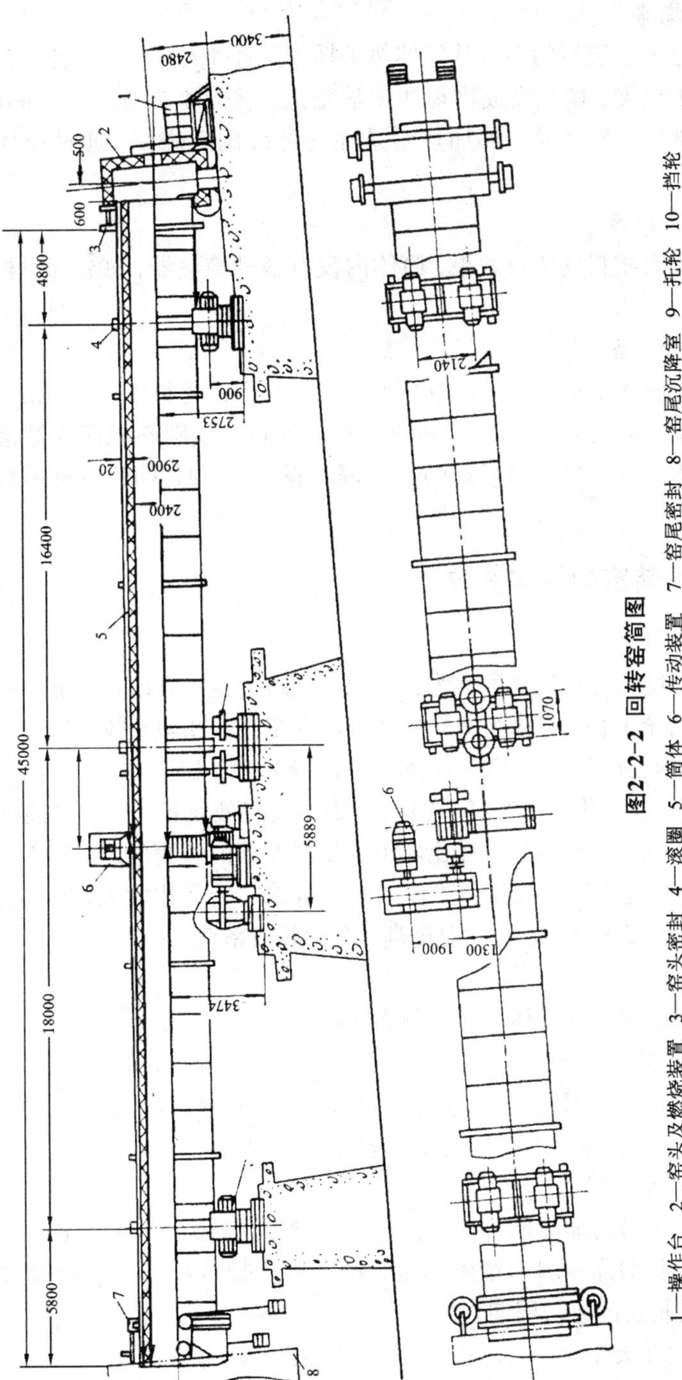

图2-2-2　回转窑简图

1—操作台　2—窑头及燃烧装置　3—窑头密封　4—滚圈　5—筒体　6—传动装置　7—窑尾密封　8—窑尾沉降室　9—托轮　10—挡轮

6. 燃烧器

回转窑的燃烧器的多数从筒体热端插入，通过火焰辐射与热对流将物料加热到足够高的温度，使其完成物理和化学变化，燃烧器有喷煤管、油喷嘴、煤气喷嘴等，因燃料种类而异。外加热窑是在筒体外砌燃烧室，通过筒体对物料间接加热。

7. 热交换器

为增强对物料的传热效果，筒体内设有各种换热器，如链条，格板式热交换器等等。

8. 喂料设备

根据物料入窑形态的不同选用喂料设备。干的粉料或块料，由螺旋给料器喂入或经溜管流入窑内。含水分40%左右的生料浆用喂料机臼入溜槽流入窑内或用喷枪喷入窑内。呈滤饼形态的含水稠密料浆(如 $Al(OH)_3$)可用板式饲料机喂入窑内。

2.2.2 回转窑的结构参数

2.2.2.1 长径比

窑的长度与直径的比值称为长径比，有两种表示方法：一是筒体的有效长度 L(一般即为全窑长，带多筒冷却机的窑则在窑长中扣除窑体上出料口至窑口的长度)与筒体内径 $\overline{D}$(对变径窑为筒体平均内径)之比 L/D；二是 L 与窑体砌砖后的平均有效直径(亦称衬里内径)之比，$L/\overline{D}$ 称为有效长径比，它更能确切地反映出窑的热工特点。回转窑的长径比应根据物料要求的煅烧(或焙烧、干燥)温度、加热制度、窑尾是否设置预热装置等因素来选取。长径比太大，窑尾温度低，干燥效果不高；长径比太小，窑尾温度高，窑的热效率低。

2.2.2.2 窑型

现有回转窑按其筒体形状可分为四种：

1. 直筒型

整个窑体直径相同，结构简单，制造、安装方便，操作控制易于掌握，且内衬砖型简单，砌筑方便。但窑的单位生产能力较低。

2. 热端扩大型

热端扩大可增加火焰对窑内物料的辐射传热能力，有利于提高窑的产能；对于直径较小且煅烧物料易结圈的窑，扩大煅烧带有利于减少结圈对窑操作的影响，从而延长窑的运行周期。

3. 冷端扩大型

湿法窑中，蒸发水分的热量占35%～45%，扩大蒸发带的传热面积，增加窑内冷端换热装置，能提高预热能力，降低热耗；扩大冷端可适当降低废气速度，减少废气内粉尘的夹带量。

4. 两端扩大型

兼有上述两种窑型的优点，且中间的填充系数提高，有利于防止料层滑动，但中间气流速度加快，增大了烟尘率。

可见，上述四种窑型各有优缺点。究竟哪种窑型好，要根据具体情况进行分析。一般来说，中型窑(直径3～4 m)做成直筒型较多；小型窑宜扩大热端；大型窑或带预热器的窑宜扩大冷端，对特大型窑宜采用两端扩大。但国内仍以直筒型为多。

2.2.2.3　斜度

斜度一般系指窑轴线的升高与窑长的比值，习惯上取窑轴线倾斜角β的正弦$\sin\beta$，用符号i表示。对于回转窑的合理斜度，目前尚没有普遍适用的准则。有色冶金工业回转窑的斜度一般多采用2%～5%，水泥工业回转窑为3.5%～4%，耐火材料工业回转窑为3%～5%。斜度过大会影响窑体在托轮上的稳定性。

2.3　回转窑的运转参数及生产能力

2.3.1　运转参数

2.3.1.1　窑内物料的填充系数

填充系数又称填充率，是窑内物料层截面与整个截面面积之比，或窑内装填物料占有体积与整个容积之比用符合φ表示

$$\varphi=\frac{A_M}{\frac{\pi}{4}\overline{D}^2} \tag{2-2-1}$$

或

$$\varphi=\frac{4G_M}{60\pi\overline{D}^2V_M\rho_M} \tag{2-2-2}$$

式中　A_M——窑内物料层所占弓形面积，m^2

G_M——单位时间内窑内物料流通量，$t\cdot h^{-1}$；

V_M——窑内物料轴向移动速度，$m\cdot min^{-1}$；

ρ_M——窑内物料体积密度，$t\cdot m^{-3}$；

$\overline{D}$——窑平均有效内径，m。

填充系数过高会削弱热传递。各类窑的填充系数与斜度的对应关系列于表2-2-2。

表 2-2-2 斜度与填充系数的关系

斜度 i/%	5.0	4.5	4.0	3.5	3.0	2.5
填充系数 φ/%	8.0	9.0	10.0	11.0	12.0	13.0

2.3.1.2 转速

窑体转动起到翻动和输送物料的作用，提高转速有助于强化窑内气流对物料的传热。回转窑的转速与窑内物料活性表面、物料停留时间、物料轴向移动速度、物料混合程度、窑内换热器结构以及窑内的填充系数都有密切的关系。

$$n=\frac{G\sin\alpha}{1.48\,D^3\varphi_i\rho_M} \tag{2-2-3}$$

式中 n——回转窑转速，$r\cdot min^{-1}$；

G——窑的生产能力，$t\cdot h^{-1}$；

α——窑内物料自然堆角度。

各类窑的有效长径比、平均填充系数及常用转速列于表 2-2-3。

表 2-2-3 各类回转窑有效长径比、转数及平均填充系数

窑 名	有效长径比/($L/\overline{D}$)	填充系数/φ	转数/$r\cdot min^{-1}$
铅锌挥发窑	15~20	0.04~0.08	0.6~0.92
氧化焙烧窑	~22	0.04~0.07	~1.00
氧化铜离析窑	15~22	0.06~0.08	0.8~1.2
氯化焙烧窑	12~16	0.04~0.07	
氧化铝熟料窑	21~27	0.06~0.08	1.83~3.00
氧化铝焙烧窑	21~24	0.06~0.08	1.71~2.74
干法半干法水泥窑	11~15	0.05~0.17	0.50~1.84
湿法水泥窑	30~42	0.05~0.17	0.50~1.84
二氧化钛煅烧窑	~2		
脱砷窑	~24		
锡挥发窑	~14		
单筒冷却窑	8~12		
炭素煅烧窑	17~24		1.10~2.10
粘土、高铝土煅烧窑	19~27		
镁石、白云石煅烧窑	33~42		
镍锍焙烧窑			0.50~1.30
黄铁矿渣球团煅烧窑			0.50~1.30
耐火材料煅烧窑			0.30~1.70

2.3.1.3　窑内物料轴向移动速度和停留时间

物料在窑内移动的基本规律是：随窑的回转物料被带起到一定高度，然后滑落下来。由于窑是倾斜的，滑落的物料同时就沿轴向前移动，形成沿轴线移动速度。窑内物料的轴向移动速度与很多因素，特别是与物料的状态有关。虽做过各种研究，得出了不少的经验公式，但各个公式，都有局限性，不是普遍适用的。物料在窑内各带的物理化学变化不同，导致物料在窑内各带运动速度和停留时间不同。因此，物料在窑内各带以及全窑内平均轴向移动速度主要依靠实际测定。

2.3.2　生产能力

回转窑的生产力受很多因素的影响，很难找出一个通用公式，现仅介绍几个主要的计算公式。

2.3.2.1　按窑内物料流通能力计算

$$G = 47.12\,\overline{D}^2 \varphi v_M \rho_M \quad \mathrm{t \cdot h^{-1}} \tag{2-2-4}$$

式中　v_w——物料轴向移动速度，$\mathrm{m \cdot h^{-1}}$。

对于异径窑，窑的平均有效直径

$$\overline{D} = \frac{D_1L_1 + D_2L_2 + D_3L_3 + \cdots}{L}$$

式中　L——窑体长度，m；

L_1、L_2、L_3 及 D_1、D_2、D_3——异径窑各带段的长度及相应的窑体内径，m。

2.3.2.2　按统计公式计算

（1）回转窑生产能力与筒体尺寸之间的关系式

$$G = K\,\overline{D}^{1.5} L \quad \mathrm{t \cdot h^{-1}} \tag{2-2-5}$$

式中　K——经验系数，随窑而异，取工厂实践数据。

（2）按窑的单位面积产能计算

$$G = \frac{G_A A}{1000} \quad \mathrm{t \cdot h^{-1}} \tag{2-2-6}$$

式中　A——窑砌砖后有效内表面积，$\mathrm{m^2}$；

G_A——窑单位面积产能，$\mathrm{kg \cdot m^{-2} \cdot h^{-1}}$，取工厂实践数据。

（3）按窑的单位容积产能计算

$$G = \frac{G_A V}{1000} \quad \mathrm{t \cdot h^{-1}} \tag{2-2-7}$$

式中　V——窑砌砖后的有效容积，$\mathrm{m^3}$；

G_V——窑单位容积产能，$\mathrm{kg \cdot m^{-3} \cdot h^{-1}}$，取工厂实践数据。

2.4 主要尺寸及传动功率计算

2.4.1 筒体直径的计算

筒体直径有两种计算方法，对直筒窑取二者中的大值。

2.4.1.1 按窑尾排烟速度确定

从控制窑灰循环量的观点，选定窑尾排烟速度 v_g，由马丁公式可得有效直径。

$$\overline{D}=0.59\sqrt{\frac{GV_g}{v_g(1-\varphi)}}\quad \text{m} \tag{2-2-8}$$

式中 V_g——每吨离窑产品的总烟气量，$m^3\cdot t^{-1}$

v_g——窑尾实际温度下的排烟速度，$m\cdot s^{-1}$；按经验一般为 3～8 $m\cdot s^{-1}$，对细料多者可取 2.5～5 $m\cdot s^{-1}$。

2.4.1.2 按窑内物料流通能力验算

即由公式(2-2-3)可得

$$\overline{D}=0.88\sqrt[3]{\frac{G\cdot \sin\alpha}{n\varphi_i\rho_M}}\quad \text{m} \tag{2-2-9}$$

2.4.1.3 筒体内径 D

筒体内径计算公式为：

$$D=\overline{D}+2\delta\quad \text{m} \tag{2-2-10}$$

式中 δ——窑衬厚度，一般为 0.15～0.25 m。

2.4.2 筒体长度的计算

2.4.2.1 按窑有效容积或工作面积计算

$$L=\frac{1.27V}{\overline{D}^2}\quad \text{m} \tag{2-2-11}$$

$$L=\frac{0.318A}{\overline{D}}\quad \text{m} \tag{2-2-12}$$

式中 V——窑的有效容积，m^3，可按式(2-2-7)计算；

A——窑的工作面积，m^2，可按式(2-2-6)计算。

2.4.2.2 按物料在窑内反应时间验算

$$L=\frac{G\tau}{47.12\,\overline{D}^2\varphi\rho_M}\quad \text{m} \tag{2-2-13}$$

2.4.3　传动功率的计算

2.4.3.1　主动功率

回转窑传动功率计算公式分为理论公式和经验公式，前者适用性较为广泛。

（1）传动总功率的理论公式为：

$$N = N_1 + N_2 = (\sum D_i^3 L_i) n k_2 \sin^3\theta_1 + \frac{6\times10^{-5} P D_1 d n f'}{D_2} \qquad (2-2-14)$$

式中　N——传动总功率，kW；

N_1——有效功率，kW；

N_2——摩擦功率，kW；

L_i——与筒体内径 D_i 相对应的段带长度，m；

K_2——系数，与物料安息角 α 和体积密度 ρ_M 有关，$K_2 = 0.086\rho_M \sin\alpha$；

θ_1——对应窑内物料层圆心角的一半，°；

$\sin\theta_1$——与填充系数有关的系数，当计算出填充系数（即负荷率（数）后，即可从图 2-2-3 中求出；

P——托轮轴承上的总反力（回转体的重量与物料重量之和），N；

D_1——滚圈外径，m；

D_2——托轮外径，m；

d——托轮轴颈直径，m；

f'——托轮轴与轴承摩擦系数；其中稀油润滑滑动轴承：$f'=0.018$；油脂润滑滑动轴承：$f'=0.06$；滚动轴承：$f'=0.001$。

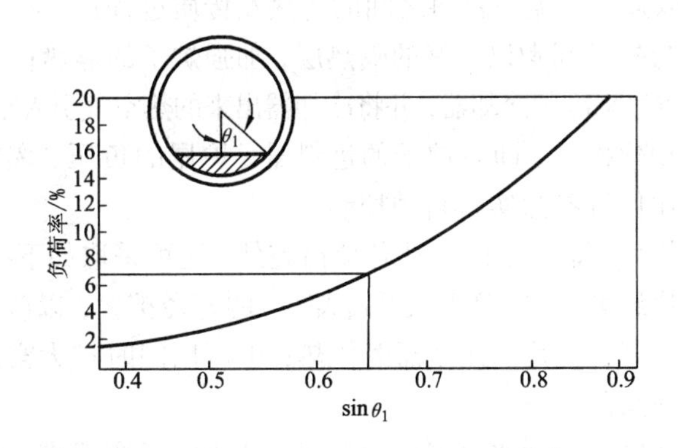

图 2-2-3　负荷率与 $\sin\theta_1$ 系数的关系

（2）传动总功率的经验公式

$$N = K_3 \overline{D}^{2.5} nL \tag{2-2-15}$$

式中 K_3——系数，干法或湿法长窑：$K_3 = 0.044 \sim 0.056$；

n——回转窑转速，其他符号意义同前。

(3) 选用电动机的功率

$$N_M = K_4 N \tag{2-2-16}$$

式中 N_M——选用电动机功率，kW；

K_4——储备系数，一般 $K_4 = 1.15 \sim 1.35$。

2.4.3.2 辅助传动功率

$$N' = \frac{2n'}{n} N \tag{2-2-17}$$

式中 N'——辅助传动所需功率，kW；

n'——用辅助传动时的窑转速，$r \cdot min^{-1}$，$n' = (0.025 \sim 0.05)n$。

辅助传动仅作为安全设施和检修临时驱动之用。

2.5 回转窑的改进方向

为继续提高回转窑的生产率改进产品质量和节省能耗，干燥、焙烧回转窑在结构和操作上可做如下改进：

(1) 适当加大炉窑的直径及长度；

(2) 以减少倾斜度加大转速的办法，加强炉内物料的翻动增大活性表面；

(3) 在炉内安装耐火材料及耐热合金的耙齿板，同时在尾端安装孔式及链幕式热交换装置，以强化气流与物料之间的传热及传质过程；

(4) 在炉衬与外壳间砌以良好的隔热层，加强炉子的隔热；

(5) 用强制空气来冷却冷却器，并将冷却器出来的热空气引入窑头作二次空气；

(6) 进行自动化操作，即对炉子的进料量、炉尾的负压、燃料量、空气量以及燃料与空气的比例等参数实行自动控制。

对烧结或煅烧用回转窑，除上述各项措施外，还可采取如下措施：

(1) 将炉子烧结煅烧带(高温段及冷却段)的直径扩大，以改善燃烧状况，增加高温炉壁表面及气体黑度，强化辐射传热；也可用同时扩大窑的尾端，借此改善湿料的干燥及料浆的雾化。

(2) 在保证烧结带的适当高温的前提下，适当拉长高温带，以提高窑尾部的温度，这可借增加火焰长度达到。

(3) 加大燃料量、鼓风量及进料量，并加快转速(即三大一块)以强化操作，提高处理量。

习题及思考题

2－2－1　人们是怎样对回转窑进行分类的？试说明长短窑的意义。

2－2－2　回转窑有哪些结构参数和工作参数？它们与其用途的关系如何？

2－2－3　回转窑有什么用途？试举例详细说明。

2－2－4　回转窑的优缺点是什么？

3 流态化焙烧(干燥)炉

3.1 概述

流态化焙烧(干燥)炉是利用流态化技术的热工设备(习惯称沸腾炉)(图2-3-1)。它具有气-固之间热质交换速度快、层内温度均匀、产品质量好、流态化层与冷却(或加热)器壁间的传热系数大、生产率高、操作简单、便于实现生产连续化和自动化等一系列优点。因此，流态化焙烧(干燥)炉已愈广泛地应用在有色金属矿物的氧化焙烧、硫酸化焙烧、氯化、还原、硫化、离解、挥发、干燥以及某些物料的烧结焙烧。特别是近二十多年来流态化焙烧炉在氢氧化铝焙烧成氧化铝，富铁精矿的直接还原，硫铁矿的燃烧等领域中获得了广泛应用，而且规模越来越大。另外，流态化焙烧炉还用来分解各种碳酸盐、硫酸盐以及湿物料的干燥等。

目前，流态化焙烧(干燥)炉正向大型化(图2-3-2)、富氧鼓风、扩大炉膛空间、制粒焙烧、余热利用和自动控制等方面发展。

流态化焙烧(干燥)炉炉床的床型有柱形和锥形。对于浮选精矿宜采用柱形床；对于宽筛分物料和在反应过程中气体体积增大很大或颗粒逐渐变细的物料，宜用上大下小的锥形床。

流态化焙烧(干燥)炉炉床断面形状可为圆形或矩形或椭圆形。圆形断面的炉子、炉体结构强度较大，散热较小，空气分布均匀，因此，得到广泛采用。当炉床面积较小而又要求物料进口间有较大距离的时候，可采用矩形或椭圆形断面。

流态化焙烧(干燥)炉的炉膛形状有扩大形和直筒形两种。为减少烟尘率和延长烟尘在炉膛内停留时间，以保证烟尘质量，目前流态化焙烧(干燥)炉多采用扩大形炉膛。

流态化焙烧(干燥)炉还有单层床与多层床之分。对吸热过程或者需要较长时间的反应过程，为提高热量和流化介质中有用成分的利用率，宜采用多层流态化焙烧(干燥)炉，多层流态化焙烧炉的流态化层层数可以为3~10层，这种流态化焙烧炉最大限度地利用了燃料的热量，生产效率高。为降低烟尘率和提高热利用率，循环流态化焙烧炉(图2-3-2)获得广泛应用。特别是氢氧化铝的煅烧，

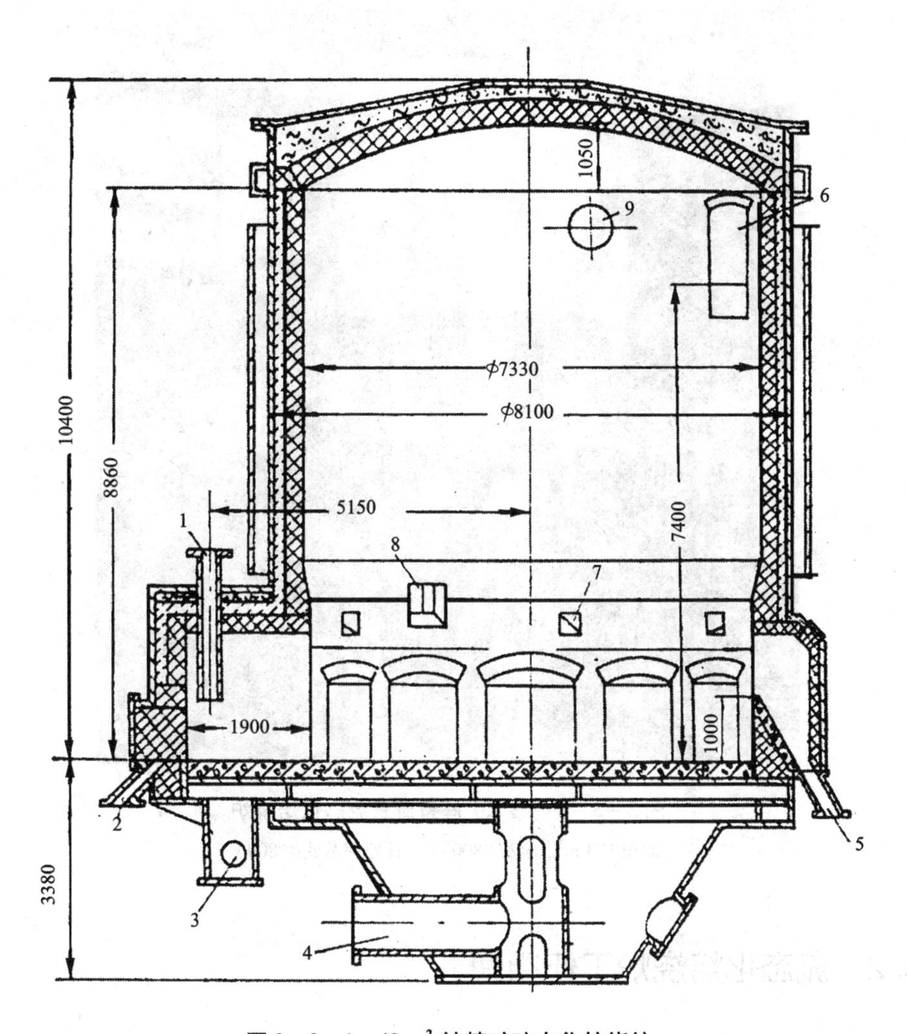

图 2-3-1　42 m^2 锌精矿硫态化焙烧炉

1—加料孔　2—事故排出口　3—前室进风口　4—炉底进风口　5—排料口
6—排烟口　7—点火口　8—操作门　9—开炉用排烟口

从1986年起，我国6大铝厂先后引进FLS. KHD及LURGI公司流态化焙烧技术及装置，其中山东铝厂于1996年引进鲁奇公司1600 t/d的循环流态化焙烧炉，目前世界上最大的单台规模已达到60 kt/a以上。

图 2-3-2 第 231 座鲁奇式流态化焙烧炉

面积 123 m^2，容积 2800 m^3，日处理黄铁矿 800 t

3.2 流态化焙烧炉工作原理

流态化焙炉工作的基本原理是利用流态化技术，使参与反应或热、质传递的气体和固体充分接触，实现它们之间最快的传质，传热和动量传递速度，获得最大的设备生产能力。

3.2.1 流化床的形成

当流体的表观速度继续增大到一定值，床层开始膨胀和变松，全部颗粒都悬浮在向上流动的流体中，形成强烈搅混流动。这种具有流体的某些表观特征的流-固混合床称为流化床。在气-固流化床中，形成颗粒强烈翻滚，故又称为沸腾床。有关流化床的几个重要参数，包括临界流化速度，带出速度以及流态化特性曲线的涵义及计算方法见《冶金设备基础—三传及物料输送》有关章节。

3.2.2　流态化范围与操作速度

从临界速度开始流态化，到带出速度下流化床开始破坏这一速度范围称为流态化范围。它是选择操作流态化速度的上下极限。流态化范围越宽，流化床的操作越稳定。这一范围大小可以用带出速度 v_{out} 与临界流态化速度 v_c 的比（v_{out}/v_c）来表征。理论和实践证明，颗粒越细则流态化范围越小，不规则的宽筛分物料的流态化范围比球形粒子的要小。

实际上多数工业流化床内粒级分布较宽，所以合理的操作速度应是绝大部分颗粒正常流态化而又不大于某一指定粒级的带出速度。一般根据临界流态化速度并利用流化指数的经验数据来确定操作气流速度。流化指数 $K = v/v_c$ 代表流化强度。例如锌精矿酸化焙烧 $K = 12 \sim 24$，锌精矿氧化焙烧 $K = 15 \sim 14$。

3.3　流态化焙烧炉构造及主要尺寸计算

3.3.1　流态化焙烧炉的设备系统及一般构造

流态化焙烧炉的设备系统包括以下几个组成部分，流态化焙烧炉炉体及空气分布板、给料设备、供风设备、收尘设备、排除余热或燃烧供热装置。

流态化焙烧炉的进料方式也可以是多种多样的，有的用螺旋给料器直接进入流化层的底部或表面，也有用圆盘给料器经下料管均匀地落入流化层的表面，也有用喷嘴加入矿浆的。

卸料溢流口离炉底的距离决定了流化层的高度，这高度应经过计算或凭经验确定。

由流化层出来的气体带有大量烟尘，有时竟达到加入物料的40%～60%。因此必须配置十分完善的收尘设备。

焙烧过程大量放热，为了保证流化层的温度稳定，必须经常从流化层内引出一定数量的热，所以，在铜、锌硫化精矿的流态化焙烧炉内通常装有侧壁汽化冷却水套，配用废热锅炉冷却。对于不同的工艺过程，流态化焙烧炉结构也各不相同。如对吸热过程（分解、挥发等）则宜用多层流态化焙烧炉。冶金化工用的流态化焙烧炉的结构特性及操作参数如表2－3－1。

表 2-3-1　流态化焙烧炉结构特性及操作参数

项目名称	氧化铝焙烧			硫铁矿焙烧		锌精矿焙烧	
炉　型	鲁奇	史密斯	一般	一般	一般	鲁奇	一般
工艺特点	循环流态化焙烧	稀相换热气态悬浮焙烧					
炉底面积/m^2	—	—	20.79	21.23	40	109	26.5
炉膛体积/m^3	—	—	410	—	—	—	—
焙烧温度/℃	950~1000	1150~1250	—	800~850	—	—	—
生产能力/$t \cdot d^{-1}$	1600	1300	酸 408	酸 240~300	浆料 250	620	~150
停留时间/min	20~30	—	—	—	—	—	—
炉气量/$m^3 \cdot h^{-1}$	—	—	—	18600~23250	—	风量 62000	—
分布板开孔率/%	—	—	—	—	—	0.283	0.985
风帽数量/个	—	—	—	—	—	—	960
电耗/$kW \cdot h \cdot t^{-1}$	20.30	16.0	—	—	—	1.900	—
热耗/$MJ \cdot t^{-1}$	3460.36	4346.457	—	—	—	2.1462	—
年运转率/%	92~94	80~90	—	—	—	—	—
热效率/%	74~80	74~80	—	—	—	—	—
冷却面积/m^2	—	—	—	10×3.3	—	余热锅炉强制循环	10.5

①按标准状态下计算结果

3.3.2　炉体及主要部件

3.3.2.1　砖砌体

流态化焙烧炉一般采用耐火粘土砖砌筑，近来，为施工方便，有用耐火混凝土灌制整体炉壁的。炉体的耐火砖厚 230 mm，保温砖厚 113 mm，在保温砖与炉壳钢板之间填充 20~50 mm 厚的绝热材料。拱顶有球形拱顶和锥形拱顶两种。拱顶砖厚常采用 230、250 或 300 mm，视炉膛直径而定。耐火砖拱顶外敷设绝热材料。绝热材料选用矿渣棉、硅藻土、蛭石膨胀珍珠岩以及纤维毡(或毯)等均可。炉顶也可采用耐火混凝土捣制。流态化焙烧炉的一般构造及拱顶形状分别如图 2-3-3 及图 2-3-4。

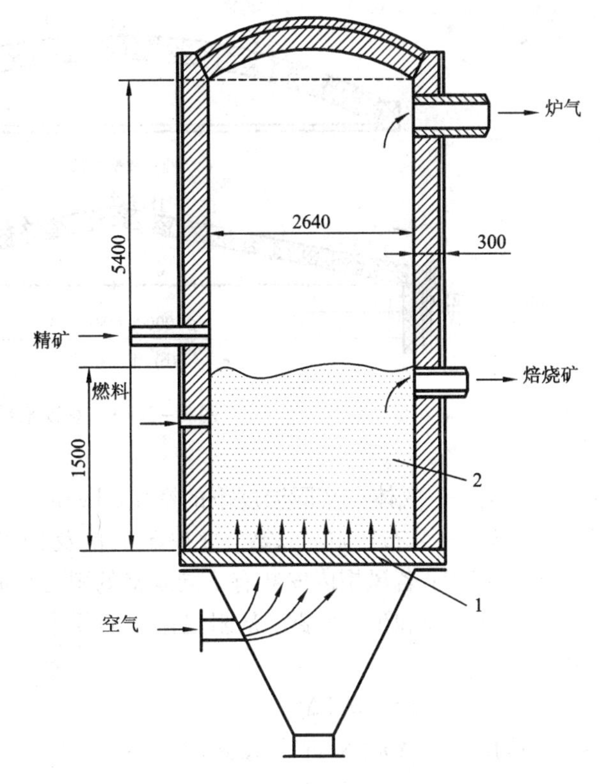

图 2-3-3　流态化焙烧炉的一般构造

1—空气分布栅板　2—流态化

3.3.2.2　气体分布板

气体分布板一般由风帽、花板和耐火衬垫构成。为了保证流态化过程的均匀稳定，气体分布板应满足下列条件：使进入床层的气体分布均匀，制造良好的流态化初始条件；有一定的孔眼喷出速度，避免物料颗粒在孔眼周围堆积停滞，具有一定阻力，以平衡或减小流化层各处料层阻力的波动。此外，还应不漏料、不堵塞、耐摩擦、耐高温、不变形；结构简单、便于制造、安装和拆修。

1. 气体分布板孔眼率

气体分布板孔眼率（风帽孔眼总面积与炉床面积之比）决定气流进入料层的初始速度和决定分布板的阻力。

为保证一定的速度，即要求喷出气流速度应等于或大于粗颗粒的带出速度。这时，最大孔眼率为：

$$b_{ey}=\frac{u(1+\beta t_g)}{u_{ey}(1+\beta t_b)} \tag{2-3-1}$$

式中　u_{ey}——孔眼中气流速度，$m\cdot s^{-1}$；$u_{ey}\geqslant u_{out}$；

u——通过流化层的气流表观速度，$m\cdot s^{-1}$。

为保证一定的分布板阻力，最大孔眼率为：

$$b_{ey}=u\frac{(1+\beta t_g)}{(1+\beta t_b)}\sqrt{\frac{k\rho_g}{2\Delta P}} \tag{2-3-2}$$

式中　t_g——进气温度，一般为 60 ℃；

t_b——流化层温度，℃

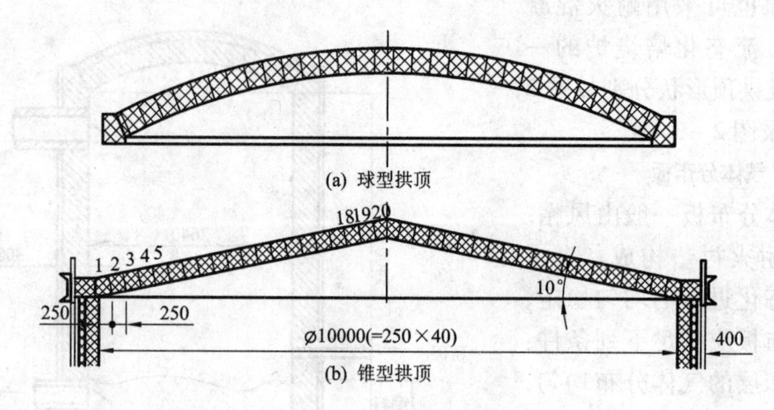

图 2-3-4 炉顶形状

ρ_g——气体在实际温度下的密度，$kg \cdot m^{-3}$；

k——分布板阻力系数，取决于风帽及分布板结构类型，对侧流风帽一般为1.5~3.0；若风帽内安装有不同规格的阻力板时，k 为10~15。

根据实验和生产实践，从阻尼作用的要求出发，对于侧流型风帽，其经验值可取

$$\Delta p = 0.1\Delta p_b \tag{2-3-3}$$

床层阻力 $\Delta p_b (N \cdot m^{-2})$ 按式(2-3-4)计算：

$$\Delta p_b = H_f g(\rho_s - \rho_g)(1 - \varepsilon_f) \tag{2-3-4}$$

式中 H_f——流态化层高度，m；

ε_f——流态化层平均孔隙度，一般为：0.6~0.7。

ρ_s——物料的颗粒体积密度，$kg \cdot m^{-3}$；

g——重力加速度，$g = 9.81\ m \cdot s^{-2}$。

2. 风帽

风帽的类型大致可分为直流型、侧流型、密孔型和填充型四种。侧流型广泛用于有色冶炼厂流态化焙烧炉。从风帽的侧孔喷出的气体紧贴分布板面进入床层，对床层搅动作用较好，孔眼不易被堵塞，不易漏料，其结构如图2-3-5所示。

风帽的材质多为普通铸铁。在高温鼓风或高温焙烧时应采用耐热铸铁。

3. 风帽的排列

风帽常采用同心圆排列[图2-3-6(a)]、等边三角形排列[图2-3-6(b)]、正方形排列[图2-3-6(c)]。这三种排列方式分别适用于圆形炉、圆形炉和矩形炉、矩形炉。

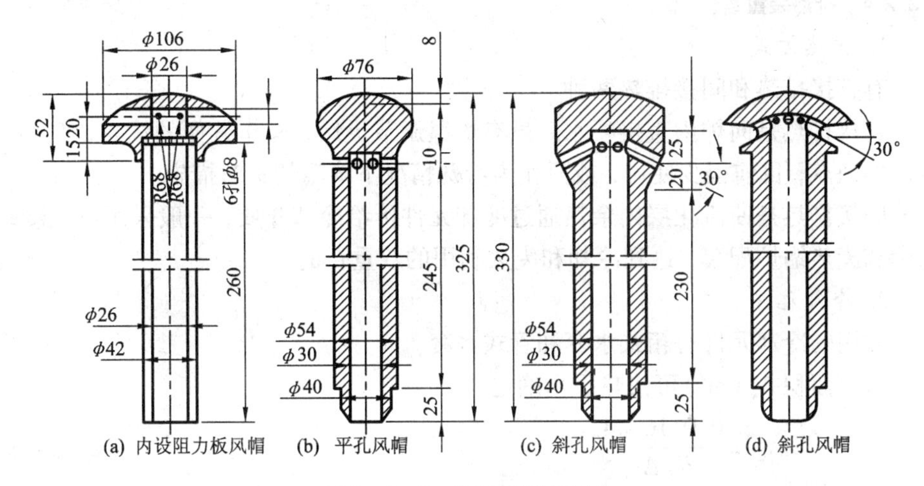

图 2 –3 –5　侧流型风帽结构

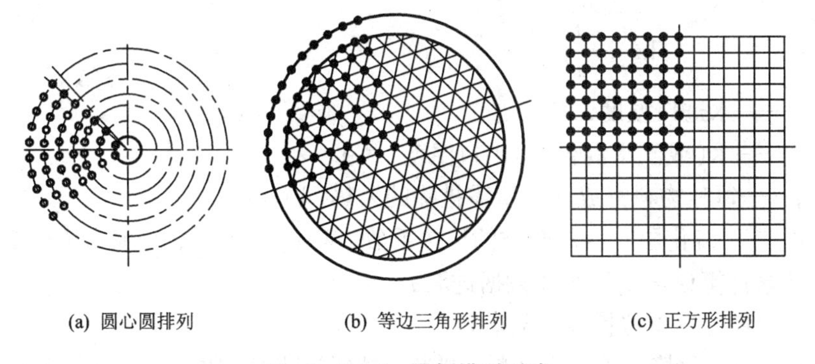

ltu 2 –3 –6　风帽排列形式

4. 花板及耐火衬垫

分布板用于固定风帽及支承耐火衬垫和炉料。分布板的衬垫，一般采用耐火混凝土捣制，耐火砂浆抹面。衬垫厚度 250 ~300 mm。

3.3.2.3　进风箱

进风箱的作用在于尽量使分布板底下气流的动压转变为静压，使压力分布均匀，避免气流直冲分布板，因此，进风箱应有足够的容量，其容积 V_{ab}(m^3)为

$$V_{ab} = \left(\frac{V_a}{800}\right)^{1.34} \qquad (2-3-5)$$

式中　V_a——鼓风量，$m^3 \cdot h^{-1}$。

进风箱的结构形式有圆锥形、圆柱式、锥台式及柱锥式。

3.3.2.4 排热装置

1. 排热方式

有直接排热和间接排热两种

直接排热是向炉内直接喷水。虽有炉温调节灵敏，操作方便的优点，但存在较多的缺点，目前很少使用，或只作为特殊情况下降温的临时措施。

间接排热是使流化层内余热通过冷却元件传给冷却介质，一般采用汽化冷却水套和废热锅炉配套，达到冷却和废热利用的双重目的。

2. 冷却元件

常用的冷却元件有箱式水套和管式水套。

水套面积 $A_{wj}(m^2)$ 可按热平衡确定

$$A_{wj}=\frac{0.0116aqA_b}{K_{wj}\Delta t_m} \tag{2-3-6}$$

式中 Δt_m——流化层与冷却介质的平均温差，℃；

$$\Delta t_m=\frac{t''-t'}{\ln\frac{t_b-t'}{t_b-t''}} \tag{2-3-7}$$

t'——水进口温度，℃；

t''——水(或汽水混合物)出口温度，℃；

q——每吨物料完成反应所需排除的余热，$kJ\cdot t^{-1}$；

K_{wj}——流化层对冷却介质的传热系数，$W\cdot m^{-2}\cdot ℃^{-1}$，其水套传热系数 K_{wj} 可按传热学计算或从工厂实践数据选取；

0.0116——单位换算系数。

此外，流态化焙烧炉还有加料、排料、排烟等装置，限于篇幅此处不作介绍。

3.3.3 主要尺寸的确定和生产率计算

3.3.3.1 单位生产率计算

根据处理量与气体对物料的流化能力，从保证稳定流态化出发，单位生产率 $(t\cdot m^{-2}\cdot d^{-1})$ 为①：

$$a=\frac{86400u}{V_0(1+\beta t_b)} \tag{2-3-8}$$

式中 u——操作气流速度，$m\cdot s^{-1}$；

V_0——根据物料平衡计算出的焙烧每吨料所需实际空气量(标准米)，m^3

① 此式只适用于微粒，转化反应速度很快，且床层体积较大的场合。

$\cdot t^{-1}$；

t_b——流化层内平均温度，℃。

3.3.3.2　**主要尺寸的确定**

流态化焙烧炉的简要结构见图2－3－7。

1. 床面积 A_b(m^2)

$$A_b = \frac{G}{a} \tag{2-3-9}$$

式中　G——炉子日处理量，$t \cdot d^{-1}$；

a——炉子单位生产率，$t \cdot m^{-2} \cdot d^{-1}$。

对于圆形炉子，本床直径 D_b(m)：

$$D_b = 1.13\sqrt{A_b - A''_b} = 1.13\sqrt{A'_b} \tag{2-3-10}$$

式中　$A'_b A''_b$——本床与前床面积，m^2。

2. 炉膛空间横截面积

由式(2－3－11)并考虑到 $G = aA_b$ 得炉膛空间横截面积 A_h(m^2)：

$$A_h = \frac{aV_0(1+\beta t_{gh})A_b}{86400V_{gh}} \tag{2-3-11}$$

式中　t_{gh}——炉膛温度，℃；

v_{gh}——炉膛空间烟气流速，$m \cdot s^{-1}$。

根据飞尘允许带走的最大颗粒的带出速度 v_{out} 确定。即 $v_{gh} = (0.3 \sim 0.55)v_{out}$。

目前国内外扩大炉膛的流态化焙烧炉，炉膛面积与床面积之比多在1.7～1.9之间，也有高达2.2～4.6。

3. 炉子高度

炉子高度由流化层高度、炉膛空间高度及拱顶高度组成。

(1) 流化层高度　对于溢流排料的炉子，流化层高度近似地等于气体分布板至溢流口下沿的高度。通常在确定流化层高度时，应考虑下列因素，并取下列公式计算结果中的大值。

a. 放热反应的流态化焙烧炉 主要考虑炉子床层应具有一定的热稳定性与流化均匀性，对大直径圆形炉还要有足够的床层周边表面，使流化层周围的炉墙能够布置足够的排热装置。

沿流化层周边布置箱式水套时(设水套面积为 A_{wj}，m^2)，颗粒细小反应速度很快，且床层体积较大时，流化层的高度为：

$$H_b = (1.2 \sim 1.5)\frac{A_{wj}}{\pi D_b} \tag{2-3-12}$$

b. 吸热反应的流态化焙烧炉 主要考虑应有足够的流化层容料量，以保证颗粒受热的总表面积。流化层高度 H_b(m)为：

$$H_b = \frac{1.929 \times 10^{-3} aqd_p}{\alpha \Delta t(1 - \varepsilon_f)} \tag{2-3-13}$$

式中 α——气流对物料的换热系数，$W \cdot m^{-2} \cdot ℃^{-1}$，

$$\alpha = \frac{Nu\lambda_m}{d_p},\ Nu = 0.016Re^{1.3}Ar^{0.67} \tag{2-3-13a}$$

Δt——气体与物料间平均温度，℃；

λ_m——摩擦系数。

$$\Delta t \frac{t_g' - t_g''}{\ln \dfrac{t_g' - t_b}{t_g'' - t_b}} \tag{2-3-13b}$$

t_g'、t_g''——气体进入和离开流化层时温度，℃；

t_b——流化层内物料平均温度，℃；

q——每吨物料完成反应所需要吸收的热量，$kJ \cdot t^{-1}$。

c. 反应速度较慢的过程　主要考虑物料应在流化层停留必需的时间，以完成预定的物理－化学变化，保证产品的质量。此时，流化层高度按下式计算

$$H_b = \frac{10^3 \alpha \varphi \tau}{24(1 - \varepsilon_f)\rho_s} \tag{2-3-14}$$

式中 τ——物料在流化层内必须的平均停留时间，h，与焙烧物料及焙烧性质有关，可按实践数据选定：

φ——从溢口排出的产品(如焙砂)产出率：

$$\varphi = \frac{溢流排料量}{加料量(干)} \tag{2-3-14a}$$

(2) 炉膛高度　炉膛高度是指流化层浓相界面(对溢流排料的炉子即指溢流口下沿平面)以上的空间高度。对于侧面排烟的炉子指溢流口下沿至排烟口中心线的高度，炉膛高度必须同时满足下面两点要求：

a. 烟尘在炉膛空间停留的时间内，应完成预定的物理—化学变化，以保证烟尘的质量，按照这个要求，炉膛空间高度 H_h(m)为：

$$H_h = \frac{aV_0(1 + \beta t_{gh})A_b \tau}{86400A_h} \tag{2-3-15}$$

式中 τ——烟尘在炉膛内必须停留的时间，s。

流态化焙烧烟气在炉膛内的停留时间随焙烧精矿种类及焙烧性质而异。锌精矿酸化焙烧τ为 15 ~20 s，氧化焙烧τ为 20 ~25 s，硫铁矿氧化焙烧为 7 ~8 s。

采用扩大形炉膛时，炉膛的高度应根据炉膛面积的变化情况分段计算。图 2

-3-7 中 H_1 按结构决定，主要应考虑溢流口及前室便于砌筑。$H_2=0.5\mathrm{ctg}\theta(D_h-D_b)$，与炉腹角 θ 有关。

b. 以气体为流化介质时，流化床内两相混合不均匀，由于气泡破裂等原因造成固体颗粒被抛炉膛空间中并为气流所夹带。为了使被夹带的粒子在达到一定的高度后能够大部分降落重返床层，必须使炉膛高度大于分离高度，即 $H_h>H_{di}$。分离高度 H_{di} 由下式求得

$$H_{di}=kD_b \tag{2-3-16}$$

式中　k——分离系数，与床层直径 D_b 及炉膛空间气流速度 v_{gh} 有关，可按工厂实践数据选取。

此外，还可以按以下经验公式估算炉膛空间容积 $V_h(\mathrm{m}^3)$：

$$V_h=(10\sim18)A_b \tag{2-3-17}$$

采用经验公式时，取较大的系数有利于提高烟尘的质量；若烟尘量少（制粒焙烧及浆式加料）或对烟尘质量要求不高时，可取偏低值。

为了提高烟尘质量，目前国内外新建的流态化焙烧炉多数是向上扩大炉膛，并采用较大的高度，使炉膛容积（包括流化层）与床面积之比由过去的 7.5～11 增大到 10～20，个别炉子达到 25。

4. 炉腹角

流态化焙烧炉炉膛扩大部分炉腹角 θ 一般为 15°～20°。当灰尘有粘结性时，θ 应小于 15°。炉腹角不能太大，否则在炉壁折角处积灰，积灰结成块，到达一定厚度时下塌，造成分布板堵塞，严重时即造成死炉。

3.4　流态化焙烧炉的改进方向及发展趋势

3.4.1　流态化焙烧的改进方向

流态化焙烧炉比起以前任何一种散料干燥或焙烧的设备都先进，但它的潜力远没有发挥出来，这为进一步强化流态化焙烧过程，可从以下几方面采取改进措施：

（1）预先将粉料制成大小较均匀的细料，这不仅可以进一步提高操作速度，直接加大处理量，而且可以大大减少烟尘的生成；

（2）改进加料方法，以使生料较均匀地进入流化层，这可改善烟尘的焙烧质量。比如说可以将粉料沿切线方向喷射入炉，使物料在炉子上部形成旋流；

（3）改进空气分布板及进风系统的设计使空气充分均匀地进入流化层，这可以在相当大的范围内降低现有流化层的高度，从而减少电能的消耗；

(4) 利用高沸点载热体(有机物)代替循环水进行冷却，以提高冷却效率，防止金属被炉气所腐蚀；

(5) 利用富氧鼓风，可以大大提高生产率及金属回收率；

(6) 炉子操作过程全面实现自动化：即自动进料、自动控制并调整温度和风量。

3.4.2 流态化焙烧炉的发展趋势

流态化焙烧炉的发展趋势是向大型化、自动化方向发展，例如，循环流态化焙烧炉在氧化铝的焙烧中，已被澳大利亚等十多个国家采用，总生产能力已超过10000 kt/a。它具有能耗低、成本低、高效率、易操作，产品质量高而稳定，低 NO_x 排放量等优点；单台最大生产能力已超过600 kt/a 氧化铝，我国1996 年山东铝业公司引进德国鲁奇公司循环流态化焙烧炉，生产能力1600 t/d；再如我国目前已用于锌精矿焙烧的鲁奇式流态化焙烧炉直径最大为11.78 m，面积109 m^2，最大生产能力可与100 kt/a 的电锌能力配套。这种大型流态化焙烧炉已实现全自动化生产。各项技术经济指标都处理于领先地位。另外，不断地扩大其应用范围也是流态化焙烧炉发展的另一大特色。例如，发电厂已用流态化焙烧炉来燃烧劣级煤进行发电，硫酸厂用流态化焙烧炉焙烧硫铁矿来制酸和发电等，焙烧硫铁矿的流态化焙烧炉的最大生产能力已达1200 t/d；焙烧含 Au 黄铁矿的达2160 t/d，我国云南宣威及江苏南京分别引进焙烧黄铁矿的大型流态化焙烧炉，能力分别为610 及562 (t/d)。

习题及思考题

2-3-1　试详细叙述流态化焙烧炉的工作原理。

2-3-2　设计一座日处理量为700 t 锌精矿的流态化焙烧炉(课程设计)。

2-3-3　流态化焙烧炉用于哪些领域？它的发展前景怎样？

4　多膛炉

4.1　概述

手工耙动的多膛炉最早出现于18世纪70年代，与单层焙烧炉比较，具有生产效率高，热能利用较好等优点，但劳动强度大。因此，不久后，便研制成功了机械耙动多膛炉(图2－4－1)。多膛炉可用于有色金属精矿的焙烧及湿物料的干燥。因物料种类和性质的不同，多膛炉的层数也不同，对铜精矿焙烧为10层，镍精矿为10～12层，锌精矿为7层。

多膛炉具有机械化操作，能获得希望成分的焙砂，烟尘量少(3%～5%)，烟气中SO_2浓度高(4%～5%)等优点；但也存在生产率低(40 t/d)按炉层调节温度困难，形成炉结，耙齿更换麻烦，劳动强度大，大量形成亚铁酸盐等缺点。因此，它已被流态化焙烧炉所替代，但在个别领域，如锡精矿的脱硫砷焙烧，炼铅炉渣烟化炉烟灰的脱氯、氟焙烧等仍在采用。

4.2　多膛炉结构和工作原理

多膛炉由多层炉膛、中央转轴及耙齿等部分组成。炉料从上部加入第一层，即被耙齿耙动，逐层下降。而热气则从底层逐层上升，构成逆流运动，为延长物料停留时间，寄数层的炉料由中央耙向边缘，再从下料孔落到偶数层炉膛，然后再耙向中央，由分布在转轴周围的下料孔落到寄数层炉膛，如此往复，直到炉料完成焙烧干燥，由最下层炉膛排出炉外。

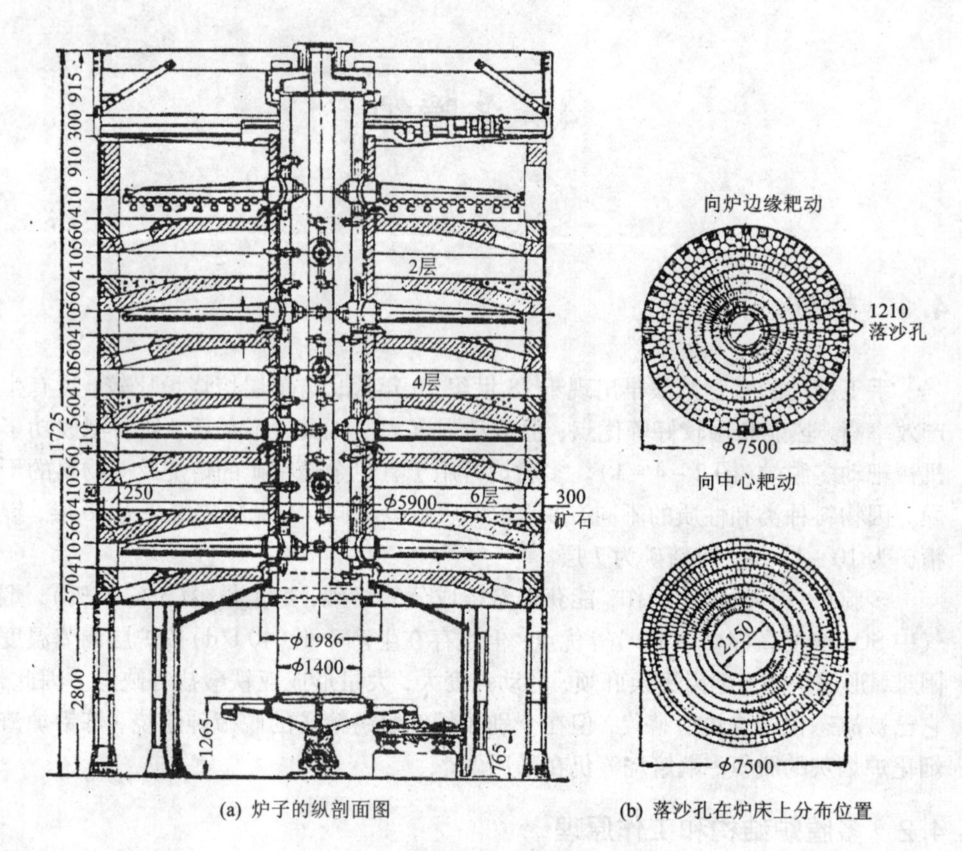

(a) 炉子的纵剖面图　　(b) 落沙孔在炉床上分布位置

图 2-4-1　机械把动的多膛焙烧炉

5　烧结设备

5.1　概述

烧结设备包括烧结锅(图2－5－1)、烧结盘及烧结机。烧结锅为半圆形至截头圆锥形，上部直径1～3.2 m，容量12～15 t。锅用铁或钢铸成，底有进风口，上置有孔的假底，两侧有轴，乘在轴承上，轴的一端有翻滚装置，锅的安装有固定式和移动式两种。烧结锅的优点是设备简单、基建投资不大，燃料消耗少，烧结块质量高，处理量没有太大限制，适于中小型冶炼厂采用。但它是间歇性作业，许多过程都用人工，劳动强度很大，劳动条件不好，故大型冶炼厂已不采用。但我国不少小型铅冶炼厂仍大量采用。烧结盘是克服烧结锅的缺点而设计的吸风烧结设备，以前广泛地用于铜精矿的烧结焙烧，国内个别工厂也用来烧结铅精矿，最近烧结盘广泛地用于铅锑精矿流态化焙烧炉焙砂的烧结，运行情况不错。

带式烧结机在铅锌冶炼厂的使用始于1900年，第一台带式烧结机的尺寸较小，宽1.07 m，长6.7 m。发展到今天，带式烧结机已实现大型化、机械化、连续化和自动化，广为各大钢铁厂、铅冶炼厂及铅锌冶炼厂所采用(表2－5－1)。在苏联，带式烧结机的标准尺寸为$3\times24=75\ m^2$，个别工厂采用宽3.6 m，有效长50 m，有效面积几乎达200 m^2的大型带式烧结机。在钢铁工业上已采用全自动控制的450 m^2的特大型烧结机取得良好的效益。大型烧结机比小型烧结机的设备投资少，占地面积小，管理费用低，烧结成本低，同时漏风减少，烟气量相对较小，收尘设备及管理费用可以减少。与烧结锅及烧结盘比较，带式烧结机具有生产能力大、机械化、自动化操作、劳动条件好、劳动强度低等明显优点。但它投资大，生产能力太大，不适于小型冶炼厂采用。

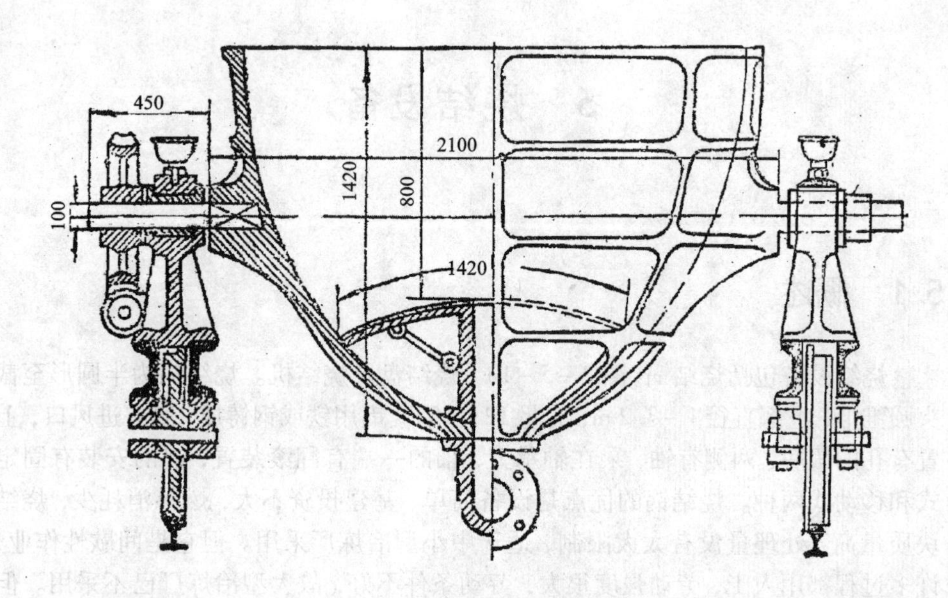

图 2-5-1 烧结锅示意图

表 2-5-1 带式烧结机的应用情况

工厂(国别)	烧结机尺寸	有效烧结面积/m^2	点火燃烧种类	用途
宝钢(中国)	—	450	—	铁矿烧结
武钢(中国)	—	435	—	铁矿烧结
邯钢(中国)	—	400	—	铁矿烧结
唐钢(中国)	—	265	—	铁矿烧结
本钢(中国)	—	265	—	铁矿烧结
鞍钢(中国)	—	2×265,321.6,4×90,4×75	—	铁矿烧结
湘钢(中国)	—	90, 105	—	铁矿烧结
马钢(中国)	—	300	—	铁矿烧结
台湾钢(中国)	—	4×70	—	铁矿烧结
上钢(中国)	—	130	—	铁矿烧结
株冶(中国)	—	60	煤气点火	铅精矿烧结
韶冶(中国)	—	110	—	铅锌精矿烧结
Port Piri(澳大利亚)	2.5×24	91.0	石油点火	铅精矿烧结
Trejl(加拿大)	—	58.50	—	铅精矿烧结

5.2　带式烧结机

带式烧结机类似一环形的运输带，由许多紧密联接的小车组成(图2-5-2)。小车在机架的轨道上循环地运动。机架一端有扣链轮，另一端为半圆形钢轨。扣链轮形如齿轮，齿间距离与小车辊轮间距离相合。扣链轮转动时，扣住沿下轨来的小车，将其提升到上轨，并推动前行小车，使之紧密相联接。小车沿上轨运行到吸风箱时，小车底部两侧滑行在吸风箱的滑板上，构成密封。密封装置有多种形式，采用较多的是水力密封。小车通过吸风箱(分为若干室)后达到卸料端，再沿吸风箱下端的倾斜导轨回到扣链轮上。吸风箱下有导管与排风机相连，小车通过时便有大量空气通过其料层而下吸。

小车用生铁或钢做成(图2-5-3)，底部铺有炉篦。短边有挡板，长边彼此紧密连接起来，因此小车长度就是烧结机的有效宽度。烧结机的有效长度即为所有抽风箱上面的长度。烧结机有效烧结面积即为抽风箱上的宽度与长度的乘积。

烧结机的尾部设有单轴破碎机以破碎落下的烧结块。其下卸为阶梯形的倾斜钢条筛。尾部上方设有烟罩，与收尘设备连接，大型烧结机在整个吸风箱上都设有烟罩。

烧结块卸下后，温度很高，一般在烧结块仓内喷水冷却，也有采用盘式冷却器和空气冷却的。

烧结开始时必须用点火炉点火。点火炉所用燃料有重油、煤气和焦炭。烧重油的点火炉是一个不大的金属盒，内衬耐火砖，装有重油喷嘴。这种点火炉火焰均匀，温度易于控制和调节。

烧焦炭的点火炉由燃烧室及喷火口组成。燃烧室炉篦长度等于小车长度，宽度视点火所消耗的焦炭来确定。喷火口宽度应根据适当的点火时间来确定。

为提高烟气中 SO_2 浓度，在烧结机上装设几个排风机，将含 SO_2 浓度较高的前几个风箱出来的烟气单独排出制硫酸。其余风箱的烟气返回到以前几个风箱内进行鼓风烧结。这样使烟气 SO_2 含量 $\geq 5\%$，基本上解决了烟气污染问题。

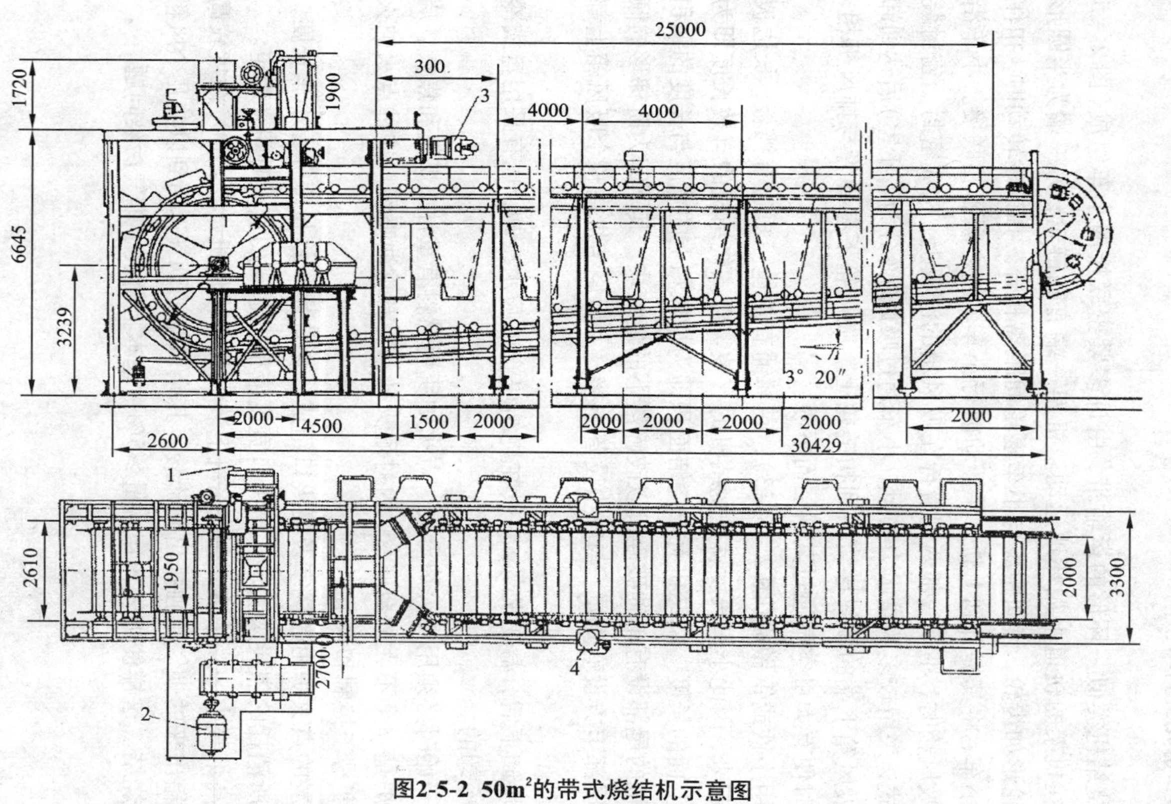

图2-5-2 50m²的带式烧结机示意图

1、2—电动机 3—点火箱 4—中央加油机

注：小车运行速度1~3mmin^{-1};工作长度25m

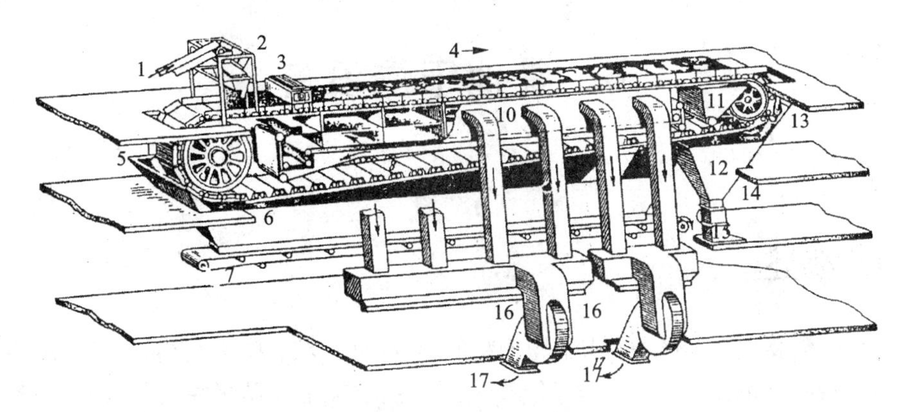

图 2-5-3　带式烧结机立体图

1—炉篦条　2—小车驱动齿的夹紧器　3—炉篦　4—小车框架　5—吸风箱密封块　6—吸风箱侧板　7—粉料输送带　8—吸风箱输送带　9—水平　10—带有水箱的吸风箱　11—下料过程被吸粉料料仓　12—破碎机前的料仓　13—卸料端　14—破碎机　15—破碎过的烧结块　16—风机　17—烟道口

习题及思考题

2-5-1　与烧结锅比较，带式烧结机有什么优点？

2-5-2　与多膛炉比较烧结机有何优势，并简述这两类设备的工作原理。

2-5-3　有哪几种烧结设备？它们的应用前景怎样？

2-5-4　烧结机和沸腾炉对物料的烧结焙烧其产物有何异同？为什么？

6 其他干燥设备

6.1 概述

在冶金及化工生产中，需干燥物料的形状（如块状、粒状、溶液、浆状及膏糊状等）和性质（耐热性、含水量、分散性、粘性、酸碱性、防爆性及湿态等）都各不相同，生产规模或生产能力差别悬殊，干燥后的产品要求（含水量、形状、强度及粒径等）也不尽相同，所以采用的干燥方法和干燥器的类型也是多种多样的。通常，对干燥器的要求为：

(1) 能保证干燥产品的质量要求，如含水量、强度、形状等。

(2) 要求干燥速度快，干燥时间短，以减小干燥器尺寸，降低能耗量，同时还考虑干燥器的辅助设备的规格和成本，即经济性好。

(3) 操作控制方便，劳动条件好。

干燥器通常可按加热的方式来分类，如图 2-6-1 所示。

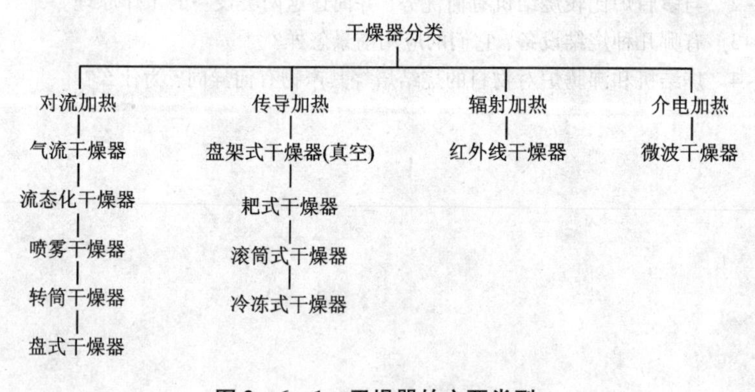

图 2-6-1 干燥器的主要类型

流态化干燥器、转筒干燥器及多层干燥器只在流态化焙烧炉、回转窑及多膛炉在干燥上的应用，基本内容已经述及，下面介绍几种在冶金及化工生产中常用的干燥器。

6.2　气流干燥器

6.2.1　气流干燥装置

气流干燥器的主体是一根直立的圆筒(图2－6－2)，湿物料由加料斗加入螺旋输送混合器中，与一定量的干燥物料混合后进入气流干燥器低部的粉碎机。从燃烧炉来的烟道气(也可以是热空气)也同时送入粉碎机，将粉粒状的固体吹入气流干燥器中。由于热气体作调整运动，使物料颗粒分散并悬浮在气流中。热气流

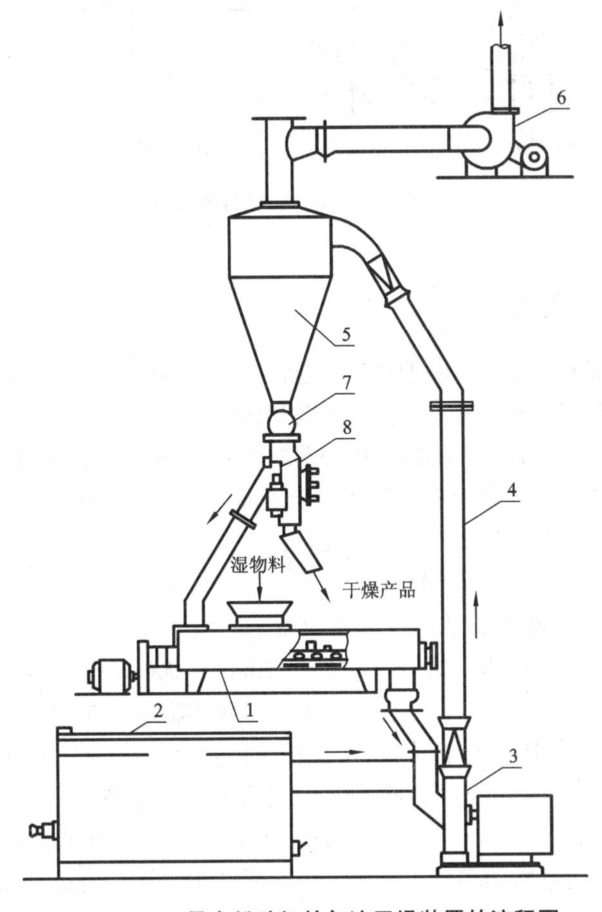

图2－6－2　具有粉碎机的气流干燥装置的流程图

1—螺旋桨式输送混合器　2—燃烧炉　3—球磨机　4—气流干燥器
5—旋风分离器　6—风机　7—星形加料阀　8—固体流动分配器

与物料间进行传热和传质，使物料得以干燥，并随气流进入旋风分离器经分离后由底部排出，再借固体流动分配器的作用，定时地排出(产品)或送入螺旋混合器供循环使用。废气经风机而放空。

气流干燥装置中，加料和卸料操作对于保证连续干燥的稳定操作及干燥产品的质量是十分重要的。图2-6-3所示的几种常用的加料器，均适用于散粒状物料。图中(b)和(d)也适用于硬度不大的块状物料，而(d)还适用于膏糊状物料。

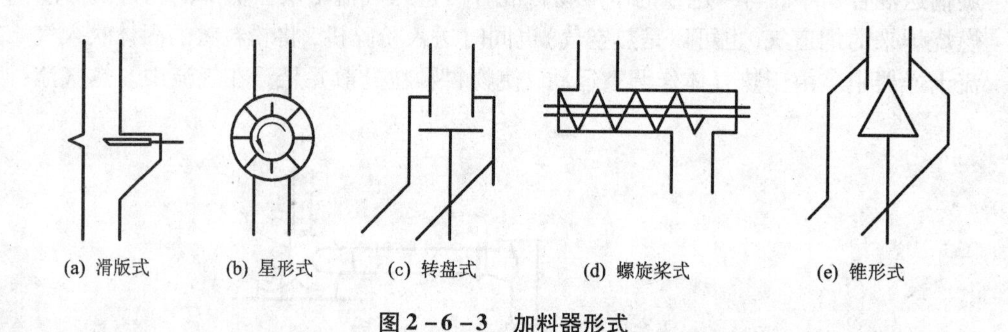

图2-6-3 加料器形式

6.2.2 气流干燥的特点

气流干燥器中由于气体的速度高，通常为20～40 $m \cdot s^{-1}$，而且物料颗粒又是悬浮于气流之中，因此气固间的传热系数和传热表面积都很大。尤其是在干燥器前或底部附设粉碎机时，颗粒边被粉碎边被干燥，并不断暴露出新的表面，且使物料内部难以渗透至表面的水分更接近于表面，干燥效果较好。若以单位体积干燥器的传热表面积来计算传热速率，则有：

$$Q = aS\Delta t_m = a_a V\Delta t_m \qquad (2-6-1)$$

式中 a——单位体积干燥器的传热面积 $m^2 \cdot m^{-3}$。

气流干燥器的平均体积传热系数 a_a 为2300～7000 $W \cdot m^{-3} \cdot ℃^{-1}$，比转筒干燥器大20～30倍。同时，由于气流干燥器中物料的临界含水量低，缩短了干燥时间，对大多数物料，在气流干燥器中的停留时间只需0.5～2 s，最长不超过5 s。所以可采用较高的气体温度，以提高气固间的传热温度差。由此可见，气流干燥器的传热速率很高，因而干燥速度也很快，使所要求的干燥器体积减小。

气流干燥器的结构简单，造价低，活动部件少，易于建造和维修，操作稳定且便于控制。

由于气流干燥器的散热面积较小，热损失低，一般热浓度较高，干燥非结合水分时，热效率可达60%左右，但干燥结合水分时，只有20%左右。

由于气速高以及物料在输送过程中与壁面的碰撞及物料之间的相互摩擦，整个干燥系统的流体阻力很大，因此动力消耗大。干燥器的主体较高，约在 10 m 以上。此外，对粉尘回收装置的也较高，且不宜于干燥有毒的物质。

总之，气流干燥器适宜于干燥非结合水分及结团不严重又不怕磨损的颗粒状物料，尤其适宜于干燥热敏性物料或临界含水量低的细粒或粉末物料。目前它在制药、塑料、食品及染料等工业中应用十分广泛。

6.3　喷雾干燥器

6.3.1　概述

喷雾干燥器是将溶液、浆液或微粒的悬浮液喷雾而成雾状细滴并分散于热气流中，使水分迅速气化而干燥。热气流与物料以并流、逆流或混合流的方式相互接触而使物料得到干燥。这种干燥方法不需要将原料预选进行机械分离，而操作终了可获得 30 ~ 50 μm 微粒的干燥产品，且干燥时间很短，仅为 5 ~ 30 s，因此适宜于热敏性物料的干燥。目前喷雾干燥已广泛地应用于化工、冶金、材料制备、医药、染料、塑料及化肥等生产中。

常用的喷雾干燥流程如图 2 – 6 – 4 所示。浆液用送料泵压至喷雾器，在干燥室中喷成雾滴而分散在热气流中，雾滴在与干燥室内壁接触前水分已迅速气化，成为微粒或细粉落到器底，产品由风机吸至旋风分离器中被回收，废气经风机排出。

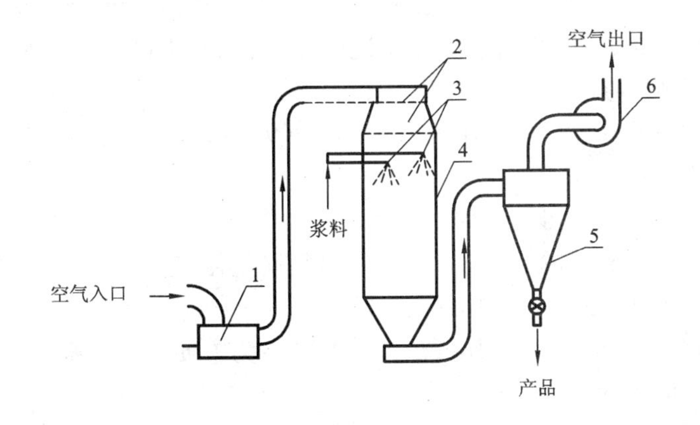

图 2 – 6 – 4　喷雾干燥器设备流程

1—燃烧炉　2—空气分布器　3—压力喷嘴　4—干燥塔　5—旋流分离器　6—风机

喷雾干燥的优点是干燥速率快，干燥时间短；尤其适用于热敏性物料的干燥；能处理用其他干燥方法难以干燥的低浓度溶液，且可由料液直接获得干燥产品，因而可以省去蒸发、结晶、分离及粉碎等操作；可连续、自动化生产、操作稳定；产品质量好及因干燥过程中无粉尘飞扬，故劳动条件较好。其缺点是因体积传热系数低，故干燥器的容积大；操作弹性较低；热效率低（约在40%以下），单位产品的耗热量大及动力消耗大等。

6.3.2　喷雾器

喷雾器是喷雾干燥器的关键部件。液体通过喷雾器分散成为10～60 μm的雾滴，提供很大的蒸发表面积，每1 m^3 溶液具有的表面积为100～600 m^2，以利于达到快速干燥的目的。对喷雾器的一般要求为：雾粒应均匀，结构简单，生产能力大，能量消耗低及操作容易等。常用的喷雾器有三种基本形式。

1. 离心式喷雾器

如图2－6－5所示，料液送入一高速旋转圆盘的中央，圆盘上有放射形叶片，一般圆盘转速为4000～20000 $r \cdot min^{-1}$，圆周速度为100～160 $m \cdot s^{-1}$。液体受离心力的作用而被加速，到达周边时呈雾状甩出。

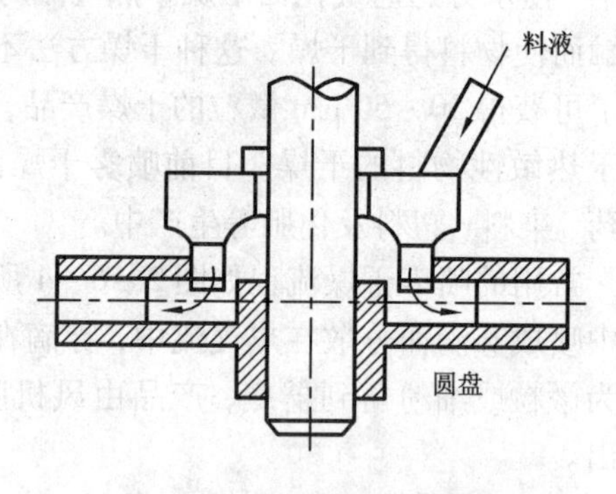

图2－6－5　离心式喷雾器

2. 压力式喷雾器

如图2－6－6所示，用泵使料浆在高压（3039.75～20265 kPa）下通入喷嘴，喷嘴内有螺旋室，液体在其中高速旋转，然后从出口的小孔处呈雾状喷出。

3. 气流式喷雾器

如图2－6－7所示，用表压为101325～709275 Pa的压缩空气压送料液经过喷嘴成雾滴而喷出。

喷雾器的选择一般可按下列原则考虑：

(1) 压力式喷雾器的优点较多，主要是耗能量低，生产能力大，但需要使用高压液泵，目前以压力式的应用最为广泛。

(2) 处理量较低时，以采用气流式喷雾器最为方便，且所喷雾滴也最细，可处理含有少量固体的溶液。

(3) 处理含有较多固体量的物料时，宜采用离心式喷雾器。

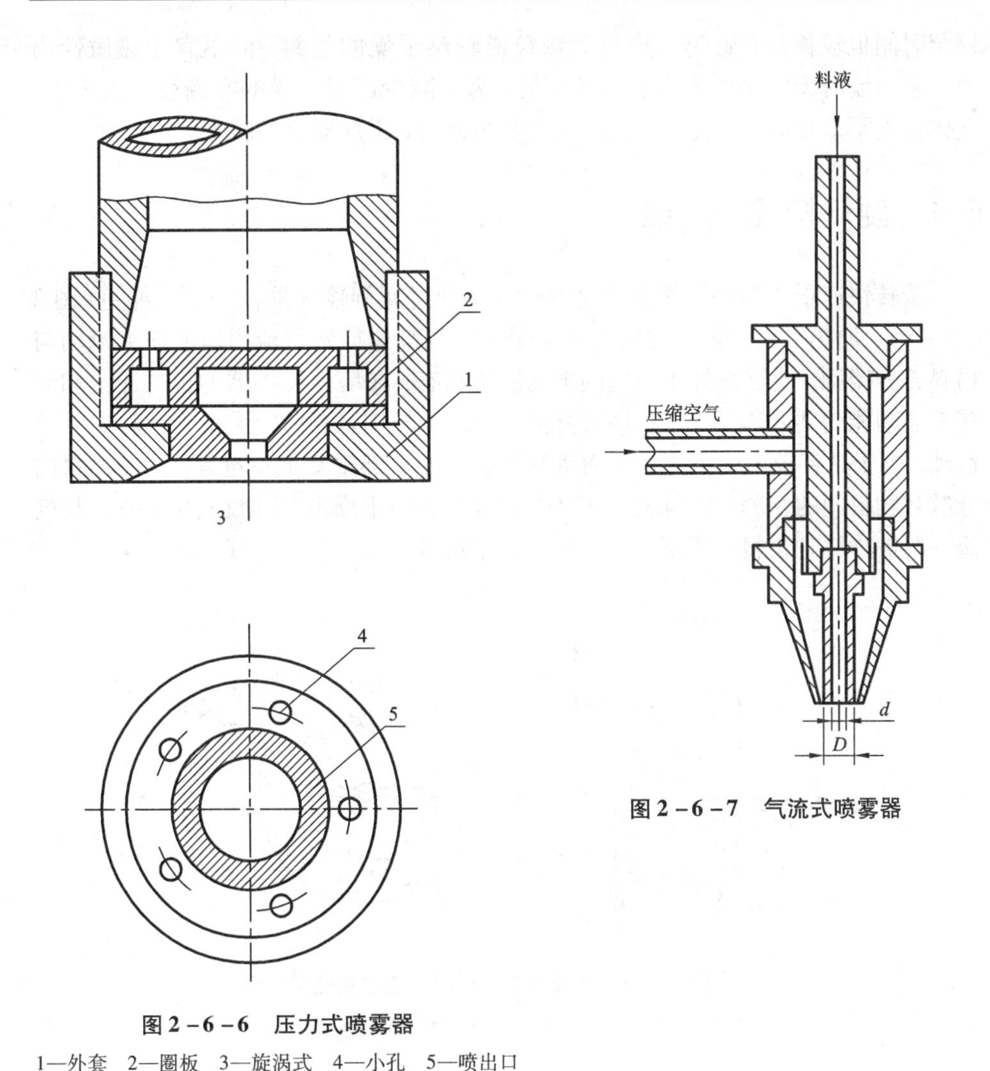

图2-6-6　压力式喷雾器

1—外套　2—圈板　3—旋涡式　4—小孔　5—喷出口

图2-6-7　气流式喷雾器

6.3.3　喷雾室

喷雾室有塔式和箱式两种，以塔式应用最为广泛。

物料与气流在干燥器中的流向分为并流、逆流和混合流三种。每种流向又可分为直线流动和螺旋流动。对于易粘壁的物料，宜采用直线流的并流，液滴随高度气流直行下降，这样可减少液滴流向器壁的机会。其缺点是雾滴在干燥器中停留时间短，因此干燥器较高。螺旋形流动时物料在器内停留时间较长，但由于离心力的作用将粒子甩向器壁，因而使物料粘壁的机会增多。逆流时物料在器内的停留时间也较长，适宜于干燥较大颗粒或较难干燥的物料，但不宜于热敏性物料。且逆流时废气是由干燥器顶逸出的，为了减少还未干燥的雾滴被气流带走，气体速度不宜过高，因此对一定的生产能力而言，干燥器直径较大。

6.4 旋转快速干燥器

旋转快速干燥器的工作原理是湿性物料通过螺旋输送器被送到干燥室（图2-6-8），加热空气以切线方向进入干燥室并以高速旋转气流由塔底向上流动与物料充分接触，使物料处于稳定的平衡流化状态，在塔内搅拌器的机械冲击和旋转气流动能的共同作用下，料块被分散，形成不规则颗粒，较大未干颗粒向室壁运动，由于具有较大的沉降速度而落到干燥室的下部重复上一过程，随着物料的分散和物料间的互磨，物料块表面已干的颗粒移向干燥室气体旋转轴心线，与气流一起被排放到物料收集器，从而得到干燥物料。

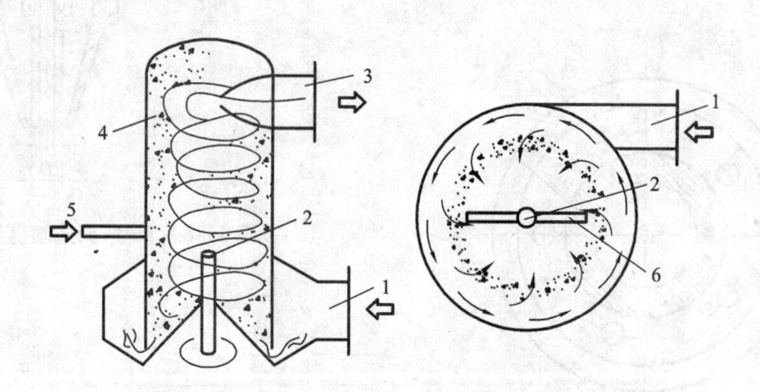

图2-6-8 旋转快速干燥器的工作原理图

1—热风进口 2—旋转轴 3—热风出口 4—分级器 5—加料器 6—搅拌桨

旋转快速干燥器具有如下性能特点：

(1) 能处理膏状料、滤饼等，也可处理热敏性物料，在干燥过程中，物料不用稀释，减少水分蒸发量，节能效果显著。

(2) 操作连续，停留时间短而且可以自调，并保证干燥物料的各项工艺指标。

(3) 设备占地面积小，结构紧凑，生产效率高，与喷雾干燥相比，体积相同，产量是喷雾干燥器的7倍，能耗仅为喷雾干燥的三分之一。

(4) 把干燥和粉碎结合在一起连续进行，一次把块状、膏状物料干燥成细粉状成品，简化了生产工艺、节省了设备投资。

旋转快速干燥器适用于膏状物、滤饼、湿性结晶体物料的干燥和粉碎。

6.5　盘式干燥器

盘式干燥又称厢式干燥或室式干燥，一般小型的称为烘箱，大型的称为烘房。盘式干燥器为常压间歇操作的典型设备，可用于干燥多种不同形态的物料。这种干燥器的基本结构如图2－6－9所示，它系若干长方形的浅盘所组成。被干燥的物料放在浅盘中，一般物料层厚度为10～100 mm。新鲜空气由风机吸入，经加热器预热后沿挡板均匀地进入各层挡板之间，在物料上方掠过而起干燥作用；部分废气经排出管排出，余下的循环使用，以提高热利用率。废气循环量可以用吸入口及排出口的挡板进行调节。空气的速度由物料的粒度而定，应使物料不被气流带走为宜，一般为1～10 $m \cdot s^{-1}$。这种干燥器的浅盘放在可移动的小车的盘架上，使物料的装卸都能在厢外进行，不致占用干燥时间，且劳动条件较好。

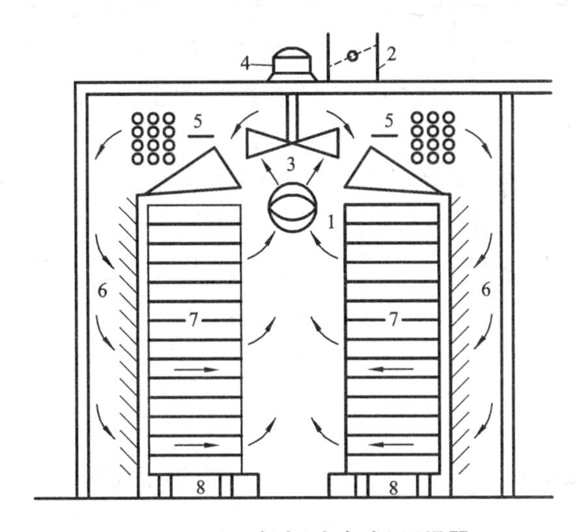

图2－6－9　盘式(小车式)干燥器

1—空气入口　2—空气出口　3—风扇　4—电动机　5—加热器　6—挡板　7—盘架　8—移动轮

盘式干燥器的优点是构造简单，设备投资少，适应性较强。缺点是装卸物料的劳动强度大，设备的利用率低，热利用率低及产品质量不均匀。它适用于小规模多品种、要求干燥条件变动大及干燥时间长等场合的干燥操作，特别适于作为实验室或中间试验的干燥装置。

盘式干燥器也可在真空下操作，成为盘式真空干燥器。干燥厢是密封的，干燥不通入热空气，而是将浅盘架制成空心的结构，加热蒸汽从中通过，借传导方式加热物料。操作时用真空泵抽出由物料中蒸出的水汽或其他蒸气，以维持干燥器中的真空度。真空干燥适宜于处理热敏性、易氧化及易燃烧的物料，或用于所排出的蒸气需要回收及防止污染环境的场合。

将采用小车的盘式干燥器发展为连续的或半连续的操作，便成为洞道式干燥器，如图2-6-10所示。器身作为狭长的洞道，内铺设铁轨，一系列的小车载着盛于浅盘中或悬挂在架上的物料通过洞道，使与热空气接触进行干燥。小车可以连续地或间歇地进、出洞道。

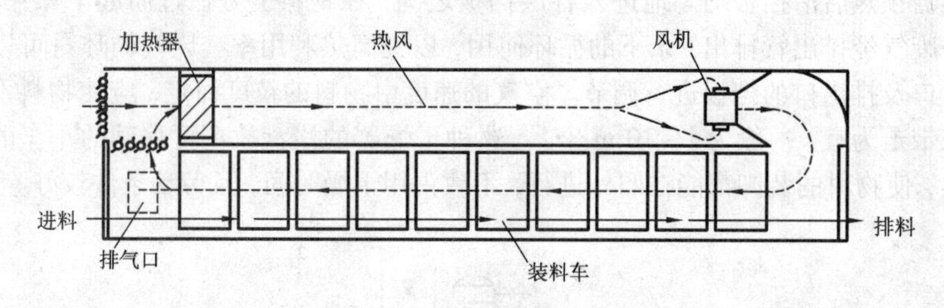

图2-6-10 洞道式干燥器

由于洞道干燥器的容积大，小车在器内的停留时间长，因此适用于处理量大，干燥时间长的物料，例如木材、陶瓷等的干燥。干燥介质为加热空气或烟道气。气流强度一般为2~3 $m \cdot s^{-1}$或更高。洞道中也可进行中间加热或废气循环操作。

6.6 带式干燥器

带式干燥器如图2-6-11所示，是一个长方形干燥室或隧道，其内安置带式运输设备。传送带多为网状，气流与物料成错流，带子在前移过程中物料不断地与热空气接触而被干燥。传送带可以是多层的，带宽为1~3 m，长为4~50 m，干燥时间为5~120 min。通常在物料的运动方向上分成许多区段，每个区段可装设风机和加热器。在不同的区段上，气流方向及气体的温度、湿度和速度都可不同，例如在湿料区段的气体速度可大于干燥产品区段的气体速度。

由于被干燥物料的性质不同，传送带可用帆布、橡胶、涂胶布或金属丝网制成。

带式干燥器的优点是物料在干燥过程中翻动少，可保持物料的形状，可同时连续干燥多种固体物料等。缺点是生产能力及热效率均较低，热效率约在40%以下。它适宜于干燥粒状、块状和纤维状物料。

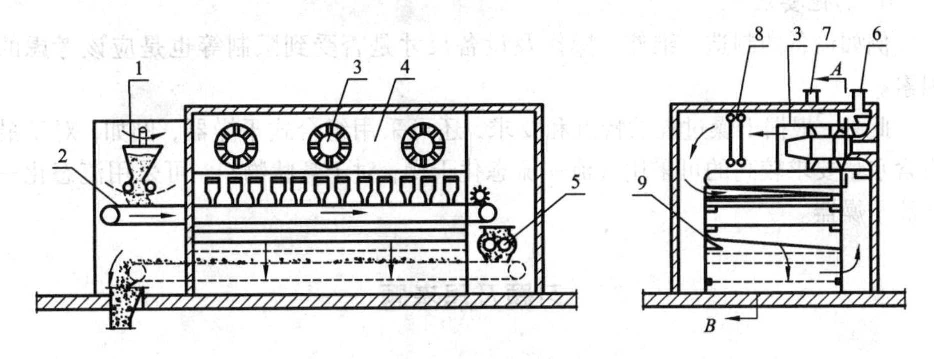

图 2-6-11　带式干燥器

1—加料器　2—传送带　3—风机　4—热空气喷嘴　5—压碎机
6—空气入口　7—空气出口　8—加热器　9—空气再分配器

6.7　干燥器的选型

通常，干燥器选型应考虑以下各项因素：

1. 产品的质量

例如在医药工业中许多产品要求无菌，避免高温分解，此时干燥器的选型主要从保证质量上考虑，其次才考虑经济性等问题。

2. 物料的特性

物料的特性不同，采用的干燥方法也不同。物料的特性包括物料形状、含水量、水分结合方式、热敏性等。例如对于散状颗粒物料，以选用气流干燥器和流态化干燥器为多。

3. 生产能力

生产能力不同，干燥方法也不尽相同。例如当干燥大量浆液时可采用喷雾干燥，而生产能力低时宜用滚筒干燥。特大量的固体物料干燥，宜采用回转窑或流态化干燥。

4. 劳动条件

某些干燥器虽然经济适用，但劳动强度大、条件差，且生产不能连续化，这样的干燥器特别不宜处理高温有毒粉尘多的物料。

5. 经济性

在符合上述要求下，应使干燥器的投资费用和操作费用为最低，即采用适宜的或最优的干燥形式。

6. 其他要求

例如设备的制造、维修、操作及设备尺寸是否受到限制等也是应该考虑的因素。

此外，根据干燥过程的特点和要求，还可采用组合式干燥器，例如，对于最终含水量要求较高的可采用气流—流态化干燥；对于膏状物料，可采用流态化—气流干燥器。

习题及思考题

2-6-1 干燥器有哪些种类？在冶炼厂最常用的有哪几种？试举例说明？

2-6-2 简述各类干燥器的工作原理。气流干燥器有何特点，试述之。

2-6-3 在常压干燥器中，将某物料的含水量由 0.053 $kg_{水}\cdot kg_{物料}^{-1}$ 干燥到 0.005 $kg_{水}\cdot kg_{干物料}^{-1}$。干燥器能力为 1.5 $kg_{干物料}\cdot s^{-1}$，热空气进干燥器的温度为 127 ℃，湿度为 0.07 $kg_{水}\cdot kg_{绝干空气}^{-1}$，出干燥器温度为 82 ℃，物料进出干燥器时温度分别为 21 ℃和 66 ℃，绝干物料的比热为 1.8 $kJ\cdot(kg\cdot℃)^{-1}$。若干燥器的热损失可忽略不计，试求绝干空气消耗量及空气离开干燥器时的湿度。

2-6-4 有一种湿三氧化二锑，含水 20% ~30%，干燥后自然成粉，干燥炉气含微量 HCl，日干燥量 4 ~5 t，选用何种干燥器较合理？

第三篇
熔炼设备

熔炼过程是指矿物或中间物料经高温熔化、产生氧化还原反应，最后分离出金属、合金、锍以及中间产品等的过程。其主要特征是由液相熔体或气－液相构成反应体系，主体金属最终以液态或气态产出，脉石等杂质则以不相溶的另一液相——炉渣相产出，因密度不同而与金属相分离。用于熔炼过程的主体设备称为熔炼炉，熔炼炉多种多样，传统的熔炼炉有竖炉（鼓风炉、炼铁高炉）、反射炉、转炉、电炉、烟化炉、及旋涡炉等。闪速炉是近半个世纪前开发的新型熔炼炉，它因充分利用反应物料的表面能和热能强化气一固反应，反应迅速（仅需求 2－3s）而得名。熔池熔炼炉是向熔体鼓风而强化气一液、液一固之间多相反应的熔炼炉。化学反应产生的热量潜在熔体之中，因此，反应器单位容积的熔炼能力高于闪速炉，具有生产效率高，烟尘率低、备料简单等一系列优点，但炉龄明显低于闪速炉。熔池熔炼炉可分为侧吹、顶吹及底吹三种类型，属于侧吹的有诺兰达炉、瓦纽柯夫炉、白银炉等；而采用顶吹是三菱法熔炼炉奥斯麦特炉（艾萨）法熔炼炉及顶吹炼钢转炉；底吹类型的有 QSL 熔炼炉、水口山法熔炼炉与底吹炼钢转炉等。

熔炼炉的操作温度高（一般在 1000 ℃以上），对砌炉用耐火砖的要求较高，在热负荷特别大的部分还设有水冷或风冷装置。同时烟气出口温度高，且含有有价金属，故一般熔炼炉均配备有余热锅炉和收尘系统。维持熔炼炉高温的能源一般来自粉煤、焦炭、重油、电或者炉料的自热。

总的来说，熔炼炉正在朝着高效、节能、操作自动化等方向发展。

1 竖 炉

1.1 概述

竖炉有别于火焰炉，在它的炉膛空间内充满着被加热的散状物料，而炽热的炉气自下而上地在整个炉膛空间内和散料表面间进行着复杂的热交换过程。和火焰炉相比，它是一种热效率较高的热工设备。

从散料和气体间运动特性来看，竖炉炉料层属散料“致密料层”，也称“滤过料层”，即如同气体从散料孔隙中滤过的那样。这时散料可以是固定不动的，或是相对于气体流动来说炉料运动是很缓慢的。

在冶金炉范围内应用致密料层工作原理的热工装置是比较多的。在熔炼炉方面有炼铁高炉，化铁炉；炼铜鼓风炉、炼铅、炼铅锌、炼镍和炼锑鼓风炉；炼镁工业的竖式氯化炉等。这些装置中的热工过程对于工艺过程有着直接的影响，从而影响到它们的产量、产品质量和燃料消耗。因此从流体流动、燃烧尤其是从传热和传质诸方面来分析竖炉内热工过程，掌握其基本规律无疑是进行竖炉正确设计和最佳操作的基础。

1.1.1 竖炉内物料下降运动

竖炉的全部热工过程及工艺过程都是在气流通过被处理物料的料层时实现的。炉料和燃料从炉子上部加人，空气从炉壁下部的风口鼓入。就一般而言，单位时间在竖炉内燃烧的燃料越多，则被加热或熔化的炉料量越多，也就是从炉内排出产品数量越多。同时料层下降越快，炉子的生产率就越高。而燃料燃烧量是单位时间内鼓入炉内空气量的直线函数，因此炉子的生产率首先取决于鼓风量，并与其成直线关系增长。但在增大鼓风量的同时，必须保证料层均匀下降而不发生悬料(停滞)和崩料，保证鼓风均匀上升，而不产生跑风和死角。从而使生产得以强化。

在竖炉内，炉料依靠自身的重力下降，炉料可视为散料层，它受物料颗粒之间及料块与侧墙之间的两种摩擦阻力的作用，其结果造成料块自身重力作用在炉底上的垂直压力减少。实际作用于炉底的重量(即垂直压力)称为料柱的有效重量，其值为：

$$G_i = K_i G_{ch} \tag{3-1-1}$$

式中　G_i——料柱的有效重量，kg；

G_{ch}——料柱实际重量，kg；

K_i——料柱下降的有效重量系数。

上式 K_i 值取决于炉子形状，向上扩张的炉子 K_i 值最小，而且随炉墙扩张角增大而变小，向上收缩的炉形 K_i 最大。

当料柱超过一定高度后有效重量停止增加，其原因是料层内形成自然“架顶”，即发生悬料现象。料层越高，炉料与侧墙之间的摩擦力越大，形成自然“架顶”可能性越大，而且“架顶”越稳定，故料层高度不能过分增加。或采用下扩炉型。

上升气流与下降物料相遇时，气流受到物料的阻碍而产生压力损失。这种压力损失对物料构成曳力（或称气流对表面之动压力），它决定于气流阻力：

$$\Delta p = K \frac{v_g^2}{2} \rho_g A_{ch} \tag{3-1-2}$$

式中　v_g——料块间气流速度 $m \cdot s^{-1}$；

K——料层对气流的阻力系数；

A_{ch}——料层在垂直于流向线平面上的投影面积，m^2；

ρ_g——气体密度，$kg \cdot m^{-3}$。

使物料下降的力 F 取决于物料的有效重量 G_i 和上升气流对物料的曳力，其关系为：

$$F = G_i - \Delta p \tag{3-1-3}$$

若 $F>0$，则物料能顺利自由降落；若 $F=0$，则物料处于平衡状态，将停止自由下降；若 $F<0$，则物料将被气流抛出层外，即物料由稳定状态变为不稳定状态。

为了保证物料顺利下降，就必须在炉内保持 $G_i > \Delta p$，为此应增大物料的有效重量 G_j，相对地减少气流对料层的动压力 Δp。

1.1.2　竖炉内料层热交换的特点

竖炉热交换过程是气固两相在逆向流动时进行的，具有如下特点：

（1）凡引起炉料或炉气水当量（物体温度变化 1 ℃所需之热量：对炉料的水当量 $W_{ch} = C_{ch} G_{ch}$，对炉气的水当量 $W_g = C_g G_g$）变化的因素，才能改变炉内的温度分布；

（2）增大燃料消耗量时 W_g 变大，出炉气体温度将提高；

(3) 预热鼓风时，提高了风口区温度，降低了炉内的直接燃料消耗而使 W_g 变小，炉顶气体温度反而有所降低；

(4) 富氧鼓风提高了燃烧温度，减少了炉气数量，W_g 变小，离炉废气温度降低，从而大大提高了炉内热量的利用率。

1.2 炼铁高炉

1.2.1 概述

在钢铁冶炼中，熔炼铁矿石的竖炉一般叫做高炉。它是生产铁的主要设备(图 3-1-1)，在钢铁工业中占有重要地位。

最原始的炼铁炉为地窑炉，即挖地成坑，内填矿石和燃料，借助自然通风或人力与畜力鼓风助燃，将铁的氧化物还原成铁，由于温度不高，最终得到的是半熔融状态的海绵铁，其含碳极低，塑性较好，经锤炼成型，即可制成器具。这种炼铁方法，类似于现代的直接还原炼铁法。

13 世纪末至 19 世纪中叶。炉子越来越高，炉容不断增大，逐渐形成现代高炉雏形木炭高炉。出现水力鼓风以后，送入炉内的风量和燃料增多，炉内温度升高，以致得到液态生铁。但生铁冷却后硬脆，不能锤炼，必须进一步将其加工成熟铁和粗钢。

1735 年英国人亚·德尔比(A·Darby)发明了焦炭(实际比我国晚 100 年)由于焦炭强度高于木炭和煤，用于炼铁可增大炼铁炉容积，提高生铁产量。1769 年，詹姆斯·瓦特发明了蒸汽机后，蒸汽鼓风机代替了旧式风箱用于高炉，送风量巨增，产量提高，生产规模急剧扩大。1829 年，英国人尼尔逊用换热式热风炉将鼓入高炉的冷风预热，给炼铁生产开创了新的时期，燃料消耗降低了 36%；1832 年，又开始用炼铁炉本身煤气预热冷风，引起了冶炼设备的一系列改进。1857 年，考贝式热风炉问世，风温进一步提高，近代炼铁高炉的形式基本确立。

目前高炉生产的铁占世界生铁产量的 95% 左右，在炼铁生产中占统治地位。在未来相当长的时期内，高炉仍将是炼铁生产的主要设备。当前世界上的高炉总数大于 1000 座，其中大于 2000 m^3 的高炉数也近 200 座。

一个大型炼铁厂，除高炉本体外，还配有原料运贮，鼓风加热，煤气净化，渣铁处理，喷吹燃料等设施。近年来，为了减少厂内的严重环境污染，还在灰尘多的扬尘点设置了环保集尘设备。

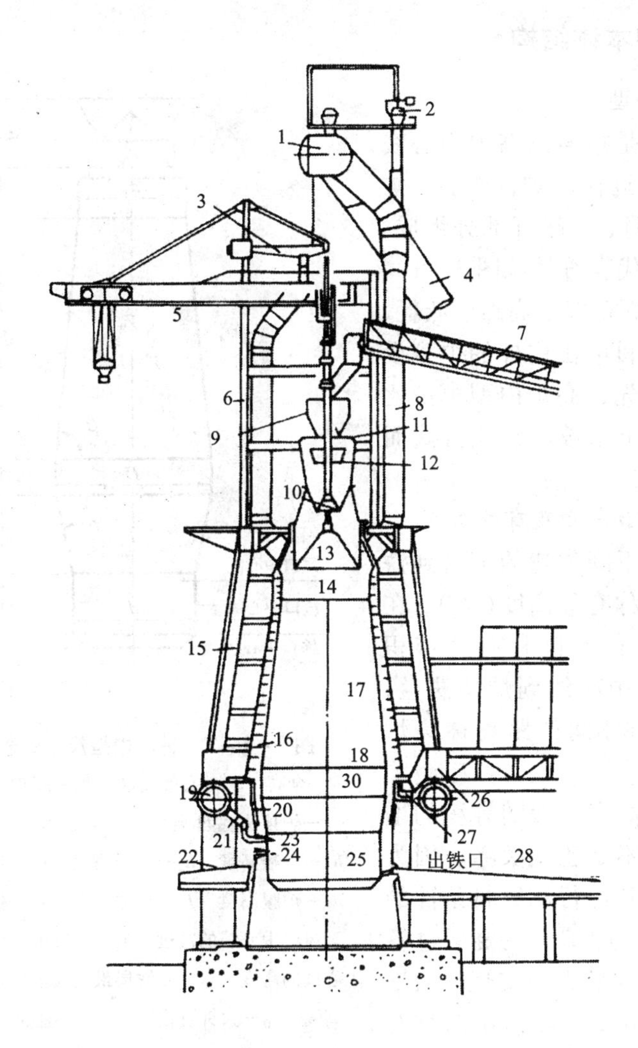

图 3－1－1　高炉炉体设备总图

1—集合管　2—炉顶煤气放散阀　3—料钟平衡杆　4—下降管　5—炉顶起重机　6—炉顶框架　7—带式上料机　8—上升管　9—固定料斗　10—小料钟　11—密封阀　12—旋转溜槽　13—大料钟　I4—炉喉　15—炉身支柱　16—冷却水箱　17—炉身　18—炉腰　19—围管　20—冷却壁　21—送风支管(弯管)　22—风口平台　23—风口　24—出渣口　25—炉缸　26—中间梁　27—支承梁　28—出铁场　29—高炉基础　30—炉腹

1.2.2 高炉本体结构

1.2.2.1 高炉炉型

高炉炉型是指通过高炉中心线的剖面轮廓。近代高炉由炉缸、炉腹、炉腰、炉身、炉喉五部分组成。各部分名称及代表符号见图 3-1-2。合理的炉型应满足高产、低耗、长寿的要求。目前国内外的炉型设计都是与同类先进高炉内型模拟比较，并根据若干系数和经验公式而确定的。

1. 高炉有效容积及有效高度

高炉大钟下降位置的下沿到铁口中心的高度称有效高度(H_u)，在有效高度中间的空间称有效容积(V_u)，从铁口中心线到炉顶法兰；(亦称炉顶钢圈)间的距离称高炉全高。

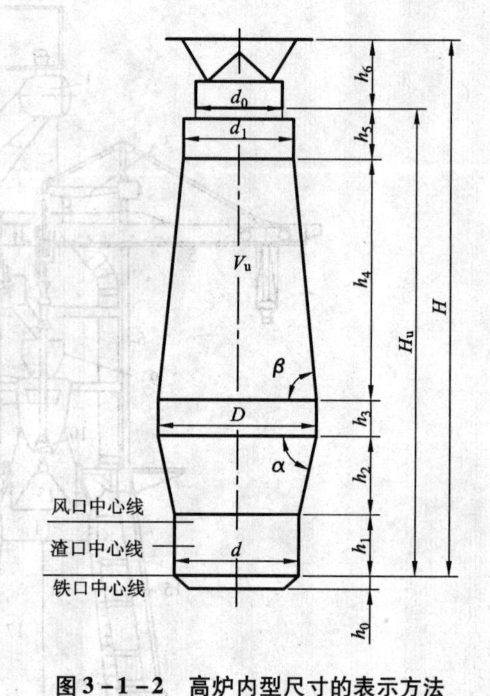

图 3-1-2 高炉内型尺寸的表示方法

H—全高 H_u—有效高度 V_u—高炉有效容积 h_6—炉顶法兰盘至大钟下降位置的底面高度 h_5—炉喉高度 h_4—炉身高度 h_3—炉腰高度 h_2—炉腹高度 h_1—炉缸高度 h_f—铁口中心线至风口中心线的高度 h_z—铁口中心线至渣口中心线的高度 h_0—死铁层最底面至铁口中心线的高度 d_0—大钟直径 d_1—炉喉直径 d—炉缸直径 D—炉腰直径 α—炉腹角 β—炉身角

高炉有效高度一般随容积的增大而增高，但不是正比关系。因为高度的增加受到运行和原料条件的限制，所以容积的扩大主要通过各部分横向尺寸的扩大而实现。为描述纵横尺寸的关系，习惯用高炉有效高度与炉腰直径的比(H_u/D)来表示。大型高炉 $H_u/D=2.5\sim3.1$；中型高炉 2.9～3.5；小高炉 3.7～4.5。随高炉大型化，高径比逐渐降低。例如：1513 m^3 高炉的 H_u 为 28 m，2500 m^3 的为 30 m，5000 m^3 的为 32 m，从这个数据来看，高炉向着矮胖方向发展。

2. 炉缸

炉缸呈圆筒形，它既要贮存一定数量的铁水和炉渣，又要能保证燃烧足够数量的焦炭(以及从风口喷入的燃料)。

3. 铁口、渣口、风口

一般，都设置在炉缸部位，随炉容增大，出铁次数增多，铁口数目亦增多。

国内外经验是：日产生铁 2500 ~ 3000 t 以下的高炉，设置一个铁口；日产生铁 3000 ~ 6000 t 的设置双铁口。日产生铁 6000 ~ 8000 t 可设置 3 ~ 4 个铁口。

铁口中心线到炉底砌筑表面称死铁层。它的作用是防止炉底受炉渣和煤气的冲刷，使炉底温度均匀稳定。一般死铁层厚度 450 ~ 600 mm，新设计的大型高炉多在 1000 mm 左右。

渣铁口中心线之间的距离称渣口高度，它决定渣量大小、放渣次数。大中型高炉设两个渣口，高低渣口标高差 100 ~ 200 mm。若铁口多且渣量少可不设渣口（如宝钢）。

风口在渣口水平上方一定距离，要求渣面不能上升到风口平面；而且在高渣面条件下，风口下应留有一定的焦炭燃烧空间。风口、铁口中心线之间的距离称风口高度，其数值大约是渣口高度的 1.6 ~ 2 倍。炉缸高度一般是在风口高度的基础上再加 0.35 ~ 0.5 m 的结构尺寸。风口数目（n）与炉缸直径（d）有关，其关系大致为 $n = 2(d + 1)$。

4. 炉腹

炉腹为倒圆台形，这适应了炉料熔化体积收缩的特点，并使风口前高温区产生的煤气流远离炉墙，另外亦有利于煤气流的均匀分布。炉腹高度一般为 3.0 ~ 3.6 m，炉腹角（α）一般为 79° ~ 82°。

5. 炉腰

炉腰呈圆筒形，它是炉型尺寸中直径最大部分。炉料在此处由固体向熔体过渡，较大的炉腰直径能减少煤气流的阻力。炉腰高度对高炉冶炼过程的影响不明显，设计时常用炉腰高度来调整炉容。炉腰直径与炉缸直径比，大高炉为 1.1 ~ 1.15，中型高炉为 1.15 ~ 1.20。

6. 炉身

炉身呈圆台形，它适应了炉料和煤气因温度变化引起的体积改变。在此空间矿石经历了在固体状态下的整个加热过程，所以它的容积几乎占有效容积的 1/2 以上。炉身高度为有效高度减去各段高度，炉身角（β）多在 80° ~ 85°之间。

7. 炉喉

炉喉呈圆筒形，在此空间内进行炉顶布料和炉料的初步加热与还原。炉喉高度应起到控制炉料和煤气流分布为限，一般在 2.0 m 左右。炉喉直径（d_1）与炉腰直径（D）应和炉身一并考虑，一般 $d_1/D = 0.65 \sim 0.72$。炉喉与大钟间隙（$d_1 - d_0$）/2（d_0 为大钟直径）的大小决定着炉料堆尖的位置，所以，它的大小应和矿石粒度组成与炉身角相适应。

具有代表性的高炉各部尺寸见表 3 - 1 - 1。

表 3-1-1 国内外有代表性的高炉炉型尺寸/m

高炉容积 V_u/m^3	d	D	d_1	H_u	h_1	h_2	h_3	h_4	h_5	α	β	H_u/D	D/d	d_1/D	风口数/个	备注
13	1.3	1.8	1.2	7.7	1.0	1.5	0.7	3.7	0.8	80°32′14″	85°21′48″	4.28	1.38	0.667	4	烟台小钢联
100	2.7	3.55	2.5	14.0	1.8	2.85	1.5	6.35	1.5	81°31′6″	85°16′25″	3.95	1.31	0.70	6	通用设计 1958 年
250	4.2	5.0	3.5	17.1	2.5	3.0	1.0	9.0	1.6	82°24″	85°14′	3.42	1.19	0.70	10	通用设计 1970 年
620	6.1	7.1	5.0	20.8	3.2	3.0	1.8	10.8	2.0	80°32′	84°27′	2.93	1.16	0.705	14	国内 1971 年
1036	7.4	8.4	5.76	24.65	3.15	3.0	1.8	44.1	2.3	80°52′30″	84°31′	2.91	1.14	0.69	15	首钢 3#高炉 1970 年
1200	8.08	9.52	5.9	25.5	3.2	3.3	1.8	14.9	2.3	80°2′40″	83°50′	2.797	1.13	0.646	18	首钢 4#高炉 1971 年
1513	8.6	9.6	6.6	28.0	3.2	3.2	1.8	17.3	2.5	81°7′10″	85°2′40″	2.90	1.12	0.698	18	鞍钢 9#高炉 1958 年
1689	8.8	9.8	6.8	29..0	3.8	3.2	2.5	17.7	1.8	81°7′	85°9′	2.94	1.15	0.694	20	日本 1961 年
1803	9.7	10.5	6.8	27.8	3.4	3.2	2.1	17.2	1.8	82°52′30″	83°51′39″	2.65	1.08	0.648	20	鞍钢 10#高炉
2025	10.0	11.0	7.2	29.0	3.5	3.0	2.0	18.5	2.0	80°32′10″	84°8′10″	2.64	1.10	0.655	22	鞍钢 11#高炉 1971 年
2516	10.8	11.9	8.2	30.0	3.7	3.5	2.2	18.0	2.6	81°4′25″	84°7′54″	2.52	1.10	0.69	24	武钢 4#高炉
2626	11.2	12.2	8.4	30.25	5.2	3.775	2.775	17.0	1.5	82°27′18″	83°57′22″	2.48	1.09	0.689	32	日本 1969 年
3016	11.8	13.0	9.0	29.2	4.2	3.5	3.0	17.0	1.5	80°16′	83°02′	2.25	1.10	0.69	34	日本福山 3#高炉
4197	13.8	15.2	10.5	29.9	4.4	4.4	2.75	16.75	2.0	80°4″	82°01′	1.97	1.10	0.69	40	日本福山 4#高炉
4063	13.4	14.6	9.5	32.10	4.9	4.0	3.10	18.10	2.0	81°28′9″	81°58′50″	2.2	1.09	0.651	36	宝钢 1#高炉

1.2.2.2　高炉炉衬及冷却

1. 高炉炉衬

高炉炉壳内砌筑的一层厚 345 ~ 1150 mm 的耐火砖层称炉衬。它能起到减少高炉热损失、保护炉壳及其他金属结构免受热应力和化学侵蚀的作用。炉衬耐火材料的费用在炼铁生产中占很小的比例．但它的侵蚀状态(即使局部的严重损坏)将影响到高炉的使用寿命。由于高炉各部分工作条件的不同，受到的破坏因素也不同，因而对炉衬的要求也不一样。

炉底炉缸　高炉炉底砌体长期在 1000 ~ 1400 ℃高温条件下承受炉料和渣铁的静压力，以及渣铁的机械冲刷和化学侵蚀。为了延长炉底及炉缸的寿命，基本原则是将铁水凝固温度等温线缩小到最小范围。炉缸炉底大多采用碳质耐火材料(全碳质或碳质与高铝砖综合型)。图 3 -1 -3 是综合炉底示意图。目前，炉底厚度有所减薄，炉缸内壁主要靠形成的保护性渣皮来保护，所以加强冷却十分重要。

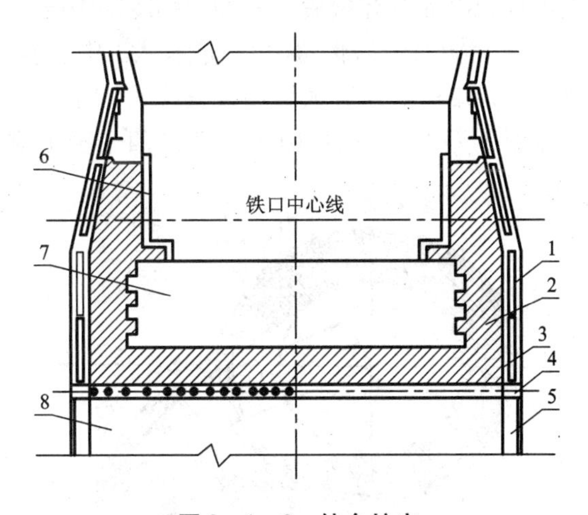

图 3 -1 -3　综合炉底

1—冷却壁　2—碳砖　3—碳素填料　4—冷却通风管
5—粘土砖　6—保护砖　7—粘土砖(高铝砖)　8—耐火混凝土

炉腹　炉腹部位受到下降的铁水、溶渣和上升高温煤气流的冲刷，还要承受料柱的部分重量，所以这部分砌砖往往在开炉后不久就被侵蚀掉，而靠冷却壁上冷凝的渣工作。所以，部分常用粘土砖砌筑，而且较薄，能在开炉时保护镶砖冷却壁表面不被烧坏即可。

炉腰与炉身 炉腰和炉身下部温度仍较高，除受炉料及煤气冲刷外还受炉渣侵蚀。除用粘土砖外还采用高铝砖、碳化硅砖、碳砖等。砌筑层较厚，或砌成薄壁炉墙加强冷却。炉身上部采用低气孔率强度高的粘土砖。实践表明炉身下部侵蚀变薄，而上部仍较完好，所以上部采用支梁式水箱支撑上部砖衬，下部则应加强冷却。

炉喉 炉喉在炉料频繁撞击和高温煤气流冲刷下工作，为了保护其圆筒形不受破坏，炉喉采用金属结构，称炉喉保护板，目前多数仍采用条状保护板。近年又出现了活动炉喉，它能改变炉喉直径，从而调节布料和煤气流分布。随炉容扩大，活动炉喉的作用更为显著。

（2）高炉冷却

高炉冷却的目的是保护砖衬，形成保护性渣皮以代替炉衬工作，以及保护金属构件。冷却的方式有水冷、风冷、气化冷却三种。由于高炉各部位的工作条件不同，故冷却介质、设备及冷却制度都有所不同。

喷水冷却 高炉炉身和炉腹部位设有环形喷水管，可以直接向炉壳喷水冷却。这种冷却装置简单易修，但冷却不深入，只限于炉皮或碳质炉衬的冷却。在大高炉上可作为冷却器烧毁后的一种辅助冷却手段。

风口、渣口的冷却 风口一般有大、中、小三个套组成。中小套常用紫铜铸造成空腔式结构。风口大套用铸铁铸成，内部铸有蛇形管，通水冷却。风口装配形式如图 3-1-4。渣口由三个套或四个套组成，三套和小套与风口小套相似，

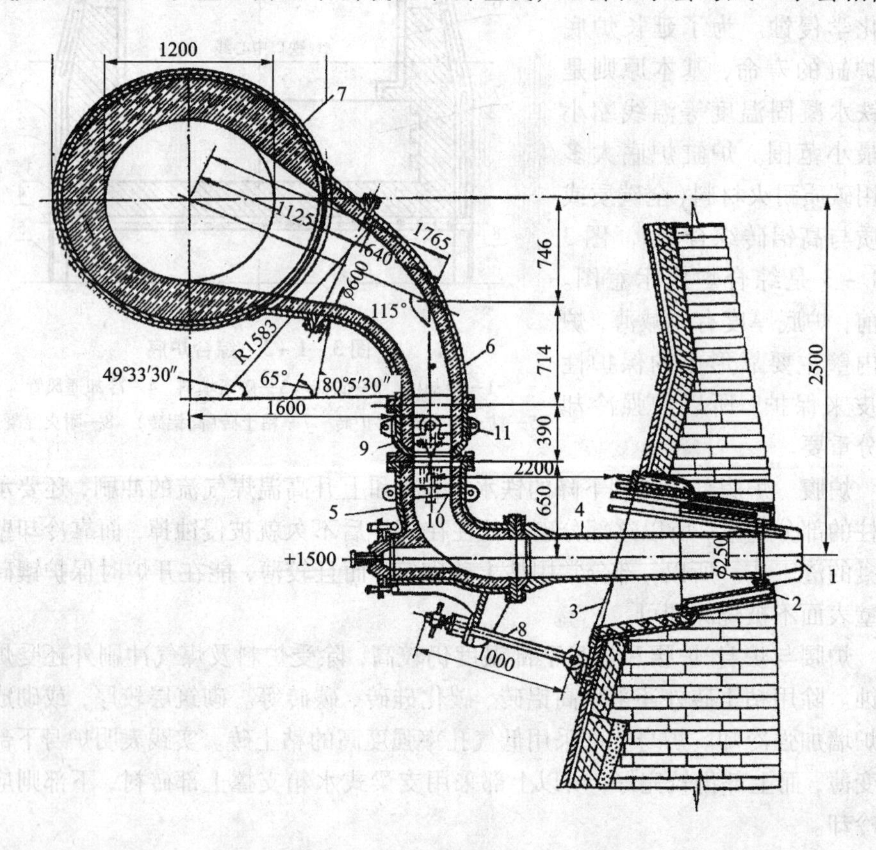

图 3-1-4 风口装置

1—风口 2—风口二套 3—风口大套 4—直吹管 5—带有窥孔的弯管 6—固定弯管 7—风口拉杆 8—环扣 9—吊环 10—楔子 11—U 形卡板

是由紫铜铸成的空腔结构。大套二套由铸铁铸成，内衬蛇形管。渣口大套、二套、三套用卡在炉皮上的楔子顶紧固定。而小套则由进出水管固定在炉皮上。装配形式如图 3－1－5 所示。

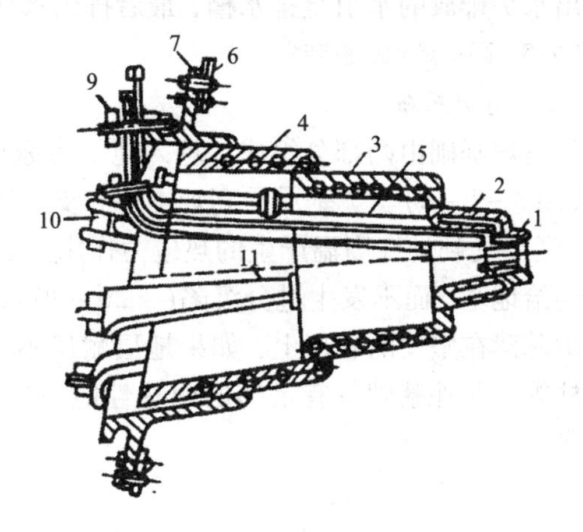

图 3－1－5　渣口装置

1—渣口小套(四套)　2—渣口三套　3—渣口二套　4—渣口大套　5—冷却水管　6—炉壳　7、8—大套法兰　9、10—固定楔　11—挡杆

冷却壁　冷却壁安装在炉衬与炉壳之间。它是内部铸有无缝钢管的铸铁板，有光面与镶砖两种。光面冷却壁冷却强度大，用于炉底和炉缸，厚度为 80 ~ 120 mm。镶砖冷却壁用于炉腹，也用于炉腰与炉身下部。包括镶砖在内的厚度为 250 ~ 350 mm，镶砖面积不超过工作面积的 50%。冷却壁的特点是冷却均匀，炉衬内壁光滑，不损坏炉壳强度，有良好的密封性，使用年限长，但破损时更换困难。

冷却水箱　冷却水箱埋在砖衬内，常用的有扁水箱和支梁式水箱。扁水箱多为铸铁件，内部铸有无缝钢管，一般用于炉腰炉身。在高炉上布置大致呈棋盘式，其特点是能冷却到炉衬内部，维持炉墙在一定的厚度范围。支梁式水箱内部有无缝钢管的楔形冷却水箱，多将其用于炉身中部以支持上面的砖衬。支架式水箱也呈棋盘式布置。冷却水箱易更换，但炉墙侵蚀后内形不光滑，冷却不均匀，安装部位易漏气。

炉底冷却　高炉炉底四周用光面冷却壁冷却。但中心热量难于散发，所以炉底侵蚀严重。目前多采用风冷或水冷炉底。风冷管上侧与炉底下部碳质耐火材料配合使用，炉底热量能及时传递出来，不但能防止了炉基过热而且减少了因热应力产生的基础开裂。炉底水冷比风冷的冷却强度大、电耗低。

汽化冷却　因水在汽化时大量吸热，借此达到冷却设备的目的。它的优点是冷却强度可以自行调节，使用软水防止了水垢沉积，从而延长了设备使用寿命。另外还有冷却水用量少、产生的蒸汽可作为二次能源加以利用的特点。

冷却水系统　高炉冷却系统是确保高炉正常生产的关键之一，因为高炉即使短时间的断水也会造成严重事故，故给水系统一定要安全可靠。所以通常都有两条平行而又独立的水管通到高炉。冷却水经过滤器到高炉环水管中，然而再分配到各冷却装置。高炉环水管有两个，一个供炉身用水，一个供下部用水。从冷却器出水头排放的水引至排水槽，最后排到水井或深水池。

1.2.2.3 高炉基础及钢结构

1. 高炉基础

高炉基础由两部分组成。埋入地下的称基座，地面上与炉底相联的部分称基墩(图3-1-6)。炉基承受高炉本体和支柱所传递的重量(平均每立方炉容5~6 t)，还要受到炉底高温产生的热应力作用。所以要求高炉基础能把全部载荷均匀传递给地基，而不发生过分沉陷(≯20~30 mm)和偏斜(≯0.1~0.5%)，因此要求炉基建在坚硬的岩层上，如果地层耐压不足，必须做地基处理：如加垫层、钢管柱等。此外基础应有足够的耐热性能。如采用耐热混凝土基墩、风冷(水冷)炉底。

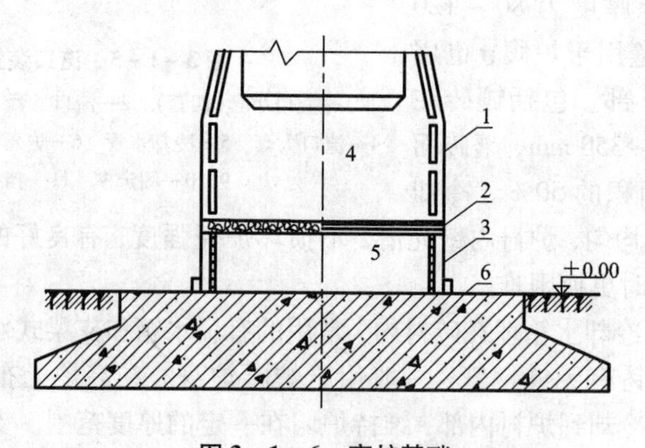

图3-1-6 高炉基础

1—冷却壁 2—风冷管 3—耐火砖 4—炉底砖 5—耐热混凝土基墩 6—钢筋混凝土基座

2. 高炉钢结构

炉壳、支柱、托圈及炉顶框架属于高炉钢结构。高炉支承结构形式基本有四种(图3-1-7)。

自立式炉体结构 全部炉顶载荷由炉壳承受。特点是工作区净空大，结构简单，钢材消耗少。小高炉多采用自立式。

炉缸支柱式 炉顶载荷由炉身外壳经炉缸支柱传到基础，不设炉身支柱，大修时更换炉壳不便。这种形式适用于小高炉。

框架支柱式 炉顶全部载荷由四根支柱组成的炉顶框架(大框架)直接传到炉基，炉身重量由炉缸支柱传给基础。它的特点是具有独立的操作结构和承重结构、工作可靠、检修方便。缺点是高炉下部布置拥挤，操作不便，所以近年来新设计的大高炉已很少采用。

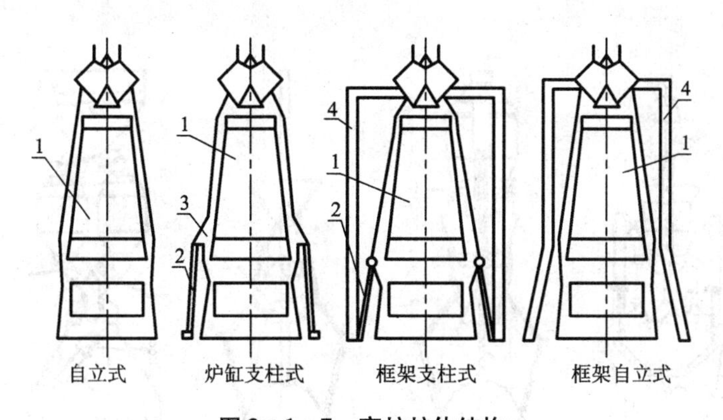

图 3－1－7　高炉炉体结构

1—高炉　2—支柱　3—托圈　4—框架

框架自立式　炉顶重量主要由顶框架承担，炉壳承受部分重量，无炉缸支柱。这样风口平台宽敞，有利于大修，增加了斜桥的稳定性。这种形式适用于炉顶负荷较大的大型高炉。

炉壳一般由炭素钢板焊接而成。其主要作用是承受载荷，固定冷却设备，防止炉内煤气外逸，且便于喷水冷却延长高炉寿命。炉壳外形尺寸应与炉体各部内衬、冷却形式，以及载荷传递方式等同时考虑。炉壳的转折点要少。高压操作的高炉，炉壳钢板加厚，壳内喷涂耐火材料以防止热应力和晶间腐蚀引起开裂和变形。

炉缸支柱承受炉腹或炉腰以上经托圈传递过来的全部载荷，它的上端与炉腰托圈连接，下端则伸到高炉基础上面。支柱数目一般是风口数的$\frac{1}{2}\sim\frac{1}{3}$。为了风口区的操作方便，应减少或不用炉缸支柱。

炉体支柱即炉体框架，一般均与高炉中心对称布置，炉顶载荷经炉体框架直接传递给高炉基础。

在炉顶法兰水平面设有炉顶平台，炉顶平台上设有炉顶框架，用它支撑装料设备。炉顶框架是由两个门形架组成的体系，它的四个柱脚必须与高炉中心相对称。

1.2.2.4　炉顶装料设备

早期小高炉炉顶为敞开式，人工装料。20 世纪初发展为单钟炉顶、双钟炉顶，60 年代后出现三钟炉顶，钟阀炉顶及最新的无钟炉顶(图 3－1－8)。一个完善的装料设备应该能合理布料且有灵活的调剂能力；且密封要可靠(高压操作时尤为重要)；结构简单坚固、耐磨、耐高温和不易变形。目前多数高炉仍用料车上料、双钟布料的装料方式。

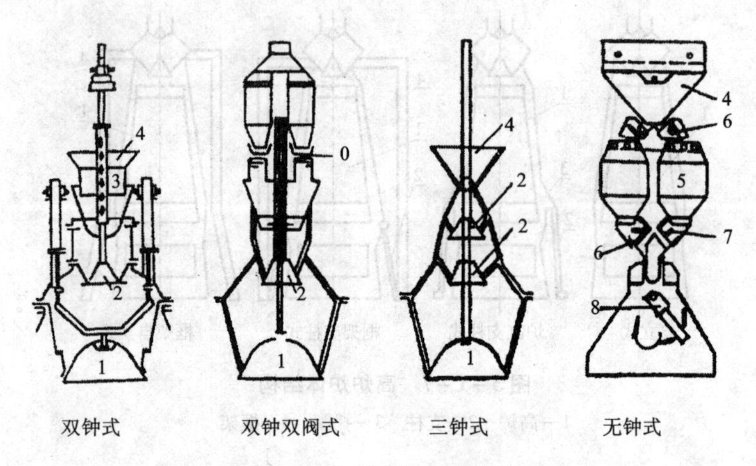

图3-1-8 炉顶装料设备形式图

1—大钟 2—小钟 3—布料器 4—受料漏斗 5—料仓 6—密封阀 7—料流控制阀 8—布料溜槽

1. 双钟装料设备

常规的双钟装料系统由受料漏斗、布料器(小料斗、小钟等)、大钟组成。

受料漏斗 从料车卸出的炉料经受料漏斗再漏入小料斗内，受料漏斗上口呈椭圆形(或矩形)以便于两个料车均能倒料。下口呈圆形并与小料斗相连。内壁衬钢板以增加其耐磨性。

布料器 由于从料车卸到小料斗的炉料总存在堆尖且偏在一边。为消除这种不均匀现象，出现了下列布料器。

旋转布料器 它由可旋转的小料斗和小料钟组成，小料斗受料后旋转一定角度(通常为60°)再打开小钟卸料，这样炉料堆尖就按顺序在炉喉圆周上分布开。此外这种布料器还具有一定的调剂功能，因此长期来被广泛使用。但是它没有彻底纠正炉喉圆周方向布料不均的现象，而且随炉顶压力的提高，密封不佳，设备易磨损。为克服上述缺点将布料器结构改成旋转部分不密封，密封部分不旋转，发展了旋转布料器。

快速旋转布料器 即在受料漏斗和小料斗之间增加一个快速旋转的中间漏斗。这样经中间漏斗下部的两个对称的排料口排出的炉料均匀地分布在小料斗内，从而消除了堆尖。因布料漏斗与小料斗脱开，故没有泄漏煤气的问题。但当高炉使用未经破碎的热烧结矿时，易出现卡料事故，所以使用这种布料器对原料粒度应严格控制。这种布料器的转速为10～20 $r\cdot min^{-1}$。

空转布料器 它的结构与上面的布料器相同，只是把旋转的中间漏斗排料口改为单侧歪嘴形式，其工作制度分定点布料和无定点布料。无定点布料时要求在整个冶炼周期内炉料堆尖位置不重复出现，这样每批料的堆尖在炉内呈螺旋形，分布均匀。定点布料时相当于旋转布料器。

大钟与大料斗装料程序　当大小钟之间的煤气放散到内外压力相等时打开小钟，小料斗中炉料卸到大料钟内，关闭小钟；大小钟之间用半净煤气充压，使其压力与炉内压力接近时开启大钟，炉料降至炉喉料面。在这里大钟起着布料和密封炉内煤气的作用。大钟一般是由碳素钢铸成的整体化，直径与炉喉直径统一考虑。为保证大钟与大料斗接触处的耐磨和严密，在该处车出焊补槽，堆焊一层硬质合金。大料斗也是由碳素钢铸成的，对大高炉来说，因其尺寸大、加工运输困难，所以常将大料斗做成两节。为了密封起见与料斗接触的下节也要铸成整体，斗壁倾角应大于70°。

随炉顶压力的提高，大钟上下压差大，与大料斗接触处磨损严重。为使大钟处于均压状态下工作，由大小钟组成的单一空间发展为三钟、四钟、一钟二阀的双空间，再配合活动炉喉，可实现较好的布料功能。但这些装料设备复杂、投资高，而且也未能克服大钟布料的固有缺点。

2. 无钟炉顶

1970年由卢森堡发展起来的无钟炉顶是一种新型布料设备。它废除了原来的大小料钟及其漏斗，由受料漏斗、料仓、卸料管、可调角度的旋转溜槽和驱动机构等组成。随溜槽的旋转，炉料落到炉喉料面上，可接近连续布料。通常一批料，溜槽旋转8~12圈，因此布料均匀。溜槽倾角可以任意变动，所以能实现定点、扇形、不等径环形布料，从根本上克服了大钟布料的局限性。此外无钟炉顶的结构轻便紧凑，拆装灵活，维修容易，这是其他装料设备所望尘莫及的。无钟炉顶各阀口镶嵌胶圈，密封性好，但耐火温度低，所以无钟炉顶必须用冷矿。炉料粒度不能过大，溜槽的转动机构密封室要通氮气或净煤气进行冷却。

1.2.3 高炉技术现状及发展趋势

1.2.3.1 高炉向大型化和矮胖型发展

1. 高炉大型化

从1735年出现焦炭高炉至今近300年时间内，高炉容积已从近100 m^{3}发展到5500 m^{3}以上。大型高炉空区大，热储备大，炉料与煤气的热交换充分，还原反应的热力学和动力学条件优于小高炉，有利于提高生产率、降低成本和减少污染。随着高炉装备水平、精料水平的提高和炉料分布控制技术的发展，大型高炉高产、优质、低耗的效果更加显著。目前世界上大于4000 m^{3}的高炉有33座，其中日本19座，中国3座，德国、美国各2座。到1995年，日本已没有小于500 m^3

的高炉了。

2. 炉型矮胖化

矮胖型高炉的特点是：煤气流速低，便于炉料和煤气的相对运行，有利于炉况稳定顺行；且矮胖型高炉的软熔带相对较低，熔渣对炉衬侵蚀区域相对减少，有利于延长高炉寿命。因此，高炉炉型由原来的瘦长型逐渐向矮胖型演变，H_u/D 值（有效高度与炉腰直径之比）逐渐减小；V_r/V_u 值（缸容积与有效容积之比）逐渐增大。目前 H_u/D 值已从 2.8～2.9 下降到 2.0 左右。

1.2.3.2 高压操作

顶压力低于 0.03 MPa 的为常压操作，高于 0.03 MPa 的称为高压操作。高炉采用高压操作后，使炉内煤气流速降低，从而减小煤气通过料柱的阻力；施以高压后，如果维持高压前煤气通过料柱的阻力，则可获得增加产量的效果。所以，高压操作不仅是增产的有效措施，而且还可减少炉尘吹出量，改善煤气净化质量，降低焦比。一般顶压提高 0.01 MPa，可增产 2%，降焦 1%。因此，高压操作已被大型高炉广泛使用，4000 m^3 级高炉炉顶压力已达 0.25～0.3 MPa。

1.2.3.3 综合鼓风

高炉鼓风不仅鼓入热风，有时还在鼓风中添加氧气和辅助燃料，以求增产节焦操作稳定。

1. 高风温

提高风温是降低焦比的重要手段。尤其是采用喷吹技术以后，必须有高风温相配合，为此各国仍在为继续提高风温而努力。目前风温的先进水平达 1350～1450 ℃。我国宝钢 3 座高炉平均送风温度已达 1250 ℃。

2. 富氧鼓风

在鼓风中加入一定量工业用氧以提高风中氧的浓度。它可加速燃烧，减少煤气量，有利于风量的增加和维护炉况正常。鼓风中富氧每增加 1%，煤气量减少 3%～4%，理论燃烧温度可提高 40 ℃。因此，富氧鼓风结合喷吹燃料，则能克服喷吹时炉缸趋冷的问题，为大喷吹量创造条件。高富氧、大喷煤量是我国高炉发展的方向。

3. 喷吹燃料

高炉喷吹技术在 20 世纪 50 年代就开始发展，到 60 年代得到迅速推广。目前世界上 90% 以上的生铁是由喷吹燃料的高炉冶炼的，喷吹燃料量占高炉消耗燃料的 10%～30%。由于各国资源条件不同，所用的喷吹燃料各异，我国以喷吹煤粉为主。喷吹燃料的主要目的是用廉价的燃料代替价格昂贵的焦炭。因此，喷吹 1 kg（或 1 m^3）燃料能替换多少焦炭是衡量喷吹效果的重要指标，称其为置换比，如喷吹无烟煤粉的置换比为 0.8 $kg \cdot kg^{-1}$ 左右，重油为 1.0～1.4 $kg \cdot kg^{-1}$，天然气为 0.7 ~ 1.0 $kg\cdot m^{-3}$，当前，高炉喷吹技术发展的重要任务是加大喷吹量，提高喷吹效果，使燃料在风口前能充分燃烧，并做到各个风口能均匀喷入。目前我国宝钢喷煤量平均在 200 $kg\cdot t_{Fe}^{-1}$ 以上，1#高炉达到 230 kg 以上。

4. 脱湿鼓风

空气中湿度是随大气湿度变化而改变的，由于气温变化大，空气中湿度波动也大。为使鼓风湿度维持在一个较低的水平上，并保持稳定，70 年代日本首次在新日铁高炉上使用脱湿鼓风，以后相继在其他高炉上采用这一技术。脱湿鼓风就是用脱湿剂或冷冻机把鼓风中的水分吸收或冷凝而除去。经验证明，采用脱湿鼓风可将鼓风湿度降至 6 ~ 10 $g\cdot m^{-3}$，每脱湿 10 $g\cdot m^{-3}$，可降低焦比 8 ~ 10 $kg\cdot t^{-1}$，相当于提高风温 60 ~ 70 ℃。它不仅稳定了炉况，而且又提高了风口前理论燃烧温度，为增加喷吹燃料量创造了条件。

1.2.3.4　技术装备现代化

国内外的先进高炉和近年来新建或改建的高炉都普遍采用了许多新装备、新技术和新材料：如皮带上料、无料钟炉顶、炉顶余压发电（TRT）、高炉煤气干式电除尘和布袋除尘；轴流型静叶可调式鼓风机、外燃式热风炉、高风温内燃式热风炉、顶燃式热风炉、软水或纯水（除盐水）密闭循环冷却、转鼓过滤式炉渣粒化装置（INBA）、新型冷却壁、新型优质耐火材料、陶瓷环炉缸炉底和计算机集散控制系统等。国外先进高炉大多设有激光料面仪、煤气取样机、红外热像仪等自动化监测仪表，能对高炉的各种温度、压力、流量等参数进行系统的监测。炉前设有液压开铁口机、矮身液压泥炮、换风口机等，炉前设备的机械化、自动化水平很高。高炉技术装备的现代化为高炉实现高产、优质、低耗、长寿奠定了良好的基础。

目前我国拥有现代化高炉 23 座，其总容积达 48352 m^3，约占全国高炉总容积的 39%。

1.2.3.5　高炉控制智能化

目前高炉的控制已由自动化向智能化方向发展。在高炉炉温模型、GO—STOP 高炉炉况判断模型、热风炉燃烧模型等高炉数学模型的基础上，开发和研究人工智能专家系统。日本各大钢铁公司都竞相开发了各自的高炉专家系统，如川崎的 ADVANCEDGO—STOP、新日铁的 ALIS、日本钢管的 BAISYS（高炉操作控制专家系统，包括异常炉况和炉热控制两个系统）、住友金属的 HYBRID（混合专家系统，Ts 数学模型和 120 条专家规则相结合）等。日本新日铁、神户等公司还开发应用了神经网络专家系统。

目前国内已投入使用的高炉专家系统有首钢高炉冶炼专家系统、宝钢高炉专家系统、鞍钢高炉异常炉况专家系统，攀钢高炉专家系统等。

1.2.3.6 高炉长寿化

延长高炉寿命具有显著的经济效益。随着高炉精料水平的提高，技术装备现代化和检测手段的逐步完善，高炉一代炉役寿命明显提高。目前国外高炉的长寿目标是：一代炉役寿命15~20年，单位炉容产铁量8000~10000 $t\cdot m^{-3}$。日本千叶6#高炉(4500 m^3)从1977年6月17日投产，一代炉役寿命已超过19年，单位炉容产铁量已达12000 $t\cdot m^{-3}$以上，被誉为世界高炉长寿之王。国内宝钢1#高炉(4063 m^3)于1985年9月15日投产，1996年4月2日停炉大修，一代炉役寿命达10.5年，超过设计水平2.5年，总产铁量3229.3万t，单位容积产量达7949 $t\cdot m^{-3}$，居国内领先水平。

长寿高炉的主要经验是在提高装备水平、抓好精料和保证高炉炉况稳定顺行基础上，尽可能抑制边缘气流，并加强冷却和对炉体的监测管理，还应在炉衬未完全侵蚀之前就实施灌浆和喷补炉衬，以保持高炉的合理炉型。日本鹿岛旷高炉开炉后4年多便开始进行喷补，每年喷补4~5次，使其一代炉役寿命达到13年以上。韩国浦项3#高炉1986年9月用4天时间修补其炉衬，使用寿命由原来约7年延长到近10年。

1.3 鼓风炉

1.3.1 概述

鼓风炉是将含金属组分的炉料(矿石、烧结块或团矿)在鼓人空气或富氧空气的情况下进行熔炼，以获得锍或粗金属的竖式炉(图3-1-9)。

鼓风炉具有热效率高，单位生产率(床能力)大，金属回收率高，成本低，占地面积小等特点，是火法冶金的重要熔炼设备之一。它曾经在铜、锡、镍等金属的冶炼中有着广泛的应用。但由于能耗较高，需采用昂贵的焦炭，随着新型节能熔炼炉陆续投入工业应用，鼓风炉的使用范围已逐渐缩小。但至今，它在铅、锑冶炼中仍占有重要地位，如铅及铅锑的还原熔炼、铅锌密闭鼓风炉熔炼(ISP法)，锑的挥发熔炼等都广泛使用鼓风炉。铜的造锍熔炼，还有少数工厂仍在采用鼓风炉。

按熔炼过程的性质，鼓风炉熔炼可分为还原熔炼、氧化挥发熔炼及造锍熔炼等。

按炉顶结构特点，它可分为敞开式和密闭式两类；按炉壁水套布置方式可分为全水套式、半水套式和喷淋式；按风口区横截面形状可分为圆形、椭圆形和矩形炉；按炉子竖截面形状可分为上扩型、直筒型、下扩型和双排风口椅型炉。

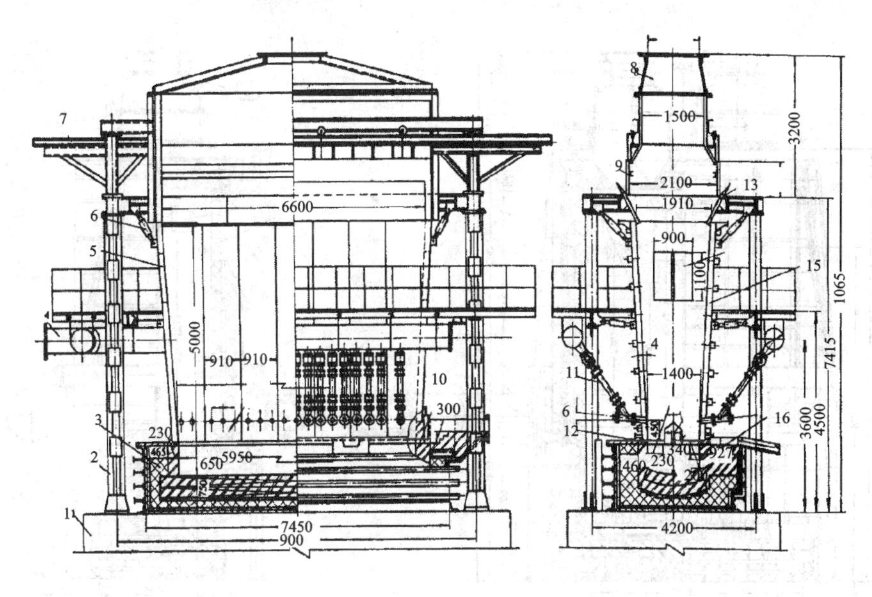

图 3-1-9　铅鼓风炉图

1—炉基　2—骨架　3—炉缸　4—送风围管　5—端水套　6—千斤顶　7—炉门轨道　8—烟罩　9—加料门　10—咽喉口　11—风口及支风管　12—水套压板　13—下料板　14—打断结门　15—侧水套　16—虹吸道及虹吸口

几十年来，通过改进炉料质量，提高鼓风强度和风压，以及采用富氧、热风和从风口喷吹焦粉或煤气等技术，鼓风炉床能力有所增加，能耗下降也较明显，但终究它有被取代的趋势。对鼓风炉炼铅工艺的改造取决于 QSL 炼铅法或其他一步炼铅法的成败。密闭铅锌鼓风炉以及锑挥发熔炼鼓风炉由于它们的特殊地位，在今后相当长的时期内，将会继续存在．下面以炼锌密闭鼓风炉为范例，详细说明鼓风炉的构造、设计、工作原理及改进和发展趋势。

1.3.2　鼓风炉结构

鼓风炉由炉基、炉底、炉缸、炉身、炉顶(包括加料装置)、支架、鼓风系统、水冷或汽化冷却系统、放出熔体装置和前床等部分组成(图 3-1-9，图 3-1-10)。

炉基用混凝土或钢筋混凝土筑成，其上树立钢支座或千斤顶，用于支撑炉底。炼铅的炉子则直接放在炉基上。

炉底结构最下面是铸钢或铸铁板，板上依次为石棉板、粘土砖、镁砖。水套壁(或砌镁砖)组成炉缸(或称本床)。炉身用若干块水套并成，每块水套宽 0.8 ~

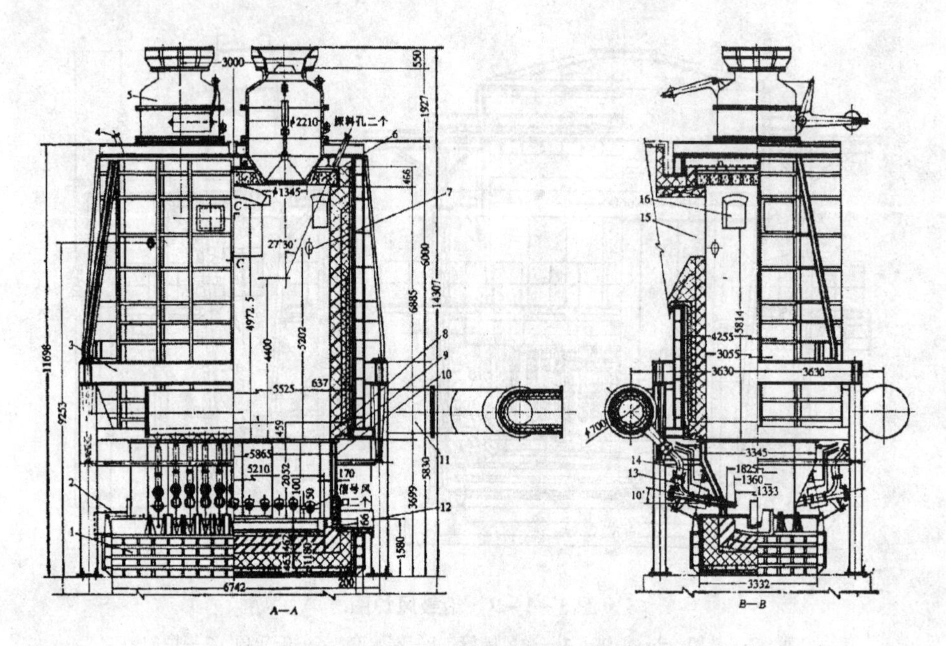

图 3—1—10 铅锌密闭鼓风炉图

1—炉缸 2—千斤顶 3—骨架 4—探料孔 5—加料装置 6—耐热混凝土炉顶 7—二次风管 8—托砖 9—托盘 10—水套 11—热风围管 12—渣口 13—风口 14—水管 15—炉气出口 16—清扫孔

1.2 m，高 1.6 ~5 m，用锅炉钢板焊接而成，固定在专门的支架上，风管与水管也布置在支架上。

炉子加料装置一般设在炉顶。铜密闭鼓风炉（图 3 - 1 - 11）采用加料斗加料并起密闭作用，而铅锌密闭鼓风炉则用料钟从上方加料及密封。

放出熔体装置 熔炼冰铜炉只有一个熔体放出孔（叫咽喉口）。无炉缸的炼铅鼓风炉也只有一个熔体放出孔，铅和渣一道连续地从鼓风炉内排出来，进入前床进行沉淀分离；而有炉缸的炼铅鼓风炉则有两个放出孔，一个稍上用于连续放渣，一个位于炉缸底部与虹吸道相联用于放铅。现代大中型铅厂基本上采用无炉缸铅鼓风炉。

为了加强熔融产物的澄清分离，多数鼓风炉都附设保温前床或电热前床。炼铅锌鼓风炉（ISP 炉）的结构大致与炼铅鼓风炉相似，但也有某些差异，如炉温最高区域的炉腹，除由水套构成外，其内部还砌铝镁砖；风嘴采用水冷活动式；炉身上部除设有清扫孔外，在一侧或两侧设有排风孔与冷凝器相通；设数个炉顶风口，以便鼓入热风使炉气中 CO 燃烧，提高炉顶温度；在炉顶上设有双钟加料器或环形塞加料钟以及附设有转子冷凝器等。

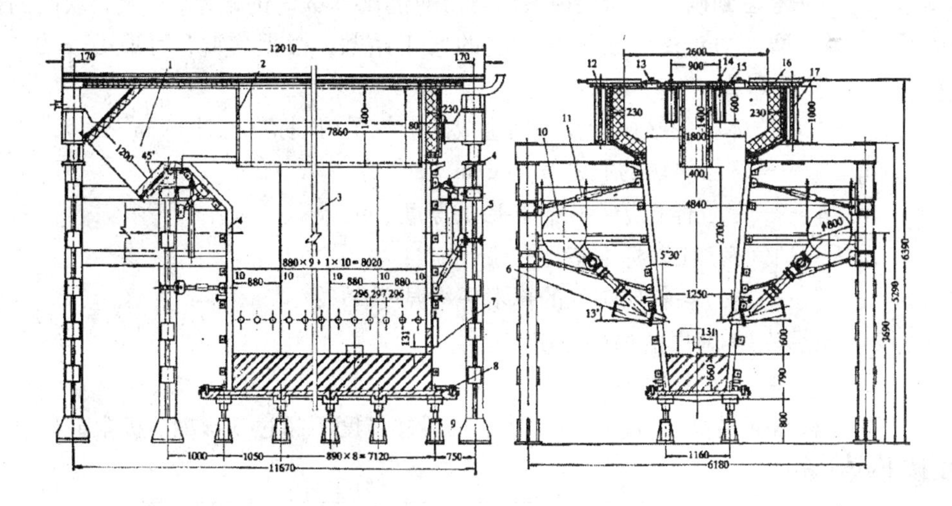

图 3-1-11　铜密闭鼓风炉图

1—烟道　2—加料斗　3—侧水套　4—端水套　5—立柱　6—风口及支风管
7—咽喉口　8—本床底板　9—炉底支座　10—送风围管　11—拉撑螺栓　12—炉顶水套
13—炉顶操作孔　14—加料皮带　15—炉顶盖板　16—炉顶大梁

所谓 17.2 m^2 的标准 ISP 炉是指炉身断面积为 17.2 m^2 的炼铅锌鼓风炉，这种炉子的风口区断面积 11.1 m^2；风口区宽度和最大长度分别为 1595 mm 和 6050 mm。炉两端为半圆形，圆半径为 1345 mm；风口总面积 0.203 m^2。直径 127 mm；风口比 2%。斜度 1°，相邻风口距离 784 mm；炉缸深度 395 mm。

标准冷凝器有八个转子，分别安装在冷凝器的三段空间内。

1.3.3　鼓风炉操作参数与单位生产率

1.3.3.1　极限鼓风强度

当鼓入炉的风量使料柱稳定性开始破坏，此时每平方米风口区横截面积上每分钟的鼓风量称为极限鼓风强度 K（标准状态 $m^3 \cdot m^{-2} \cdot min^{-1}$），其估算公式如下：

$$K=\frac{265\omega_1\alpha_w}{\varphi}\times\sqrt{\frac{h_1\rho_1+h_2\rho_2+\cdots}{\rho_0\left[\frac{h_1}{d_1}(1+\beta t'_{\mathrm{m}})\left(\frac{2A_1\omega_1}{A_1\omega_1+A_2\omega_2}\right)^2+\frac{h_2}{d_2}(1+\beta t''_{\mathrm{m}})\left(\frac{2A_1\omega_1}{A_2\omega_2+A_3\omega_3}\right)^2+\cdots\right]}}\qquad(3-1-4)$$

式中　ω_1、ω_2、ω_3——按加料顺序的各料层横截面自由通道的比率，对焦炭、球团等为 0.215；对硫化矿石、石灰石、石英、烧结块、返渣等为 0.15；

α_ω——考虑到确定各料层横截面自由通道比率 ω 时的误差，以及料块间的磨擦力对极限鼓风量影响的修正系数，根据实验，可取 $\alpha_\omega = 0.6 \sim 0.7$；

φ——单位体积的鼓风量在炉内生成的炉气量(以标准态计)，$m^3 \cdot m^{-3}$；

ρ_1、ρ_2——各层料块的假密度，$kg \cdot m^{-3}$；

h_1、h_2——单位体积炉料中各料层的厚度，m；

ρ_0——炉气密度(以标准态计)，$kg \cdot m^{-3}$；

t'_m、t''_m——通过各料层炉气的算术平均温度，℃；

A_1、A_2——各料层的横截面积，m^2；

d_1、d_2——各类料块的平均粒度，m。

在炉子横截面沿高度方向变化不大，且料柱高度不超过 5 m 时，极限鼓风强度按下式计算：

$$K = \frac{265\omega_1\alpha_\omega}{\varphi} \times \sqrt{\frac{h_1\rho_1 + h_2\rho_2 + \cdots}{\rho_0(1+\beta t_m)\left[\frac{h_1}{d_1}\left(\frac{2\omega_1}{\omega_1+\omega_2}\right)^2 + \frac{h_2}{d_2}\left(\frac{2\omega_1}{\omega_3+A_3\omega_2}\right)^2 + \cdots\right]}} \quad (3-1-5)$$

式中 t_m——风口区和炉顶料面炉气温度的算术平均值，℃。

风口和炉顶料面炉气温度的实践数据见表 3-1-2。

表 3-1-2 风口区和炉顶料面炉气温度/℃(常温鼓风)

熔炼方式	铅鼓风炉还原熔炼	氧化镍矿造锍熔炼	硫化镍铜矿造锍熔炼	铜精矿密闭鼓风炉熔炼	铅锌密闭鼓炉熔炼
风口温度	1200 ~ 1400	1450 ~ 1550	1300 ~ 1400	1250 ~ 1350	—
炉顶料面温度	400 ~ 500(料柱高 2.4 ~ 2.7 m) 100 ~ 120(料柱高 4 ~ 5 m)	400 ~ 600	300 ~ 700(随料柱低而不同)	400 ~ 500	850 ~ 1050

1.3.3.2 最佳鼓风强度(K_0)

最佳鼓风强度是在不破坏料柱稳定性，保证炉子正常工作时的最大鼓风强度，它与极限鼓风强度的关系为：

$$K_0 = (0.5 \sim 0.8)K \quad (3-1-6)$$

式中 K_0——最佳鼓风强度，$m^3 \cdot m^{-2} \cdot min^{-1}$。

对光滑球粒 $K_0 = (0.7 \sim 0.8)K$，对粗糙不规则料块 $K_0 = (0.5 \sim 0.6)K$，对实

际生产中的鼓风炉料，一般都属于粗糙不规则料块。

上述 K_0 未包括清理风口及不严密而造成的漏风，通常这部分的漏风量占总风量的15%～25%，当风口严密性较差时可达30%。

1.3.3.3　单位生产率(床能力)

鼓风炉单位生产率可按下式计算

$$a=\frac{1440K_0\eta}{V} \qquad (3-1-7)$$

式中　a——鼓风炉单位生产率(单位风口区截面积每昼夜熔炼的物料量)，$t \cdot m^{-2} \cdot d^{-1}$；

η——鼓风时率，$\eta=0.9\sim0.95$；

V——熔炼每吨炉料(不包括焦炭)所需的空气量(标准状态)，$m^3 \cdot t^{-1}$，按冶金计算或相近成分物料的经验数据确定，见表3-1-3。

表3-1-3　鼓风炉熔炼空气消耗量(标准状态)

空气消耗量	铅烧结块的还原熔炼	铜烧结块造锍熔炼	铜精矿密闭鼓风炉造锍熔炼	镍烧结块还原熔炼	镍氧化矿还原造锍熔炼	铅锌密闭鼓风炉熔炼
焦炭燃烧耗空气/$m^3 \cdot kg^{-1}$	4～6	10～40	9～10	6～8	13～14	5～6
炉料反应耗空气/$m^3 \cdot t^{-1}$	500～800	1000～2000	1000～1400	1800～2200	2100～2500	～2100
空气总消耗/$m^3 \cdot (m^2 \cdot min)^{-1}$	20～40	60～100	25～40	30～50	45～70	40～60

铅锌密闭鼓风炉的生产率常以炉子的燃碳量 G_C 表示

$$G_C=k(0.936G_{Zn}+0.2173G_S)\quad t \cdot d^{-1} \qquad (3-1-7)$$

式中　k——修正系数，一般为0.7～0.85，此值与地区的气压条件、鼓风温度、炉料条件、炉子大小等因素有关；

G_{Zn}——鼓风炉蒸发的锌量，$t \cdot d^{-1}$；

G_S——鼓风炉产渣量，$t \cdot d^{-1}$。

据国内外生产实践，G_C 一般为 $9.5\sim12.7\ t \cdot m^{-2} \cdot d^{-1}$

求得 G_C 后，即可按下式计算床能力($t \cdot m^{-2} \cdot d^{-1}$)：

$$a=\frac{G_C\times10^4}{A_b[C]j} \qquad (3-1-8)$$

式中 A_b——风口区炉子横截面积，m^2；

j——焦率，%；

[C]——焦炭中固定碳的含量，%。

鼓风炉单位生产率视熔炼性质、炉料成分、熔炼前炉料制备特点及条件(温度及含氧高低)的不同，可在较大范围内波动，见表3-1-4。

表3-1-4 鼓风炉单位生产率

熔炼性质	铅烧结块还原熔炼	铅团矿还原熔炼	铜生精矿密闭鼓风炉熔炼	铜烧结块造锍熔炼	铜镍硫化矿石及烧结块	氧化镍矿石及团矿造锍熔炼	氧化镍烧结块造锍熔炼
单位生产率 /$t \cdot m^{-2} \cdot d^{-1}$	50~60 (最高达90)	25~40 (最高达50)	45~55 (最高达60)	100~120	45~100	20~25	30~35 (最高达40~50)

1.3.4 鼓风炉的主要尺寸计算

鼓风炉各部分主要尺寸见图3-1-12。

1.3.4.1 风口区面积

风口区截面积A_b(m^2)按下式计算：

$$A_b = \frac{G}{a} \quad (3-1-9)$$

式中 G——鼓风炉日处理炉料量(不包括焦炭)，$t \cdot d^{-1}$。

1.3.4.2 炉子的宽度

按下列方法确定：

(1) 风口区宽度(B_3) 风口区宽度即两个对吹风口间的距离。由于受风口气流向中心穿透能力的限制，故鼓风炉风口区的宽度多在2 m以内。其波动范围列于表3-1-5。炉料透气性好，料柱较高时，可取偏高值，否则宜取低值。

表3-1-5 风口区宽度(B_3)大致范围/m

炉子名称	铅烧结块还原熔炼炉	硫化镍矿熔炼炉	铜精矿密闭鼓风炉	铅锌密闭鼓风炉	铜烧结块造锍熔炼炉	氧化镍矿还原熔炼炉
风口区宽度	1.0~1.3	1.0~1.5	1.0~1.4	1.0~1.8	1.0~1.5	1.4~1.6

(2) 炉腹角(α) 炉料块度较大时选择较大的炉腹角；粉料较多时则应选择

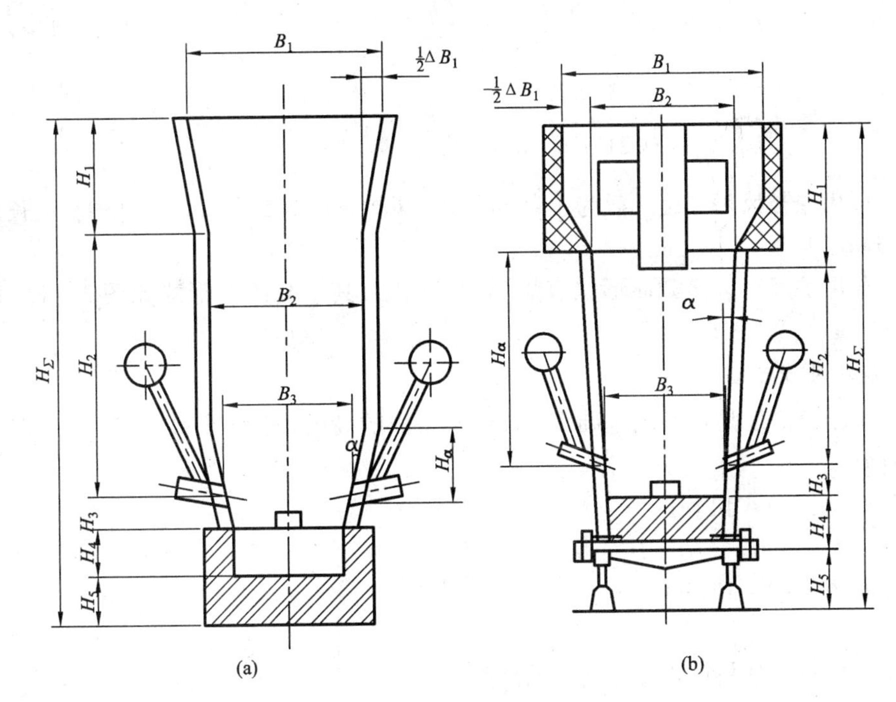

图 3－1－12　鼓风炉各部主要尺寸示意图

(a)铅鼓风炉　(b)铜密闭鼓风炉

较小的炉腹角。一般鼓风炉炉腹角在 4°～10°之间，铅锌密闭鼓风炉则为 20°～28°。

(3) 炉顶宽度 B_1(m)：如图 3－1－12 所示。

$$B_1 = B_3 + 2H_\alpha \tan\alpha + \Delta B_1 \tag{3-1-10}$$

式中　B_3——风口区宽度，m；

H_α——风口水平面以上炉壁倾斜部分的垂直高度，m；

α——炉腹角，(°)；

ΔB_1——采用扩大炉顶时，突然扩大部分，上下宽度差，m；根据经验一般为 0.5～0.8，m。

B_1 通常为 B_3 的 1.5～2.5 倍，铅鼓风炉为 1.5～1.8 倍，铜鼓风炉为 1.8～2.5 倍。

1.3.4.3　炉子长度(L_3)

炉子长度即风口区长度见图 3－1－12，按风口区横截面积计算，对矩形炉

$$L_3 = \frac{A_b}{B_3} \quad m \tag{3-1-11}$$

对长圆形炉

$$L_3 = \frac{A_b}{B_3} + 0.215B_3 \quad m \tag{3-1-12}$$

国内铅鼓风炉长度一般为3～6 m，铜鼓风炉长度为2～8 m。国外炉长最长达26.5 m。

鼓风炉风口区横截面形状有矩形和长圆形，其水套组合形式如图3－1－13所示。

1.3.4.5 炉子总高度(H_Σ)

炉子总高度是从炉底基础面到加料台平面的高度(见图3－1－12)，H_Σ按下式计算：

对图3－1－12(a)：

$$H_\Sigma = H_1 + H_2 + H_3 + H_4 + H_5 \tag{3-1-13}$$

对图3－1－12(b)：

$$H_\Sigma = H_1 + H_2 + H_3 + H_5 + H_6 \tag{3-1-14}$$

式中 H_1——加料口水平至料面的高度，m；

H_2——料柱高度(即风口中心至料面)，m；

H_3——本床高度，即风口中心至咽喉口下沿的高度，m；H_3应大于两侧风口中心线交汇点至风口中心的高度与必要的液面高度之和。前者取决于风口倾角及炉宽，后者取决于风口风压及熔渣与冰铜混合熔体的比重。实践中一般为0.5～0.7 m，对于大炉子，日处理量大，风口风压较高或风口角度大时，取偏高值，反之宜取偏低值；

H_4——炉缸深度，即咽喉口下沿至炉底内表面的高度，m；H_4一般为0.5～0.75 m，国外也有0.9 m的。当炉料含铅较高，炉子生产能力较大时，炉缸应深一些；如果含铅量较低，熔炼量较小或炉料含铜较高时，炉缸宜浅；

H_5——炉缸或本床底砌砖的厚度，m。一般为0.5～1 m，按炉子大小及种类而定。铅锌、铅、镍鼓风炉厚些。铜鼓风炉或小型鼓风炉薄些；

H_6——架空炉底支座高度，m。只有铜鼓风炉本床底设有炉底支座，其高度视车间配置要求而定，并应便于对炉底底板进行观察或调整，一般为0.8～1.1 m。

H_1这部分空间的作用是保证炉顶压力，气流分布均匀和使元素硫充分燃烧。敞口式炉的H_1一般为0.5～1 m，铜精矿密闭鼓风炉的H_1取决于料斗高度。

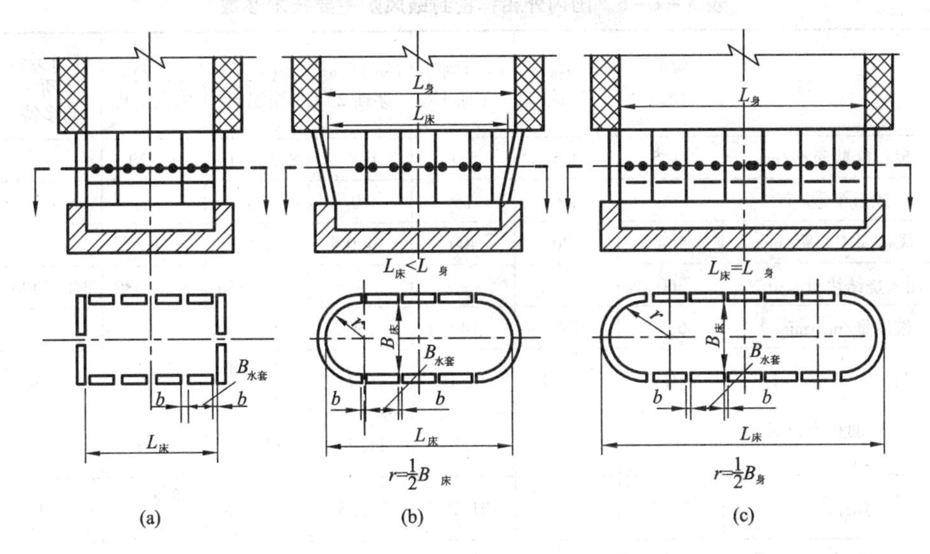

图 3-1-13　鼓风炉水套组合示意图

(a)风口区为矩形断面　(b)风口区为长圆形断面(端水套倾斜)

(c)风口区为长圆形断面(端水套垂直)

H_2 料柱高度可根据炉料在炉内完成各种反应所需的全部时间来确定，其计算公式如下：

$$H_2 = \frac{a\tau}{24\rho'_{ch}} \times 10^3 \quad \text{m} \qquad (3-1-15)$$

式中　a——炉子单位生产率，$t \cdot m^{-2} \cdot d^{-1}$；

ρ'_{ch}——每立方米炉料(包括焦炭)的质量，$kg \cdot m^{-3}$；

τ——完成熔炼过程各种反应所需时间(一般系指炉料在炉内必须停留的时间)，h。

τ根据原料种类及特性由实验或炉子生产实践确定。各种炉料在不同的熔炼特性中τ值大致范围：铅烧结块还原熔炼 1.5～4 h；铜生精矿密闭鼓风炉造锍熔炼 1.3～2.0 h；镍烧结块还原熔炼 4～6 h；铜烧结块造锍熔炼 2～3 h，铅锌烧结块密闭鼓风炉还原熔炼～4 h。

1.3.5　鼓风炉技术数据

国内外铅锌密闭鼓风炉主要技术参数如表 3-1-6，国内炼铅鼓风炉主要技术数据如表 3-1-7。

表 3－1－6 国内外铅锌密封鼓风炉主要技术参数

项 目	韶关冶炼厂	白银三冶	（英）阿旺茅斯 1#	（英）阿旺茅斯 2#	（英）斯温西	（澳）科克尔克里克	（法）努阿叶勒一高多特
风口区截面积/m^2	11.5	9.5	5.1	6.4	8.35～10	17.20	－
风口个数/个	16	22	16	20	36	－	－
风口间中心距/mm	784	420	400	400	400	400	－
加入烧结块量/$t \cdot d^{-1}$	360	－	－	－	300～450	370～380	350～400
鼓风量/$m^3 \cdot min^{-1}$	533	383	140	160	375～430	－	－
日产铅/锌量/$t \cdot d^{-1}$	60/116	30/58	22/45	45/75	80～120/125	100～120/135～140	60/130
单位面积产锌量/$t \cdot m^{-2} \cdot d^{-1}$	10	6.1	8.8	11.70	14.30	8.15	－
焦率/%	33.5	39.00	31.70	33.33	>28.98	28.85～28.3	30～27.27
金属直收率/Pb/Zn%	97.86/98.75	89.0	－	－	－	－	－
鼓风压力/Pa	29420～39227	39227	33330～35997	－	－	－	－
炉顶压力/Pa	2452	2942～4903	－	－	2942	－	－
空气预热温度/℃	－	－	350	650	750	750	650～700
炉渣温度/℃	1350	－	－	－	－	－	－
炉顶温度/℃	800～880	950～1000	1000	1000	1000	1000	1000～1050
料距高度/m	6.2	5.5～6	－	－	－	－	－
热风炉型式	－	－	合金管加热回流式换热器			金属管加热换热器	合金管换热器

表 3－1－7 国内炼铅鼓风炉主要技术数据

项 目	沈阳冶炼厂	株州冶炼厂	会泽冶炼厂	鸡街冶炼厂	水口山三厂	江西有色冶炼加工厂	沂蒙冶炼厂
风口区截面积/m^2	8	6	8	6.24	2.5	1.20	0.5
风口个数个/个	36	36	42	32	16	12	5
风口间中心距/mm	306	266	266	300	275	225	400
加入烧结块量/$t \cdot d^{-1}$	360	296	253～258	274	156～198	70～82.5	18～26.5
鼓风量/$m^3 \cdot min^{-1}$	300～333	267～283	310～478	160	75～83	42～47	13
日产铅量/$t \cdot d^{-1}$	200	124.5	—	70	50～70	24.3	6～9
床能力/$t \cdot m^{-2} \cdot d^{-1}$	50～55	50.5	57～33	～50	67～86	72～85	60～90

续表

项　目	沈阳冶炼厂	株州冶炼厂	会泽冶炼厂	鸡街冶炼厂	水口山三厂	江西有色冶炼加工厂	沂蒙冶炼厂
焦率/%	11~12	11.5	12.72~18.64	5~6	9.6~10	9.5~11	12~14
烟尘率/%	1~2	2~4	4~6	7~8	0.8~1.0	3~4	3
铅直收率/%	95~96	94.5	25~40	80~85	86~90	95.5~96.5	85~92
耗水量/$t \cdot h^{-1}$	2	—	46.2~61.5	132	1.5~2.0	6~7	1~1.4
鼓风压力/Pa	9806.64~12748.65	13337~1412.6	12003~15985	10640~15985	14710~17652	10199~12749	5884~11768
炉顶压力/Pa	-(147~196)	-(19.6~39)	±(0.49)	147~176	>147	-(49~98)	-(98~294)
料柱高度/m	3..5~4	3~3.5	~2.5	~3.0	4.2~4.5	2.8~3.2	2.6~3.40
炉渣温度/℃	1150~1200	1200~1250	1150~1100	—	1150~1250	1130~1150	1250~1300
炉顶温度/℃	120~200	150~300	150~400	200~300	150~180	200~300	250~350

习题及思考题

3-1-1　何谓竖炉，它包括那些炉？竖炉内炉料层与炉气之间的热交换有哪些特点？

3-1-2　炼铁高炉的结构和工作原理？

3-1-3　试述高炉的现状和发展趋势。

3-1-4　简述鼓风炉的结构及工作原理

3-1-5　鼓风炉的用途如何？现在的用途与过去有什么差别？

3-1-6　叙述鼓风炉的优缺点？

3-1-7　鼓风炉还能长期存在吗？

3-1-8　鼓风炉和高炉各有什么特点，高炉能大型化鼓风炉是否也能大型化？

2 熔池熔炼设备

2.1 概述

广义的熔池熔炼是指化学反应主要发生在熔池内的熔炼过程。但常指的熔池熔炼除上述特征外，还具有向熔体鼓入空气或氧气的特点。用于熔池熔炼的设备有白银法熔炼炉，诺兰达炉，瓦纽柯夫炉和三菱法熔炼炉等。由于向熔体中鼓人空气或富氧，强化了气液反应，使得炉子的生产率、冰铜品位和烟气中 SO_2 含量都得到极大的提高。同时，由于强化了熔炼过程，使之能够自热进行，节能效果也非常显著。

熔池熔炼炉的结构各异，用途多样。但按吹风方式可分为三类：侧吹、顶吹及底吹。转炉应属溶池熔炼炉，但它用途特殊，自成体系，故将单独列一章。下面对反射炉、诺兰达炉、瓦纽柯夫炉、白银法熔炼炉、三菱法熔炼炉、QSL 熔炼炉及奥斯麦特炉分别作较详细的介绍。

2.2 反射炉

2.2.1 概述

反射炉是传统的火法冶炼设备之一(图 3-2-1)。按作业性质可分为周期性作业和连续性作业反射炉；按工艺用途可分为熔炼、熔化、精炼和焙烧反射炉。

反射炉具有结构简单、操作方便、容易控制、对原料及燃料的适应性较强、耗水量较少等优点。因此，反射炉广泛地应用于锡、锑、铋还原熔炼，粗铜精炼，铅浮渣处理及金属熔化等。在铜的冶炼上，它亦曾经是重要的设备之一；目前，80% ~90% 的锡是反射炉熔炼生产的。

反射炉的主要缺点是燃料消耗大、热效率低(一般只有 15% ~30%)，造锍熔炼反射炉还存在脱硫率及烟气中二氧化硫浓度低，烟气难于处理，污染环境，占地面积大，消耗大量耐火材料等缺点。为了进一步强化铜熔炼反射炉熔炼过程，并提高原料中化学热及硫的利用率减少对环境的污染，现在许多国外工厂对现存

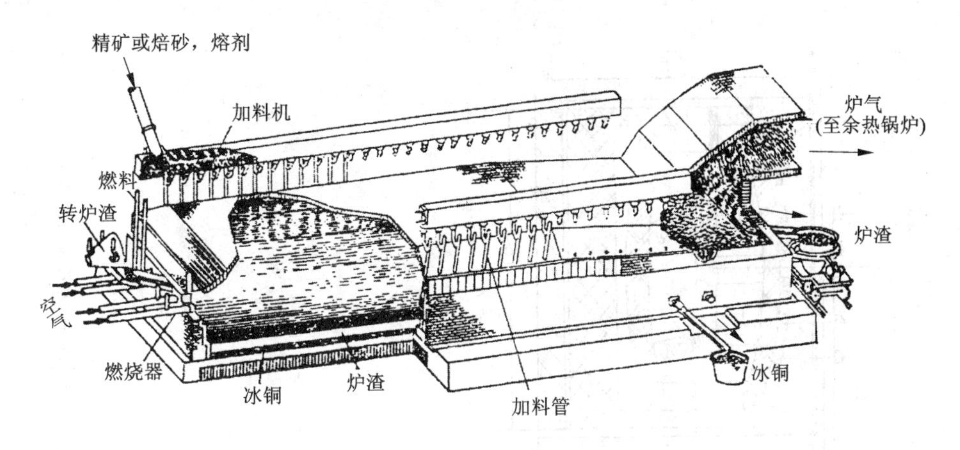

图 3－2－1　反射炉构造图

的反射炉进行技术改造，其主要途径是采用富氧空气熔炼和使用热风。由于对环境保护的要求越来越严格，重视节约能源，预料今后新建和改建的反射炉熔炼工艺将向环保和节能型发展。

近几年来，我国对旧式反射炉进行技术改造取得多项技术进步，如，大型反射炉采用止推式吊挂炉顶、虹吸式放铜锍及镁铁式整体烧结炉底；加料系统自动控制以及逐步推广余热锅炉等。

虽然反射炉在炼铜方面已逐渐失去它的地位，但它在粗铜精炼，锡、锑、铋的还原熔炼等领域仍然占主导地位。下面，以铜精炼及炼锡反射炉为范例，详细说明反射炉的构造及设计、工作原理、改进及发展趋势。

2.2.2　反射炉的结构

反射炉由炉基、炉底、炉墙、炉顶、加料口、产品放出口、烟道等部分所构成。其附属设备有加料装置、鼓风装置、排烟装置和余热利用装置等。铜精炼反射炉如图 3－2－2，炼锡反射炉如图 3－2－3。

1. 炉基

炉基是整个炉子的基础，承受炉子巨大的负荷。因此，要求基础坚实。炉基可做成混凝土的、炉渣的或石块的，其外围为混凝土或钢筋混凝土侧墙。炉基的底层留有孔道，以便安放加固炉子用的底部拉杆。

2. 炉底

炉底是反射炉重要组成部分。炉底长期处于高温作用下，承受熔体的巨大压力，不断受到熔体冲刷和化学侵蚀，必须选择适当的耐火材料砌筑或捣打烧结炉

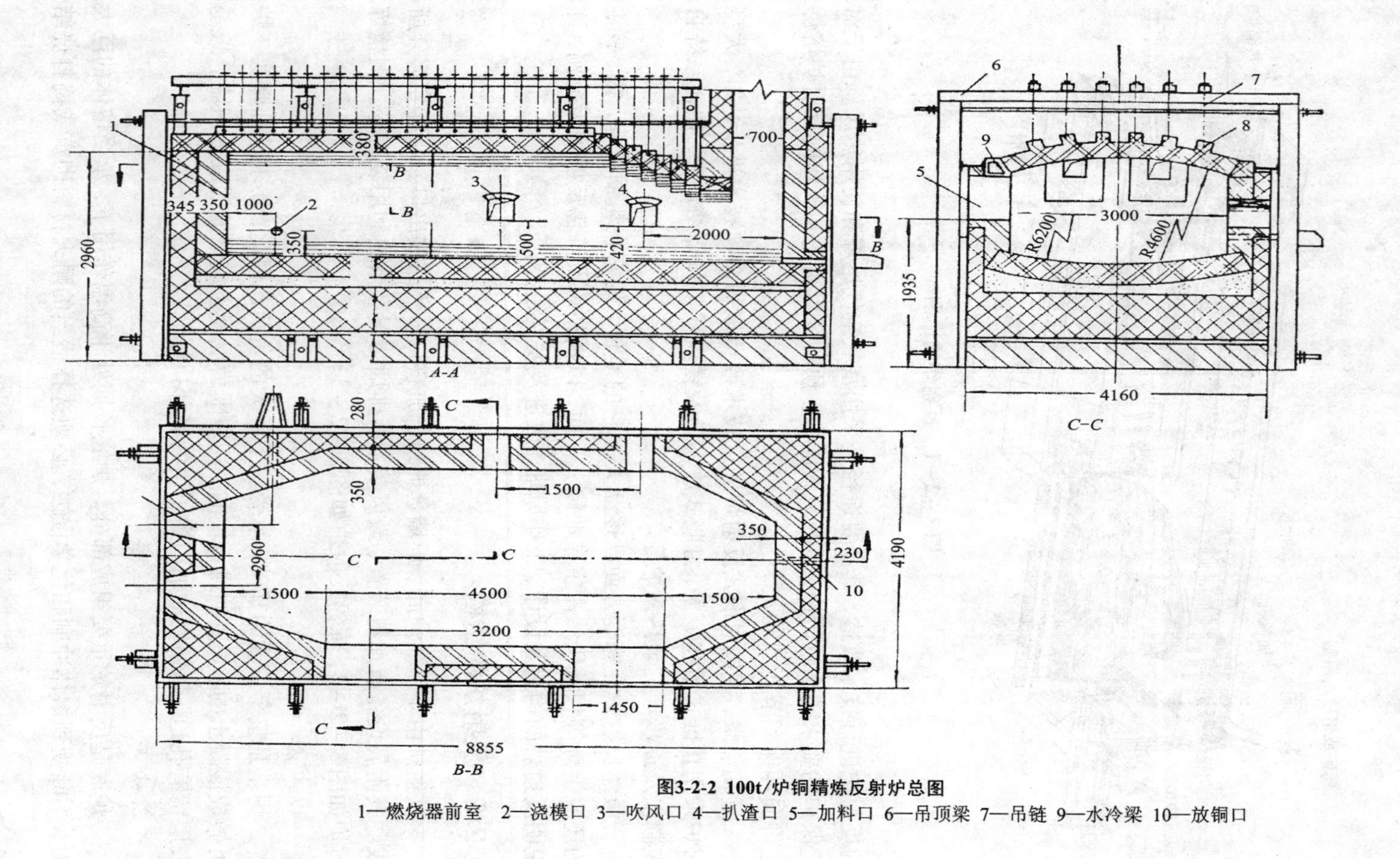

图3-2-2 100t/炉铜精炼反射炉总图

1—燃烧器前室 2—浇模口 3—吹风口 4—扒渣口 5—加料口 6—吊顶梁 7—吊链 9—水冷梁 10—放铜口

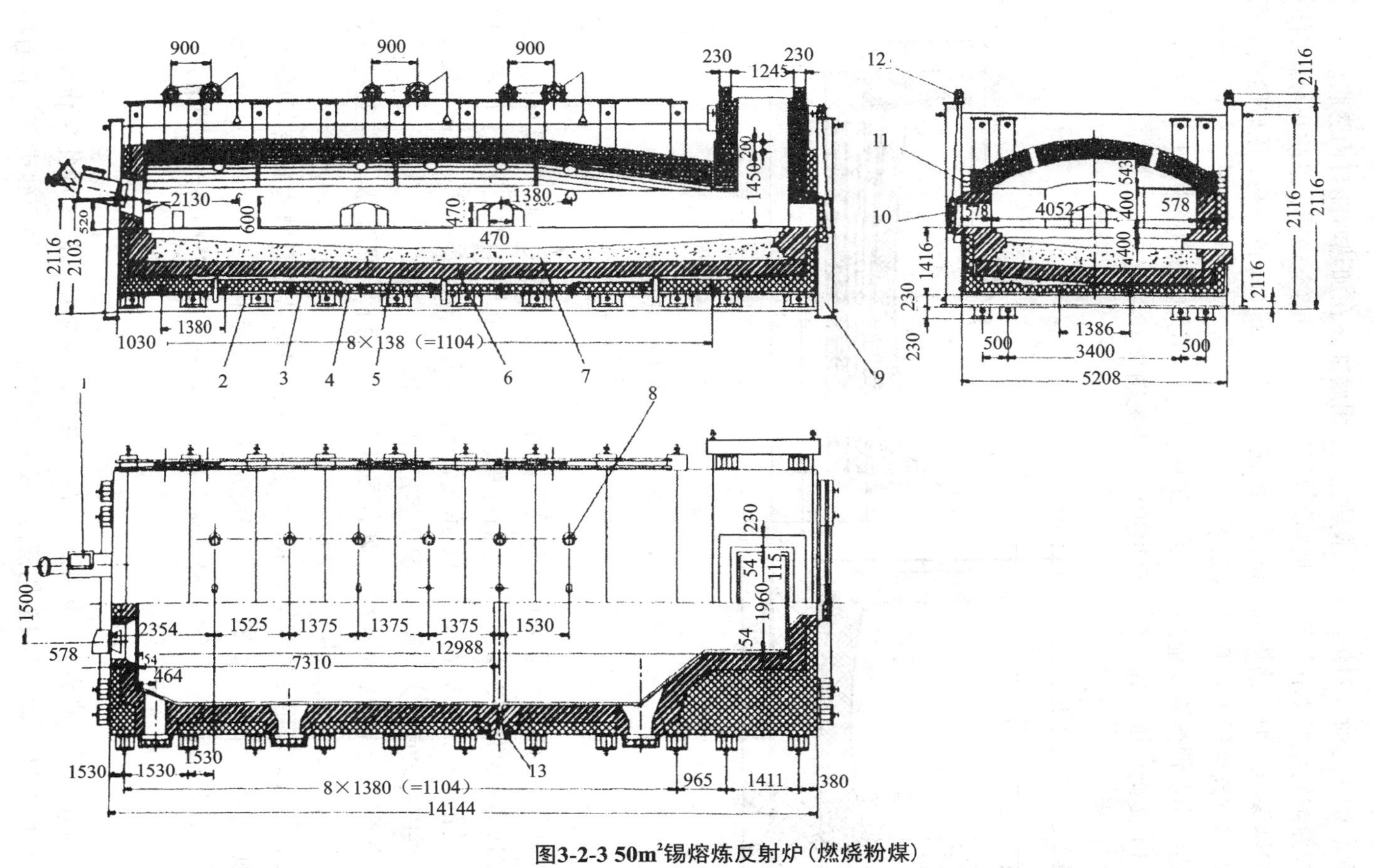

图3-2-3 50m²锡熔炼反射炉(燃烧粉煤)

1—粉煤燃烧器 2—炉底工字钢 3—炉底钢板 4—粘土砖层 粘土砖层 5—填料层 6—镁铝砖层 7—烧结层 8—加料口
9—立柱 10—操作门 11—拱脚梁 12—炉门提升机构 13—放锡口

底以延长炉子寿命。对炉底的要求是坚实、耐腐蚀并在加热时能自由膨胀。

按照炉底反射炉和少数周期作业熔炼反射炉采用架空炉底，以防止金属向炉底和炉基渗漏。炉底铺垫30 mm厚的铸铁板或10~20 mm的钢板，用砖墩或型钢支撑。架空高度通常在0.35 m以下。

连续作业铜熔炼反射炉炉底为实炉底，即直接砌筑在耐热混凝土的基础上。

（1）砖砌反拱炉底　砖砌反拱炉底结构见图3-2-4。

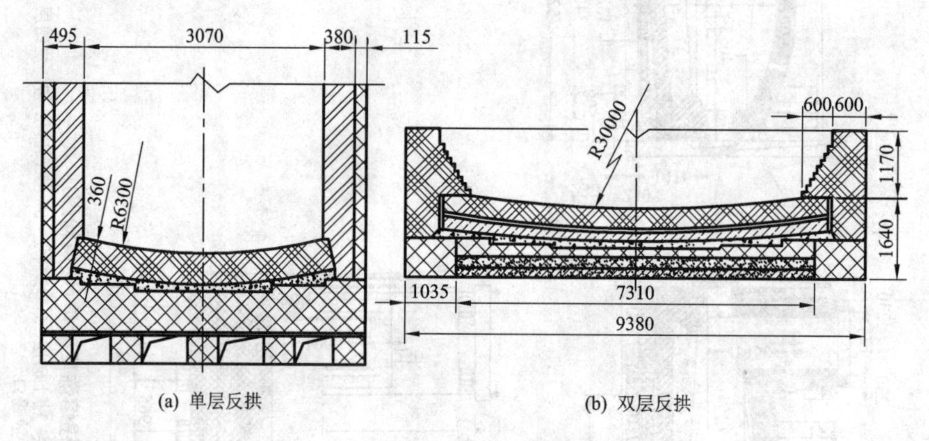

(a) 单层反拱　　(b) 双层反拱

图3-2-4　砖砌反拱炉底结构示意图

1—上层反拱　2—下层反拱　3—填料(毛炉底)

周期作业的反射炉多采用砖砌反拱炉底，其厚度一般为700~900 mm。由下而上依次为：炉底铸铁板或钢板、石棉板、粘土砖、捣打料层以及最上层砌筑的镁砖或镁铝砖反拱。炉底反拱中心角视熔体比重和熔池深度而定。比重和深度大时，反拱中心角宜较大，其他情况下多用20°~45°。

（2）整体烧结炉底 一般由下列各层组成(自下而上)：石棉板、石英砂、保温砖层、粘土砖层、镁铝砖层、烧结层。

目前，通常采用镁铁烧结炉底。镁铁烧结炉底的特点是结构致密不易渗漏、耐腐蚀，使用寿命长。该炉底由含MgO>85%的镁砂和含($FeO+Fe_2O_3$)>95%的氧化铁粉砸制后，经1600 ℃高温烧结而成。但炉底在生产中易产生炉结，使炉底上涨，需定期加铁块洗炉。

3. 炉墙

炉墙直接砌在炉基上。炉墙经受高温熔体及高温炉气的物理化学作用，因此，熔炼反射炉炉墙的内层多用镁砖、镁铝砖砌筑，外层用粘土砖砌筑。在有些重要部位用铬镁砖砌筑。熔点较低的金属熔化炉，如熔铝反射炉内外墙均可用粘土砖砌筑。

4. 炉顶

反射炉炉顶从结构形式上分为砖砌拱顶和吊挂炉顶。周期作业的反射炉及炉子宽度较小的反射炉，通常采用砖砌拱顶。大型铜熔炼反射炉多采用吊挂炉顶。

5. 产品放出口

反射炉产品放出口有洞眼式、扒口式和虹吸式等三种形式。

铜精炼反射炉，采用普通洞眼式放铜口。洞眼的尺寸一般为 ⌀15～30 mm，其位置可设在后端墙、侧墙中部或尾部炉底的低处。

炼锡反射炉采用水冷的洞眼放锡口，即在普通砖砌洞眼放出口处的砖墙外嵌砌一冷却水套。

虹吸式产品放出口与前两种产品放出口相比，具有操作方便、安全、改善劳动条件、提高产品质量等优点，已在铅浮渣反射炉及铜熔炼反射炉上获得了成功的使用。

此外，在反射炉炉墙(或炉顶)上设有加料口、工作门和放渣口，在炉尾设有竖式烟道或斜烟道。

2.2.3 反射炉内热传递

在反射炉内燃料产生的炽热气体温度高达 1500 ℃以上。这种炽热炉气以辐射和对流的方式将所含的热量传递给被加热或熔化的物料、炉顶和炉墙。炉顶和炉墙所取得的部分热量又以辐射方式传递给被加热的物料，使物料熔化。物料加热和熔化所需要的热量，90%以上是靠辐射传热获得的，即依靠高温的炉气、炉墙和炉顶的辐射作用传递的。

炉料所获得的热量 Q_m(W)可按下式计算：

$$Q_m = 1.05C_D\left[\left(\frac{T_g}{100}\right)^4 - \left(\frac{T_m}{100}\right)^4\right]A_m \quad \mathrm{W} \tag{3-2-1}$$

式中　C_D——导来辐射系数，$W\cdot(m^2\cdot K^4)^{-1}$；

T_g——炉气绝对温度，K；

T_m——物料表面绝对温度，K；

A_m——物料受热面积，m^2；

1.05——系数，考虑炉内对流传热占辐射传热的 5%；

物料温度 T_m，随被处理的物料而异。当被处理的物料一定时，物料或熔池表面温度 T_m 基本上趋于定值。因此，在实际生产条件下，炉气温度 T_g 是决定热量传递即决定炉子生产率的主要因素。

2.2.4 周期作业反射炉主要尺寸计算

反射炉炉体尺寸因周期作业和连续作业而异。铜精炼反射炉及炼锡反射炉都是周期性作业反射炉，其尺寸的经验计算方法如下。

1. 炉床面积

$$F=\frac{A}{a}\quad \mathrm{m}^2 \tag{3-2-2}$$

式中 F——炉床面积，m^2；

A——炉子的生产能力(按炉料)，$\mathrm{t\cdot d^{-1}}$；

a——炉子单位生产率(床能力)，$\mathrm{t\cdot(m^2\cdot d)^{-1}}$；

炉子单位生产率与物料种类、熔炼性质、炉子大小、结构特点、加料及产品放出方式、燃料种类及燃烧方式等方式等多方面因素有关，设计时按同类炉子的工厂实践数据选定(见表3-2-1)。

表3-2-1 周期作业反射炉床能力

炉子用途	入炉物料	一般指标		先进指标	
		操作炉时/h	床能力/$\mathrm{t\cdot m^{-2}\cdot d^{-1}}$	操作炉时/h	床能力/$\mathrm{t\cdot m^{-2}\cdot d^{-1}}$
炼　锡	锡精矿	8~10	0.8~1.2	8	1.4~1.8
炼　铋	铋精矿	16~18	1.0~1.5	18	1.8
处理浮渣	块状铅浮渣	14~18	~4	12	5~6
粗铜精炼	铜锭冷料	12~14	5~7	~12	9
	液体粗铜	11~12	7~9	8~10	10~11

2. 炉子长度与宽度

确定炉床面积之后，按照炉子长度与宽度之比首先确定炉膛长度：

$$L=\sqrt{\frac{Fn}{\Phi}} \tag{3-2-3}$$

式中 L——炉膛长度，m；

n——炉膛长宽比，$n=\dfrac{L}{B}$，一般为1.7~3.5，根据采用的燃烧方式确定。对火炬式燃烧可取较高值，层式燃烧则宜用较低值；

Φ——形状系数，实际面积与矩形面积的比值，一般为0.8~0.9。

为保证熔炼炉内温度均匀，对层式燃烧火室供热的炉子，其长度不超过7~8

m。煤的挥发物越少，其长度宜越小。

长度确定后，炉宽(B)按下式计算：

$$B=\frac{F}{\Phi L}\quad \text{m} \tag{3-2-4}$$

3. 炉膛高度

$$h=h_{池}+h_{空} \tag{3-2-5}$$

式中　h——炉膛高度，m；

$h_{池}$——炉池深度，m；

$h_{空}$——炉膛净空高度，m。

(1) 熔池深度　根据熔炼过程特点，炉子大小等条件确定。

平均深度按下式计算：

$$h'_{池}=\left(\frac{G_{金}}{\rho_{金}}+\frac{G_{渣}}{\rho_{渣}}\right)\frac{1}{F} \tag{3-2-6}$$

式中　$h'_{池}$——熔池平均深度，m；

$G_{金}$——每炉产出金属量，t；

$\rho_{金}$——液体金属的密度，$t\cdot m^{-3}$；

$G_{渣}$——每炉产出渣量，t；

$\rho_{渣}$——熔渣的密度，$t\cdot m^{-3}$。

最大熔池深度应按炉底具体形状确定，由于炉底可以呈不同弧度的反拱形，各处深度不同，对柱面反拱的炉子，其最大熔池深度可按下式计算：

$$h_{池}=\frac{B}{2\sin\frac{\varphi}{2}}\left(1-\cos\frac{\varphi}{2}\right)+\frac{\left(\frac{G_{金}}{\rho_{金}}+\frac{G_{渣}}{\rho_{渣}}\right)-\frac{1}{2}\left(\frac{B}{2\sin\frac{\varphi}{2}}\right)^{2}\left(\frac{\pi\varphi}{180}-\sin\varphi\right)L}{F} \tag{3-2-7}$$

式中　$h_{池}$——最大熔池深度，m；

φ——炉底反拱中心角，一般为20°~60°；当熔池内金属液体比重圈套，熔池较深时，反拱中心角应大些。

周期作业反射炉熔池深度一般为0.5~0.9 m，铜精炼反射炉比炼锡、炼铋、铅浮渣反射炉的熔池要深些。铜料中杂质多时，为便于杂质氧化，熔池浓度不宜太大；铜料较纯时可以深些，如处理电解铜的线锭炉，其熔池深度达0.95 m。对粗铅连续脱铜反射炉，为了在熔池上下形成必要的温度梯度，熔池可深达1.5~1.7 m。

(2) 炉膛净空高度($h_{空}$)

$$h_{空} = \frac{B\left(1-\cos\frac{\theta}{2}\right)}{2\sin\frac{\theta}{2}} + \frac{\frac{V_0(1+\beta t_g)}{3600w_t} - \frac{1}{2}\left(\frac{B}{2\sin\frac{\theta}{2}}\right)^2\left(\frac{\pi\theta}{180} - \sin\theta\right)}{B} \tag{3-2-8}$$

式中 θ——炉顶中心角，一般为45°~60°；

V_0——标准状态下的炉气量，$m^3 \cdot h^{-1}$，由燃料烧计算和物料平衡计算确定；

w_t——炉气在炉内的实际流速，$m \cdot s^{-1}$，其中周期作业反射炉炉内气流速度一般为5~9 $m \cdot s^{-1}$；物料粒度较细、比重较小时取较低值；

t_g——炉气的平均温度，℃，取炉头炉尾温度的算术平均值；

β——温度膨胀系数。

周期作业反射炉炉膛高度有关工厂数据见表3-2-2。

4. 烟气出口及烟道断面

为加强对炉尾熔池表面的传热并减少炉尾操作门的吸风，一般熔炼反射炉和精炼反射炉的炉顶在炉尾靠近直升烟道的部分压向熔池，下压炉顶距炉底的高度一般为1.1~1.25 m，个别的小到1.05 m，大到1.4 m。下压炉顶距操作熔池面的合理高度(h_0)为0.35~0.6 m。该处烟气出口断面面积可按公式(3-2-9)计算，工厂数据见表3-2-3。

$$f = \frac{V_0(1+\beta t_g)}{3600w_{烟}} \tag{3-2-9}$$

式中 f——下压炉顶处烟气出口断面面积，m^2；

$w_{烟}$——烟气在下压炉顶处的实际流速，$m \cdot s^{-1}$，一般为8~15 $m \cdot s^{-1}$，物料粒度较细、密度较小时取较低值；

烟道断面面积也可以用公式(3-2-9)计算，公式中的t_g、w_f分别以烟道中的烟气温度和烟气流速代入即可。烟气在烟道中的流速一般为5~9 $m \cdot s^{-1}$，对有排烟机的烟道系统，流速可取8~15 $m \cdot s^{-1}$。

5. 燃烧室面积

按炉子热平衡确定的燃料消耗量，根据本书第一篇第二章有关计算方法确定燃烧室(火室)面积，也可按炉膛面积与火室面积比值的经验数据确定。炉膛面积与火室大面积之比一般为4.5~6.5。对吸热反应多，要求炉温较高的熔炼炉取较小的比值，反之，则取较大值。工厂实践数据见表3-2-3。

2.2.5 周期作业反射炉的技术参数

国内周期作业反射炉的有关参数及技术数据如表3-2-2及表3-2-3中。

表 3-2-2　燃煤的周期作业反射炉特定参数

用　途		炼　锡	炼　铋	铅浮渣处理	粗　铜	精　炼
工　厂		广州冶炼厂	株洲冶炼厂	株洲冶炼厂	云南冶炼厂	武汉冶炼厂
下压炉顶烟气出口断面	宽/m	-	-	0.68 m^2	1.6	0.700
	高/m	0.86	0.548	0.35	0.650	0.600
烟道断面尺寸(长×宽)/m		1.265×2.75	1.00×0.70	1.800×0.765	1.60×0.80	0.60×0.70
火桥高度/m		0.5	0.714	0.70	0.99	0.88
火桥厚度/m		1.00	0.850	0.93	1.45	1.10
火室面积/m^2		3.50	1.80	2.00	2.54	2.20
炉膛面积/m^2		18	10	10.6	25	7.5
烟气出炉温度/℃		1150~1200	950~1050	900~1100	1100~1200	1050~1100

2.2.6　反射炉的烘烤制度

根据炉子的大小、砌体材质、施工方法和施工季节的不同制定烘炉制度。镁质炉衬烘炉升温曲线见《有色冶金炉设计手册》。

较小反射炉一般先用木柴烘干，当升温到高于 600~700 ℃后可用主燃料(烟煤、重油或粉煤等)烘烤。新建的铜精炼反射炉在烘烤后需进行“洗炉”，即以纯铜浸透炉底，约 10~20 h。国内大型铜熔炼反射炉采用镁质炉衬及镁铁烧结整体炉底时的计划烧结升温曲线见《有色冶金炉设计手册》。当炉子的砌体中采用了硅砖，为了适应硅砖中二氧化硅的结晶变化，必须相应在 135 ℃、235 ℃、575 ℃和 875 ℃时维持 20~30 h 的恒温。图 3-2-5 为某厂精炼反射炉(用硅砖炉顶)的烘炉升温曲线。

表3-2-3 周期作业反射炉炉膛高度有关参数及技术数据

项目	炼锡		炼铋	处理铅浮渣	粗铜精炼							
	云锡[②]一冶	广州冶炼厂	株冶	株冶	沈冶	云冶	上冶	株冶	武汉冶炼厂	富春江冶炼厂	常州[①]冶炼厂	白银[②]选冶厂
炉料性质	–	–	Bi>15% As<1%	–	热料90% 冷料10%	热料70% 冷料30%	冷料100%	冷料100%	冷料100%	冷料100%	热料43% 冷料57%	热料70% 冷料30%
装料量/t·炉$^{-1}$	–	–	–	–	105	100~120	95~100	55~60	36	30	25	135~140
熔池面积/m^2	35	18	10	10.5	20	25	20	13	7.5	7.8	7	20
下压炉顶距炉底/m	–	1.26	0.958	1.177	1.100	1.400	1.250	1.050	1.100	1.030	0.960	1.340
作业时间/h	–	–	–	–	12~14	24~40	13~14	16~18	16~20	13~14.5	14~15	8~10
床能力/t·m^{-2}·d^{-1}	1.1~1.4	0.8~1	1~1.5	4~6	10	3~4	7~8	5~7	4.8~6.0	6~4.7	6.7	8
燃料种类	粗制粉煤	块煤	块煤	块煤	重油	粗制粉煤	重油	重油	块煤	重油	重油	重油
燃料用量/kg·h^{-1}	780-840	500	250	330	500	600~800	1000~1070	300~340	545~622	240~300	170~180	200~500
燃料率/kg·t^{-1}	55~60 (%精矿)	10~15 (%精矿)	40~50 (%)	10~14 (%)	84~95	200~50	90~100	95~110	280~320	100~130	170~180	74~45
炉膛尺寸(长×宽)/m	12.7× 3.47	8× 2.75	4.899× 2.37	4.265× 2.413	7.9× 2.7	8.778× 3.30	7.70× 3.00	5.66× 2.50	4.60× 1.90	4.25× 2.0	4.797× 1.615	7.60× 3.07
形状系数	0.80	0.82	0.915	0.97	0.94	0.86	0.87	0.92	0.86	0.92	0.90	0.86
炉顶中心角/度	52	50	56	60	60	60	38	51	50	48	40	45
熔池深度/m	0.40	0.40	0.41	0.827	0.63	0.75	0.68	0.60	0.65	0.50	0.461	0.950
炉膛空高度/m	1.096	1.147	0.841	0.870	1.020	1.290	1.12	1.015	0.990	0.850	0.800	1.270
炉膛总高度/m	1.496	1.547	1.251	1.697	1.650	2.040	1.800	1.615	1.640	1.350	1.260	2.220
炉温/℃	1350	1300	1250~ 1300	1250~ 1400	1300~ 1400	1300~ 1350	1500~ 1550	1300~ 1400	1250~ 1300	1300~ 1400	1350	1300~ 1350
炉产金属量/t·炉$^{-1}$	5.5~6.0	4~4.5	2.0	25~30	110~115	100	95	55~60	35	30	25	135
烟气量(标准态)/m^3·h^{-1}	–	5600	3400~ 4000	6100~ 7450	5600	–	~12400	–	–	–	3348	5300~ 5900

注：①常州冶炼厂在转炉停炉时全部加冷料。

②云锡一冶——云南锡业公司一冶炼厂；白银选冶厂——白银有色金属公司选冶厂。

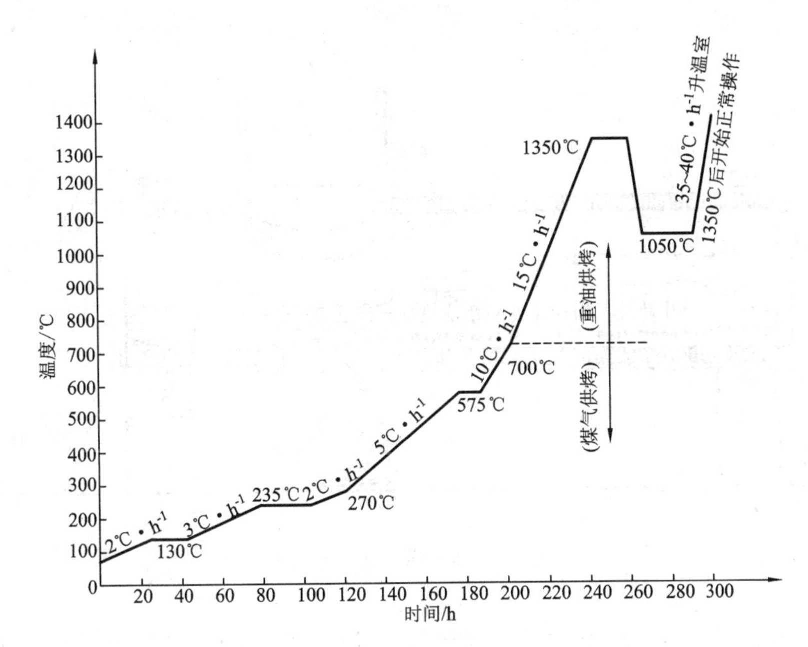

图 3-2-5　精炼反射炉(硅砖炉顶)升温曲线

2.3　其他熔池熔炼炉

除反射炉以外的其他溶池熔炼种类较多，在这里主要介绍诺兰达炉、瓦纽柯夫炉、白银法熔炼炉、三菱法熔炼炉、QSL 炉以及奥斯麦特炉的设备结构的特点、工作原理和主要技术经济指标等。

2.3.1　诺兰达炉

2.3.1.1　概述

诺兰达炉是 1964 年由加拿大诺兰达公司开发的一种炼铜炉。诺兰达炼铜法最初是以直接生产粗铜为目的，但因粗铜含有害杂质高，于 1974 年改为生产高品位铜锍。经过多年试验，1990 年反应炉的生产能力达到日处理铜精矿 2563 t 及外购废杂铜和含铜料共 367 $t \cdot d^{-1}$，年生产铜 180 ~ 200 kt。

1987 年澳大利亚南方铜有限公司决定采用诺兰达炼铜法进行改造。继后，加拿大弗林弗隆厂、我国大冶冶炼厂等也分别采用了诺兰达法改造方案。

诺兰达炉是一个可转动的水平圆筒形反应炉，用于工业生产的直径 5.2 m，长 21.3 m(见图 3-2-6)诺兰达炉 1973 年建成投产，日处理精矿 800 t。

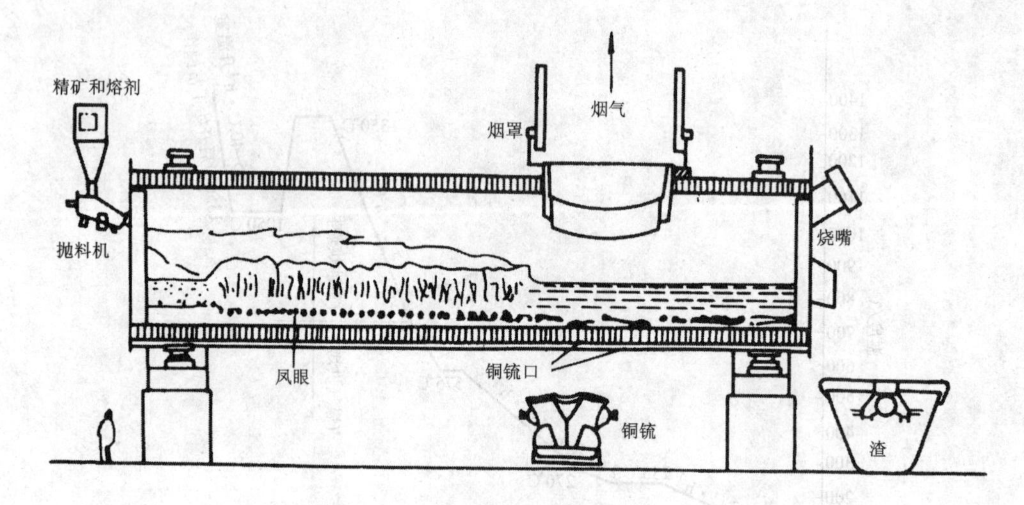

图 3－2－6　诺兰达炉原理图

生产时，炉内保持一定高度的炉渣及铜锍熔池面，湿精矿从炉子的一端用抛料机抛散到熔池面上，从靠近炉子加料端浸没在液面下的一排风口鼓人富氧空气使熔池激烈搅动，从而熔池面上的精矿被卷入熔池内产生气固液三相反应，连续生成铜锍、炉渣和烟气，熔炼产物在靠近放渣端沉淀分离，高品位铜锍从放锍口放出，经转炉吹炼成粗铜，炉渣从端部放出，送贫化处理(贫化法目前有浮选法和电炉贫化法两种)。烟气经冷却、收尘后制造硫酸。炉子因故停风时可将炉体转动一个角度，使风口露出溶池表面。

诺兰达法工艺的特点：

(1) 对原料的适应性比较大，既可以处理高硫精矿．也可以处理低硫含铜物料，如杂铜、铜渣、铅锍等，甚至氧化矿；既可以处理粉矿，又可以处理块料。单台炉子可以日处理 3000 t 料。

(2) 流程简单，不需复杂的备料过程，含水 8% 的湿精矿可以直接入炉，烟尘率较低。生产高品位铜锍，减少了转炉吹炼量。

(3) 辅助燃料适应性大。诺兰达富氧熔炼是一个自热熔炼过程，一般补充燃料率仅 2 ~ 3%，而且可用煤、焦粉等低价燃料作辅助燃料。

(4) 熔炼过程热效率高、能耗低、生产能力大。生产时炉料抛撒在熔池表面，立即被卷入强烈搅动的熔体中与吹入的氧气激烈反应，确保炉料迅速而完全熔化。。其单位熔池面积处理精矿能力可达 20 ~ 30 $t\cdot(m^2\cdot d)^{-1}$。产出的铜锍品位高，烟气量相对较少，且连续而稳定，SO_2 浓度高，有利于硫的回收，减少了对环境的污染。

(5) 炉衬没有水冷设施，炉体热损失小，但是炉衬寿命不及有水冷的砌体长，经过改进，现在修炉一次，可以连续生产400 d以上。

(6) 由于炉体是可转动时，炉口和烟罩的接口处，比较难以密合，从接口处漏入烟道系统的空气较多，导致烟量较大。在大冶的诺兰达炉设计中，采用了密封烟罩，设计漏风率60～70%。

(7) 直收率低，渣含铜高，炉渣需采用选矿处理或电炉贫化处理。

诺兰达炉的尺寸和生产率与多种因素有关，参照实际生产资料和条件进行验算确定。

当前可资参考的诺兰达炉生产数据及相似工艺的冶金炉数据列于表3-2-4。

表3-2-4　诺兰达炉规格尺寸及主要技术参数

项　　目	霍恩试验厂	霍恩生产厂	南方铜厂	大冶冶炼厂
精矿处理量 $t \cdot d^{-1}$	-	2500	830	1500
炉壳长度 /m	10.67	21.34	17.50	18.00
炉壳内直径 /m	3.05	5.11	4.50	4.70
炉膛直径 /m	2.29	4.35	3.74	3.90
炉膛长度 /m	9.11	20.58	16.74	17.2
炉膛容积 /m^3	40.70	305.10	183.90	205.50
吹炼区容积 /m^3	18.30	183.10	110.30	111.00
吹炼区长度 /m	4.50	12.30	10.00	9.30
炉膛熔池表面积 /m^2	20.45	84.10	60.30	65.60
吹炼区熔池表面积 /m^2	10.10	50.30	36.00	35.50
鼓风量(标态下) /$km^3 \cdot h^{-1}$	7.10	76.50	28.92	
容积精矿处理量 /$t \cdot (m^3 \cdot d)^{-1}$	-	8.90	4.51	7.30
熔池表面积处理量 /$t \cdot (m^2 \cdot d)^{-1}$	-	30.00	13.80	23.00
吹炼区表面气体速度 /$m \cdot s^{-1}$	1.10	2.40	1.20	1.25

诺兰达反应炉外壳用50～75 mm厚低合金钢板焊接，内衬结合铬镁砖、熔铸铬镁砖或熔粒铬镁砖，传动装置用直流电动机。

2.3.1.2　炉型和结构

1. 炉型

图3-2-7是半工业试验的诺兰达反应炉，它是一个水平圆柱炉，有上斜的

炉床，中部有一个下凹区——集铜池。炉内同时进行精矿的熔炼和吹炼，熔炼区和吹炼区有一组风眼。反应炉可以转动，不鼓风时将风眼转出熔池表面。该反应炉可直接生产出粗铜，但粗铜含有害杂质较高，这给阳极炉精炼作业以及电解工序带来一定的麻烦。另外，为了提高富氧浓度，提高精矿处理量、稳定炉况、提高炉子的作业率，充分利用转炉的吹炼能力，1975 年开始，诺兰达炉不再生产粗铜，而只生产高品位铜锍。随之炉型也相应改变，成了现在的简单的圆柱形炉膛。

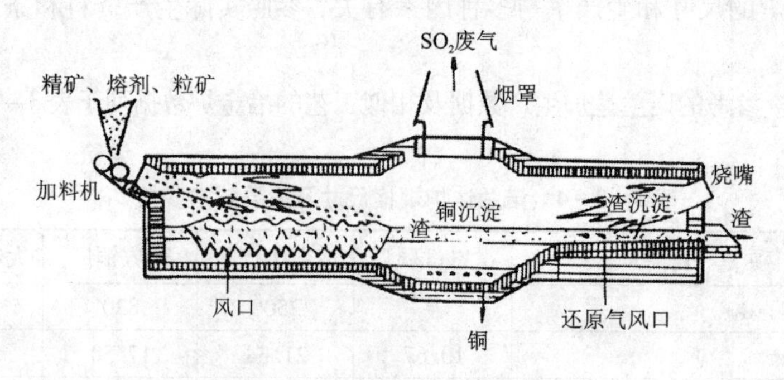

图 3－2－7　诺兰达反应炉(试验炉)

2. 结构及主要尺寸

图 3－2－8 是Ø4.7×18 m 诺兰达炉构造图。可以看出诺兰达炉是圆筒形卧式炉，炉体(包括炉壳、端盖和砖体)通过滚轴支撑在托轮装置上，传动装置可驱动炉体作正反向旋转。炉体一端有加料口，用抛料机加料，加料端设有一台主燃烧器，燃烧柴油或重油用以补充熔炼过程中不足的热量。炉体一侧有风口装置，由此鼓入富氧空气进行熔炼。锍放出口设在风口同侧，渣口设在炉尾端墙上，此端墙上还装有一台辅助燃烧器，必要时烧重油熔化液面上浮料或提高炉渣温度。在炉尾上部有炉口，烟气由此炉口排出并进入密封烟罩。

主要尺寸包括炉长和炉径，确定炉长与直径应考虑以下因素：

(1) 炉壳的长径比(L/D)　诺兰达炉与标准 P－S 转炉相类似，转炉的合理鼓风量与炉膛长度、直径的关系为：

$$V_g=(510\sim550)l\left(\frac{\pi d^2}{4}\right) \qquad (3-2-9)$$

式中　V_g——鼓风量，$m^3\cdot h^{-1}$(标准状态)；
l——炉膛长度，m；
d——炉膛直径，m。

转炉炉壳长径比 $L/D=2\sim3.5$。诺兰达炉，不仅需要吹炼熔炼区，而且还需

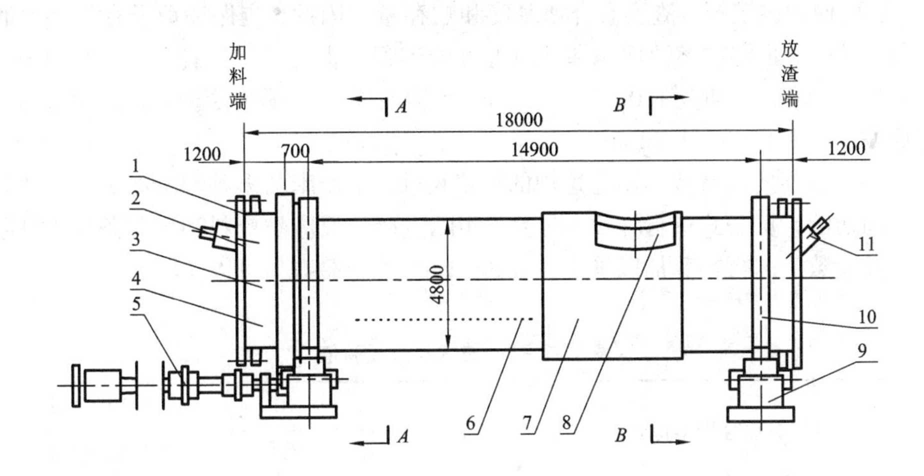

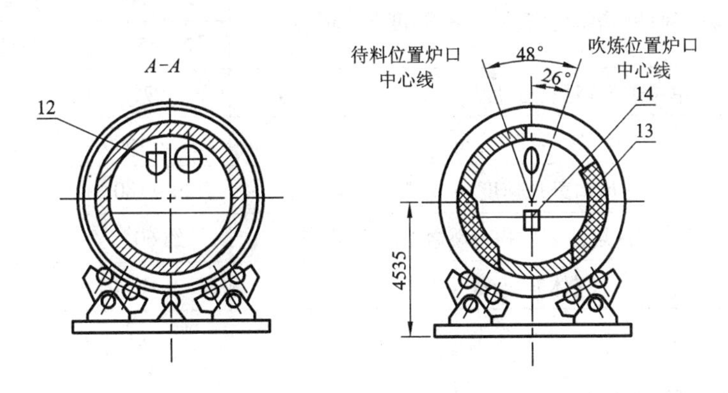

图 3-2-8　⌀4.7 m×18 m 诺兰达炉

1—端盖　2—加料端燃烧器　3—炉壳　4—齿圈　5—传动装置
6—风口装置　7—放锍口　8—炉口　9—托轮装置　10—滚圈　11—放渣口燃烧器
12—加料口气封装置　13—砖体　14—放渣口

要一个沉淀区，其长径比通常为 L/D = 3.8 ~ 4.2。

(2) 诺兰达炉长度 L　诺兰达炉的长度尺寸(m)决定于：炉子端墙厚度(0.38 ~ 0.46)，加料端端墙内表面到第一个风口的距离(±3.00)，风口区长度(0.16 ~ 0.18)，最后一个风口到炉口之间的距离(2.50)，炉口长度和沉淀区的长度(7.00 ~ 9.00)。

(3) 诺兰达炉直径　根据炉膛容积熔炼强度初算炉膛容积，按长径比可初步计算出炉膛直径。直径的大小要考虑到：为了降低烟速，使炉气能以有效的流速排出，并在正常负压下不引起喷出，烟气中夹带的粗颗粒烟尘也可沉降下来；同时，还要使炉内锍层、渣层有合理厚度和贮存量。因此，应保证炉子有足够大的直径，以提供足够的熔池面积和熔池上方的容积。霍恩冶炼厂控制渣层厚度0.2~0.33 m，锍面波动范围0.97~1.17 m，大冶冶炼厂控制渣层厚度0.2~0.35 m，锍面波动范围0.97~1.22 mm。

（3）主要技术参数 诺兰达炉的规格尺寸、生产率与多种因素有关，还没有一个确切的计算公式进行计算，需参照实际生产的反应炉资料和工艺条件，根据一些经验数值进行初算加以确定。表3-2-5的经验数值可以参考。

表3-2-5 技术参数经验值

单位炉膛容积熔炼强度/t·(m³·d)⁻¹	9~10	按处理精矿量
	10~11	按处理炉料量
单位炉床面积(熔池表面积)熔炼强度/t·(m²·d)⁻¹	20~30	按处理精矿量
	22~33	按处理炉料量
单位炉膛容积热强度/MJ·(m³·h)⁻¹	~970	
风口鼓风强度/m³·h⁻¹	1000~1500	平均每个风口鼓风量
风口鼓风速度/m·s⁻¹	120~180	
鼓风熔炼区熔池表面积占总熔池表面积/%	约60	
气体升速/m·s⁻¹	1.2~2.4	

2.3.2 瓦纽柯夫炉

2.3.2.1 瓦纽柯夫炉的工作原理及特点

瓦纽柯夫法是苏联冶金学家A.V. 瓦纽柯夫等发明，1982年投入工业生产的一种熔池熔炼方法。

瓦纽柯夫炉与烟化炉相似，炉体是一个长方形竖炉(图3-2-9)。瓦纽柯夫炉的炉料可包括粉状硫化铜精矿或块矿、固体或液体返料、溶剂和块煤。炉料从炉顶加料口落入强烈搅拌的熔体中，在低于静止熔池表面0.5 m处通过侧面的风口向炉渣层鼓入工业氧或富氧空气。此鼓风保证了熔体的强烈搅拌、硫化矿的氧化、硫从熔体中逸出进入气相、以及必要时燃料的燃烧。熔体的强烈搅拌使炉料颗粒在熔体中迅速溶解和均匀分布，使化学反应高速进行。由于炉料中存在着大量铁的硫化物，故可防止铁的过氧化，有利于提高富氧浓度，强化熔炼过程。

瓦纽柯夫炉的炉缸、冰铜池和炉渣虹吸池以及炉顶下部的一段围墙用耐火砖

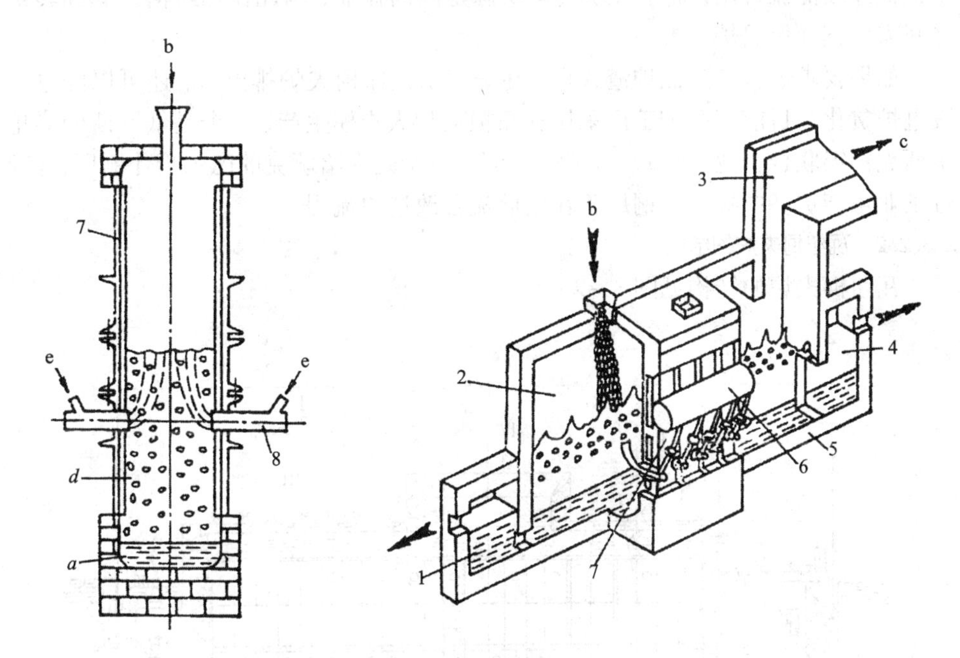

图 3-2-9　瓦纽柯夫炉简图

1—冰铜池　2—溶池　3—直升烟道　4—渣池　5—耐火砖砌体　6—总风管　7—侧墙水套　8—风口
a—冰铜层　b—加料口　c—烟气　d—炉渣　e—富氧空气

砌筑，其他侧墙、端墙和炉顶均为水套结构。小型炉的炉膛中不设隔墙，大型炉炉膛中设有水套式隔墙，将炉膛分为熔炼区（靠冰铜池一端）和贫化区（靠渣池一端）。为了均匀搅拌熔池，风口对距较小，仅为 2 ~ 5.5 m、炉子长度为 10 ~ 20 m，炉底距炉顶的高度很大，为 5 ~ 6 m，熔池面上炉膛空间高 3 ~ 4 m，风口中心距炉底 1.6 ~ 2 m。

目前最大的瓦纽柯夫炉为 48 m^2，日处理量为 2200 t 炉料，炉内装液体铜锍和炉渣，铜锍层厚约 1 m，渣层厚约 1 ~ 1.5 m。炉料（铜精矿、溶剂、返料和少量煤、焦）连续从炉顶 2 ~ 3 个加料口加到熔池面上，通过炉子两侧风口往渣层送入含 O_2 60% ~ 85% 的富氧空气，风口高度在渣层顶面之下 0.5 m，风口以上渣层由于鼓入富氧空气的强烈搅拌产生泡沫层，使加入的炉料熔化并发生强烈的氧化和造渣反应生成铜锍和炉渣。反应热基本能满足自热熔炼的需要。烟气含 SO_2 18% ~ 40% 出炉后经废热锅炉冷却，电收尘器净化除尘后送硫酸厂制造硫酸或元素硫。

熔炼生成的铜锍和炉渣在风口以下 1 m 深的静止渣层中沉淀分离，到达炉缸后分成铜锍和炉渣两层，通过炉缸两端的虹吸口，铜锍和炉渣分别连续排出。由于铜锍连续溢流排出，而下一步转炉吹炼是间断作业，因此在瓦纽柯夫炉和转炉之间需设铜锍保温炉。

如果要求进一步降低炉渣含铜，在炉渣从瓦纽柯夫炉排出后，还可以经过一段电炉贫化。目前有两个工厂采用瓦纽柯夫炉大规模生产，一个是俄罗斯的诺里尔斯克铜镍联合企业，有3台工业生产炉，一个是在哈萨克的巴尔哈什铜厂，有2台工业生产炉。中乌拉尔铜厂正在用此流程改造原流程。

2.3.2.2 瓦纽柯夫炉的结构

瓦纽柯夫炉的结构见图3－2－10。

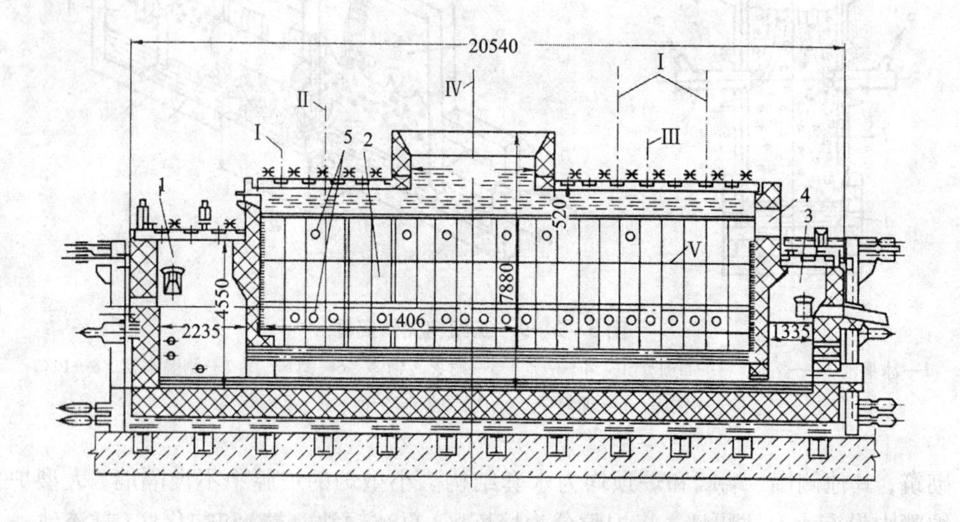

图3－2－10 巴尔哈什铜厂35 m^3 瓦纽柯夫炉

Ⅰ—烧嘴中心线 Ⅱ—加黄铁矿口中心线 Ⅲ—加料中心线 Ⅳ—烟道出口中心线 Ⅴ—静止时液面
1—渣虹吸池 2—熔炼带 3—铜锍虹吸池 4—返转炉渣门 5—风口

瓦纽柯夫炉为长方形竖炉，炉缸两端设有铜锍和炉渣虹吸池，炉子基础为钢筋混凝土带形基础，炉子骨架为金属构架。炉缸和虹吸池的底及墙由铬镁砖砌成，炉身为三层铜水套。铜水套有两种结构：一种为电铜铸造，水套内为铸造的蛇纹管；一种为轧制铜板，内部钻孔，用堵头封口。图3－2－11为水套连结图，水套以上的炉衬由铬镁砖砌筑，风口设在第一层水套上，图3－2－12为风口图。炉顶是活动的，用水套组成。

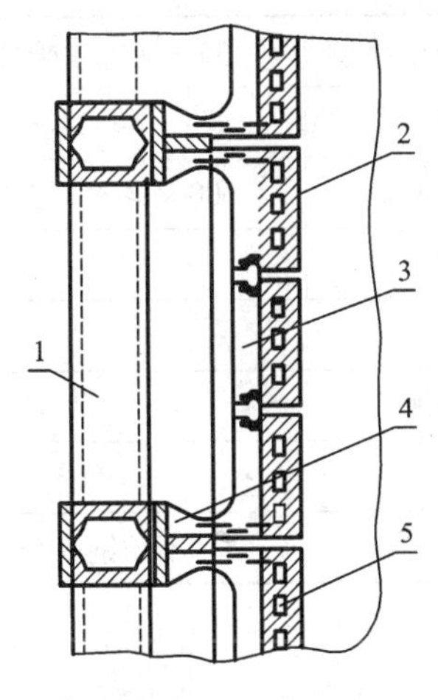

图 3-2-11　水套连接图

1—骨架　2—水套　3—框架
4—支柱　5—冷却水通道

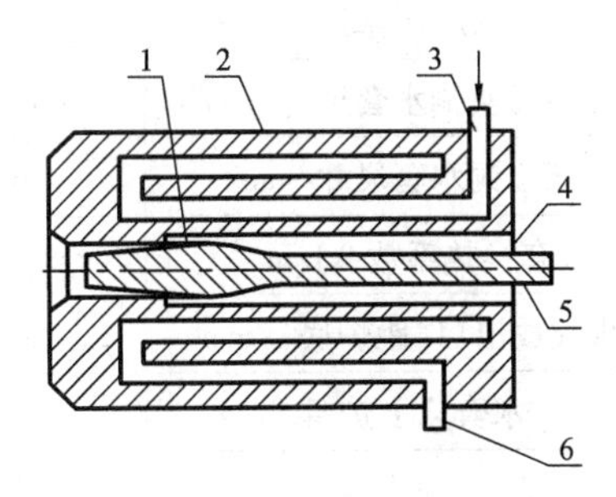

图 3-2-12　风口图

1—堵杆　2—外壳　3—冷却水通道
4—风道　5—金属棒　6—出口水管

炉子各部分尺寸见表 3-2-6。

表 3-2-6　瓦纽柯夫炉特性参数

名　　称	20 m² 炉（诺里尔斯克）	35 m²（巴尔哈什）
炉膛长×宽×高/m	10×2.3×6.5	14×2.5×6
风口区截面积/m²	23	35
风口数/个	14	24
炉子基础	钢筋混泥土带形基础	
风口内径/mm		40
炉缸材料	铬镁砖，内冷水管	
炉缸深/mm		1175
风口高度（距炉底）/m	1.665	2.15
渣缸虹吸溢流面（距炉底）/m		2.6
铜锍虹吸溢流面（距炉底）/m		2.2
铜锍虹吸道高度和面积/m，m²		0.5，6
渣虹吸道高度和面积/m，m²		1.35，9.7

续表

名　称	20 m^2 炉(诺里尔斯克)	35 m^2(巴尔哈什)
炉身水套高/m	3.9	4.2
侧墙每块铜水套尺寸/mm	600×1300, 厚80~100	600×1400, 厚130
端墙铜水套尺寸/mm	65×65, 内径∅25	
水套换热系数/kJ·m^{-2}	25.1×10^5	
事故放出口(距炉底)/mm	一个1200, 一个600	
水套以上炉身	铬镁砖砌	
炉顶	活动水套	不锈钢水套

2.3.2.3 瓦纽柯夫炉的辅助设施

1. 废热锅炉

瓦纽柯夫炉出口烟气温度1200~1300 ℃, 为了冷却烟气并回收废热, 应设置废热锅炉。

当烟气流量15000~35000 $m^3·h^{-1}$, 温度从1300 ℃, 冷却到400~550 ℃, 废热锅炉生产蒸汽量17~32 $t·h^{-1}$, 蒸汽压力为3600~3900 kPa。

巴尔哈什厂35 m^2 炉子在炉子上方配置废热锅炉见图3-2-13。

诺里尔斯克厂则在废热锅炉的前面设置汽化冷却竖烟道, 在竖烟道和废热锅炉中间设水冷闸门。

2. 烟气处理设备

瓦纽柯夫炉烟气处理系统有以下几种方式:

直升烟道—(→废热锅炉 / →汽化冷却器)→(旋风收尘器)→电收尘器→排烟机→硫酸车间

收尘系统工作的好坏取决于出炉烟气中单质硫是否烧尽, 如烟气中含单质硫, 会使烟尘在高温下软化并粘结在锅炉壁和烟管壁上。为此必须在瓦纽柯夫炉的炉顶和上升烟道送入一定量的氧(2000~2500 $m^3·h^{-1}$)并保证送入的氧同烟气混合均匀使单质硫烧尽。

巴尔哈什厂1号炉进电收尘器烟气含尘3~5 $g·m^{-3}$, 电收尘器为棒帏式。出电收尘器烟气含尘0.5 $g·m^{-3}$。

2号炉由于鼓入富氧空气浓度高, 炉内负压较小, 直升烟道出口烟气含 SO_2 50%~55%。电收尘器为板状C形沉尘电极和芒刺状电晕电极。烟道系统漏风60%~70%, 电收尘漏风15%~40%, 电收尘效率98.5%~99%。

瓦纽柯夫炉烟气处理系统设计应遵循以下原则:

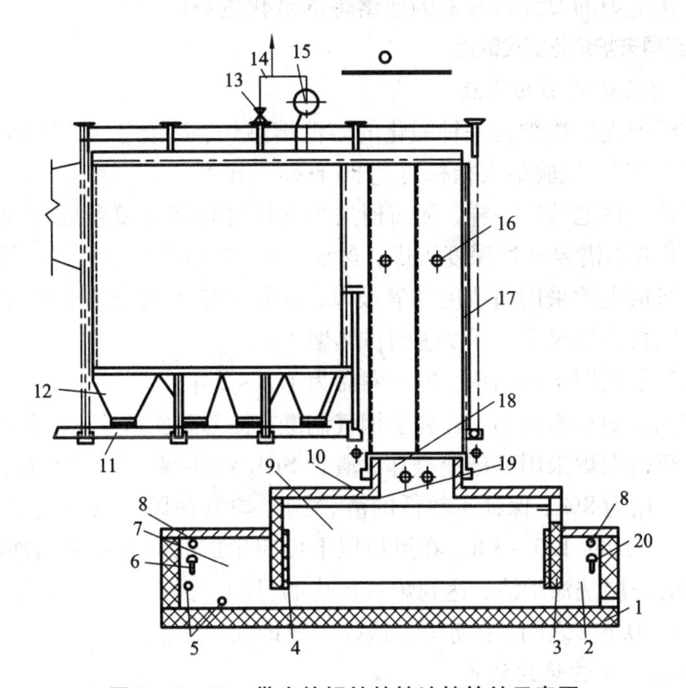

图 3-2-13　带废热锅炉的熔池熔炼炉示意图

1—熔池熔炼炉　2—铜锍虹吸池　3—铜锍隔墙　4—渣隔墙　5—事故放渣口　6—溢流渣口　7—渣虹吸池　8—燃烧嘴　9—熔炼区　10—排水管　11—刮板运输机　12—烟尘灰斗　13—蒸汽室　14—除气孔　15—汽泡　16—人孔　17—废热锅炉　18—烟道　19—加料和焦炭孔　20—铜锍溢流口

（1）必须在直升烟道出口将烟气中单质硫烧尽；

（2）直升烟道应设废热锅炉；

（3）在电收尘之前应尽量不设旋涡收尘器以减少漏风；

（4）电收尘器以 C 形板式电收尘器较好，烟气流速不超过 0.5～0.6 $m \cdot s^{-1}$；

（5）应尽量减少漏风。

3. 铜锍、炉渣保温炉和炉渣贫化电炉

（1）铜锍保温炉　从瓦纽柯夫炉虹吸池连续流出的铜锍先在保温炉里保温，然后从保温炉间断地加入转炉吹炼，保温炉一般为卧式转炉，20.5 m^2 瓦纽柯夫炉铜锍保温炉有效容积为 12 m^3，可以一次倒出两包铜锍，保证转炉操作需要。保温炉用天然气保温，每小时烧天然气 100～150 m^3。

（2）炉渣保温或贫化电炉

炉渣保温炉既可以保温，还可以作为沉淀炉沉淀一部分铜锍；炉渣既可以用电炉保温，也可以用转动式保温炉。如果为了进一步降低渣含铜，也可以采用贫化电炉。贫化电炉的设计可参考闪速熔炼的贫化电炉。

2.3.2.4 瓦纽柯夫炉熔炼的优缺点

1. 瓦纽柯夫炉熔炼的优点

（1）瓦纽柯夫熔炼炉是一种强化的熔池熔炼炉，床能率大，实际工厂指标为 $50\sim70\ t\cdot m^{-2}\cdot d^{-1}$，试验最大指标可达 $80\ t\cdot m^{-2}\cdot d^{-1}$。

（2）和其他熔池熔炼一样，瓦纽柯夫炉允许处理各种复杂成分的炉料，包括部分块料，炉料不需要经过深度干燥，含水6%～8%可以入炉，备料简单。

（3）瓦纽柯夫炉采用高浓度富氧鼓风，尽管炉壁铜水套损失热较大，在炉料中补充少量燃料的情况下，可以达到自热熔炼。

（4）由于采用铜水套结构，炉子寿命为1.5～2年。

（5）烟气含 SO_2 浓度高，有利于烟气制酸，提高硫实收率，消除环境污染。

（6）瓦纽柯夫炉采用高硅渣操作，渣含 SiO_2 约30%，可减少 Fe_3O_4 的生成。一般渣含 Fe_3O_4 为8%，保证了较低的渣含铜。炉渣在风口以下从上向下运动通过1 m的渣层，历时1.5～3 h。在风口以上反应生成的大滴铜锍雨连续通过风口以下1 m厚的渣层洗涤炉渣，达到炉渣贫化的目的。因此瓦纽柯夫炉的渣含铜较低，在0.5%～0.6%之间，在苏联，这种炉渣即为弃渣。

2. 瓦纽柯夫炉熔炼的缺点

（1）当鼓泡熔炼带生成品位50%的铜锍时，体系中硫和铁还没有全部氧化，没有过剩氧必然有一部分单质硫分解进入气相，需要在炉子上空和烟道通入二次风以燃烧单质硫，否则它和烟尘一起造成废热锅炉的粘结。

（2）瓦纽柯夫炉风口以下有2 m深的熔池，为了维持这个区域一定的温度，全部依靠风口以上熔炼区产生的过热熔体携带的显热，因此瓦纽柯夫炉必须采用高浓度富氧鼓风，并保持高的熔炼强度来保持熔炼区熔体的过热。熔炼区温度一般为1250～1350 ℃。如果熔体温度过低，有可能在炉缸析出 Fe_3O_4 粘结炉底和虹吸道。一般认为瓦纽柯夫炉停风时间不能过长，有条件时在风口送天然气补热有助于这个问题的解决。

（3）瓦纽柯夫炉虽然有渣含铜低、不必在炉外贫化处理的优点，但弃渣含铜仍偏高。如果要求获得更低的渣含铜，可以考虑在炉外增加炉渣贫化设施。

（4）炉子的加料口密封不好，自动化程度不高。

2.3.3 白银法熔炼炉

“白银炼铜法”是20世纪70年代中国有色金属工业公司与有关单位一起研制成功的，该法取代了原铜精矿反射炉熔炼法，白银炼铜法具有对原料适应性强、熔炼强度大、燃料品种要求宽松、综合能耗低、出炉烟气中 SO_2 浓度高、环境条件好等特点。

白银炼铜法的主体设备是白银炼铜炉，它是一种直接将硫化铜精矿等炉料投入熔池进行造锍熔炼的侧吹式固定床熔炼炉。该炉以隔墙将熔池分为熔炼区和贫化区，炉顶设投料口，使固、液、气各相交互反应以达到熔炼的目的，属于熔池熔炼方法之一。

2.3.3.1　白银炼铜炉的结构及主要尺寸

图 3－2－14 为 100 m^2 双室型白银炉炉体结构图。白银炉的主体结构由炉基、炉底、炉墙、炉顶、隔墙和内虹吸池及炉体钢结构等部分组成。炉顶设投料口 3～6 个，炉墙设放锍口、放渣口、返渣口和事故放空口各 1 个；另设吹炼风口若干个。炉内设有一道隔墙，根据隔墙的结构不同，白银炉有单室和双室两种炉型。隔墙仅略高于熔池表面，炉子两区的空间相通的炉型为单室炉型；隔墙将炉子两区的空间完全隔开的炉型为双室炉型。

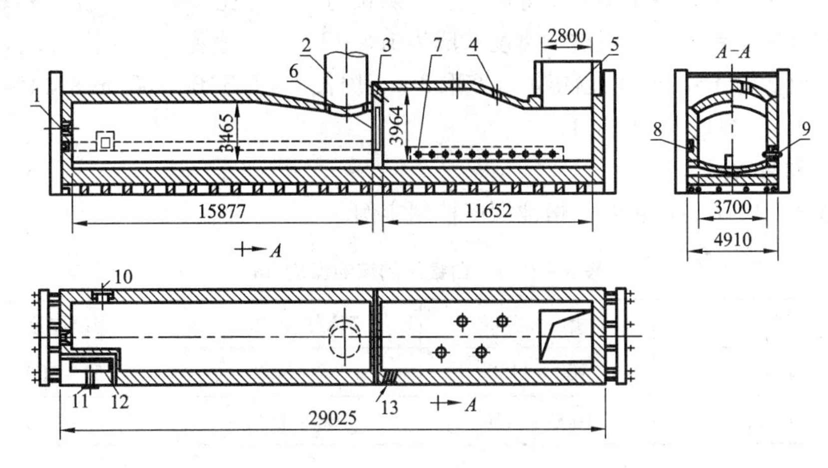

图 3－2－14　100 m^2 双室白银炉炉体结构图

1—炉头燃烧孔　2—沉淀池直升烟道　3—炉中燃烧孔　4—加料口　5—熔炼区直升烟道　6—隔墙　7—风口　8—渣线水套　9—风口水套　10—放渣口　11—放铜口　12—内虹吸口　13—转炉渣入口

由于白银炉是侧吹式熔池熔炼炉型，风口区是影响炉子寿命的关键部位，通常采用熔铸铬镁砖或再结合铬镁砖砌筑（保证使用寿命在 1 年以上）。在渣线附近及隔墙通道，采用铜水套冷却，其他炉体部位一般用烧结镁砖或铝镁砖砌成。

1. *炉床面积*

白银炉的沉淀区与熔炼区面积之比一般为 1.1～1.2；不返转炉渣时取下限值，返转炉渣时取上限值。若采用虹吸放铜，内虹吸池面积为炉床渣线处总面积的 1.5%。白银炉的炉床面积按下式计算：

$$F = \frac{A}{a} \qquad (3-2-10)$$

式中　F——炉床(渣线处平面)总面积，m^2；

A——每天熔炼的固体干炉料量，$t \cdot d^{-1}$；

a——床能力，$t \cdot (m^2 \cdot d)^{-1}$。

2. *炉床宽度(净宽)和炉长*

一般按下式计算炉长与炉宽：

$$L = \frac{F}{B} \qquad (3-2-11)$$

式中　L——炉长，m；

B——炉子净宽，m。

实践证明，炉床不宜太宽。炉子过宽时则有鼓风压力高、风口操作困难、鼓风强度不足以及床能率相对低等缺点。而炉长与炉宽之比 $L/B \leqslant 7$，若 $L > 7B$，则应考滤选用多台炉。白银炉的宽度一般为 1.5 ~ 3.7 m。小型炉取下限值，大型炉取上限值。对于 44 m^2 的白银炉其宽取 3 m，炉长 $L = 5.33B$；100 m^2 的白银炉其宽取 3.7 m，炉长 $L = 5.28B$。

3. *熔池深度*

表 3-2-7 为白银炉的熔池深度控制实例。

表 3-2-7　白银炉的熔池深度/mm

炉子名称	熔池深度	铜锍层厚度	渣层厚度
44 m^2	900 ~ 1100	700 ~ 800	150 ~ 300
100 m^2	1000 ~ 1150	700 ~ 850	200 ~ 350

4. *炉膛空间横截面积*

$$f = \frac{G\varepsilon Q}{0.75KL} \qquad (3-2-12)$$

式中　f——炉膛空间横截面积，m^2；

G——熔炼的干炉料，$kg \cdot h^{-1}$；

ε——燃料率，%；

Q——燃料的发热值，$kJ \cdot kg^{-1}$；

K——熔炼区空间热强度，$kJ \cdot (m^3 \cdot h)^{-1}$，通常取 1 ~ 1.35 $MJ \cdot (m^3 \cdot h)^{-1}$。

经验公式(3-2-12)在富氧浓度和燃料率低时不适用。当用上式计算出 f 后，要用炉膛空间气流速度验算，必须满足一定的气流速度。验算如下：

$$u=(V'+\frac{G\varepsilon V}{3600})(1+\frac{t}{273})(\frac{1}{f}) \quad (3-2-13)$$

式中　u——气流速度，$m \cdot s^{-1}$，一般取 5 ~ 9 $m \cdot s^{-1}$，u 较小时炉顶寿命较长；

V——1 kg 燃料燃烧产出的实际烟气量，包括炉子漏入空气量，$m^3 \cdot kg^{-1}$（标准）；

V'——熔炼产生的烟气量（标准状态），$m^3 \cdot s^{-1}$；

t——炉膛平均温度，℃。

5. 风眼设置

表 3 – 2 – 8 为白银炉风眼设置实例。

表 3 – 2 – 8　白银炉风眼设置实例

炉子规格	风眼直径/mm	风眼数/个	备用风口占比例/%	捅风眼方式
44 m^2	35	18	>50	人工
100 m^2	40	24	>50	捅风眼机

2.3.3.2　白银炉的特点及改进方向

1. 白银炼铜法特点

（1）白银法流程的生产规模可大可小，适合于新建的大中小型铜冶炼厂，白银炉的床能率较大，炉子检修较容易；

（2）对原有熔炼反射炉进行技术改造时，白银法具有独特的优越性，原有厂房、设备和设施大部分可利用，改造投资较省，改造工程基本不影响生产；

（3）对原料适应性较好，适于处理硫化铜精矿，也可搭配处理少量的金精矿和氧化铜精矿；

（4）对燃料种类无特殊要求，重油、天然气和粉煤等均可使用；

（5）备料系统比较简单；

（6）白银炉产出烟气，二氧化硫浓度较高，适于回收制造硫酸。若采用富氧鼓风熔炼，白银炉出口的烟气含 $SO_2 \geqslant 10\%$。

2. 白银炉尚存在的问题及改进方向

（1）与闪速炉和密闭鼓风炉相比，其寿命较短。一般为 6 ~ 8 个月一次小修，一年一次大修，年作业时间 310 ~ 320 天；

（2）应向高浓度富氧熔炼方向发展，其富氧浓度为 47% 左右，而瓦纽柯夫法、诺兰达法和三菱法的富氧浓度为 50% ~ 70%；

（3）若新建白银炉，其工艺控制设施要相应现代化。

2.3.4 三菱法熔炼炉

三菱顶吹熔池熔炼过程，简称为三菱法(Mitsubishi Process)即“MI”，它是一种连续炼铜法。该法用溜槽将三座不同氧势的炉子串联起来对铜精矿逐一进行熔炼、炉渣贫化和吹炼的作业，生产出粗铜。

1974年日本三菱公司的直岛冶炼厂建成了第一座三菱法炼铜厂，设计能力为50 kt/a的粗铜。经过几十年的技术推广和不断改进，提高鼓风中的富氧浓度，直岛冶炼厂新建的三菱法系统1997年下半年达到年产230 kt粗铜，在加拿大奇德·克里克铜锌银冶金公司的梯敏斯冶炼厂、韩国LG金属公司的温山三菱法冶炼厂和印尼PT熔炼公司的格雷斯克冶炼厂相继引进了三菱连续炼铜法。这四座三菱法工厂在生产运行中不断完善，三菱法已成为目前技术上较为成熟的连续炼铜法。

2.3.4.1 三菱法主要设备的结构及设备参数

三菱法熔炼炉实际上是复数炉型，其配置如图3-2-15所示。主要设备有：熔炼炉(S炉)、炉渣贫化电炉(CL炉)和吹炼炉(C炉)。

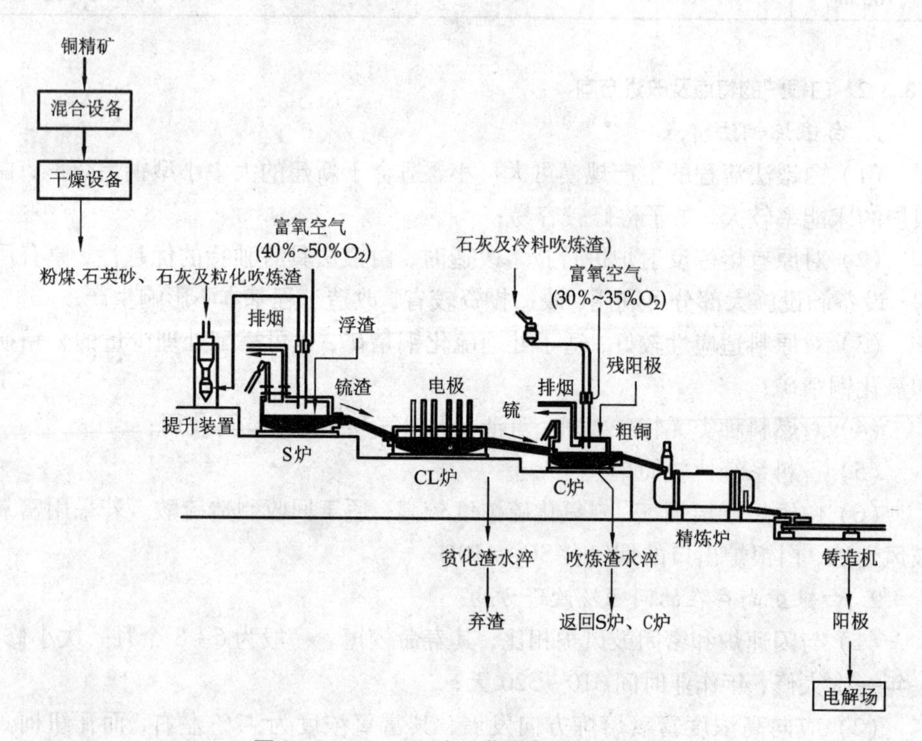

图3-2-15 MI法工艺设备连接流程图

三菱熔炼炉($S_{炉}$)为圆形，结构如图3－2－16所示。铜精矿、溶剂和氧化所需的空气，通过炉顶置于熔炼炉顶的垂直喷枪，用顶吹法吹入熔体中。当采用顶吹法，炉内维持中等氧势($\lg p_{O_2}$/Pa接近－3)，氧的利用率高，炉料被迅速熔化，同时，既能防止大量Fe_3O_4的生成，又能产出品位70%左右的铜锍。S炉的热源主要来自反应热，不足部分由外供燃料补充。

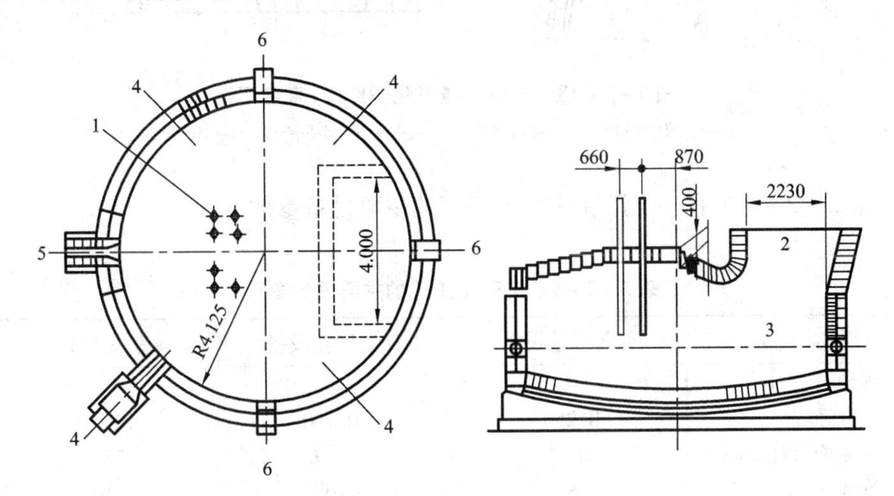

图3－2－16　三菱法熔炼炉结构图(直岛厂)

1—喷枪　2—上升烟道　3—渣线　4—烧嘴　5—熔体排出口　6—观察孔

图3－2－17为喷枪示意图，其特点为：①采用双层铁管，外管自耗、自耗后可以继续焊接铁管，内管不消耗；②喷枪可以自由升降；③给料速度逐渐增大，以减少磨损。

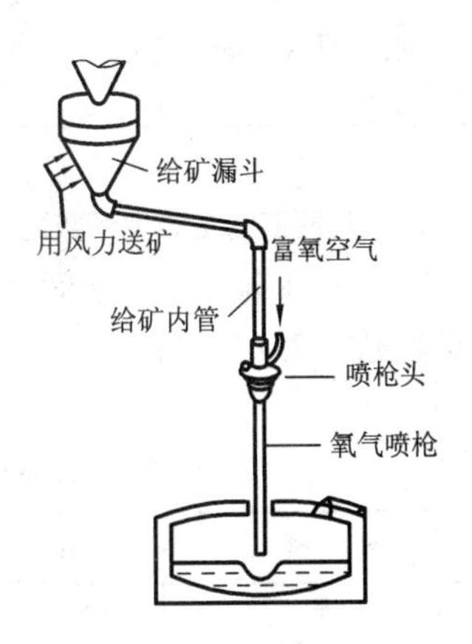

图3－2－17　喷枪示意图

三菱炉渣贫化炉(CL炉)为椭圆形，其结构如图3－2－18，炉内维持较低氧势($\lg p_{O_2}$ = －6～－7 Pa)，靠电热维持和提高熔体的作业温度以改善渣锍分离条件。

三菱吹炼炉(C炉)为圆形，尺寸略小于熔炼炉，炉内维持铜熔炼的最高氧势($\lg p_{O_2}$接近于－1～0 Pa)，熔体在炉内强烈氧化，故渣中Fe_3O_4含量较高，因三菱法选择的$Cu_2O-Fe_2O_3-CaO$吹炼炉渣体系对Fe_3O_4溶解度大，渣的低熔点范围增大，可维持吹炼过程的正常进行。产出的吹炼渣水淬、干燥后返回熔炼炉处理，小部分作冷料返回吹炼炉。

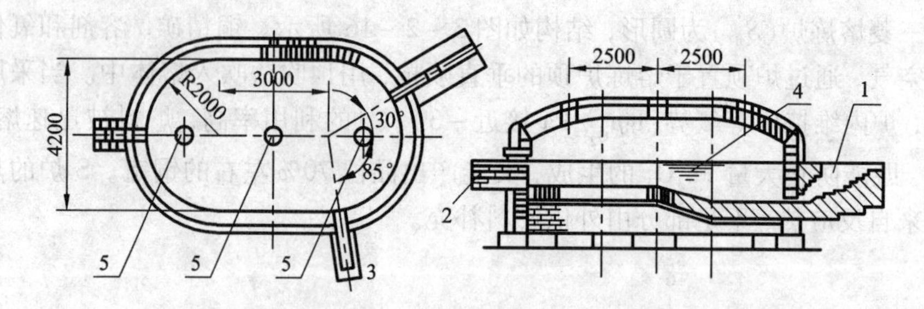

图 3-2-18 三菱炉渣贫化炉结构(直岛厂)

1—铜锍虹吸口 2—渣溢流口 3—进料口 4—渣线 5—电极

表 3-2-9 为直岛工厂和梯敏斯工厂的主要设备参数。

表 3-2-9 三菱法工厂的主要设备参数

设备名称	直岛厂老设备	直岛厂新设备	梯敏斯厂设备
熔炼炉：			
直径/m	8.250	10.100	10.300
喷枪直径/mm	76.2	101.6	76.2
喷枪数/个	8	10	10
贫化炉：功率/kW	1800	3600	3000
吹炼炉：			
直径/m	6.650	8.050	8.200
喷枪直径/mm	88.9	101.6	76.2
喷枪数/个	5	8	6

2.3.4.2 三菱法的主要生产数据

三菱法炼铜原料和中间产物的化学组成见表 3-2-10，三菱法连续作业的操作参数见表 3-2-11。

表 3-2-10 原料和中间产物的化学组成/%

物料	Cu	Fe	S	SiO_2	CaO	Al_2O_3
精矿	28.0	26.0	31.0	6.0	–	2.0
S 炉铜锍	65.0	11.4	22.1	–	–	–
CL 炉水淬渣	0.6	39.8	–	30.0	4.0	3.0
C 炉渣	15.0	44.2	–	–	17.0	–
粗铜①	98.5	–	0.05	–	–	–

①为直岛厂的粗铜数据。

表 3-2-11　三菱法连续作业的操作参数(100 $kt \cdot a^{-1}$ 铜)

S 炉	参数	CL 炉	参数	C 炉	参数
铜精矿/$t \cdot h^{-1}$	45	处理渣量/$t \cdot h^{-1}$	30	铜锍/$t \cdot h^{-1}$	20
喷枪喷入富氧空气(标准)/$m^3 \cdot h^{-1}$	24000	功率/kW	2100	返回 S 炉渣量/$t \cdot h^{-1}$	5
富氧浓度/%	40			粗铜/$t \cdot h^{-1}$	12.5
烟气量(标准)/$m^3 \cdot h^{-1}$	478			喷枪喷入富氧空气(标准)/$m^3 \cdot h^{-1}$	13700
SO_2 浓度/%	23			富氧浓度/%	25
炉子直径/m	9			烟气量(标准)/$m^3 \cdot h^{-1}$	250
				SO_2 浓度/%	21
				炉子直径/m	7

2.3.4.3　三菱法的特点

三菱连续炼铜系统是由一复数炉群组成的系统。这一连续系统可看作是管式反应器系统。但就单一的 S 炉、CL 炉和 C 炉而言，均为维持各自不同氧势的槽式反应器，当保温的溜槽串联组成复数炉群的连续系统时却形成一个氧势梯度、铜浓度梯度的连续系统，使三菱连续炼铜过程能在合理反应条件下进行，因而有较好的技术经济指标。由于 $Cu_2O-Fe_2O_3-CaO$ 系吹炼渣对耐火材料的浸蚀性很强，三菱公司对炉衬的温度和膨胀建立了计算机监测与报警系统，实践证明，当精矿的加入速度大于 40 $t \cdot h^{-1}$，炉衬能保证正常工作。

三菱法复数炉与反射炉相比，其主要优点有：

(1) 由于生产过程是连续的，其反应设备、输送设备等，比单独炉子的炼铜方式要小得多，效率也高。设备投资可大副降低，基建费用下降 30% 左右；同时，由于过程单纯，易于实现自动化机械化，操作人员可减少 40% ~45% 。1 t 铜的生产成本为反射炉的 66%

(2) 采用顶吹法，熔炼效率高，炉子的小型化可节省燃料，排气量小，处理炉气的设备也可小型化。能耗为传统方法的 50% 左右。

(3) 由于排出的烟气中 SO_2 的浓度高，SO_2 含量约为 14% ~25% ，可回收原料中 98% ~99% 的硫，且回收费用只需传统方法的 20% ~33% 。

(4) 可采用高速喷入富氧空气，没有侧吹方式带来的若干限制。富氧浓度高，烟气量减少，有利于制酸和环保。

三菱法存在的问题及改进方向：

(1) 三菱法要求各炉间必须严密配合、协调运行才能连续作业，若其中任何一炉出现故障，则另两炉的作业将受到影响。

（2）炉顶和喷枪易损，应充分重视加以改进。

（3）虽然吹炼过程采用 $Cu_2O-Fe_2O_3-CaO$ 渣型可避免常规铁橄榄石型炉渣常见的 Fe_3O_4 过饱和析出问题，渣系熔点不高可保证吹炼过程的顺利进行，但弃渣含铜仍有0.6%～0.7%，有待于进一步研究以降低渣含铜。

2.3.5 QSL熔炼炉

QSL熔炼炉是一种直接炼铅炉。该炉集硫化铅的氧化与氧化铅的还原于一体，通过投入铅精矿而直接产出粗铅。我国西北铅锌冶炼厂已经引进该工艺技术。

QSL熔炉炉体结构如图3－2－19所示。

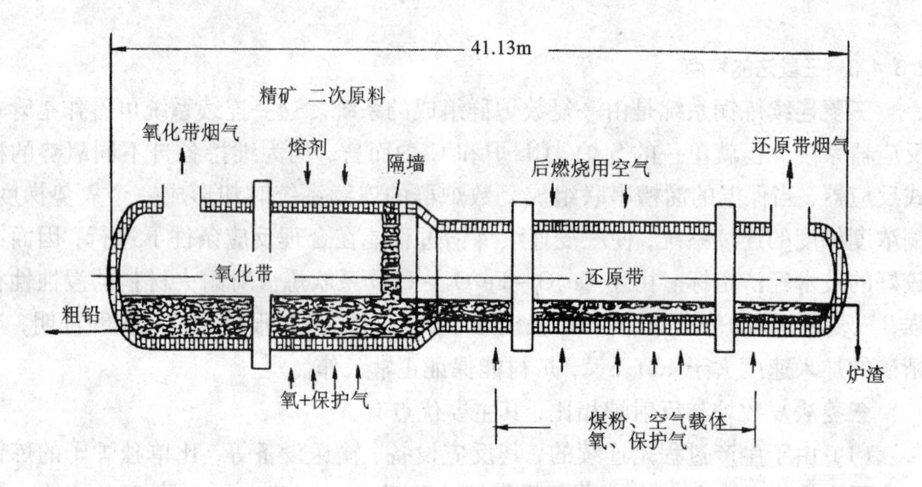

图3－2－19 QSL熔炼炉示意图

整个反应器分作氧化段和还原段，两段之间设有隔墙。隔墙有两种，一种隔墙上部有烟气流通孔，使还原的烟气进入氧化段，从氧化段的端部出烟孔排出，烟气 SO_2 浓度稍低，但仍可满足制酸要求；另一种是隔墙完全隔死，使两段烟气分别从反应器两端的出烟孔排出，以利于控制两个区段的氧势。隔墙下部均有熔体通道，使炉渣和粗铅通过。在氧化及还原段底部均设有喷枪（氧枪和还原枪）供给氧化剂和还原剂，以维护氧化和还原反应的进行。

反应器内衬含 Cr_2O_3 25%的电熔烧结铬镁砖，内衬总厚为350 mm，采用300 mm及50 mm两层砖砌筑，50 mm厚的砖与壳体接触之间无隔热层，使内衬得到冷却以延长其使用寿命。壳体用锅炉钢板焊制。

氧化段的氧枪由两个同心管组成，内管为氧化通道，两管间的环道为氮气通道。

还原段的喷枪由3个同心管组成。空气和粉煤混合物通过中心管喷出，氧气通过内环喷出，氮气通过外环喷出，这样氮气就包住了喷射粉煤、空气和氧气的套管，从而起到了冷却还原喷枪的作用。喷吹粉煤的中心管易被粉煤磨损，需随时更换。

氧化段的喷枪成对安装，每对之间距离为1200 mm；还原段喷枪间距一般为渣层厚度的8～10倍，还原段最后一对喷枪至渣口的距离约为3.5 m，给渣铅分离提供一段平静区。

熔炼时，将铅精矿与溶剂、烟尘、粉煤等按一定比例，经混合和制粒后直接加入氧化段，在氧气喷枪造成的激烈湍动的熔池中进行氧化脱硫，部分氧化铅和硫化铅交互反应产出粗铅，其余的铅和脉石、溶剂生成初渣（富铅渣），初渣经隔墙下部的开孔进入还原段，经还原喷抢喷出的粉煤使渣中氧化铅和硅酸铅等还原成金属铅，金属铅流回氧化段，与氧化段生成的铅汇合后经虹吸口放出。

QSL炉的工厂设计及作业数据如表3－2－12。

表3－2－12　QSL炉的工厂设计及作业数据

QSL炼铅厂	西北铅锌冶炼厂	Trail冶炼厂	Stolberg冶炼厂	温山冶炼厂
总长/m	30	41	33	41
氧化区长/径/m	10/3.5	13/4.5	11/3.5	13/4.5
还原区长/径/m	20/3.0	28/4.0	22/3.0	28/4.0
给料量（湿）/$t \cdot h^{-1}$	20	–	31	50
炉渣体积/m^3	21	47	24	47
生产率/$t \cdot m^{-2} \cdot h^{-1}$	1.0	2.0	1.3	0.9
初渣含铅/%	40	35	50	40
弃渣含铅/%	2.5	6.0	2.5	2.0
还原区炉渣体积/m^3	26	74	30	74

2.3.6　奥斯麦特炉

2.3.6.1　概述

奥斯麦特（Ausmelt）工艺属于浸没式喷枪顶吹工艺——息罗法（SIRO），20世纪80年代初澳大利亚奥斯麦特（Ausmelt）公司将其应用于硫化矿的熔炼，回收铜、镍、铅、银、锡、锑等金属，以及砷、锑、铋等次要元素的脱除，故又称奥斯麦特技术。

浸没式喷枪顶吹熔炼技术的核心是位于（图3－2－20）熔体表面下输送燃料与氧气的垂直喷枪。喷枪气流与熔体的交互作用为高传热传质速率、高反应速度提供了强有力的条件。喷枪火焰和熔池气氛可调节成还原性，用于渣中的金属还原，也可调成氧化性，用于产出氧化物熔体和废渣（例如高品位冰铜熔炼）。

20 世纪 90 年代以来，顶吹浸没熔炼技术在世界上得到迅速推广应用。例如 Ausmelt 公司在澳大利亚、韩国和中国等国，先后建成顶吹浸没熔炼炉和烟化炉 18 座，并已投产运行。这些工厂用于炼铜、炼铅、炼锡、炼铁、处理铝厂废杂料、处理湿法炼锌渣，ISP 鼓风炉渣、QSL 炉渣、二次铅物料等。全世界采用 Ausmelt 的工厂见表 3－2－13。

表 3－2－13　全世界采用 Ausmelt 技术的工厂一览表

公　司	国　家	投产年份	进料类型	进料率/$kt \cdot a^{-1}$	产　品
津巴布韦 Rio Tinto	津巴布韦（Eiffel flats）	1992	浸出渣	7.7	镍/铜冰铜
韩国锌公司（两台炉）	韩国（温山）	1992，2001	QSL 炉渣	100	锌/铅烟灰
三井矿冶公司	日本（Hachinohe）	1993	ISF 渣	80	锌烟灰
英美公司	津巴布韦（Bindura）	1995	浸出渣	10	粗铜
韩国锌公司（两台炉）	韩国（温山）	1995，1996	锌浸出渣	120	锌/铅烟灰
欧洲金属公司	德国（Nordenham）	1996	电池糊/铅精矿	122	粗铅
明苏尔公司（两台炉）	秘鲁（Pisco）	1996，1999	锡精矿	40	金属锡
Goid Fields 联合公司	纳米比亚（Tsumed）	1997	铅/铜精矿	120	粗铅/铜冰铜
美国铝业公司澳大利亚分公司	澳大利亚（Portland）	1997	废电解槽衬里	12	氟化铝
中条山有色金属公司	中国（侯马）	1999	铜精矿	200	铜冰铜
中条山有色金属公司	中国（侯马）	1999	铜冰铜	60	粗铜
Aulron SASE 示范厂	澳大利亚（Whyalla）	2000	铁矿石	15	生铁
韩国锌公司	韩国（温山）	2000	铅再生物料	100	粗铅
云南锡业公司	中国（个旧）	2001	锡精矿	50	金属锡
韩国锌公司（两台炉）	韩国（温山）	2002	铅尾矿	100	铅/铜转炉冰铜
Amplats（两台炉）	南非（Rustenburg）	2002，2004	水淬镍/铜/铂族金属冰铜	213	铜冰铜
安徽铜都	中国（铜陵）	2002	铜精矿	330	

2.3.6.2　炉型结构及特点

1. 喷枪

喷枪是在浸没于熔渣池中的一个垂直喷管，直立于顶部吹炉的上方，在吹炼过程中用升降、固定装置对其进行升降和更换等作业。喷枪(末端)寿命约在1周以上。

喷枪在结构上分为四通套：反应空气和氧气各有通套，喷出前在喷枪头部混合成富氧空气，经喷枪末端的旋流片导出，使高速通过的反应气体产生旋向运动，强化气体对喷枪枪体的冷却作用并射向熔体，使高温熔池中喷溅的炉渣在喷枪末端外表面粘结、凝固为相对稳定的炉渣保护层，延缓高温熔体对钢质喷枪的侵蚀。另外，呈旋流喷出的反应气体对熔体产生的旋向作用，强化了对熔体和炉料的混合搅拌作用，为熔池中气、固、液三相的传质创造了有利条件；中心为燃料(粉煤)通套进行粉煤补热；最外层设有套筒风套，在熔炼过程为熔池上方提供二次反应风。

2. 炉体

顶吹熔炼炉是一种竖直状的、钢壳内衬耐火材料的圆形反应器，由炉体和顶盖两部分组成。炉顶盖开有喷枪插入孔、加料孔、排烟孔、保温烧嘴插入孔和熔池深度测量孔(兼取样用)。炉体底部有熔体排放孔，根据生产需要可以设置一个或多个排放孔。

奥斯麦特熔炼炉(图3－2－20)的炉顶为倾斜式炉顶，采用捣打料衬里。出炉烟气过道为斜坡式钢壳内衬耐火材料结构。生产过程中控制烟气温度高于烟尘熔点，使结瘤物熔化返入炉内。目前这种炉顶结构有被水平垂直烟道取代的趋势。

奥斯麦特熔炼采用连续式虹吸排放方式，炉体底层设有虹吸排放液孔，正常生产时用柴油补热。在渣线区耐火材料衬里内不设冷水部件，为延长炉体寿命，炉体外壳采用水幕冷却。一般，奥斯麦特熔炼炉内耐火材料的使用寿命1~2年。

奥斯麦特吹炼炉是在奥斯麦特熔炼炉基础上发展而成，原理和炉型是一样的。中条山有色金属公司侯马冶炼厂是我国首家引进顶吹浸没熔炼和吹炼的企业，设计规模年产粗铜35~40kt。建有2台奥斯麦特炉，一台做熔炼炉，处理铜精矿200 kt/a，一台作吹炼炉处理奥斯麦特炉产出冰铜60 kt/a。中条山奥斯麦特吹炼炉是世界上第一座工业化生产炉，目前也是惟一的一家。表3－2－14和表3－2－15分别为其奥斯麦特熔炼和吹炼炉的双炉主要设计参数。熔炼炉风机为280 $m \cdot min^{-1}$，吹炼炉风机为380~420 $m^3 \cdot min^{-1}$。与奥斯麦特熔炼炉比较，吹炼炉由于冰铜导热性能好，吹炼温度高，存在喷枪寿命短(只能维持24 h)等问题。

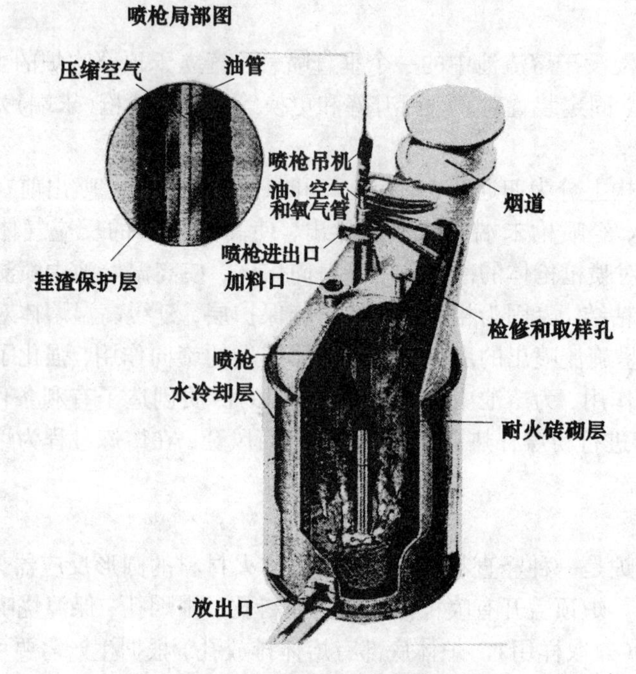

图 3-2-20　奥斯麦特炉结构示意图

表 3-2-14　奥斯麦特熔炼炉主要设计参数

年作业/d	炉寿命/a	作业温度/℃	冷却水/$t \cdot h^{-1}$	加料量/$t \cdot h^{-1}$	富氧度/%	冰铜品位/%	冰铜产量/$t \cdot h^{-1}$	烟气 SO_2 浓度/%
312	1	1180	180	26	40	60.2	10.2	11.1

表 3-2-15　奥斯麦特吹炼炉主要设计参数

炉寿命/月	单炉时间/h	单炉产量/t	炉温/℃	Ⅰ阶段		Ⅱ阶段	
				烟气量/$m^3 \cdot h^{-1}$	SO_2/%	烟气量/$m^3 \cdot h^{-1}$	SO_2/%
5.5	7	38	1250～1300	18672	7.5	20073	13.3

2.3.6.3　奥斯麦特炉的特点

奥斯麦特炉具有以下特点：

（1）对原料适应性强，可处理多种物料，如铅、镍、铜、锡、银、金、锌、铝、钽和铁等多种金属的冶炼。

（2）奥斯麦特喷枪能够使用任何一种工业燃料，现有的各类炉子系统已经分别成功使用了煤、天然气、液化石油气，重油和轻柴油。通过使用不同的燃料可严格控制反应系统氧化性、中性或还原性的工艺条件。

（3）环境保护及控制方面处于世界先进水平，如回收铝冶炼厂的有害废弃电解槽；炉体密闭，漏风较少，减少了烟气量，提高了烟气中 SO_2 浓度，为双转双吸制酸工艺提供了条件，实现了铅冶炼厂的无污染作业；将各种炉渣或工厂残渣进行消害并回收有价金属（锌浸出残渣烟化处理）等等。

（4）对入炉料的粒度、水分等要求不严，备料过程简单；风从炉顶插入的喷枪送入溶池，熔炼强度及热利用率高，节能。

（5）竖式圆筒形炉体占地面积小，但厂房高，在场地受限的老厂改造中，配置比较容易。

（6）冶炼工艺的自动化水平大大提高，劳动生产率提高。

奥斯麦特炉存在的问题：

（1）氧化熔炼炉及炉渣烟化炉已用于生产，还原熔炼炉有待完善。

（2）烟化炉出口烟道内壁容易因溅渣引起堵塞。

（3）浸入溶池的氧枪喷头使用寿命短。

（4）耐火材料消耗大。

习题及思考题

3－2－1　详述熔池熔炼炉的分类及其共性与个性。

3－2－2　已知锡精矿品位为60%，锡的冶炼回收率95%，采用粗制粉煤作燃料，试设计1座年产5000 t粗锡的反射炉。

3－2－3　白银炉的发展前途怎样？如何进一步改进它？

3－2－4　诺兰达炉的构造如何？用它代替现有的反射炉有什么优势和进步？

3－2－5　细述瓦纽柯夫炉的工作原理，其特点如何？有哪些应用？

3－2－6　白银熔炼炉与反射炉有什么区别？可以用它取代反射炉吗？

3－2－7　什么是复数炉型？该炉型有何特征，哪些炉子熔池熔炼炉是复数炉型？

3－2－8　三菱法熔炼炉的结构特点有哪些？其工作原理如何？

3－2－9　细述QSL炉的结构特点。它能用于铜、锡熔炼吗？

3－2－10　什么使用顶吹熔炼技术，简述奥斯麦特炉吹炼冰铜的过程。

3－2－11　奥斯麦特炉的结构有何特点？为什么它在铜、锡、铅的熔炼中都得到应用？它能用于生铁生产吗？

3 塔式熔炼(精炼)设备

3.1 概述

利用塔形空间进行多相反应的熔炼(精炼)设备叫塔式熔炼(精炼)设备。其显著特点是:① 一定有气体参与反应;② 反应在空间气相中进行;③ 为保证反应进行的时间,反应空间必须足够高,即呈塔形。闪速炉是一种典型的塔式熔炼设备,参与反应的主要是富氧空气和硫化铜(镍)精矿。可见,反应物为气相和固相,而生成物是液相和气相,反应速度很快(1~4 s),但反应物及反应产物自由落体的加速度很大,在空中停留的时间很短。因此,为了保证这1~4 s的反应时间,反应塔高须在7.5 m以上。

锌精馏塔也是一种塔式精炼设备,塔内进行着含杂质的液态锌与锌蒸汽的平衡过程,为保证彻底除去铅、铁等杂质,必须保证足够的级数(50~60级)。因此,精馏塔也就相当高了。另外,漂悬炉也是一种塔式反应器,其形状与闪速炉反应塔类似,但它除用作熔炼炉,还用于焙烧和干燥过程,如氢氧化铝煅烧成氧化铝。

本章将重点介绍闪速炉、锌精馏塔等塔式熔炼(精炼)设备。

3.2 闪速炉

3.2.1 概述

闪速炉是处理粉状硫化物的一种强化冶炼设备(见图3-3-1)。它是20世纪40年代末由芬兰奥托昆普公司首先应用于工业生产的。由于它具有诸多的优点而迅速应用于铜、镍硫化矿造锍熔炼的工业生产实践中,目前世界上已有近五十台闪速炉在生产,其产铜量占铜总产量的30%以上,闪速炉熔炼具有如下优点:

(1) 充分利用原料中硫化物的反应热,因此热效率高,燃料消耗少;

(2) 充分利用精矿的反应表面积,强化熔炼过程,生产效率高;

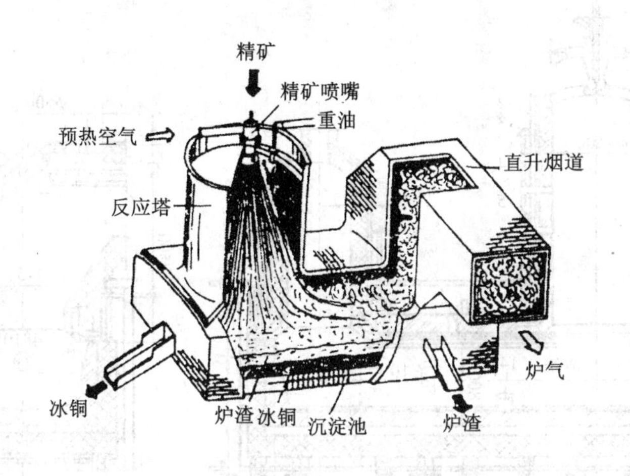

图 3－3－1　闪速炉立体示意图

（3）可一步脱硫到任意程度，硫的回收率高，烟气质量好，对环境污染少；

（4）产出的冰铜品位高，可减少吹炼时间，提高转炉生产率和寿命。

但也存在如下不足：

（1）对炉料要求高，备料系统复杂，通常要求炉料粒度在 1 mm 以下，含水 0.3% 以下；

（2）渣含铜较高，需另行处理；

（3）烟尘率较高。

近期闪速炉的发展趋势是：设备大型化和操作自动化；采用富氧空气进一步强化熔炼过程；采用双接触法制酸，可使排放尾气中 SO_2 含量在 300×10^{-6} 以下，硫的回收率可达 95%；进一步强化脱硫，直接产出粗铜。另一趋势是利用闪速炉的原理，对闪速炉结构及其附属系统进行改造，使之适合直接炼铅熔炼，如基夫赛特炉就是其中之一。

3.2.2　闪速炉的结构简介

闪速炉有芬兰奥托昆普闪速炉和加拿大国际镍公司 INCO 氧气闪速熔炼炉两种类型。本节着重介绍奥托昆普闪速炉。

奥托昆普闪速炉由精矿喷嘴、反应塔、沉淀池及上升烟道等四个主要部分组成，如图 3－3－2 所示。

3.2.2.1　精矿喷嘴

喷嘴的性能是闪速炉产量、反应塔高度、氧利用率、烟尘率等重要参数的决

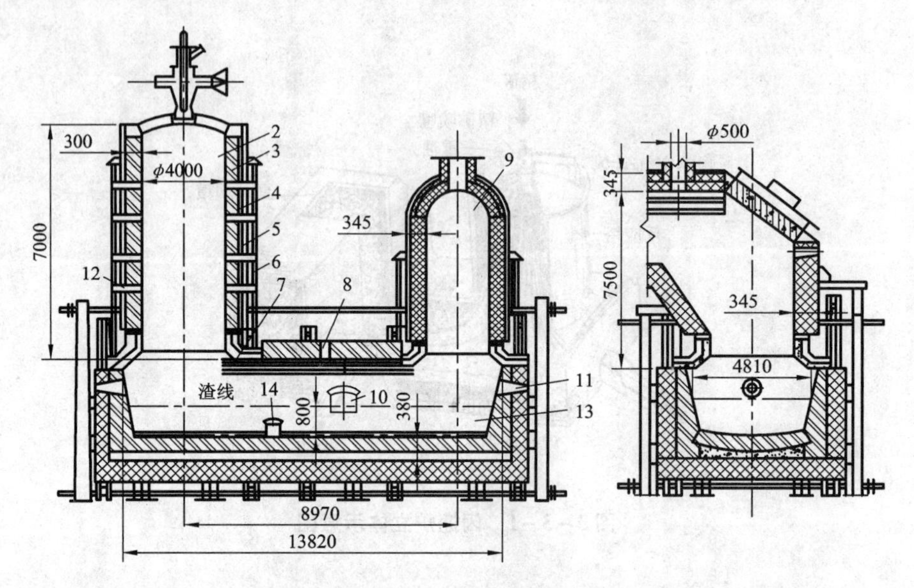

图 3－3－2 ∅4×7.9 m 闪速炉总图

1—精矿喷嘴 2—反应塔 3—砖砌体 4—外壳 5—托板 6—支架 7—连接部 8—加料口 9—上升烟道 10—放渣口 11—重油喷嘴 12—铜水套环 13—沉淀池 14—冰铜口

定因素之一。最先进的精矿喷嘴一般选用扩散型喷嘴。

闪速炉精矿喷嘴的作用其结构特点见图 1－2－11 和 1－2－12。

3.2.2.2 反应塔

反映塔为竖式圆筒型，由砖砌体（塔上部内衬铬镁砖，下部衬电铸铬镁砖）、铜板水套、外壳及支架构成。为防止外壳因温度升高而变形，在外壳和砖砌体之间可埋设水冷环管通水冷却。反应塔顶为吊挂式或球形，由铜水套嵌砌耐火材料的连接部分与沉淀池相连，塔上设有 1～4 个精矿喷嘴。

3.2.2.3 沉淀池

设于反应塔与上升烟道之下，其作用是进一步完成造渣反应使熔体沉淀分离。沉淀池结构类似反射炉，用铬镁砖吊顶（小型炉为拱顶），厚 300～380 mm，并砌隔热砖 65～115 mm。沉淀池渣线以下部分的侧墙砌电铸铬镁砖，其他部分砌铬镁砖，渣线部分的外侧设有冷却水套。沉淀池侧墙上开有两个以上的放锍口，尾部端墙设渣口 1～4 个，并装有数个重油喷嘴，以便必要时加热熔体，使炉渣与铜锍更好分离。沉淀池底部用铬镁砖砌成反拱形，下层则砌粘土砖。

3.2.2.4 上升烟道

上升烟道多为矩形结构，用铬镁砖或镁砖和粘土砖砌筑，厚约 345 mm，外用金属构架加固，上升烟道通常为垂直布置，为减少烟道积灰和结瘤，宜尽量减少水平部分的长度。上升烟道出口处除设有水冷闸门及烟气放空装置外，还装有燃油喷嘴，以便必要时处理结瘤。

3.2.3　闪速炉的生产率及主要尺寸计算

3.2.3.1　闪速炉生产率计算

反应塔的单位面积生产率 $a_{面积}$($t \cdot m^{-2} \cdot d^{-1}$)，可取生产实践数据(参见表 3－3－1)，也可按下式计算：

$$a_{面积} = \frac{86400 v_{塔} \eta}{V_{塔}(1+\beta t_{塔})} \qquad (3-3-1)$$

式中　$v_{塔}$——炉气在反应塔内的实际流速，$m \cdot s^{-1}$，一般取 2.5～3.8 $m \cdot s^{-1}$；

η——炉子作业率，即每日作业时间与 24 小时之比，一般取 0.95～0.98；

$V_{塔}$——熔炼 1 t 精矿产生的炉气量(标准状态)，$m^3 \cdot t^{-1}$，按冶金计算确定；

β——膨胀系数，1/273，$℃^{-1}$；

$t_{塔}$——反应塔内平均温度，℃；

86400——每日秒数，s。

反应塔的单位体积生产率率 $a_{体积}$($t \cdot m^{-3} \cdot d^{-1}$)用下式计算

$$a_{体积} = \frac{86400 v_{塔} \eta}{V_{塔}(1+\beta t_{塔}) H_{塔}} \qquad (3-3-2)$$

式中　$H_{塔}$——反应塔高度，m

3.2.3.2　闪速炉主要尺寸的计算

1. 反应塔的计算

(1) 反应塔内部直径 $d_{塔内}$(m)塔内按下式计算：

$$d_{塔内} = \sqrt{\frac{4G}{\pi a_{面积}}} = 1.13\sqrt{\frac{GV_{塔}(1+\beta t_{塔})}{86400 v_{塔} \eta}} \qquad (3-3-3)$$

式中　G——闪速炉日处理精矿量，$t \cdot d^{-1}$

(2) 反应塔高度 $H_{塔}$(m)　反应塔高度指从塔顶至沉淀池液面的垂直距离，主要取决于炉气通过反应塔的平均速度及其在塔内停留的时间，按下式计算：

$$H_{塔} = v_{塔} \tau_{塔} \qquad (3-3-4)$$

式中　$t_{塔}$——炉气在反应塔内的停留时间，s，一般取 2.5～3.5 s。对于易熔物料或采用高温富氧时，取较低值，反之取较高值。

反应塔筒体高度 $H_{塔高}$(m)筒按下式计算：

$$H_{塔高} = \frac{G}{a_{体积} A_{塔}} \qquad (3-3-5)$$

式中　$A_{塔}$——反应塔横截面积，m^{-2}。

2. 沉淀池尺寸的计算

沉淀池纵、横截面示意图见图 3－3－3。纵向与横向空间截面皆为上宽下窄的梯形，以保持炉墙稳定性和节约耐火材料。

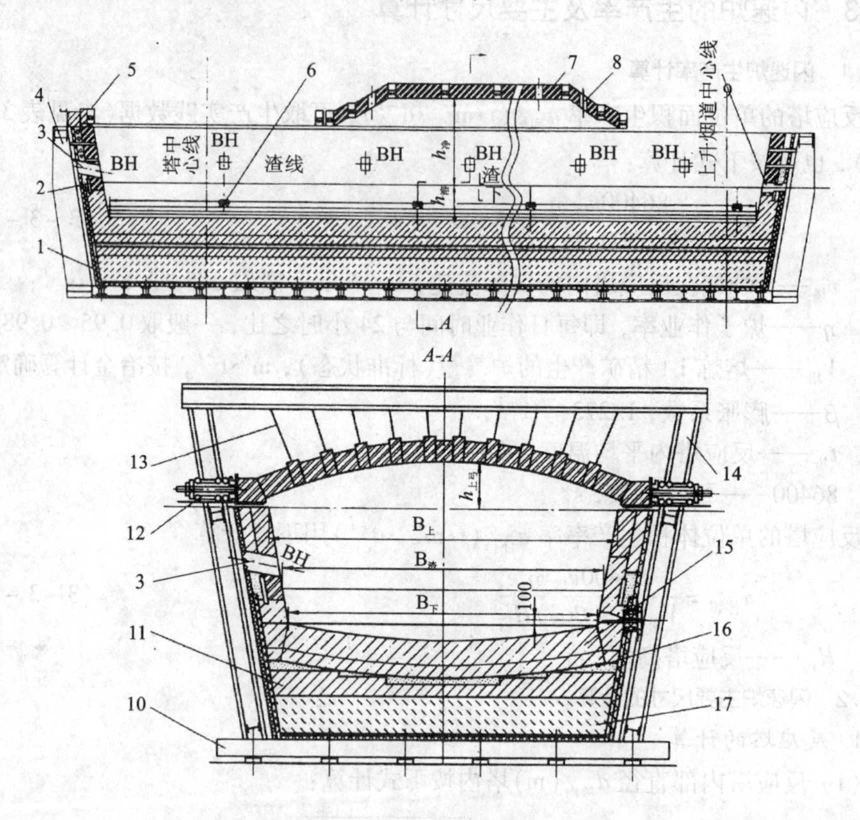

图 3－3－3 沉淀池截面示意图

1—外壳 2—渣线铜水套 3(BH)—油喷嘴 4—框架 5—H 梁 6—放锍口 7—池顶 8—检测孔 9—放渣口 10—底梁 11—粘土砖 12—弹簧压紧装置 13—池顶吊挂装置 14—侧梁 15—铬镁砖 16—填料 17—高强度轻质砖

(1) 沉淀池高度(包括空间高度和熔池深度)

沉淀池空间高度 $h_{空}$(m)指熔池液面至沉淀池拱顶最高点的距离，一般为 1.3 ~2.0 m，可按下式计算：

$$h_{空}=\frac{B_{上}-\sqrt{B_{上}^{2}-4\tan\alpha F_{梯}}}{2\tan\alpha}+h_{上弓} \qquad (3-3-6)$$

式中 $B_{上}$——沉淀池上部宽度(参阅图 3－3－3)，m，按式(3－3－16)计算；

α——炉墙内表面倾斜角，等于 9°~12°，一般取 10°；

$h_{上弓}$——沉淀池拱顶弓形空间高度，m，按式(3－3－13)计算；

$F_{梯}$——沉淀池液面上部空间梯形横截面积，m^2；

$$F_{梯}=F_{空}-F_{上弓}\quad m^2 \tag{3-3-7}$$

$F_{空}$——沉淀池空间横截面积，m^2；

$$F_{空}=\frac{V_{池}(1+\beta t_{池})}{v_{池}} \tag{3-3-8}$$

式中　$V_{池}$——通过沉淀池的炉气量(标准状态)，$m^3 \cdot s^{-1}$；

$t_{池}$——沉淀池炉气温度，℃，一般为1300～1350 ℃；

$v_{池}$——炉气通过沉淀池空间的实际流速，$m \cdot s^{-1}$，一般为6～9 $m \cdot s^{-1}$；

$F_{上弓}$——沉淀池拱顶弓形空间截面积，m^2，按下式计算：

$$F_{上弓}=\frac{R_1^2}{2}\left(\frac{\pi\theta_1}{180}-\sin\theta_1\right) \tag{3-3-9}$$

式中　R_1——沉淀池拱顶的曲率半径，m；

θ_1——沉淀池拱顶中心角，°。

熔池深度$h_{熔}$：一般为0.6～1.1 m。当铜锍品位低、处理量大，取较高值；反之，取较低值。熔池深度应使熔体积蓄足够热量来保持一定温度，并使铜锍与炉渣充分沉淀分离。

沉淀池总高度$H_{池}$(m)：

$$H_{池}=h_{空}+h_{熔} \tag{3-3-10}$$

(2) 沉淀池长度

沉淀池内部纵截面一般为上宽下窄的梯形，上下长度须分别计算。

沉淀池渣线处长度$L_{渣}$(m)(参阅图3－3－3)：

$$L_{渣}=l_1 D_{塔内} \tag{3-3-11}$$

式中　l_1——沉淀池的长度系数，一般为3.3～3.9，多数为3.3～3.5。

沉淀池上部长度$L_{上}$(m)：

$$L_{上}=L_{渣}+2\tan\alpha(h_{空}-h_{上弓}) \tag{3-3-12}$$

式中沉淀池拱顶弓形空间高度$h_{上弓}$(m)按下式计算：

$$h_{上弓}=R_1\left(1-\cos\frac{\theta_1}{2}\right) \tag{3-3-13}$$

沉淀池下部长度$L_{下}$(m)：

$$L_{下}=L_{渣}-2\tan\alpha h_{熔} \tag{3-3-14}$$

(3) 沉淀池宽度

沉淀池内部横截面一般上宽下窄，侧墙内表面的倾角α通常为9°～12°。

沉淀池渣线处宽度 $B_{渣}$(m)(参阅图3-3-2)：

$$B_{渣}=bD_{塔内} \tag{3-3-15}$$

式中 b——沉淀池宽度系数，一般为1.2~1.28，多数为1.25；

$D_{塔内}$——反应塔内径，m。

沉淀池上部宽度 $B_{上}$(m)：

$$B_{上}=B_{渣}+2\tan\alpha(h_{空}-h_{上弓}) \tag{3-3-16}$$

沉淀池下部宽度 $B_{下}$(m)：

$$B_{下}=B_{渣}-2\tan\alpha(h_{熔}-h_{上弓}) \tag{3-3-17}$$

式中 $h_{下弓}$——沉淀池底部的曲率半径，m，按下式计算：

$$h_{下弓}=R_2(1-\cos\frac{\theta_2}{2}) \tag{3-3-18}$$

式中 R_2——沉淀池底反拱曲率半径，m；

θ_2——沉淀池底反拱中心角，°。

(4) 反应塔中心至上升烟道中心间距 $L_{间}$(m)

$$L_{间}=l_2D_{塔内} \tag{3-3-19}$$

式中 l_2——间距系数，一般为2.0~2.8，多数为2.3~2.7。

(5) 上升烟道尺寸的计算

上升烟道有矩形截面和圆形截面两种结构，为便于砌筑多采用前者。

① 上升烟道横截面积 $A_{烟}$ 即上升烟道入口(或出口)横截面积(入口与出口横截面积可不相等)按下式计算：

$$A_{烟}=\frac{V_{烟}(1+\beta t_{烟})}{v_{烟}} \tag{3-3-20}$$

式中 $V_{烟}$——通过上升烟道入口(出口)的烟气量(标准状态)，$m^3\cdot s^{-1}$

$t_{烟}$——上升烟道入口(或出口)处烟气温度，℃

$v_{烟}$——上升烟道入口(或出口)处烟气实际流速，$m\cdot s^{-1}$，一般可取6~10 $m\cdot s^{-1}$

② 上升烟道的高度 $H_{烟}$(m)

$$H_{烟}=v_{烟}\tau_{烟} \tag{3-3-21}$$

式中 $\tau_{烟}$——烟气在上升烟道中的停留时间，s，一般取1.2~1.6 s

3.2.4 闪速炉主要结构参数及技术数据

闪速炉的主要结构参数及技术数据列于表3-3-1。

表 3-3-1 闪速炉主要结构参数及技术性能指标

名称		足尾(日)		佐贺关(日)		玉野(日)	小坂(日)	东予(日)	日立(日)	奥托昆普(芬兰)	桑姆松(土耳其)	芒特莫尔根(澳大利亚)	巴亚-马雷(罗马尼亚)	卡尔戈里(澳大利亚)
				1号	2号									
物料种类		铜精矿	铜精矿	铜精矿	铜精矿	铜精矿	铜精矿	铜精矿	铜精矿	铜精矿	铜精矿	铜精矿		镍精矿
生产能力/$t \cdot d^{-1}$		400	528	1340	1340	1100	600	1000	1100	600	1200	260		
单位生产率/$t \cdot m^{-2} \cdot d^{-1}$		51.68	55	51.80	44.30	38.92	30.57	35.39	43.30	54.8	31.30	27.03		
反应塔	直径/m	3.14	3.50	5.7	6.2	6.0	5.0	6.0	6.0	5.7	4.2	7.0	3.6	5.5
	高度/m	10.36	7.50	7.5	7.5	8.0	8.70	8.00	7.40	8.0	9.50	8.30		8.50
	容积/m^3	80.19	72.00	190	226	226	170.78	226	188.5	104	365.47	79.85		
	截面积/m^2	7.74	9.60	25.42	30.50	28.26	18.63	28.26	25.40	10.95	38.47	9.62		
	鼓风温度/℃	400~500	400~500	富氧 800~1000	富氧	450	450	450	950	450	450	450		
	烟气平均速度/$m \cdot s^{-1}$	3.3~3.7	3.27	3.62	3.24	2.39	3.79	2.62	2.77	3.69~3.82	2.48	2.06		
	烟气停留时间/s	2.78~3.12	2.29		2.07	3.51	2.30	3.05	2.82	2.48~2.58	3.83	4.03		
	烟气平均温度/℃	1350	1350				1290							
	容积热强度/$MJ \cdot m^{-3} \cdot h^{-1}$	75.3624~83.736	76.618	109.2755	112.6249			75.3624~96.2964	97.9711	82.1450				
上升烟道	出口断面积/m^2		7.64							9.03				
	入口断面积/m^2		6.20							4.91				
	出口速度①/$m \cdot s^{-1}$		4.39							5.03				
	入口速度/$m \cdot s^{-1}$		5.40							9.23				

续表

	名　称	足尾（日）		佐贺关（日）		玉野（日）	小坂（日）	东予（日）	日立（日）	奥托昆普（芬兰）	桑姆松（土耳其）	芒特莫尔根（澳大利亚）	巴亚－马雷（罗马尼亚）	卡尔戈里（澳大利亚）
				1 号	2 号									
沉淀池	上部长度/m		12.58	21.00		20.00	16.64	21.07	18.83	18.95				
	渣线长度/m		12.30	20.85		19.75	16.20	20.50	18.80	18.95	18.40	12.20		
	最大宽度/m		4.12	7.10		7.14	6.38	7.83	7.52	4.76				
	渣线宽度/m		3.84	7.0		7.00	6.00	7.50	7.30	4.66	8.00	4.40		
	高度/m		1.78	2.10		2.20	2.61	2.20	2.20	1.52	1.70	1.19		
	炉顶拱高/m		0.40	0.8			0.67	0.80	0.84	0.58				
	炉底反拱高/m		0.115		0.30	0.30	0.28	0.26	0.28	0.18	0.39	0.18		
	熔体平均深度/m		0.55	0.90	0.90	1.10②	0.55	0.70	0.70	0.50	0.70	0.70		
	烟气速度/$m\cdot s^{-1}$		5.10					8.61						
	烟气停留时间/s		1.71	2.20	2.14									
	炉渣储存时间/s		2.5	4	4	13	2		3	1.57				4
	冰铜储存时间/s		2.5	7.5	7.5	7	8		3					16
	冰铜口个数/个		2	5	5	6	3	6	5	2	4		1	4
	渣口个数/个		2	3	3	2	1	2	3	2	4		2	4
	喷油口/个			11	11	11	11							
精矿喷嘴	喷嘴类型	二段	一段	一段		一段				一段				
	个数/个	1	1	3	3	4	3	4	3	1				
	高度/m	1.85												
	热风管直径/m	0.9												
	最窄部直径/m	0.46		0.426		0.35								8.50
	出口直径/m	0.76												
	加料管直径/m	0.115		0.127		0.127								
	喷油口直径/m	1	1	1	1									
	喷嘴分布圆直径/m			1.41	1.40		1.25	1.25						
	喷嘴中心至塔壁距离/m	1.57	2.29	1.39	1.70		1.25	1.75						
	最窄部速度/$m\cdot s^{-1}$	130		128				80						
	出口速度/$m\cdot s^{-1}$	60												
	收缩管速度/$m\cdot s^{-1}$	50												
	压力/Pa	1961 ~ 2452	1471 ~ 1961	2452 ~ 2942	–	1961 ~ 2452	–	–	2942 ~ 2942	1961 ±				

①锅炉入口；②系电炉沉淀池

3.2.5　闪速炉的新发展

闪速炉技术的发展除了喷嘴的不断改进外，还有如下几方面的改进。

1. 设备大型化与操作自动化

世界上最大闪速炉的反应塔内径已达 7 m（土耳其萨姆松厂），处理能力最大已达 3480 $t \cdot d^{-1}$（美国圣马纽尔冶炼厂）。日本佐贺关厂，东予厂，澳大利亚卡尔古力厂及中国贵溪冶炼厂，金川有色金属有限公司等均采用计算机在线控制生产，以提高质量，稳定炉况及降低能耗。改进计算机控制模型，以适应富氧，高生产率，高品位冰铜的新情况是最近研究的重点。

2. 采用富氧熔炼和强化生产过程

以我国贵溪冶炼厂为例，通过采用富氧熔炼，并配用精矿喷嘴的改进，使闪速炼铜炉的生产能力由设计的 90 $kt \cdot a^{-1}$ 提高到现在的 4000 $kt \cdot a^{-1}$，同时还取消了热风作业。

3. 改进耐火材料和加强炉体冷却

改进耐火材料和加强炉体冷却可延长炉子寿命和提高炉子热强度。

在反应塔中下部，沉淀池渣线部位，以及放渣口，放锍口等处采用电铸铬镁砖，沉淀池上部采用高温烧成铬镁砖，在反应塔与沉淀池，沉淀池与上升烟道的连接部采用铬镁砖不定性耐火材料，并在高温部位安装冷却水套，使炉子寿命延长达 8 年以上。同时通过增加反应塔高温区的冷却水套，使闪速炉的热负荷大大增加，为提高闪速炉的生产率创造了条件。

4. 加强余热回收利用

闪速炉的烟气量大且温度高，一般与转炉烟气合并后通过余热锅炉产生饱和蒸汽来加热空气，发电及用做精矿干燥的热源。

5. 采用其他燃料作为热源

博茨瓦纳皮克威冶炼厂在处理铜镍精矿闪速炉的反映塔和沉淀池中用粉煤代替重油。每单位发热量的成本下降 90% 左右。日本玉野厂和东予厂用粉煤代油，并应用富氧热风，油耗下降约 70%，产能提高约 340%。东予厂曾采用不同燃料方案进行闪速熔炼，最后按富氧－粉煤－重油燃烧方案组织生产，粗铜产量较单纯用油方案增加 30%。

3.3　基夫塞特炉

3.3.1　概述

基夫赛特法是一种以闪速炉熔炼为主的直接炼铅法。该法是苏联“全苏有色金属科学研究院”开发的，20 世纪 60 年代进行试验研究，80 年代建设了工业性生产工厂，经多年生产运行，已成为工艺先进，技术成熟的现代化直接炼铅法，但在我国还没有工业生产的应用实例。

基夫赛特法的核心设备为基夫赛特炉（图3-3-4）。该炉由四部分组成：带氧焰喷嘴的反应塔；具有焦炭过滤层的熔池；冷却烟气的竖烟道及立式废热锅炉；铅锌氧化物还原挥发的电热区。

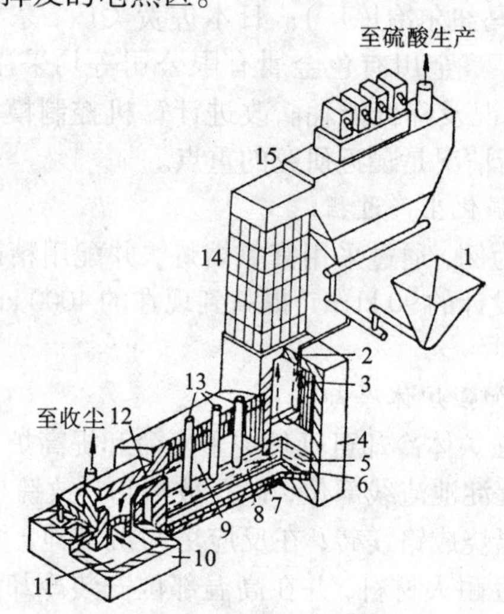

图3-3-4 基夫赛特炼铅法整体设备示意图

1—料仓 2—喷枪 3—燃烧焰 4—闪速熔炼室 5—炉渣 6—锍 7—粗铅 8—虹吸道 9—电炉 10—冷凝器 11—粗锌 12—烟道 13—电极 14—冷却上升烟道 15—电收尘

3.3.2 基夫赛特法的工作原理及特点

基辅赛特炉的工作原理是：干燥后的炉料通过喷嘴与工业纯氧同时喷入反应塔内，炉料在塔内完成硫化物的氧化反应并使炉料颗粒熔化，生成金属氧化物、金属铅滴和其他成分所组成的熔体。熔体在通过浮在熔池表面的焦炭过滤层时，其中大部分氧化铅被还原成金属铅而沉降到熔池底部。炉渣进入电热区，渣中氧化锌被还原挥发，然后经冷凝器冷凝成粗锌，同时渣铅进一步沉降分离，然后分别放出。由冷凝器出来的含 SO_2 的烟气经竖烟道和废热锅炉气送入高温电收尘器，而后送酸厂净化制酸。有的锌蒸汽不冷凝成粗锌，夹在烟气中由电炉出来后氧化，经滤袋收尘捕集氧化锌。

与传统的鼓风炉炼铅相比较，基夫赛特法具有以下优点：

（1）系统排放的有害物质含量低于环境保护允许标准，操作场地具有良好的卫生环境。

(2) 产出的二氧化硫烟气浓度高(20% ~50% SO_2)、体积少，有利于烟气净化和制酸。

(3) 炉料不需要烧结，生产在一台设备内进行，生产环节少。

(4) 焦炭消耗量少，精矿热能利用率高，能耗低。

(5) 生产成本低。

3.3.3　基夫赛特炉主要设备选择

基夫赛特炉炉顶和熔池以上的炉墙用高铝砖内衬，熔池部分用铬镁砖内衬。用内设水冷却铜水套的隔墙将炉子分成两部分，及熔炼段与烟化段。为延长砌体寿命，在反应塔与熔池炉壁还装有铜水套。为防止炉底耐火砌体被铅液渗透导致损坏，炉底设计了风道，采用鼓风冷却，用改变鼓风量的方法使炉底冷却风出口温度保持在 50 ~55 ℃之间。烟化段有 3 根石墨电极，使熔体过热，澄清和还原。

基夫赛特炉采用氧气自热熔炼，一般不需要燃料。在冶炼过程中加入焦炭主要作还原剂，其中约 10% 的焦炭在炉内起到补充热量的作用。

基夫赛特炉按每天处理的炉料量来选择其规格，目前有 500 $t·d^{-1}$ 及 720 $t·d^{-1}$ 两种规格(表 3 -3 -2)。

表 3 -3 -2　基夫赛特炉主要尺寸实例

项　　目	Ⅰ	Ⅱ
炉料处理器/$t·d^{-1}$	500	720
熔炼区面积/m^2	22	36
熔池内部尺寸：长×宽/m	13 ×4. 5	20 ×4. 5
电热区面积/m^2	36	45
反应塔内部尺寸：长×宽×高/m	2. 65 ×4. 5 ×5	3 ×4. 5 ×5
竖烟道内部尺寸：长×宽/m	2. 2 ×4. 5	3 ×4. 5
竖烟道高度/m	~22	~30
熔炼区喷嘴数量/个	2	2
电热区功效/kVA	4500	4500
电极直径/mm	555	800
电极数量/根	3	3

3.4　锌精馏塔

3.4.1　概述

精馏法精炼锌的设备是塔式锌精馏炉(图 3－3－5)简称精馏塔。

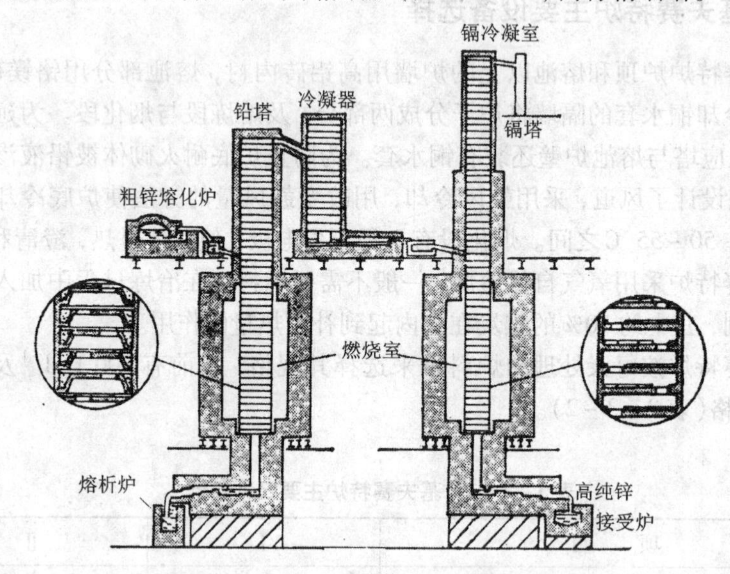

图 3－3－5　粗锌精馏塔设备连接示意图

锌精馏塔包括熔化炉、铅塔、熔析炉、镉塔(包括分馏室)、铅塔冷凝器、高镉锌冷凝器、精锌贮槽等部分，实际上是多台设备组合体的总称。粗锌精制是基于锌与杂质元素沸点不同的特点，在两种不同塔型中不同温度下蒸馏、冷凝回流，使锌与其他杂质金属分离，而得到高纯锌。即第一阶段是将粗锌加入到铅塔中脱除高沸点金属杂质 Fe、Pb、Cu 和 Sn 等；第二阶段是将含 Cd 锌在镉塔中脱除低沸点金属镉。但不论在铅塔中或镉塔中，都包括蒸馏和冷凝回流两个物理过程。

锌精馏精炼的特点是：

(1) 能产出含 Zn 99.99% ~99.998% 的高纯锌。

(2) 可直接产出粗铅,并富集原料中 Pb、Cd、In 和 Ge 等金属,有利于综合回收。

(3) 对原料适应性较强，机动性大。

(4) 塔体设备结构较复杂，需要优质的碳化硅耐火材料；筑炉和生产操作要求较严。

3.4.2　精馏设备及炉座组合形式

由图3－3－5可知，锌精馏塔一般由两座铅塔和一座镉塔组成一生产组。每座塔由50～60个塔盘组成。塔盘主要有两种，即蒸发塔盘和回流塔盘，其他还有加料盘、底盘、导气盘和锌封盘等。蒸发塔盘和回流塔盘如图3－3－6所示。

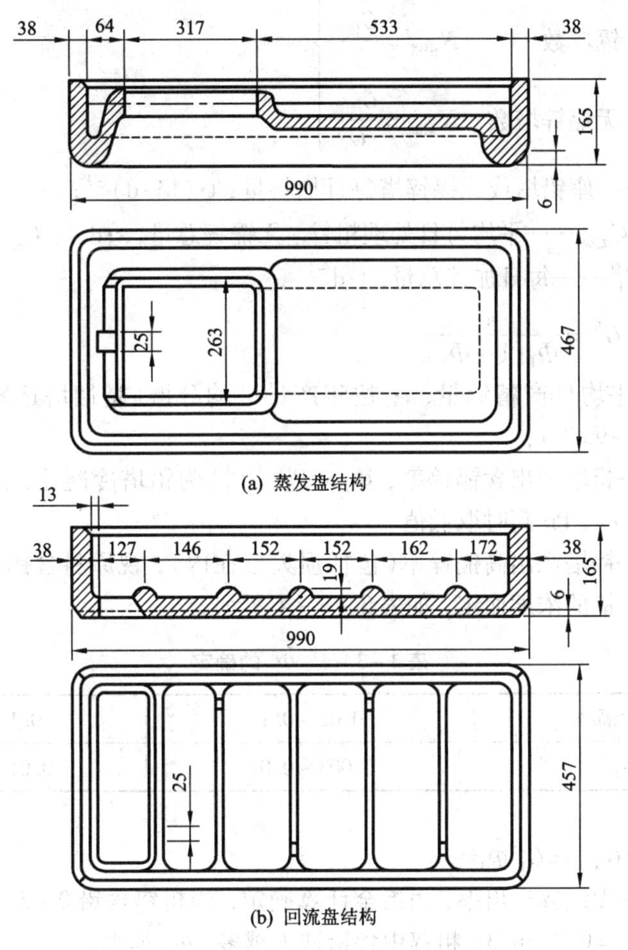

(a) 蒸发盘结构

(b) 回流盘结构

图3－3－6　蒸发塔和回流塔结构

3.4.2.1　炉型

（1）单塔盘炉　炉内叠置一组塔盘；结构简单，生产操作及控制方便，劳动条件较好。目前国内外广泛采用。

（2）单座脱铅、镉精馏炉　在铅塔上部后端设简易脱镉塔，将铅塔产出的锌蒸汽直接引入脱镉塔，能产出1~3级锌和高镉锌，可以单独生产，适应于中小型工厂。

3.4.2.2 炉座数的粗步确定

$$\left.\begin{aligned} &\text{铅塔数} \quad N_{\text{铅塔}}=\frac{G_{\text{粗锌}}}{G_1} \\ &\text{镉塔数} \quad N_{\text{镉塔}}=\frac{G_{\text{铅塔}}}{2} \\ &\text{无镉锌塔数} \quad N_{\text{无镉}}=\frac{G_{\text{无镉}}}{G_1} \end{aligned}\right\} \tag{3-3-22}$$

式中 G_1——一座铅塔或无镉锌塔每日加料量，t·(塔·d)$^{-1}$；

$G_{\text{粗锌}}$、$G_{\text{无镉}}$——平均每日处理粗锌、无镉锌总量，t·d^{-1}；$G_{\text{粗锌}}=G_1^{\text{总}}-G_{\text{无镉}}$

其中 $G_1^{\text{总}}$——每日加锌总量，t·d^{-1}

$$G_1^{\text{总}}=\frac{A}{\Phi_1(1-\Phi_2)} \tag{3-3-23}$$

式中 A——平均日产精锌量，t；按年产量平均分摊(精馏塔运转率约为90%~95%)；

Φ_1——铅塔产出含镉锌率，$\Phi_1=P_5^{\text{Pb}}$，P_5^{Pb} 为铅塔冷凝比，通常为0.63~0.75，原料含Fe、Pb高时取低值。

Φ_2——镉塔产出高镉锌率(包括损失量在内)，视原料含镉量及高镉锌中镉的浓度而定，如表3-3-4所示。

表3-3-4 Φ_2 的确定

原料含镉/%	0.02~0.1	0.1~0.5
Φ_2	0.003~0.01	0.01~0.02

$$G_{\text{无镉}}=G_1^{\text{总}}\Phi_3 \tag{3-3-24}$$

式中 Φ_3——无镉锌产出率，由冶金计算确定，当粗锌含铅0.05%~2%时，Φ_3=0.2~0.3，粗锌中含铅铁等越多，Φ_3 越大。

设置无镉锌塔是使无镉锌不进入镉塔重复精馏，以减少镉塔负荷。当 $N_{\text{无镉}}<2$ 时，取1；当 $2<N_{\text{无镉}}<3$ 时，取 $N_{\text{无镉}}=2$，其中不够的量由铅塔承担。

3.4.2.3 精馏塔的组合形式

根据粗锌处理规模和计算确定的塔座数，结合不同塔龄状况，制定塔的最佳组合形式以发挥每台炉的作用。常采用的组合形式见表3-3-5。

表 3－3－5　锌精馏塔组合形式

项　目	三塔式	七塔式	十塔式	单座脱铅、镉精馏炉	四塔(或八塔)式
炉座组成	2 铅塔 1 镉塔	4 铅塔 2 镉塔 1 无镉锌塔	6 铅塔 3 镉塔 1 无镉锌塔	由一座铅塔 上接一段脱镉 分馏塔	2 铅塔 1 镉塔 1 无镉锌塔或 三铅塔二镉塔，三无镉锌塔
技术特点	能充分发挥镉塔的生产能力	有利于延长铅塔寿命，减少镉塔负荷	有利于延长铅塔寿命，减少镉塔负荷	设备投资省，燃料消耗低，生产能力高，但不能产出特级锌	有利于提高产品质量延长塔体寿命，但无镉锌塔能力未充分发挥。八塔式：有利于铅塔提高产品质量，延长塔体寿命
适应范围	原料含铅铁较低	组合较合理广泛适应于大中型企业	适应于原料含铅、铁不太高的大型企业	要求成品为 1－3 级锌	原料含铅、铁较高的大、中型企业

3.4.3　锌精馏塔的生产能力和塔盘的尺寸

3.4.3.1　单位面积生产率

塔体受热面积单位生产率又称塔壁工作强度。为使用方便，铅塔、无镉锌塔及镉塔的单位面积生产率均折合成成品精锌量计算，因此铅塔(无镉锌塔)单位生产率按下式计算：

$$a_{Pb}=\frac{G_1\Phi_1(1-\Phi_2)\times 10^3}{F_{Pb}}\quad \text{kg}\cdot(\text{m}^2\cdot\text{d})^{-1}\qquad(3-3-25)$$

镉塔单位生产率为：

$$a_{Cd}=\frac{G_1\Phi_1(1-\Phi_2)\times 10^3}{F_{Cd}}\quad \text{kg}\cdot(\text{m}^2\cdot\text{d})^{-1}\qquad(3-3-26)$$

式中　F_{Pb}、F_{Cd}——分别为铅塔和镉塔的受热面积，m^2。

单位面积生产率主要根据原料杂质含量、生产精锌纯度及冶炼条件，参考同类型精馏炉实际生产指标确定或计算得出。。铅塔单位面积生产率一般为 0.9～1.23 $\text{t}\cdot(\text{m}^2\cdot\text{d})^{-1}$，镉塔单位面积生产率一般为 1.8～2.4 $\text{t}\cdot(\text{m}^2\cdot\text{d})^{-1}$，大型塔一般还增大 10～15%。表 3－3－6 为塔式锌精馏炉单位面积生产率实践数据表。

表 3-3-6　为塔式锌精馏炉单位面积生产率实践数据表

厂名	塔种类	加热面积，F/m^2	日处理量 $/t\cdot(塔\cdot d)^{-1}$	精锌产量 $/t\cdot d^{-1}$	a $/kg\cdot(m^2\cdot d)^{-1}$
葫芦岛锌厂	铅塔	13.57	20~22		1068~1140
	镉塔	13.57		29~31	2136~2280
	无镉锌塔	13.57	20~22	13~14.3	958~1053
葫芦岛锌厂	单座脱铅镉精馏炉	13.57	20~22	1~3 级锌 15~16	1105~1178
韶关冶炼厂	铅塔	13.57	18.0		
	镉塔	13.57		24~26	1768~1916
水口山四厂	铅塔	13.57	15~20		920~1120
	镉塔	13.57		25~30	1840~2240

3.4.3.2　塔内所需热量和塔体受热面积

（1）塔内需要热量　每生产 1 kg 精锌需传入铅塔和镉塔的有效热，按下式进行计算：

$$\left.\begin{aligned} q_T^{Pb} &= \frac{C_{Zn}(t_1^{Pb}-t_2^{Pb})+P_4^{Pb}\gamma_g}{\Phi_1(1-\Phi_2)} \\ q_T^{Cd} &= \frac{C_{Zn}(t_1^{Cd}-t_2^{Cd})+P_4^{Cd}\gamma_g}{(1+\Phi_2)} \end{aligned}\right\} \tag{3-3-27}$$

式中　q_T^{Pb}、q_T^{Cd}——生产 1 kg 精锌需传入铅塔和镉塔的有效热，$kJ\cdot kg^{-1}$；

C_{Zn}——锌液平均比热容，$kJ\cdot(kg\cdot ℃)^{-1}$；

t_1^{Pb}、t_1^{Cd}——塔内锌液工作温度，℃，铅塔为 920 ℃，镉塔为 910 ℃；

t_2^{Pb}、t_2^{Cd}——入塔锌液温度，℃，其中铅塔为 580~650 ℃，镉塔为 600~650 ℃；

P_4^{Pb}、P_4^{Cd}——铅塔、镉塔内的蒸发比（蒸发量/加入量），参考有关资料；

γ_g——锌或高镉锌气化潜热，$kJ\cdot kg^{-1}$，取锌蒸气，$\gamma_g = 1781\ kJ\cdot kg^{-1}$。

通过单位面积铅塔、镉塔塔壁传入的热量 q_k^{Pb}、q_k^{Cd}，可按下列通用公式进行计算：

$$q_k = \frac{t_{外} - t_{内}}{\dfrac{S_1}{\lambda_1} + \dfrac{S_2}{\lambda_2}} \tag{3-3-28}$$

式中　q_k^{Pb}、q_k^{Cd}——通过单位面积铅塔和镉塔塔壁传入的热量，$kJ\cdot(m^2\cdot h)^{-1}$；

$t_{外}$、$t_{内}$——分别为塔外壁和内壁的温度，塔外壁 1000~1200 ℃、塔内壁

920~930℃，镉塔均取低值；

S_1、S_2——塔盘壁、涂层厚度，m；

λ_1、λ_2——塔盘壁、涂层导热系数，kJ·(m·h·℃)$^{-1}$。

(2) 塔体受热面积

每座铅塔及无镉锌塔受热面积：

$$\left.\begin{aligned} F_{Pb} &= \frac{A \times 10^3}{a_{Pb}(N_{铅塔} + N_{无镉})} \\ 或\ F_{Pb} &= \frac{G_1 \Phi_1 (1 - \Phi_2) \times 10^3}{a_{Pb}} \end{aligned}\right\} \quad (3-3-29)$$

每座镉塔受热面积：

$$\left.\begin{aligned} F_{Cd} &= \frac{(A - A_{无镉}) \times 10^3}{a_{Cd} N_{无镉}} \\ 或\ F_{Cd} &= \frac{2G_1 \Phi_1 (1 - \Phi_2) \times 10^3}{a_{Cd}} = \frac{G_1^{Cd} (1 - \Phi_2) \times 10^3}{a_{Cd}} \end{aligned}\right\} \quad (3-3-30)$$

式(3-3-29)、(3-3-30)中

F_{Pb}、F_{Cd}——分别为铅塔(无镉锌塔)和镉塔塔体受热面积，m^2；

$A_{无镉}$——无镉锌塔产精锌量，t·d^{-1}；

G_1^{Cd}——塔体加料量，t·d^{-1}。

(3) 塔体的有效受热面积 F(m^2)：

$$F = \frac{q_T}{q_k} \quad (3-3-31)$$

3.4.3.3　塔盘结构及结构要求

如前所述，锌精馏塔主要塔盘有两种，即蒸发塔和回流塔，其形状见图3-3-6，国内通用塔盘型号规格见有关参考资料。塔盘尺寸的大小选择，应根据生产量确定，既不要能力过剩，也不能过负荷运行，影响塔盘质量和塔体寿命。

1. 蒸发塔为W型

使金属熔体存在于靠盘壁的沟槽内，以增大金属熔体与盘壁的接触面，盘中间向上凸起，形成金属薄膜层，以减少盘内金属存量，并扩大金属蒸发表面。

蒸发盘结构尺寸的技术要求如下：

(1) 上下两盘的空间高度应保证塔内最大锌蒸汽水平气速 <10 m·s^{-1}，且水平方向的阻力不能太大。

(2) 塔盘沟槽内的锌液面高度大于盘壁高度的一半，以达到提高传热效率的目的。

(3) 塔盘的上气孔面积也应适合最大气流速度的要求。

(4) 盘内水平薄层锌液的高度视塔盘的大小一般取 10 ~ 20 mm。

(5) 盘壁接口呈向里倾斜的坡面，以保证塔盘叠砌稳固，倾斜角取 7° ~ 9°。

2. 回流盘

它又称分馏盘，为长方形。其结构特点是能保证锌液与气相有最大的接触面，以便充分进行分馏。

回流盘结构要求：

(1) 平底面设有导流格棱和溢流口，使锌液在盘面呈 S 形流动，延长盘内气液两相的接触时间。

(2) 格棱高度 15 ~ 20 mm，溢流口高度 10 ~ 15 mm，盘内盛锌液部分的面积占盘总面积的 60% 以上。

(3) 盘的上气孔气体流速和上、下盘的空间横向气体流速应小于 10 $m \cdot s^{-1}$。

3.4.4 锌精馏法的现状和发展动向

精馏技术与世界同步发展，其发展趋势如下：

(1) 塔盘大型化　国内 A 厂首先改制，由原来 990 mm × 457 mm 研制成 1260 mm × 620 mm 型大塔盘成功，使生产能力提高 40%；而 B 厂相继也改制大型塔盘 1372 mm × 762 mm，同时增加了塔体高度，生产能力提高一倍以上，并得到全面推广。

(2) 应用范围广　精馏炉除生产精馏锌外，还用于生产普通锌粉和超细锌粉、高级氧化锌粉等。

(3) 精馏炉生产过程机械化和自动化　在生产过程中热工自动化程度逐渐完善、基本实现燃烧室温度控制自动化。

(4) 提高塔盘制作质量　塔盘生产过程与质量检测实现了系列化、标准化，使得塔盘制作质量提高，延长塔盘使用寿命。

习题及思考题

3-3-1　详述闪速炉的结构特点及工作原理。

3-3-2　铜闪速熔炼炉与镍闪速炉熔炼炉有什么异同？

3-3-3　简述基夫塞特炉的工作原理及结构特点。

3-3-4　基夫塞特炉与闪速炉有什么异同？

3-3-5　闪速炉的发展趋势怎样？

3-3-6　锌精馏塔的结构有何特征，其有几种塔型？

3-3-7　简述锌精馏塔在我国的应用情况及发展趋势。

4　转　炉

4.1　概述

向熔融物料中喷入空气(或氧气)进行吹炼，且炉体可转动的自热熔炼炉称为转炉。事实上，转炉属熔池熔炼炉，但它又是一种较古老的炉型。转炉可分为卧式转炉、虹吸式转炉(图 3-4-1)及氧气炼钢转炉三类。它们有各自的特点及用途。

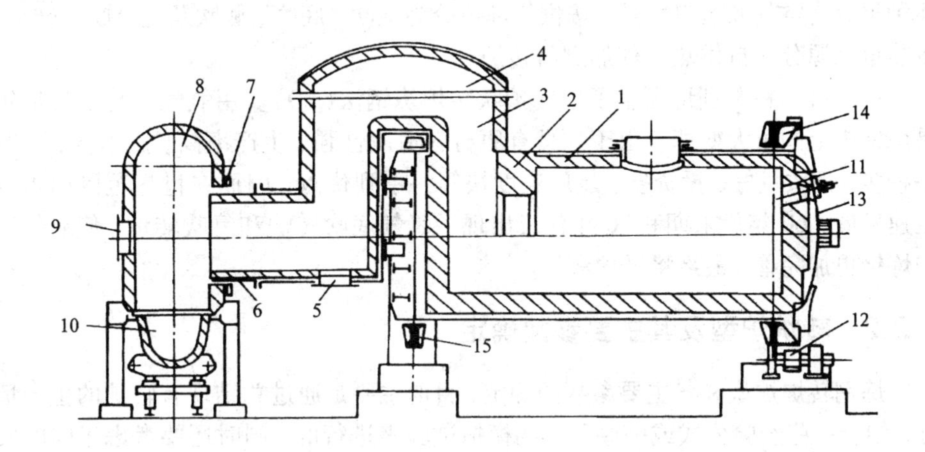

图 3-4-1　虹吸式转炉结构示意图

1—圆筒形炉体　2—炉拱　3—虹吸烟道　4—烟道盖　5—人孔　6—圆筒形烟道　7—密封圈　8—固定烟道　9—人孔　10—收集烟灰的小车　11—油喷嘴　12—传动齿轮　13—转炉端盖　14—齿轮箍　15—托轮

卧式转炉是有色冶金生产中用于处理铜和镍硫化物的主要冶金设备。它的特点是不需要燃料，仅靠锍(金属硫化物)与鼓入的空气反应放出的热量。

目前卧式转炉主要用来处理铜锍生产粗铜，由于普遍采用了捅风眼机，应用了全封闭的密闭烟罩，减轻了工人的劳动强度。富氧吹炼技术的应用以及虹吸转炉(霍勃肯转炉)的出现，使烟气中 SO_2 浓度达到 8%～9%，甚至高达 15%，这不但使制酸尾气 SO_2 浓度能达标排放，同时还提高了转炉的生产能力。

氧气顶吹转炉是一个直立的、实心底的圆筒形炉，有一支直立的水冷氧枪从顶部插入炉内。在装料和出钢的时候，炉身可以倾动。通常的炉料为铁水、废钢和造渣材料。也可加入少量的冷生铁和铁矿石。这种炼钢方法区别于其他方法的特点是，它靠炉料各组分与氧反应所产生的热量来达到要求的温度，而不用其他能源。但有时为了超过正常范围使用更多的废钢，也可以用附加燃料来调整热平衡。

本章重点讲述氧气炼钢转炉和卧式炼铜转炉。

4.2 炼钢转炉

4.2.1 炼钢转炉的分类及应用

炼钢转炉按炉衬耐火材料性质可分为碱性转炉和酸性转炉，按供入氧化性气体种类分为空气和氧气转炉，按供气部位分为顶吹、底吹、侧吹及复合吹炼转炉，按热量来源分为自供热和外加燃料转炉。

1952 年，在奥利地诞生了氧气预吹转炉炼钢法(LD)。用氧气代替空气炼钢是炼钢史上的重大变革。由于它具有原材料适应性强、生产率高、成本低、可炼品种多、钢质量好、投资省、建厂速度快等一系列优点，因而在世界范围内得到迅速发展。60 年代末期和 70 年代又出现了氧气底吹转炉和复吹转炉，使氧气转炉炼钢更加完善，最终将平炉淘汰。

4.2.2 转炉炉型及其主要参数确定

炼钢转炉炉型和各主要参数的确定，目前主要是通过总结现有转炉的生产情况，结合一些经验公式或一些可行的模拟试验来进行的，同时还要考虑车间的实际条件，大中小型炉型的差异，以及新技术应用情况等。

4.2.2.1 转炉炉型

转炉炉型系指转炉炉膛的几何形状，亦即由耐火材料砌成的炉衬内形。目前，国内外转炉炉型主要有筒球型、锥球型和截锥型三种(图 3－4－2)。我国推荐用转炉炉型是筒球型和截锥型，即为对称炉帽、直筒形炉身，炉底形状因炉容大小和修炉方式不同而异。容量 100 t 以下的转炉，一般采用截锥型活炉底，容量 150 t 以上的转炉，采用筒球型死炉底。

4.2.2.2 转炉炉体的主要参数

转炉炉体的主要参数包括炉容比、高宽比、熔池直径和深度、炉帽尺寸和炉身高度等。

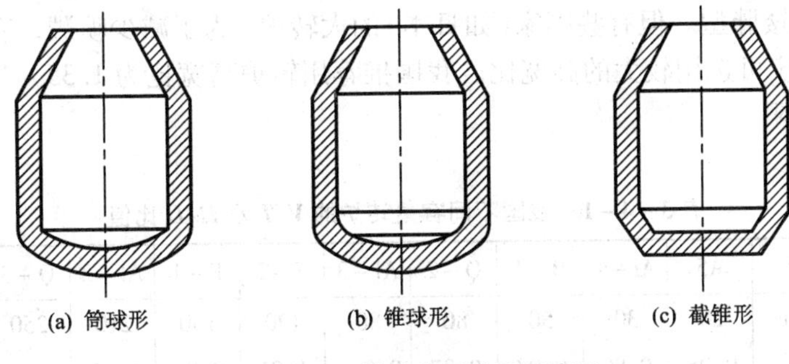

图 3－4－2　转炉常用炉型示意图

1. 转炉的炉容比

转炉的炉容比又称容积系数，即转炉的工作容积与公称吨位之比，以“V/T”比值表示，亦即每单位公称吨位所占炉膛有效空间的体积，其单位是 $m^3 \cdot t^{-1}$。

炉容比是炉型设计以及衡量转炉技术性能的主要参数，是影响炉衬寿命和引起炉子喷溅的重要因素。合适的炉容比，能够满足吹炼过程中炉内激烈的物理化学反应的需要，从而能获得较好的技术经济效果和劳动条件。

选择炉容比时应结合转炉操作及原材料性质等因素综合考虑。当转炉吹炼采用铁水比例较大，或铁水含磷含硅较高，或采用较大的供氧强度，而冷却剂又使用铁矿石（或氧化铁皮）等条件时，炉容比就要选择大些。反之，可考虑小些。我国推荐转炉炉容比为 0.9～0.95 $m^3 \cdot t^{-1}$。小容量转炉取上限，大容量转炉取下限，我国已建成的转炉的炉容比见表 3－4－1。

2. 转炉的高宽比

转炉的高宽比是指转炉炉壳总高 $H_{总}$ 和炉壳外径 $D_{壳}$ 之比值（$H_{总}/D_{壳}$），见图 3－4－3。

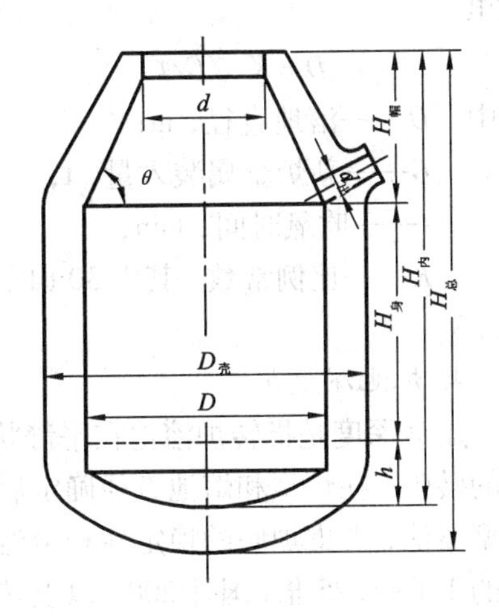

图 3－4－3　转炉主要尺寸示意图

h—熔池深度　$H_{身}$—炉身高度　$H_{帽}$—炉帽高度　$H_{总}$—转炉总高难度　$H_{内}$—转炉有效高度　D—熔池直径　$D_{壳}$—炉壳直径　d—炉口直径　$d_{出}$—出钢口直径　9—炉帽倾角

炉子过于细长，必然导致厂房高度和有关设备的高度增加，使基建投资和设备费用增加；过于矮胖的炉子，又往往使炉内喷溅物增多，金属直收率下降。因此，高宽比又是一个衡量转炉炉型设计是否合理的重要参数之一。从转炉大型化的发展趋势来看，炉子的高宽比已趋向减小，即由细高型趋于矮胖型。但有些国家（如日本）的大转炉，为了减少喷溅，争取较好的操作指标，宁可选用较大的高宽比。我国推荐用转炉高宽比为1.35～1.60，大容量转炉取下限。

表3-4-1　我国不同容量转炉的 V/T 及 H/D 比值

厂　名	A5	Al-1	B-1	Q-2	Al-3	F-2	F-1	Al-2	Q-3	BAD-1
转炉容量/t	20	30	50	80	80	120	150	210	250	300
V/T/$m^3 \cdot t^{-1}$	0.98	0.80	0.93	0.87	0.805	1.01	0.86	0.92	1	1.05
H/D	1.61	1.675	1.42	1.46	1.42	1.46	1.31	1.30	1.30	1.35

3. *熔池直径 D*

熔池直径系指转炉熔池平静状态时金属液面的直径。它与炉型、供氧强度、喷头类型以及金属装入量等有关。当装入量增大或供氧强度增大使吹氧时间缩短时，单位时间内脱碳的数量和从熔池排出CO气体的数量增加，此时若熔池直径过小，就会引发喷溅并严重冲刷炉衬。熔池直径常用以下经验公式计算，但计算结果还必须与已投产的吨位相近、生产条件相似的炉子进行比较并作适当调整。这里

$$D = K\sqrt{G/\tau} \tag{3-4-1}$$

式中　D——溶地直径，m；

G——新炉金属装入量，t；

τ——吹氧时间，min；

K——比例常数，其中30 t以上转炉 $K=1.85\sim2.1$，20 t以下转炉 $K=2.0\sim2.3$。

4. *熔池深度 h*

熔池深度是指转炉溶池在平静状态下从金属液面到炉底的距离。对于一定容量的转炉，在炉型和熔池直径确定后，可以利用几何公式计算出熔池深度。对筒球型熔池，考虑炉底的稳定性和熔池有适当的深度，一般球形底的半径为熔池直径的1.1～1.25倍（国外200 t以上转炉为0.8～1.0倍）。若取 $R=1.1D$ 时，金属熔池体积 $V_{金属}$ 的计算公式为：

$$V_{金属} = 0.79hD^2 - 0.046D \tag{3-4-2}$$

经整理后可知熔池深度

$$h = \frac{V_{金属} + 0.046D^3}{0.79D^2} \tag{3-4-3}$$

式中　h——熔池深度，m；

$V_{金属}$——金属熔池的体积，m^3；

D——熔池直径，m。

由于炉型与熔池直径及深度之间有相互调整的关系，所以在炉型设计中，有时先计算和确定熔池深度，然后再确定熔池直径。但不管用哪种方法，都要避免炉底直接受氧气射流的冲刷，氧气射流穿透金属的深度 $h_{穿}$ 应当小于溶池深度 h。一般 $h_{穿} \leqslant 0.7h$ 时较合适。

5. 炉帽尺寸

氧气转炉一般都采用正口对称炉帽。形状为上小下大的截圆锥体。炉帽的确定主要包括炉口直径、炉帽倾角、炉帽高度和炉帽的有效容积的选择。

（1）炉口直径 d　主要应满足兑铁水和加废钢作业时的需求，对大中型转炉还要考虑副枪的应用。在此前提下，适当减少炉口直径有利于减少热损失，防止喷溅物大量从炉口喷出，以及倒炉测温取样时引起钢流外溢现象。但炉口直径过小又会增大气流速度和增加喷溅（一般气流速度不超过 15 $m \cdot s^{-1}$）。炉口直径 d 为熔池直径 D 的 43% ~53%，大炉子取下限，小炉子取上限。

（2）炉帽倾角 θ　一般为 60° ~68°，大炉子取下限，小炉子取上限。倾角过小容易引起炉帽砌砖倒塌；倾角过大，出钢时容易从炉口下渣。

（3）炉帽高度 $H_{帽}$(m)　可按熔池直径 D、炉口直径 d 和炉帽倾角 θ 的几何关系计算，即

$$H_{帽} = 1/2(D - d)\tan\theta \quad (3-4-4)$$

（4）炉帽有效容积 $V_{帽}$(m^3)可按下式计算：

$$V_{帽} = 0.262H_{帽}(D^2 + d_{+}Dd) \quad (3-4-5)$$

式中　0.262——体积系数。

（6）炉身尺寸

转炉在熔池以上的炉身高度 $H_{身}$(m)可按下式确定：

$$V_{身} = V_{总} - V_{帽} - V_{金} \quad (3-4-6a)$$

$$H_{身} = \frac{V_{身}}{1/4\pi D^2} \quad (3-4-6b)$$

式中　$V_{总}$——转炉的有效总容积，可按转炉容量和选定的炉容比确定，m^3；

$V_{帽}$、$V_{身}$、$V_{金}$——分别为炉帽、炉身和金属溶地的容积，m^3；

D——熔池直径，m。

7. 出钢口

出钢口在出钢时处于最低位置，以便能将钢水全部出净，通常位于炉帽和炉身交界处。出钢口过大，使出钢时间短，没有足够时间加入铁合金，钢流容易分

散，同时渣也容易在出钢时被带入。出钢口过小，导致钢流惯性很小，不能产生所需要的混合作用。

出钢口的直径 $d_{出}$（cm）可按如下经验公式确定：

$$d_{出}=\sqrt{63+1.75T} \quad (3-4-7)$$

式中 T——转炉平均炉产钢水量，t。

出钢口角度是指出钢口中心线与水平线夹角。主要考虑对钢水的搅拌和操作上的方便来确定出钢口角度的大小。若出钢口角度过小，出钢时钢水的搅拌能力弱，影响钢包中钢水的温度及成分的均匀性，也不利于夹杂上浮和气体排出。出钢口角度过大时，出钢时难于对准钢水罐，钢流及钢水罐车在出钢过程中移动距离较大，而且出钢时容易下渣，但对钢水罐内钢水的搅拌力较强。此外出钢口角度小时，开启和堵塞出钢口操作方便，所以大型转炉出钢口角度为0°~20°。

4.2.3 氧气顶吹转炉

4.2.3.1 氧气顶吹转炉的构造及主要设备

氧气顶吹转炉的构造及设备包括炉壳、托圈、耳轴及倾动机构，如图3-4-4所示。

1. 炉壳

由锥形炉帽、圆筒形炉身及球形炉底三部分组成。各部分用钢板成型后再焊接成整体。钢板厚度主要取决于炉子容量，炉壳的损坏主要是产生裂纹和变形。因此，要求炉壳材质有良好的焊接性能和抗蠕变性能。为防止炉帽变形，近年来广泛采用水冷炉口。

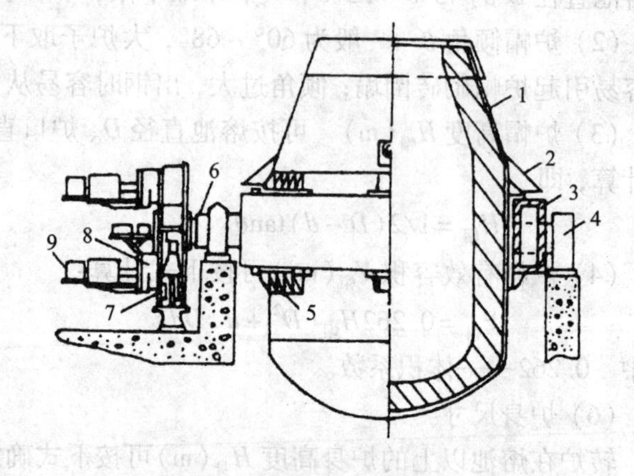

图3-4-4 转炉炉体结构

1—炉壳 2—挡渣板 3—托圈 4—轴承及轴承座，5—支撑系统 6—耳轴 7—制动装置 8—减速机 9—电机及制动器

2. 托圈

其主要作用是支撑炉体，传递倾动力矩。大、中型转炉托圈，一般用钢板焊成箱式结构，可通水冷却。托圈与耳轴连成整体，转炉则坐落在托圈上。转炉与托圈之间用若干组斜块和卡板槽连接。二者之间可相对滑动。托圈与炉壳之间留有一定间隙，使二者受热膨胀不受限制。

3. 耳轴

转炉工艺要求炉体应能正反旋转360°，在不同操作期间，炉子要处于不同的倾动角度。为此，转炉有两根旋转耳轴，一侧耳轴与倾动机构相连而带动炉子旋转。为通水冷却托圈、炉帽及耳轴本身，将耳轴制成空心的。耳轴和托圈用法兰盘、螺栓或焊接等方式连接成整体。

耳轴位置是通过重心计算确定的，能保证在倾动机构失灵时，转炉能靠本身的重量自动回到垂直位置。

4. 倾动机构

其作用是倾动炉体，以满足兑铁水、加废钢、取样、出钢和倒渣等操作的要求。该机构应能使转炉炉体正反旋转360°，在启动、旋转和制动时，能保持平稳，并能准确的停在要求的位置上，安全可靠。

倾动机构由电动机和减速装置组成。大、中型转炉用多级转速．其范围为0.1～1.3 r/min。小型转炉多采用固定转速，一般在0.6～0.8 r/min之间。

4.2.3.2　转炉炉衬

金属炉壳内砌筑的耐火材料即为炉衬。转炉炉衬由工作层、填充层和永久层组成。

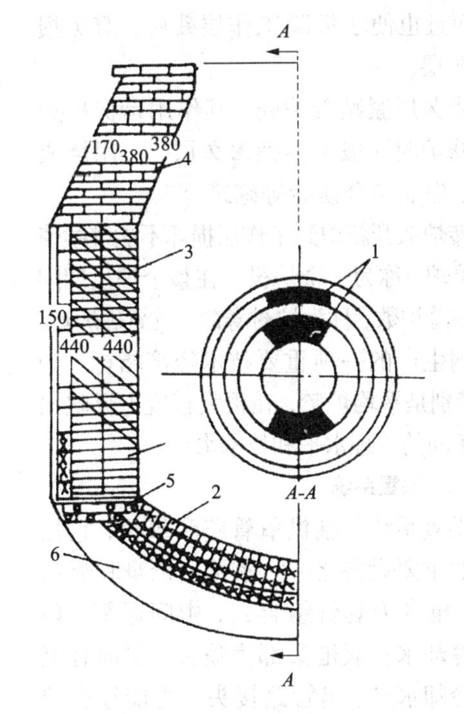

图3-4-5　转炉砌砖图

1—镁白云石烧成油浸砖　2—合成高钙镁砖　3—高档镁碳砖　4—中档镁碳砖　5—低档镁碳砖　6—永久层

工作层直接与钢水、炉渣和炉气接触，不断受到物理的、机械的和化学的冲刷、撞击与浸蚀作用，其质量直接关系着炉龄的高低。国内中小型转炉，普遍采用焦油白云石质或焦油镁砂质大砖砌筑炉衬。为提高炉衬寿命，目前已广泛使用镁质白云石为原料的烧成油浸砖。另外，为使炉衬各部位破损均衡发展，不致因局部严重破损而停炉，以达到延长炉衬寿命的目的，而采用均衡炉衬的砌筑方法。即根据炉子各部位的工作条件和破损性质的不同。采用不同材质和厚度的砖组合砌筑。对浸蚀最严重的部位，如装料侧、渣线区、炉底等部位，使用具有耐火度高、高温强度大、抗炉渣浸蚀能力强等性能的优质耐火材料，我国大、中型转炉采用镁碳砖。

对浸蚀较小的部位，如出钢侧、炉帽等部位，则尽量减薄衬砖厚度，并使用普通镁质白云石砖。图 3 - 4 - 5 为某厂 150 t 转炉综合砌砖示意图。

填充层介于工作层与永久层之间，一般用焦油镁砂或焦油白云石料捣打而成，此层的作用是减轻炉衬膨胀时对炉壳的挤压，而且也便于拆除工作层残砖，避免损坏永久层。

永久层紧贴着炉壳，其作用是保护炉壳。修炉时一般不拆换永久层，可用烧成镁砖、焦油结合镁砖等砌筑。

转炉从开新炉到工作层损坏不能继续使用而停炉，称为一个炉役。在整个炉役期间炼钢的总炉数，称为炉衬寿命，或简称炉龄，是炼钢生产的一项重要技术经济指标。炉龄，特别是平均炉龄，在很大程度上反映出炼钢车间的管理水平和技术水平。

4.2.3.3 供氧系统

供氧系统包括供氧管路和氧枪，它是转炉的重要设备之一。氧枪由枪身和喷头组成，枪身为套管组合式，中间通氧，环缝通冷却水。氧枪头部为喷头，尾部有氧气和冷却水进、出管路接头。为能经受炉内高温恶劣的环境，喷头也需要水冷。图 3 - 4 - 6 为氧抢装置及三孔喷头结构示意图。

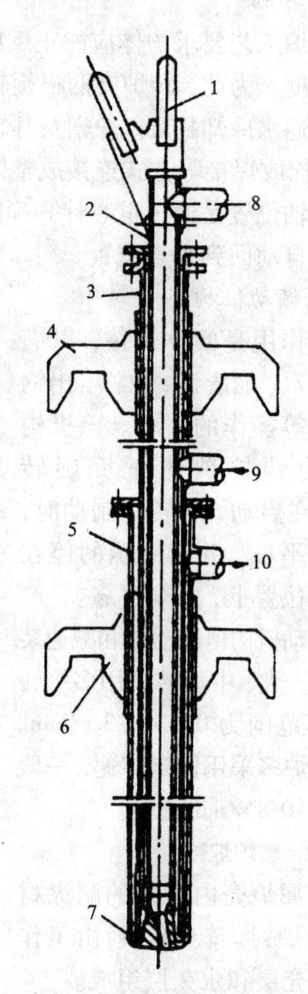

图 3 - 4 - 6 吹氧管基本结构简图

1—吊环 2—中心管 3—中层管 4—上托座 5—外层管 6—下托座 7—喷头 8—氧气管 9—进水口 10—出水口

喷头是氧枪的关键部分，其结构有整体式和组合式两种。大多喷头是用紫铜锻造后切削而成，也有直接铸造。高压氧气在管道中流速很低，而流经喷头后，形成了流速为 50 $m \cdot s^{-1}$ 左右的超音速射流，显然，喷头是压力 - 速度的能量转换器，它将高压低速氧流转化为低压高速氧流，从而使其具有很高的动能并满足冶炼过程的需要。

根据吹炼工艺要求和氧枪结构的发展，喷头断面形状有收缩型、直筒型、喇叭型。拉瓦尔型(收缩 - 扩张型)等，其中拉瓦尔型应用最普遍，它能够把压力最大限度地转换成速度。根据喷头孔数，可以把喷头分为单孔和多孔两类，目前生产上使用较多的是3～7孔喷头。

4.2.3.4　供料系统

供料包括金属料和散装料两类。铁水用铁水包、废钢用废钢槽由炉口加入，散料供应较复杂。图3－4－7为炉上料仓及加料系统示意图。转炉顶部上方设置各种材料料仓，散装料经皮带运输机或多斗提升机由主厂房外运入炉上料仓。炉上料仓下部设有自动称量漏斗、汇总料斗和溜槽等。加料时，通过炉前操纵室控制，可以向炉内加入要求种类和数量的炉料。

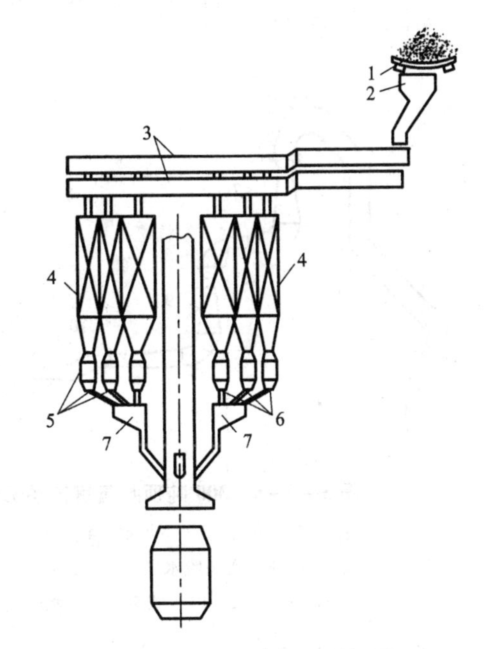

图3－4－7　胶带及管式振动输送机上料图

1—胶带运输机　2—转运漏斗　3—管式振动输送机
4—高位料仓　5—分散称量漏斗
6—电磁振动给料器　7—汇集漏斗

4.2.3.5　废气处理系统

顶吹转炉吹炼过程中，炉内产生大量含CO的高温气体．这种气体夹带大量氧化铁、金属铁和其他细小颗粒，是一种污染环境和有害健康的废气，必须净化处理并回收有用组分。

通常，把炉内产生的废气称为炉气，把出炉口后的废气称为烟气。炉气中含CO 85%～90%，温度1773～1873 K，炉气数量约为供氧量的1.5倍以上。转炉烟气含尘量为15～120 g/m^3，采用燃烧法处理废气时烟尘粒度小于1 μm的约大于90%，采用未燃法小于20 μm的约大于80%。

废气处理有燃烧法和未燃法两种，前者是炉气出炉口后与大量空气混合燃烧，然后废气经冷却除尘排入大气中；后者是控制炉气尽量不燃烧，然后经冷却除尘后回收煤气，或点火放散。燃烧法操作简便，系统运行安全，但废气量为未燃烧法的4～6倍，废气处理系统容量大、设备和运转费用多，煤气未加回收。未燃法烟气量少，设备容量小，煤气可以回收。

废气处理系统由气体收集与输导、降温与除尘、抽引与排放三部分组成。图3－4－8为未燃烧法除尘系统的设备。

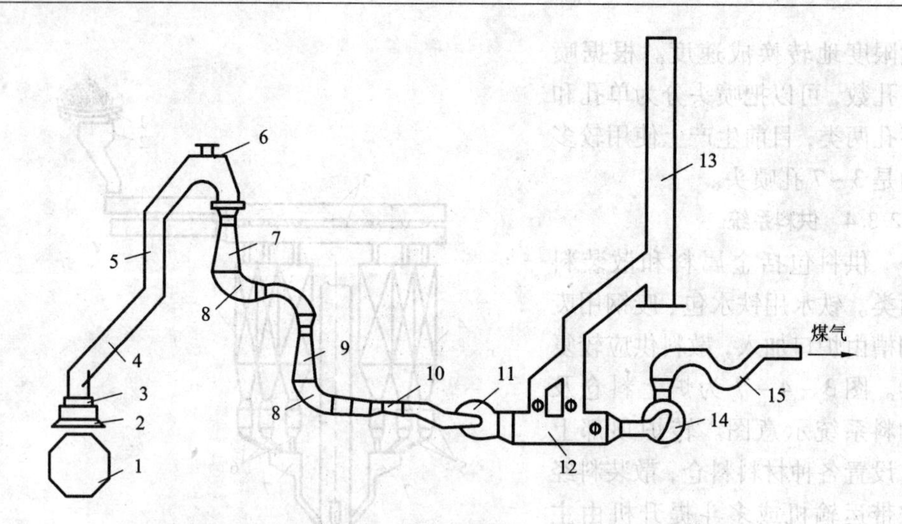

图 3-4-8　300 吨顶吹氧气转炉 OG 法净化系统工艺流程

1—转炉　2—罩裙　3—下烟罩　4—上烟罩　5—汽化冷却器　6—防爆门
7——级文氏管　8—弯头脱水器　9—二级文氏管　10—烟气流量计　11—抽风机
12—三通阀　13—烟囱　14—水封转换阀　15—V 形水封阀

4.2.4 氧气底吹转炉

氧气底吹转炉炼钢方法是在空气底吹转炉基础上发展起来的。在 LD 转炉出现后，虽然转炉用氧技术有了重大突破，但是它在吹炼高磷铁水方面的效果并不令人满意。此外，从顶部向熔池强制供氧也不尽合理。因此，西欧一些盛产褐铁矿并用其冶炼高磷生铁的国家，-直在探索底吹转炉用氧的可能性。

1968 年底，德国马克西米利安钢铁公司与加拿大空气液化公司合作，研制成功用气态碳氢化合物作冷却介质的套管式氧枪，解决了炉底和喷枪寿命问题，从而实现了氧气底吹炼钢，并被命名为 OBM 法。1970 年，法国隆巴厂在 30 t 托马斯转炉上试验成功用液态碳氢化合物作冷却介质保护氧枪的底吹转炉炼钢法，称之为 LWS 法。1971 年，美国钢铁公司在 30 t 转炉上引进 OBM 法并配合喷石灰粉吹炼低磷铁水，命名为 Q-BOP 法。

4.2.4.1 氧气底吹转炉的特点

1. 底吹转炉的特点

由于氧气从炉底由下向上分几股吹入熔池，故炉内反应条件与顶吹不同。

(1)温度较均匀　面积较大的反应区在炉底附近，熔池搅拌强烈，即使含碳量降低后仍然如此。

(2)反应产物穿过金属液进入熔渣或炉气中，吹炼平稳、铁的蒸发损失和烟尘量少。

(3)减轻了上部渣层的作用，渣中氧化铁含量少，泡沫渣受到抑制，渣中铁损失少。

底吹转炉金属直收率为91% ~93%，比顶吹转炉提高1% ~2%。由于吹炼平稳。一般不发生喷溅。此外，因厂房高度降低，新建车间投资比顶吹节省10% ~20%。

由于使用碳氢化合物保护氧枪，钢中含氧量比顶吹法高。此外，它的炉底下部结构也比较复杂。

2. 炉内反应的特点

(1) 后吹脱磷　由于氧气从炉底直接供入熔池，氧气迅速为金属所吸收，并几乎全部用于钢中元素的氧化，故金属和熔渣的氧化性很低。吹炼过程 Q－BOP 法渣中氧化铁含量约为5%，比 L D 法低 15 % 左右，造成底吹转炉中石灰块很难熔解，所以在整个吹炼的 90% 时间内，不可能大量去磷。但在合碳量下降到 0. 1% 以后，脱碳速度减慢，金属和炉渣氧化性明显提高，加上熔池搅拌条件依然很好，使石灰迅速熔解，脱磷反应得以迅速进行。

喷石灰粉和使用石灰块的底吹转炉脱磷情况有明显差别。喷石灰粉时，反应区附近生成的氧化铁与石灰粉相结合，形成反应能力极强的微小渣粒，它在形成和上浮过程中与磷发生反应，生成稳定的磷酸盐，从而可以早期脱磷。由于连续形成颗粒小，数量大的新渣粒，故脱磷速度很快。

(2) 钢中气体含量　在氧气纯度高和保护介质含氮量低时，底吹转炉钢中含氮量比较低。但是，由于保护介质主要成分是碳氢化合物，它裂解生成的氢气容易被钢液吸收，所以钢中含氢量较高，如 Q－BOP 法钢中含氢量可达 6×10^{-6}。为了降低钢中含氢量，通常在吹炼终点后用惰性气体吹洗 0. 5 ~2 min，能收到良好的脱氢效果。

4. 2. 4. 2　氧气底吹转炉构造及及主要设备

氧气底吹转炉主要由转炉本体及氧枪组成。

1. 转炉

氧气底吹转炉有由托马斯转炉改建的和新建的两类。前者保留了原来转炉炉型，即偏口非对称型。后者与顶吹转炉相似，对称型炉体。由于喷溅少，炉容比选择较小，一般为 0. 8 ~ 1. 0 $m^3 \cdot t^{-1}$，炉子高宽比接近 1，图 3－4－9 为氧气底吹转炉炉型图。

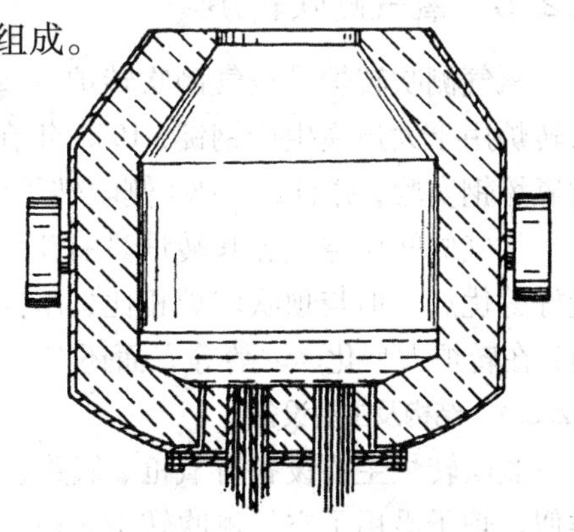

图 3－4－9　氧气底吹转炉炉型

底吹转炉与顶吹转炉的差别是具有空心耳轴和带氧枪的活炉底，氧气和冷却介质管道经空心耳轴通向炉底。活动炉底由炉底钢板、炉底塞、氧枪、炉底和管道固定件等组成。图3-4-10为炉底结构示意图。30~230 t转炉一般装有5~22支氧枪，氧枪直径一般不超过熔池深度的1/35。

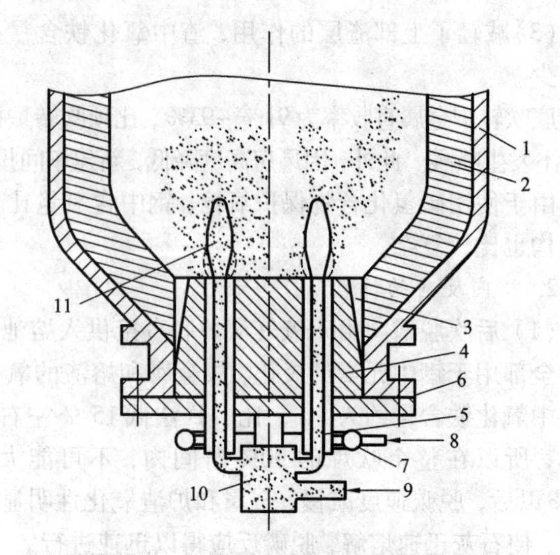

图3-4-10 氧气底吹转炉炉底结构示意图

1—炉壳 2—炉衬 3—环缝 4—炉底塞 5—套管 6—炉底钢板 7—保护介质分配环 8—保护介质 9—氧和石灰粉 10—氧和石灰粉分配箱 11—舌状气袋

2. 套管式氧枪

它由内外两层或三层等截面长直圆管组合而成，内管通氧气或氧气加石灰粉，内外管之间环缝通液态或气态冷却介质。氧枪材料为铜管、不锈钢或碳素钢管。内外管间环缝有多种结构方式，常用的有螺旋槽式和直筋式等。无论采用何种结构，都要保证冷却介质流量和氧抢出口冷却介质均匀分布。

氧枪冷却介质有天然气、丙烷、柴油等，其分子式可以用 CH_{2n+2} 表示。冷却介质通过氧枪时，由于升温、裂解、气化吸热，使氧枪出口及周围耐火材料得以冷却，从而起到保护氧枪和炉底的作用。

4.2.5 氧气侧吹转炉

氧气侧吹转炉是空气侧吹转炉改造以后的产物。1952年，我国首次将空气侧吹转炉用于大规模生产钢锭，1973年在沈阳第一钢厂首次进行了3 t侧吹转炉的吹氧炼钢实验，并且，6~8 t侧吹转炉先后在上海、唐山等地投产。

氧气侧吹比空气侧吹转炉具有生产率高、炉龄高、热效率高、品种多、钢质量好等优点。但与顶吹转炉相比，在自动控制、废气处理、原材料消耗等还有差距；在转炉大型化、炉龄等方面还有待于研究。

4.2.5.1 结构及主要设备

侧吹转炉主要设备有氧枪、氧路、油路系统及炉体等。氧枪结构与底吹氧枪类似。炉子沿用了空气侧吹转炉，3 t以下为直筒型，5~8 t多为涡鼓型。

4.2.5.2　工艺特点

1. 摇炉制度

侧吹转炉通过摇炉调整氧流与液面的相对位置。通常，把氧枪出口与相当于金属静止液面的相对位置称为吹炼深度，氧气侧吹沿用空气侧吹习惯，把吹炼分为吊吹、面吹、浅吹和深吹四种情况。合理的摇炉制度是以浅吹或适当的深吹为主，适时退炉面吹化渣，避免吊吹。侧吹转炉在一定程度上兼有底吹和顶吹转炉的某些特点，深吹则与底吹有共同性，面吹则与顶吹有共同性。侧吹比顶吹吹炼平稳，烟尘量减少约1/3。

2. 脱磷脱硫能力

侧吹与底吹不同，它可以灵活控制渣中氧化铁量，为吹练前期脱磷创造条件。在不喷石灰粉的条件下，侧吹可将中低磷铁水直接用拉碳法生产中、高碳钢。通常，前期脱磷率可达40% ~50%，最好时可达70% ~80%。前期脱硫、气化脱硫效果也很好，脱硫率不低于底吹转炉。

3. 钢中气体含量

由于侧吹转炉同样使用碳氢化合物作冷却剂，钢中含氢量较高。某厂测定表明，钢中平均含氢量为51.7 $mL \cdot kg^{-1}$(钢)。不采用惰性气体吹洗时，出钢前加冷生铁块，可使钢中含氢量略有下降。

4.2.6　氧气复合吹炼转炉

4.2.6.1　复吹法的发展、分类和特点

复吹法是继顶吹、底吹之后出现的新的转炉吹炼方法，是人们不断探索转炉最佳吹炼方式、力求获得最高生产效益的结果。早期有影响的研究始于1975年，由法国钢铁研究院与北法和东法黑色冶金公司一起，先后在6 t、65 tLD转炉上进行底吹惰性气体实验。此后，比利时、英国、日本、美国、苏联等先后开展研究和工业实验。1980年3月，日本鹿岛厂的250 t复合吹炼转炉正式投入生产。至今，复吹法已在主要产钢国家得到迅速完善和蓬勃发展。

按照吹炼的目的，复吹法分为加强搅拌型、强化冶炼型和增加废钢用量型三类。加强搅拌型顶吹氧，底吹Ar、N_2惰性气体或CO_2弱氧化性气体等，流量大致在0.3 $m^3 \cdot t^{-1} \cdot min^{-1}$以下；强化冶炼型顶吹氧，底吹氧或氧和熔剂，底吹氧量为顶吹氧量的5% ~40%(0.2 ~1.5 $m^3 \cdot t^{-1} \cdot min^{-1}$)。增加废钢用量型底吹氧，顶吹氧或侧吹氧、燃料等。按照底部供气构件结构，复吹法分喷管型、透气砖型和细金属管多孔塞式三类。按照底部供气种类，分为情性气体(Ar、N)型、空气(或空气加N_2)型、二氧化碳(或$CO_2 + O_2$)型和吹氧(或加可燃气)型，近年来又出现一氧

化碳型。表3－4－2为我国部分钢厂的主要复合吹练法的概况。

顶吹优点是操作灵活，可以控制脱磷、脱碳反应同时进行，容易拉碳炼中、高碳钢。熔渣氧化性高，成渣条件好。缺点是熔池搅拌差，钢液成分、温度不均匀性大，同时熔池容易过氧化，容易产生喷溅和金属损失。

4.2.6.2 复吹法的设备和工艺特征

1. 底部供气构件

（1）透气砖　目前有弥散微孔（100目左右）透气、砖缝透气（钢板包壳组合）、直孔透气三种形式的透气砖。弥散型砖致密度小，寿命较低，砖缝透气砖缝隙均匀性差，供气不够稳定，直孔透气时气体阻力较小。透气砖优点是供气量调整范围大，很少出现堵塞现象。

（2）喷嘴　有单孔喷嘴、套管式和实心环缝式等。喷嘴出口气流速度小于音速时，容易引起管口粘结和灌钢，喷流还存在反向非连续性冲击（气流后座）现象并破坏耐火材料，冲击频率随供气压力增加而减小。单孔喷嘴这种缺点较突出。套管式喷嘴通过调整内外管中气流压力（$p_{中}$ 和 $p_{缝}$）、面积（$A_{中}$ 和 $A_{缝}$）等可以改善性能，例如要求 $p_{中}/p_{缝}\geqslant 1.89$，$1\leqslant A_{中}/A_{缝}\leqslant 3$ 等。内外管压差越大，气流反向冲击次数越少，为此，出现了内管用泥料堵塞的环缝式喷嘴。单孔和套管式喷嘴供气量范围较小，环缝式喷嘴调整范围较大。

（3）细金属管多孔塞　它是将10～150根直径为1.5 mm左右的细金属管埋入塞式构件中组成的供气系统，兼有喷嘴和透气砖供气的优点，是最新研制的供气构件。

2. 底部喷嘴的布置

喷嘴布置对操作特性和冶炼效果有直接影响，其布置方式又与喷嘴数量有关，目前研究和使用的喷嘴支数与布置方式有多种，对最佳喷嘴支数与布置方式尚无一致看法。生产中喷嘴数量多为1～8支。图3－4－11为LD－OTB法生产中喷嘴的三种布置方法，其中以4支喷嘴使用效果最好。

3. 底气及其用量

底气应根据工艺需要和经济效益选择。Ar对钢质量有益，但价格贵，全程吹氩能增加钢的成本；N_2 价格便宜，但能增加钢中氮，通常不全程使用，末期用Ar切换；CO_2 通常由回收炉内煤气转化的，使用效果较好，对钢质量无影响。

用小流量惰性气体底吹时，冶金特征接近顶吹法，增加底气用量，冶金特征向底吹特征方向移动。底吹氧气量 $0.3\sim0.8\ m^3\cdot t^{-1}\cdot min^{-1}$ 时，冶金特征接近底吹法。底吹氧量超过总氧量的30%以后，冶金特征变化不大。LD－HC法底吹氧量为5%时脱碳优先于脱磷；底吹氧量为20%时，废钢用量最大。在复合吹炼时，

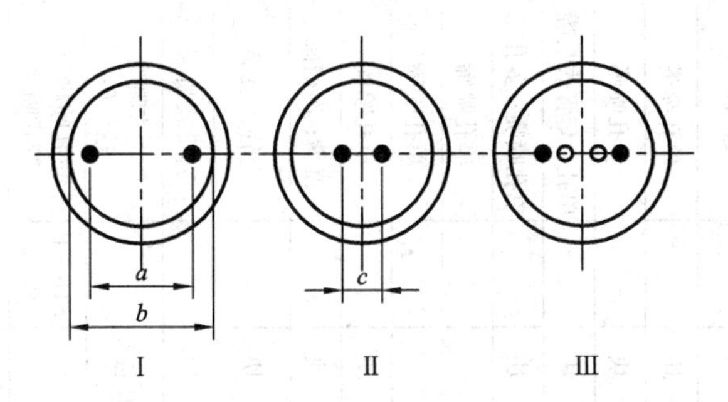

图 3-4-11　LD-OTB 法炉底喷嘴的三种布置

Ⅰ——2 喷嘴靠边布置（$a/b=0.46$）　Ⅱ——2 喷嘴靠内布置（$c/b=0.20$）　Ⅲ——4 个喷嘴

顶气作用相对减弱，顶枪软吹或采用双流道氧枪，可增加 CO 转化为 CO_2 的比率。

我国部分钢厂复吹转炉底部供气元件状况见表 3-4-2，国外主要复合吹炼法的概况见表 3-4-3。

表 3-4-2　我国部分钢厂复吹转炉底部供气元件状况

厂　名	复吹工艺	底吹气体	底吹流量/$m^3 \cdot t^{-1} \cdot min^{-1}$	喷吹元件形式
首钢	30 t×2	N	0.025～0.03	环缝小集管
鞍钢	150 t×2	Nr，Ar，CO_2	0.03～0.05	环缝小集管
马钢二炼	10 t×1	O_2	3.2～3.5	环缝小集管
马钢三炼	50 t×1	N_2	0.03～0.04	环缝
太钢二炼	50 t×2	N_2Ar	0.01～0.03	环缝
新抚	6 t×1	N_2Ar	0.03	环缝
上钢一厂	15 t×2	CO_2	0.03～0.05	环缝
上钢五厂	20 t×1	N_2	0.03	环缝
济南钢厂	1 t 5×1	N_2	0.03	环缝
包钢	50 t×1	N_2	0.03	环缝
重钢六厂	10 t×2	天然气 Ar	0.01～0.02	环缝
武钢	50 t×2	N_2Ar	0.03～0.06	砖缝

表 3-4-3 国外顶吹及复合吹炼法炼钢转炉概况

名 称*	发明厂家	顶吹氧 比例/%	顶吹氧 流量/$m^3 \cdot t^{-1} \cdot min^{-1}$	底吹氧 比例/%	底吹氧 流量/$m^3 \cdot t^{-1} \cdot min^{-1}$	使用其他气体种类及流量/$m^3 \cdot t^{-1} \cdot min^{-1}$	石灰 顶部	石灰 底部	底部供气 构件类型
LBE	阿尔贝德－法国钢铁研究所	100	4.0～4.5	0		Ar，N_2：0.05～0.25	块		透气砖
LD－KG	日本川崎	100	3.0～3.5	0		Ar，N_2：0.01～0.05	块		单孔喷嘴
LD－KGC	日本川崎	100	3.0～3.5	0		Ar，N_2，CO_2≤0.1	块		单孔喷嘴
LD－OTB	日本神户	100	3.0～3.5	0		Ar_2，N_2，CO_2，0.01～0.10	块		单孔、套管式喷嘴
NK－CB	日本钢管	100	3.0～3.3	0		Ar，CO_2N_2.0.04～1.0	块		单孔喷嘴；多孔塞
TBM	蒂森公司	100				N_2，Ar，.0.025～0.05			单孔喷嘴
KRUPP	克虏伯公司	100				N_2，Ar，0.02～0.08			单孔喷嘴
LD－AB	新日铁	100	3.5～4.0	0		Ar 0.014～0.31	块		单孔喷嘴
J&L	琼斯－劳林公司	100	3.3～3.5	0		Ar,N_2,CO_2:0.045 或 0.112	块		喷嘴；沟槽砖
BSC－BAP	英国钢铁公司	85～95	2.2～3.0	5～15		Ar，0.075～0.20；O_2，空气＋N_2	块		套管式喷嘴
LD－OB	新日铁	80～90	2.5～3.0	10～20	0.3～0.8	天然气，Ar，N_2，0.2～0.3	块		套管式喷嘴
LD－HC	埃诺－松布尔冶金公司和比利时冶金研究中心	92～95	3.1～4.2	5～8	0.1～0.4	天然气	块或粉		套管式喷嘴，透气砖
STB、STB－P	日本住友金属	90～92	2.0～2.5	8～10	0.15～0.25	内管用 O_2，CO_2，外管用 CO_2，N_2，Ar：0.03～0.07		STB－P 喷粉	单孔喷嘴套管式喷嘴
K－BOP	日本川崎	60～80	2.0～2.5	20～40	0.7～1.5	天然气			套管式喷嘴
OBM－S	马克斯冶金厂－克勒克纳公司	20～40		60～80		天然气，侧喷嘴用 O_2 或 O_2 和油		粉	喷嘴；侧喷嘴
KMS(100%废钢时称 KS)	克勒克纳公司－马克斯冶金厂	0		100	4.5～5.5	天然气；KS 法喷煤粉		粉	喷嘴

*：KMS，OBM－S—增加废钢用量型；K－BOP，STB，JD－HC，LD－OB，BSC－BAP—强化冶炼型；其余方法为加强搅拌型。

4.3 炼铜转炉

在有色冶金中，转炉用于吹炼铜锍成粗铜，吹炼镍锍成高冰镍，吹炼贵铅成金银合金，也可用于铜、镍、铅精矿及铅锌烟尘的直接吹炼。卧式转炉处理量大，反应速度快，氧利用率高，可自热熔炼，并可处理大量冷料，是铜冶炼中必不可少的关键设备。但卧式转炉为周期性作业，存在烟气量波动大，SO_2 浓度低，烟气外溢、劳动条件差及耐火材料单耗大等缺点。下面重点介绍卧式转炉的结构、主要尺寸和参数计算以及今后的发展方向。

4.3.1 卧式转炉的结构及技术特性

卧式转炉的结构图 3 - 4 - 12。它由基座、支承托轮、圆筒形炉体、烟罩、供风系统、石英喷枪及转动机构组成。

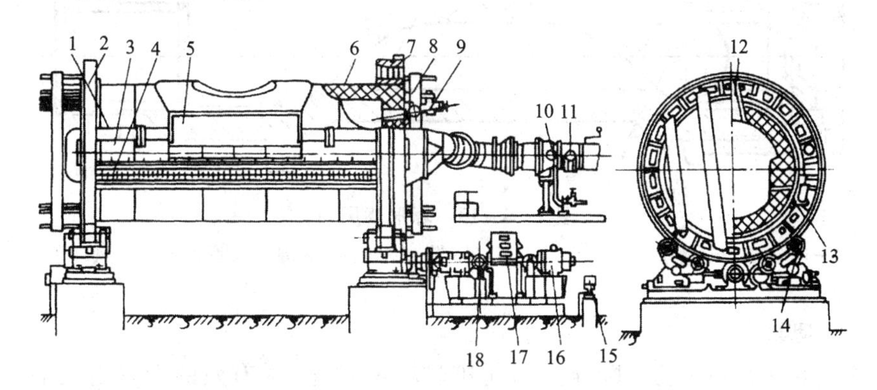

图 3 - 4 - 12 ∅3.96m × 9.14m 卧式转炉结构图

1—转炉炉壳 2—轮箍 3 - U 形配风管 4—集风管 5—挡板 6—衬砖 7—冠状齿轮 8—活动盖 9—石英喷枪 10—填料盒 11—闸 12—炉口 13—风嘴 14—托轮 15—油槽 16—电动机 17—变速箱 18—电磁制动器

4.3.1.1 炉体

圆筒形炉壳用厚 20 ~ 45 mm 锅炉钢板制成，外直径 2.2 ~ 3.96 m、外长 3.66 ~ 10.7 m，内衬镁砖或铬镁砖，厚 250 ~ 750 mm，炉壳两端装有两个钢质轮箍，支承在托轮上，炉壳表面还装有作传动用的大环形齿轮。炉壳中央开有长方形炉口，作注入锍、添加冷料、出渣、排出炉气及放出粗铜用。炉口面积一般为转炉正常操作时熔池面积的 20% ~ 35%，使炉气通过炉口的速度不大于 8 ~ 12 $m\cdot s^{-1}$。炉口因受到炉气与熔体的冲刷，以及清理炉口时的机械碰撞，较易损坏，可套上一个可拆卸的炉口以延长寿命。

4.3.1.2 供风系统

空气由一排直径为38~51 mm、与水平面成3°~11°角度，数目为30~50个不等的风口鼓入，每个风口用弯管与配风管相连。图3-4-13所示为风口结构，1为清除风口结瘤用环形阀，捅风口时将钢钎由1处插入，钢球塞被挤向空腔3，钢钎伸入风口凿去结瘤后，钢球则落回原处而不会漏风。

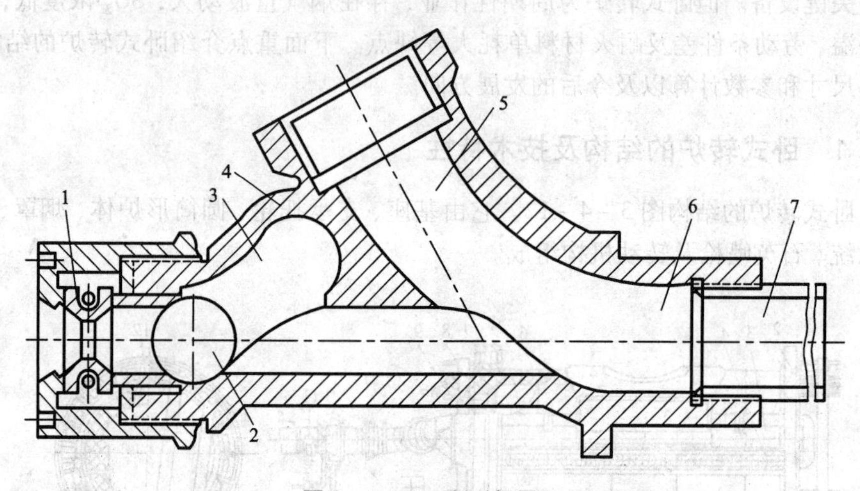

图3-4-13 环形阀风口

1—环形阀 2—钢球 3—空腔 4—风口外壳 5—上部进风端 6—联接端 7—风口管

4.3.1.3 烟罩

烟罩装于炉口上方，以导出烟气和烟灰入烟道，最有效的烟罩由三部分组成：①内层为固定烟罩；②前部活动烟罩；③环保烟罩。烟罩要进行气化冷却。

4.3.1.4 转动机构

转炉由电动机和变速箱组成的转动机构带动，可作正反方向回转。

4.3.2 卧式转炉规格选择及尺寸和参数的计算

4.3.2.1 转炉规格及其选择

卧式转炉有统一规格，可参照表3-4-4的数据选用。

在选择转炉规格和台数时应注意下列事项：①为了稳定烟气量以利于制酸，一般选用2~3台转炉同时操作，一台备用的工作制度；②转炉的容量和台数要与熔炼炉熔池或前床存的锍量相匹配。

表 3-4-4　卧式转炉的主要规格

项　目	1	2	3	4	5	6	7
转炉规格(直径×长度)/m	2.2×3.66	2.3×4.5	2.2×4.64	3.66×6.1	3.66×7.1	3.96×9.14	3.96×10.7
粗铜容量/t	8	15	20	35~40	40	80	80~100
风口直径/mm	38	38	40	38~44	42	44~53	51
风口数目/个	11	18	20	30~34	28	44~52	52
风口总面积/cm²	125	204	250	350~400	388	670~800	1060
风口中心距/mm	180		152	174			
炉口尺寸/m	1.1×1.5	1.1×1.8	1.3×1.8	1.7×2.0	1.8×2.1	2.5×2	2×3
鼓风能力/m³·min⁻¹	100	180	260	300~350	350~400	600~650	650~700
包括炉衬的炉质量/t	35		85		230		
电机功率/kW				30		55	

4.3.2.1　主要尺寸和参数的计算

1. 转炉的鼓风能力

转炉的鼓风能力即单位时间鼓风量 $V_{炉}$($m^3 \cdot min^{-1}$)，可按下式计算：

$$V_{炉} = \frac{GV_{锍}}{1440K} \qquad (3-4-8)$$

式中　G——转炉日处理的铜锍或镍锍量，$t \cdot d^{-1}$；

$V_{锍}$——每吨铜锍或镍锍需要的空气量(以标准态计)，$m^3 \cdot t^{-1}$；

K——送风时率，根据相同类型工厂的数据选用，一般为 0.75~0.85；

1440——每日的分钟数，min。

2. 转炉单位风口面积的鼓风能力 $V_{口}$($m^3 \cdot cm^{-2} \cdot min^{-1}$)

$$V_{口} = 5.56 \times 10^{-3} \sqrt{\frac{p - \rho gh \times 10^4}{c}} \qquad (3-4-9)$$

式中　p——集风管内的鼓风压力(表压)，Pa；

ρ——铜锍或镍锍的密度，$kg \cdot cm^{-3}$；

h——风口以上铜锍层或镍锍层的厚度，cm；

g——重力加速度，$m \cdot s^{-2}$；

c——与供风系统有关阻力系数，一般 $c = 3 \sim 7$，供风系阻力小时取低值。

(3) 风口总面积 $A_{风}$(cm^2)

$$A_{风} = \frac{V_{炉}}{V_{口}} \qquad (3-4-10)$$

4. 工作风口数(个)

$$n = \frac{10^2 \times A_{风}}{0.25\pi d^2} = 127.3\frac{A_{风}}{d^2} \qquad (3-4-11)$$

式中 d——风口管直径 mm。

风口总数则按下式计算，由于转炉有部分风口周期地处于休风状态，故风口总数增加 20% ~30%，即：

$$N=(1.2\sim1.3)n \text{ 个} \tag{3-4-12}$$

5. 炉壳主要尺寸的选择与计算

卧式转炉有统一规格，炉壳主要尺寸直径和长度的选择，可按要求炉子产出的粗铜量从表 3-4-4 中选取，炉壳长度 $L_{壳}$(m)，也可按下式作粗略计算，然后对照该表加以修正：

$$L_{壳}=(n-1)l_{中心}+2(0.50\sim0.75)+2(0.25\sim0.75) \tag{3-4-13}$$

式中 $l_{中心}$——转炉内部空间标准长度，m；

2(0.50 ~0.75)——为操作方便炉子两端需增加的工作长度，m；

2(0.25 ~0.75)——转炉两端墙的耐火衬砖厚度，m。

6. 转炉炉口尺寸

转炉炉口面积 $A_{口}$(m^2)可按通过炉口的实际气体流速 $U_{口}$ 及实际排气量(以标准态计)V_t($m^3\cdot s^{-1}$)计算：

$$A_{口}=\frac{V_t}{u_{口}} \tag{3-4-14}$$

$$V_t=\frac{GV_{锍}(1+Bt_{口})}{86400K} \tag{3-4-15}$$

式中 $t_{口}$——炉口排出气体的温度，℃；

β——气体体积膨胀系数，1/273；

86400——每日的秒数，s。

工厂实践表明，正常工作转炉通过炉口的气体实际流速 $u_{口}=8\sim12\ m\cdot s^{-1}$。按式(3-4-15)算出 $A_{口}$ 后，参照表 3-4-4 确定其长宽尺寸。

7. 风机鼓风能力 $V_{风机}$，$m^3\cdot min^{-1}$(标准态)

$$V_{风机}=(1.15\sim1.35)V_{炉} \tag{3-4-16}$$

式中 1.15 ~1.35——考虑管道中漏风损失的增补系数。

8. 风机风压 $p_{风机}$(Pa)

风机的风压 $p_{风机}$ 一般应超过集风管中风压的 15% ~25%，即

$$p_{风机}=(1.15\sim1.25)p \tag{3-4-17}$$

9. 集风管直径 $d_{集}$(m)

$$d_{集}=1.13\sqrt{\frac{V_{集}}{u_{集}}} \tag{3-4-18}$$

式中 $u_{集}$——空气在集风管中的实际流速，一般为 10 ~30 $m\cdot s^{-1}$，对低压鼓风取

低值，对高压鼓风取高值。

$V_{集}$——通过集风管的实际鼓风量（以标准态计），$m^3 \cdot s^{-1}$可按下式计算：

$$V_{集} = \frac{9.81 \times 10^4 V_{炉} + (1 + \beta t_{集})}{(9.81 \times 10^4 + P) \times 60} \tag{3-4-19}$$

式中　$t_{集}$——通过集风管的实际风温，℃。

4.3.3　炼铜转炉技术新发展

通过采用富氧，改进转炉结构尺寸及采用计算机在线控制，现代转炉操作性能有极大的提高，具体表现如下：

表3-4-5　东予铜冶炼厂富氧吹炼前后转炉生产实践

指　　标		空气吹炼	富氧吹炼
铜锍处理/t·月$^{-1}$		18854.5	22737
粗铜产量/t·月$^{-1}$		12571	19154
铜锍处理量/t·炉$^{-1}$		192.4	212.5
粗铜产量/t··炉$^{-1}$		128.2	179.0
吹炼时间/h··炉$^{-1}$		5.67	5.18
每日炉次/炉·d^{-1}		3.16	3.45
送风量（以标准态计）/$m^3 \cdot h^{-1}$		33190	34240
鼓风含氧率：	造渣期/%	21	26
	造铜期/%	21	21
熔剂率/%		7.96	7.6
冷料率/%		25.8	46.2
渣率/%		43.9	42.9

（1）适当增大炉长和直径，增加风口数，扩大炉容，提高处理量。如贵溪冶炼吹炼冰铜的转炉尺寸由原来的⌀4×9 m改造为⌀4×11.7 m，每炉装冰铜量由原来的145 t提高到现在的195 t。

（2）机械清理风口，风口直径已增至50～60 mm，倾角增至15°～20°，用以增大鼓风进入熔体的深度和搅拌程度。

（3）采用三层烟罩，既提高了吹炼产出烟气SO_2浓度，又达到了环保的要求。

（4）采用高压（约410 kPa）鼓风制度代替低压（约80～100 kPa）鼓风制度，以减少风口结瘤，简化捅风口操作，延长风口砖寿命。

（5）采用富氧吹炼，强化转炉生产，提高转炉生产率和烟气 SO_2 浓度。如日本东予铜冶炼厂在转炉上应用富氧吹炼，结果使转炉产量得到极大提高，与空气吹炼的指标对比见表 3－4－5。国内炼铜转炉主要结构参数性能见表 3－4－6。

表 3－4－6　国内炼铜转炉主要结构参数性能表

项　目	大冶 3 号	白银 3 号	贵冶二期	金隆公司	云冶 2 号	沈冶 2 号	铜陵二冶	哈通厂①
规格Ø×L / mm	3660×7100	3660×7100	4000×11700	4000×10700	3660×7100	2200×4390	2600×5240	4000×10000
筒体材料	普通钢板							
筒体厚度 / mm	22	22	45	50	24	18～20	20	45
正常倾转时动力 / kW			AC 90	AC 90	2			AC 100
事故倾转时动力/kW			可控硅变速切换	直流驱动 DC56			20～30	直流驱动 DC56
炉数 / 台	1	1	2	3	1	2	2	3
风口总数 / 个	18	32	55	48	30	13	19	48
风口间距 / mm	225	152	152	152	152	180	180	152
风口内径 / mm	56.5	47	50	50	46	50	43	50
风口截面积 / cm^{-2}	440	520	1080	942	500	255	217	942
风口倾斜角/(°)	0	－3	0	0	0	－5.5	－6	0
风口至炉中心距离 / mm	610	705	960	960	710	410	500	960
风口管厚 / mm	3.5	5	6	6		3.5	5	3.5
每米炉壳上风口数 / 个	2.5	4.2	6.7	6.7				
炉口尺寸 / mm	2630×1495	2400×1900	2800×2300	2700×23004.2	1900×1900	1550×1100		
筒体转速 / $r \cdot min^{-1}$			0.6	0.63				正常 0.63

①由国内设计出口到伊朗

4.4 其他转炉

4.4.1 回转式精炼炉

回转式精炼炉主要用于液态粗铜的精炼。精炼作业一般有加料、氧化、还原、浇铸四个阶段，产品是为铜电解精炼提供合格的阳极板，因此，回转式精炼炉一般又称回转式阳极炉。回转式精炼炉的主要优点是结构简单、炉容量大、机械化自动化程度高、可控性强、密封性好以及能耗比较低；其缺点是投资高、冷料率低(一般不超过15%)、浇铸初期铜液落差大、精炼渣含铜比较高。

回转式精炼炉多用于大型或特大型铜冶炼厂的火法精炼工艺。我国过去采用固定式反射炉进行铜的火法精炼，随着铜冶炼工艺的改进及规模的加大，我国采用回转式精炼炉精炼的阳极铜已达到每年350 kt以上，预计今后还会有较大的发展。

回转式精炼炉的规格及容量目前还没有具体规范，一般是以圆筒壳体的内径和长度表示其规格，而名义容量是以炉膛容积的一半(即回转中心)所容液态粗铜的质量(t)而定义。实际使用时，由于粗铜液面一般低于回转中心(考虑到氧化和还原时液态金属的喷溅不至于影响燃烧及排烟的正常进行)，因此，实际容量与名义容量之间有所差异，此差异大小依精炼工艺作业要求而定。

4.4.1.1　主要结构

回转式精炼炉主要由炉体、支承装置和驱动装置三大部分组成，而与其相关的主要设施或设备有各种工艺管道(如燃料、助燃风、氧化剂、还原剂、蒸汽、压缩空气、冷却水的供应等)的连接、燃料燃烧装置、排烟装置、各种检测及控制设备等。由于回转式精炼炉(理论上)可在±180°范围内旋转，因此，所有与其连接的相关设施均应考虑挠性连接后再敷设刚性设施。回转式精炼炉的结构见图3－4－14。

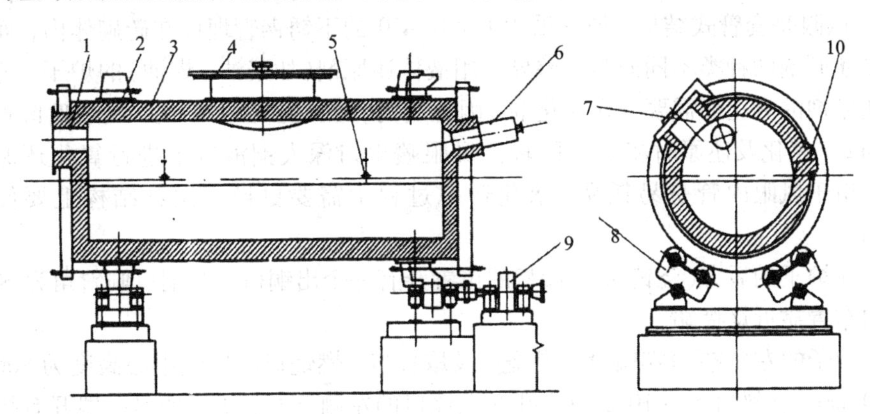

图3－4－14　回转式精炼炉

1—排烟口　2—壳体　3—砖砌体　4—炉盖　5—氧化还原口
6—燃烧器　7—炉口　8—托辊　9—传动装置　10—出铜口

回转式精炼炉的炉体是一个卧式圆筒，壳体用35～45 mm的钢板卷成，两端头的金属端板采用压紧弹簧与圆筒连接，在筒体上设有支承用的滚圈和传动用的齿圈以及敷设的各种工艺管道，壳体内衬有耐火材料及隔热材料。回转式精炼炉的炉体上开有炉口、燃烧口、氧化还原孔、取样孔、出铜口、排烟口等各种孔口，各种孔口的方位见图3-4-15。

筒体的中部开有一个较大的水冷炉口(炉口大小依电解残极尺寸而定)。炉口采用气(或液)动启闭的炉口盖盖住,只有加料和倒渣时才打开。炉口中心向精炼车间主跨(配有行车)方向(或称炉前方)偏47°,加料时可向前方回转以配合行车加料(液态粗铜或一定的冷料以及造渣料等),而倒渣前在炉子底下放有渣包,炉子向前方回转倒渣。

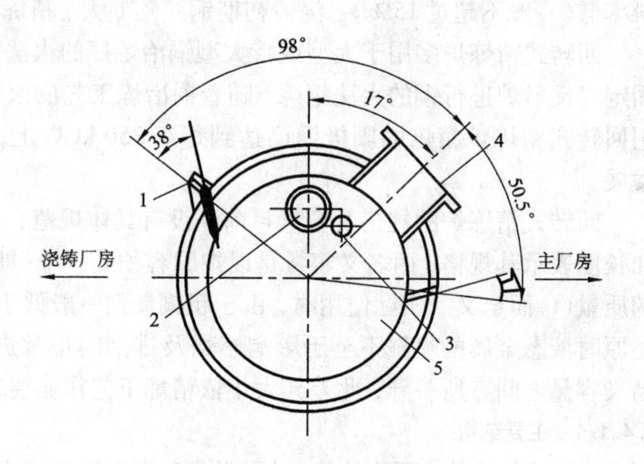

图3-4-15 各种孔口方位图

1—出铜口 2—燃烧口 3—取样口
4—加料倒渣口 5—氧化还原口

在炉口中心线下方50.5°的两侧各设有一个氧化还原孔(又称风眼),风眼角21°,风眼是套管式结构,外管采用DN40~50的不锈钢管埋设在砖砌体内,而内管依还原剂的种类不同而各有差异。用液体还原剂(如柴油、煤油)的炉子,考虑到还原剂的雾化而需要通入雾化剂,因此其内管又是套管大结构,风眼喷口直径20 mm。氧化及还原时将炉体回转使风眼喷出口深人铜液以下进行氧化还原作业。由于风眼内管是易耗品,氧化还原过程中需要更换.因此结构上要便于装卸。

在炉子的后方(浇铸跨)偏51°的位置开有一个出铜口.出铜口倾斜角为38°,纵向布置靠近烧嘴端。

炉子的左(或右)端墙设有燃烧口及取样口,燃烧口距回转中心高度为800~1100 mm,倾斜角5°~10°;取样孔在燃烧口的左侧下方。炉子的另一端开有排烟口,排烟口距回转中心的高度与燃烧口一致。燃烧口及排烟口的大小依供热负荷及排烟量而定。

炉体上各孔口的方位及偏角与炉子容量无关.而大小和结构尺寸随容量和不同的工艺条件有所不同。

炉子内衬350~400 mm厚的镁铬质耐火砖,外砌116 mm厚的粘土砖,靠近钢壳内表面铺设10~20 mm厚的耐火纤维板,砌层总厚度控制在500 mm左右。由于风眼区部位的内衬腐蚀较为严重,需要经常修补,因此,风眼砖的设计要求采用组合砖型并便于检修,此外要求炉壳在风眼区部位开孔的封闭面板应便于装卸。为了减轻回转式精炼炉炉体总重(减少支承荷载及传动功率)，回转式精炼炉的内衬比较薄且不设隔热层，因此壳体表面温度较高(200～250℃)。

4.4.2　卡尔多转炉

卡尔多转炉又称氧气斜吹转炉。国内外炼钢曾采用该炉处理高磷高硫生铁和废钢，其成品质量比平炉钢好。20 世纪 70 年代开始用于冶炼有色金属。

卡尔多转炉由于炉体倾斜而且旋转，增加了液态金属和液态渣的接触，提高了反应速度。由于炉体旋转，炉衬受热均匀，侵蚀均匀，有利于延长炉子寿命。

在国内，卡尔多转炉主要用来吹炼镍冶炼过程中产生的二次铜精矿成为粗铜。该精矿含有较多的镍，故熔渣熔点高，粘度大，不能采用普通转炉吹炼。而采用这种转炉可冶炼出合格的粗铜。由于使用了氧气，熔化和吹炼都在同一炉内进行，故强化了熔炼过程，缩短了流程，而且提高了烟气中二氧化硫浓度，便于硫的回收。在国外，卡尔多转炉也用于一步炼铅，解决 SO_2 烟气的制酸问题。

卡尔多转炉如图 3－4－16 所示。

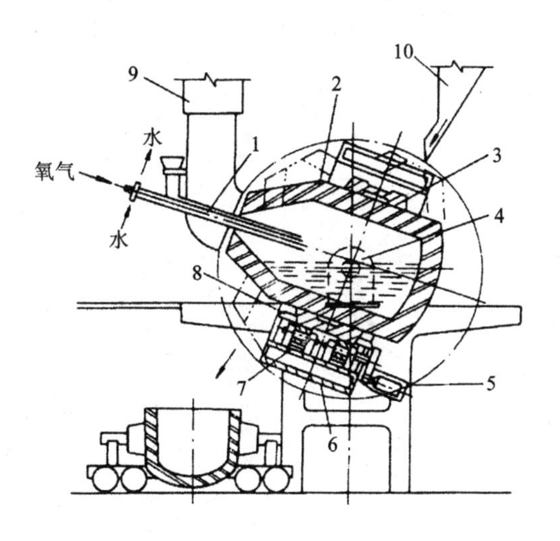

图 3－4－16　卡尔多转炉

1—吹氧喷枪装置　2—炉体　3—滚圈　4—炉体倾动机构　5—炉体旋转机构
6—托圈　7—压紧辊　8—止推辊　9—活动烟罩　10—熔剂仓

习题及参考题

3-4-1　何谓转炉？可分为哪几大类？

3-4-2　炼钢转炉与炼铜转炉的用途如何？

3-4-3　炼钢转炉按供气部位可分为那几种类型、其特点如何？

3-4-4　氧气顶吹转炉的主要构造及设备？

3-4-5　氧气顶吹转炉炉衬由哪几部分组成？各用什么耐火材料？

3-4-6　讲述炼铜转炉结构特点与工作原理？

3-4-7　转炉与熔池熔炼炉有什么异同？

3-4-8　能否用转炉代替熔池熔炼炉？

5　电　炉

5.1　概述

电炉是利用电能转变成热能的一种热工设备。由于电炉较易满足某些较严格和较特殊的工艺要求，因此被广泛用于有色金属或合金的冶炼、熔化和热处理上，尤其是被广泛地应用于稀有金属和特种钢的冶炼和加工。

按电能转变成热能的方式不同，电炉可分为：电阻炉、电弧炉、感应炉、电子束炉、等离子炉等五大类。在每大类中又按其结构、用途、气氛及温度等而分成许多小类。

电阻炉是电炉中应用最广的，也是种类最多的，矿热电炉就是电阻炉中的一种，但在电极区，会产生电弧加热。

电弧炉的热源产生于电极间（或电极与物料间）所形成的电弧。电弧炉可分为直接作用电弧炉、间接作用电弧炉及电弧电阻炉。矿热电炉及铝电解槽都属于电弧电阻炉。

感应电炉的加热原理是导体处在交变磁场中，因感应产生电流，结果将其自身加热。感应电炉分工频铁芯感应电炉、中频感应电炉和高频感应电炉。感应电炉在稀有金属冶炼及合金加工上应用颇广。

电子束炉是在高真空条件下，利用高压电场将阴极发射的热电子束加速，轰击物料，高速电子动能转化为热能，达到加热、熔化之目的。

等离子炉是依靠电能转化的等离子体能量加热、熔炼物料。等离子炉已广泛地用于熔化、精炼、重熔金属及超细粉末制备，例如超细锑白及超细 WC、TIC 的生产。

电炉具有温度较高、气氛易于控制及炉子本身的热效率高等优点。但是，电能是一种较贵的能源，故选用时应综合考虑技术与经济上的合理性。

5.2　矿热电炉

5.2.1　概述

矿热电炉是将电极插入固体炉料或液态熔体(一般为熔渣)中，依靠电弧与电阻的双重作用，将电能转化为热能，维持工艺过程所需温度的电热设备(图3－5－1)。在有色冶金中，矿热电炉主要用于铜、镍、锡、铅等难熔精矿的熔炼，炉渣的保温及贫化等方面。

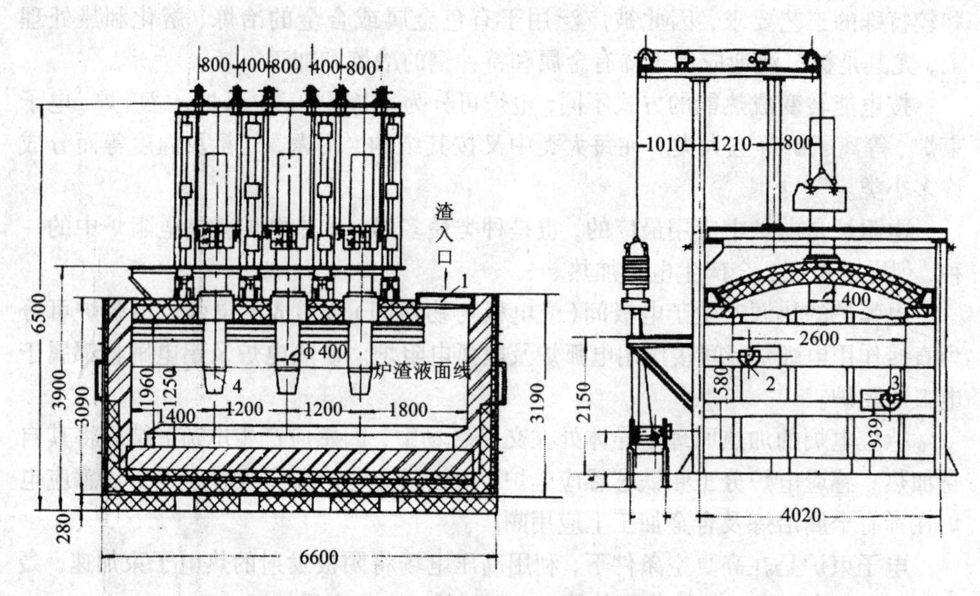

图3－5－1　铅鼓风炉电热前床

1—进渣口　2—放渣口　3—放铅口　4—电极

1. *矿热电炉熔炼的优点*

(1)熔池温度容易调节，能达到较高的温度，在处理难熔矿物时可不配或少配熔剂，渣率较低。

(2)炉膛空间温度低，渣线上的炉墙和炉顶可用普通耐火粘土砖砌筑，炉子寿命较长，大修炉龄可达15～20年以上。

(3)电炉熔炼不需要燃料燃烧，因此烟气量较少。若处理硫化矿，则烟气中SO_2浓度较高，可制酸，环境保护好。

(4)烟气温度低，一般不超过600～800 ℃。烟气带走的热损失大大减少。

(5)热效率高，可达60%～80%。

2. 矿热电炉熔炼的缺点

(1) 供电设备投资较昂贵。

(2) 耗电量大，成本较高。

(3) 要求炉料含水一般低于3%，否则易产生“翻料”及爆炸。恶化劳动条件。

5.2.2　矿热电炉结构

熔炼铜镍矿的矩形六极矿热电炉结构图3－5－2所示，炼锡电炉都是圆形的，尺寸较小，功率400～1400 kVA(表3－5－1)。

表3－5－1　一些炼锡厂电炉的功率和尺寸

序号	功率/kVA	炉膛内径/m	炉膛内高/m	炉膛面积/m^2	电极个数/个	电极直径/mm
1	400	1.7	1.3	2.27	3	250
2	400	1.8	2.0	2.27	3	220～250
3	1000	2.5	4.9	3	400	
4	1000	1.8	1.1	2.54	3	250
5	1000	2.5		4.9		400
6	400	2.74	1.83×1.83		3	200
7	400	椭圆形	2.7×1.8×1.8		3	200
8	400	3.340	1.829		3	400
9	600					

矿热电炉炉体由炉底、炉墙及炉顶三部分组成。

5.2.2.1　炉底

由于矿热电炉熔池温度较高，炉底必须架空自然或强制冷却，一般在混凝土炉基上砌筑钢筋混凝土基础墩，其上安置工字梁。在梁上铺设铸钢板，铸钢板上用耐热混凝土或耐火砖筑成炉底的垫底层。炼铜电炉在垫底层上砌筑两层镁砖或铬镁砖，成倒拱形，炉底总厚度为1.1～1.3 m。而炼锡电炉用800 mm厚的碳砖砌成平底或倒拱形，碳砖与外壳之间预先用粘土砖和填料做成向放锡面倾斜的炉底形状。

5.2.2.2　炉墙

炼铜电炉渣线以下的墙内衬一般用镁砖或铬镁砖砌筑，总厚度800～1100

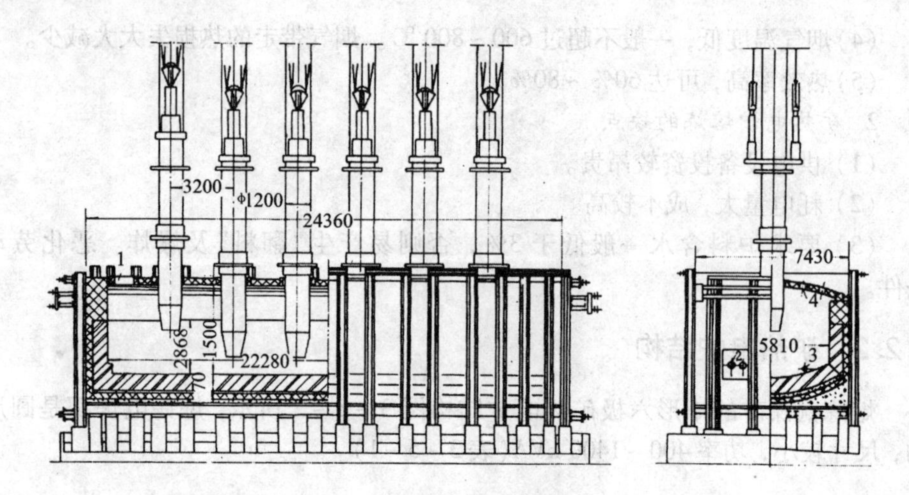

图 3-5-2 30000kVA 铜熔炼电炉

1—排烟口　2—出渣口　3—放铜口　4—加料口

mm，炉墙与炉壳之间填充 115 mm 厚的镁砂。近年来为延长炉龄，熔池周围的炉墙广泛采用冷却铜水套，由于矿热电炉的炉膛空间温度低，故熔池渣线以上的炉墙内衬皆用普通耐火粘土砖砌筑。炼锡电炉渣线以下用碳砖砌成，在碳砖与外壳之间，用石棉板和粘土砖绝热。渣线以上，用粘土砖。

5.2.2.3　炉顶

炼铜电炉用耐火粘土砖砌筑成拱形，厚度 230 ~ 300 mm，外表面有时覆盖隔热材料。炉顶开有电极孔、加料孔、排烟孔与测试孔等。对于较大的孔洞，宜用耐热混凝土直接浇灌在炉顶上。并用特殊吊杆吊挂在炉顶上方的梁上。也可采用埋设水冷铜管的预制耐热混凝土孔洞。炼锡电炉炉顶有三个电极孔、三个加料孔和一排排气孔。排气孔设有圆形水套冷却，内砌粘土砖。

矿热电炉电极有石墨电极与自焙电极。石墨电极具有许多优点，但价格昂贵，仅适于如锡精矿熔炼等中小型矿热电炉。直径 500 mm 以上的电极广泛使用自焙电极。

5.2.3　矿热电炉的主要参数及尺寸计算

矿热电炉的计算主要包括电气参数计算和炉子主要尺寸的确定。

5.2.3.1　电热参数计算

1. 炉用变压器额定功率 P(kW) 确定

$$P = \frac{GW}{24K_1K_2\cos\varphi} \qquad (3-5-1)$$

式中　G——每台炉的日处理炉料量，$t \cdot d^{-1}$；

W——炉料熔炼的电能单耗，$kWh \cdot t^{-1}$；根据热平衡计算或取经验数据；

K_1——变压器的功率利用系数，即变压器实际输出平均功率与额定功率的比值，与熔炼制度等因素有关，连续熔炼时 $K_1 = 0.9 \sim 1$ 间断作业时 $K_1 = 0.8 \sim 0.9$；

K_2——变压器的工时利用系数，$K_2 = \frac{\text{昼夜实际作业时数}}{24}$，连续生产时 K_2 一般为 $0.9 \sim 0.95$；

$\cos\varphi$——矿热电炉的功率因数，一般为 $0.9 \sim 0.98$。

2. 炉用变压器二次电压(即电炉的工作电压)U_L(V)的确定

目前尚无精确的理论计算方法，一般根据工厂实践资料，按下列经验公式估算：

$$U_L = KP_e^n \tag{3-5-2}$$

式中　P_e——分配到每根电极的额定功率，kVA，对三极电炉 $P_e = P/3$，对六级电炉 $P_e = P/6$；

K、n——经验系数，见表 3-5-2。

表 3-5-2　*K*、*n* 值

熔炼性质	K		n
	三级	六级	
熔炼镍冰铜	35	40	0.272
熔炼铜冰铜	14	19	0.35
由氧化镍矿石炼镍铁合金	13.5	15.5	0.33
锡精矿熔炼	21		0.325
氧化亚镍熔炼	30		0.216
钛渣熔炼	17	19	0.256
渣用电热前床	7.5	8.4	0.41

表 3-5-2 中数值主要适用于低工作电压。近年来有些国家和工厂趋向于用高电压操作，获得了较好的技术经济指标，此表中经验数据也应相应提高。对铜镍精矿或矿石熔炼，n 值可达 $0.29 \sim 0.32$；对铜精矿熔炼，n 值可达 0.392。

此外，V_L 还可按电极圆周电阻系数或每根电极的熔池电阻计算。但选取的二次电压须与冶炼的渣型相适应。

5.2.3.2 炉子主要尺寸的确定

(1) 电极直径 d_c(cm)按下列通用公式计算：

$$d_c = \sqrt{\frac{4I_{max}}{\pi j}} \tag{3-5-3}$$

式中 j——电极横断面容许的电流密度，$A\cdot cm^{-2}$按经验数据选取，参阅表3-5-3，大功率取较小值；

I_{max}——通过电极的最大电流，A。

表3-5-3 电极电流密度

名 称	电极类别	电流密度/$A\cdot m^{-2}$		
		<Ø600	Ø600~900	Ø900~1200
铜镍熔炼电炉	自焙	4~5	3~4	2~3.5
电热前床	石墨	5~8		
渣贫化电炉	自焙		4~5	3.5~4
锡熔炼电炉	石墨	4~5		

对于三相的三极炉或六级炉按 Y 形连接：

$$I_{max} = \frac{P\times 10^3}{\sqrt{3}V_2} \tag{3-5-4}$$

对于单相的六级炉(由三台单相变压器供电)：

$$I_{max} = \frac{P\times 10^3}{3U_L} \tag{3-5-5}$$

式中 P、U_L——同前。

因上式未考虑自焙电极的烧结速度，因而确定自焙电极的直径 d_c(cm)时，还应按下式进行核对。

$$d_c = \sqrt{\frac{305.4P\cos\varphi K_2 q}{ln'\rho}} \tag{3-5-6}$$

式中 l——电极每日的烧结线速度，$m\cdot d^{-1}$，对熔炼铜镍或冰铜时，l 取0.35~0.45 $m\cdot d^{-1}$；

n'——电极根数；

ρ——电极糊烧结后的体积密度，$t\cdot m^{-3}$；

q——每耗1 kW·h电所需的电极糊量，$kg\cdot kW^{-1}\cdot h^{-1}$，其经验值列于表3-5-4；

P、K_2——同前。

表3-5-4　自焙电极糊单耗经验数据

熔炼性质	$kg·kW^{-1}·h^{-1}$
铜镍硫化矿熔炼	4.1~6.2
铅精矿还原熔炼	15~17
氧化镍矿石熔炼	9~11
转炉渣贫化	5~8kg/t渣
铜硫化物精矿熔炼	4~4.6

（2）矩形炉电极直线排列的中心矩 L_e(cm)

$$L_e = K_e d_e \tag{3-5-7}$$

式中　K_e——极距系数，见表3-5-5；

d_e——当量直径，cm。

（3）炉膛直径和宽度按下列经验式计算：

圆形炉内径 D(cm)：

$$D = L_e + (4.4 \sim 5) d_e \tag{3-5-8}$$

矩形炉宽度 B(cm)：

$$B = K_B d_e \tag{3-5-9}$$

式中　K_B——炉宽系数，对矩形熔炼炉为5~6，矩形贫化炉或电热前床有水冷炉壁时4.8~5.5，没有时6~7。

（4）对三极炉炉膛长度 L(m)由下列经验确定：

$$L = (12 \sim 13) d_e \tag{3-5-10}$$

5.2.4　矿热电炉的主要结构参数及技术经济指标

国内矿热电炉的主要结构参数及技术经济指标分别列于表3-5-5。

表 3-5-5　国内矿热电炉主要结构参数及技术经济指标

名　称	云南冶炼厂1#	云南冶炼厂2#	金川有色公司	广州冶炼厂	襄汾有色公司	金川有色公司	会泽冶炼厂	株洲冶炼厂
处理物料	铜精矿	铜精矿	铜镍精矿	锡精矿	锌精矿焙砂	液态铅鼓风炉渣	液态铅鼓风炉渣	液态铅鼓风炉渣
处理炉料量/$t \cdot d^{-1}$	1400	1200	530			270		
炉子内部尺寸：长×宽×高/m	24×6.63×5	22.3×5.8×4.5	22×6×4.2	高：2.4	高：~3	11.5×5.23×3.2	5.2×2.0×1.75	6.3×3.0×2.07
直径/m				1.95	4.5			
炉底面积/m^2	159.6	129	132	3	15	60.15	10	17
电极中心距或分布圆直径/m	3.3	3.2	3.0	0.75	1.25	2.5	1.2	1.4
电极直径/m	1.2	1.2	1.0	0.25	0.35	0.9	0.4	0.4
电极数量/根	6	6	6	3	3	3	3	3
变压器台数/台	3	3	3	1	1	1	1	1
一台变压器的容量/kV·A	10000	10000	5500	400	2000	5000	750	1800
电炉的额定容量/kV·A	30000	30000	16500	400		5000	750	1040①
变压器二次侧电压/V	320~696	310~700	173~275	80~120	140~190	55~196	35~90	66.6~114
变压器二次侧最大电流/A	30000	38100	20000	2800	7200	28800	7600	15600
炉底单位面积功率/$kV \cdot A \cdot m^{-2}$	188	232	125	133	133	83.1	75	
熔池深度/m	1.9~2.0	2.0~2.1	2~2.1		800			1.3
锍层厚度/m		600~800	550~800			500~700		
锍放出口数量/个	2	3	3			3	1	
锍放出口距炉底高度/mm	410、485	100、370、500	100、400、400			100、2×400	与炉底平	
放渣口数量/个	2	4	4		1	4	1	1
放渣口距炉底高度/mm	高1440、低1365	高1368、低1277			600	926	690	829
电极电流密度/$A \cdot cm^{-2}$	2.7	3.4	2.55	5.7	8	4.5	6.05	
电能单消/$kW \cdot h \cdot t^{-1}$	420~440	400	600~650	700~800②	3500③	380~400	45~50	
电极糊单消/$kg \cdot t^{-1}$	3~4	4~5	4~6	5~7		2.2~3.3		
每日电极压放长度/$mm \cdot d^{-1}$	200~300	150~200				200~300		
电极插入深度/mm	400~500	400~700				300~400		

注：①变压器功率 1800 kV·A，实际功率仅 1040 kV·A。②单位为每吨矿的电耗。③单位为每吨锌的电耗。

5.3　感应电炉

5.3.1　感应电炉的分类、用途、特点及工作原理

把电能通过电磁感应现象变成热能用于冶炼金属的炉子称为感应电炉。感应电炉具有升温快、热效率高等一系列优势。在有色金属冶炼与加工中，感应电炉普遍用于紫铜及铜合金的熔炼，以及电锌和铝的熔铸，并愈来愈多地用于铜、铝、钛等金属锭压力加工前的加热。在钢铁和机械工业中，用于铸铁保温、钢锭加热与机械零件表面淬火，在粉末冶金中，用于烧结。

感应电炉有多种类型。按用途可分为熔(化)融炉、烧结炉、加热炉与热处理装置。按其结构不同，可分为有铁芯感应电炉和无芯感应电炉。按照电源的工作频率，可将感应炉分为工频、中频、高频三类。

电源频率为 10～300 kHz 的感应炉称为高频感应炉。由于高频电源容量的限制，高频感应炉的电效率低，安全性差，高频电磁波对无线电通讯有干扰，所以高频炉的容量一般不超过 100 kg。在冶金领域可熔炼贵重金属和特种合金。也可作为科学研究的试验炉，几克至几千克的容量是比较合适的。中频炉电源的频率范围为 150～10000 Hz，其常用的工作频率是 150～2500 Hz。中频感应炉普遍应用于熔炼钢和合金。中频炉的容量可以从几十千克至几十吨。目前世界上最大的中频炉是 20 t。工频感应电炉的电源频率为工业频率(50 或 60 Hz)，炉子可以是无芯的，也可以是有芯的。工频感应炉现已发展为用途广泛的一种熔炼设备。

感应电炉有如下几项特点：

(1) 电磁感应加热 由于加热方式不同，感应炉没有矿热电炉和电弧加热所必须的石墨电极，从而杜绝了向金属液增碳的可能。

(2) 熔池中存在着一定强度的搅拌 电磁感应所导致的金属搅拌促进成分与温度均匀，所以有条件加大输入功率，加快熔炼速率和便于对熔池温度进行较为精确的控制。

(3) 熔池的比表面积小 这对减少金属熔池中易氧化元素的损失和减少吸气是有利的，所以感应炉为熔炼高合金钢和合金，特别是含钛、铝或硼等元素的合金品种，创造了较为良好的条件。但是比表面积小，必然导致渣钢界面积小，再加上熔渣不能被感应加热，渣温低，流动性差，所以不利于一些渣与金属液界面冶金反应的进行。

(4) 输入功率调节方便 感应炉熔炼过程中，可通过调节整流回路中晶闸管的导通角较精确地调节输入功率。因此可以较精确地控制熔池温度。

(5) 热效率高 感应炉的加热方式以及比表面积小，散热少，故感应炉的热效率较高。

(6) 烟尘少，对环境的污染小 感应炉熔炼时，基本上无火焰，也无燃烧产物。故一般不设除尘装置。

(7) 耐火材料消耗较高 坩埚寿命短，对坩埚耐火材料的要求高。

各类感应炉，无论是有芯感应炉还是无芯感应炉，也不论工频、中频、还是高频，其基本电路都是由变频电源、电容器、感应线圈和坩埚中的金属炉料所组成。其工作原理见图 3－5－3。本节主要介绍工频有芯感应电炉和工频无芯感应电炉。

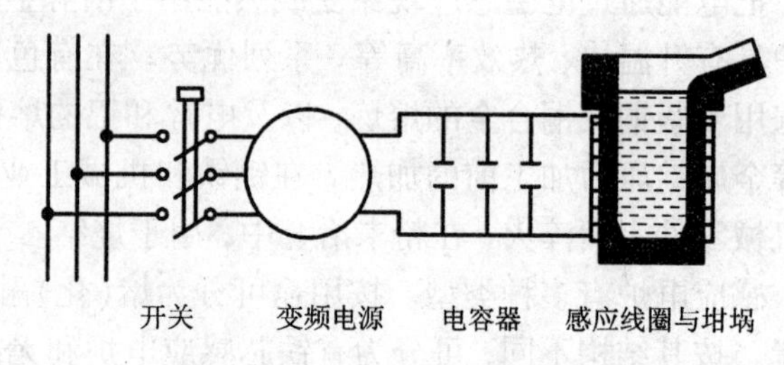

图 3－5－3 感应电炉的基本电路

5.3.2 工频铁芯感应电炉

此类感应炉内有一构成闭合磁路的铁芯穿过，故称为全芯感应熔炼炉，简称有芯炉。又因铁芯周围环绕一供电热转换的熔沟．也称为熔沟式感应熔炼炉。有芯炉在铜及其合金的熔炼和锌、铝等金属的熔铸中应用较多；也用于机械厂铸铁保温。

5.3.2.1 工频铁芯感应炉的炉型结构

有芯感应熔炼炉炉型结构分类，有如下几种方法：

按熔沟位置分，可分为立式炉(图 3－5－4)和卧式炉(图 3－5－6)。立式炉熔沟为立式，卧式炉熔沟为卧式，略带倾斜。

按熔沟形状可分为环形熔沟炉(占绝大多数)和矩形熔沟炉(仅用于熔铝，便于清除 Al_2O_3 沉渣)。

按熔沟个数可分为单熔沟炉和双熔沟炉。单熔沟炉每个感应器只配件一个熔沟，功率较小，多用于保温。双熔沟炉，每个感应器配置两个相互平行的熔沟，一般用于熔炼。

按电源相数分为可分为单相炉、两相炉和三相炉。单相炉功率和容量较小。两相炉(常用于保温)有两个感应体(铁芯、感应器与熔沟组成一感应单元，称为感应体)，每个感应体与电源的一相连接。三相炉有三或六个感应体，每相一个或两个感应体。

按用途分可分为熔铜炉(图 3－5－4)；熔锌炉(图 3－5－5)；熔铝炉(图 3－5－6)和铸铁保温炉和铸铁熔炼炉等。

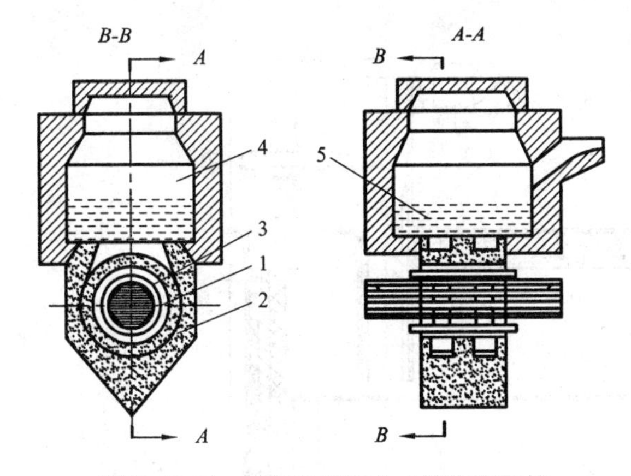

图3-5-4　单相双熔沟立式熔铜有芯炉

1—铁芯　2—感应器　3—双熔沟　4—炉膛　5—熔池

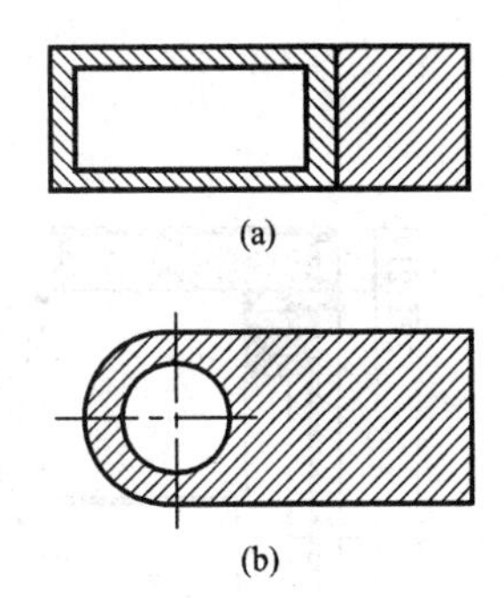

图3-5-7　感应电炉结构图

5.3.2.2　工频铁芯感应炉的炉体基本构件

有芯感应熔炼炉炉体一般由以下基本构件组成：

(1)铁芯　与变压器的相同，构成闭合导磁体，横截面呈多边形，以减少铁芯与感应器之间的间隙。

(2)感应器(即感应炉的线圈)　有芯炉皆采用工频电源，以减少感应器电损耗，提高电效率．感应器宜用内壁加厚的矩形或异形紫铜(即纯铜)管绕制(图3-5-7)。为增大单位长度的功率，感应器可作成双层。感应器可设置若干个抽头，以改变工作匝数，调节加热能力。感应器铜管内部必须通冷却水，以排除铜管自身的焦耳热以及炉衬传导过来的炉料热损失，保护感应器绝缘层不被烧坏。如果感应器匝数多，水流阻力大，则将感应器分为若干并联的冷却段，保证冷却水出口温度不超过50～55℃，防止温度过高而结水垢。

(3)熔沟　熔沟内衬材料，须按熔炼工艺选定。筑炉方法目前多用散状耐火材料捣筑法。熔沟与感应器之间常有一不锈钢或黄铜制成的水冷套筒．熔沟内衬即捣筑于其表面。套筒另一重要作用是保护感应器．若熔沟内衬开裂，可防止熔体漏出烧坏感应器。套筒必须沿轴向断开，避免产生感应电流而消耗电能。熔沟内衬寿命短，而炉膛内衬寿命长。为此，现代有芯炉的熔沟常制成装配式．通过螺栓与钢壳将熔沟与炉膛连接，熔沟内衬一旦烧坏，可方便更换。各种熔沟参见图3-5-8。

5.3.2.3　铁芯感应熔炼炉膛设计

1. 炉膛内型选择

炉膛形状主要根据炉生产能力及工艺操作特性而定，同时还需考虑感应器型式及数量，便于生产操作及安装施工。对周期作业炉可根据每炉产量选择炉膛形状。

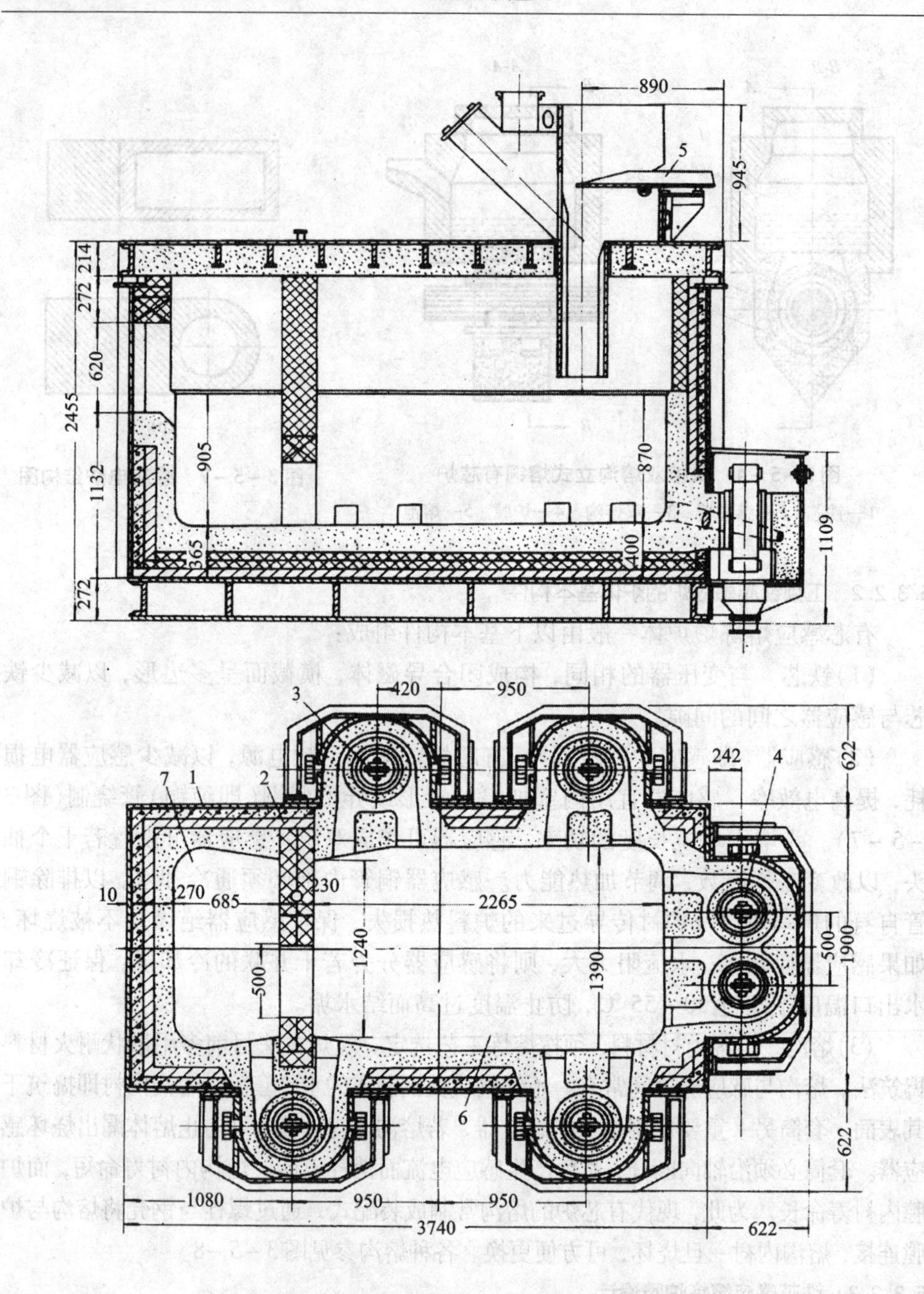

图 3-5-5 20 t 工频感应电炉结构图

1—炉壳 2—炉衬 3—单芯变压器 4—双芯变压器 5—加料装置 6—熔池 7—前室

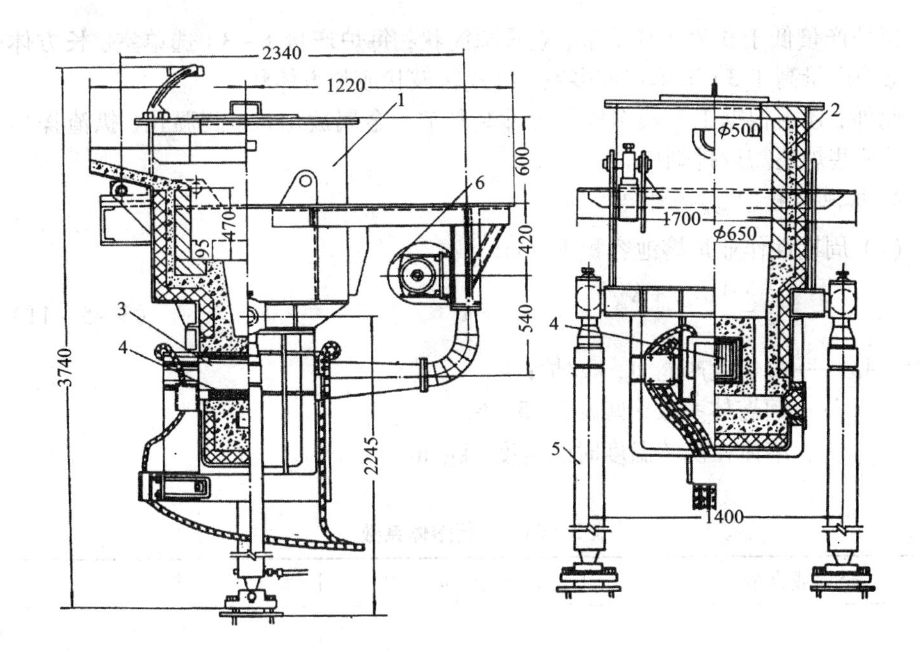

图 3－5－6　0.3 t 熔铝工频铁芯感应电炉总图

1—炉壳　2—炉衬　3—感应线圈　4—铁芯　5—油压缸　6—风冷系统

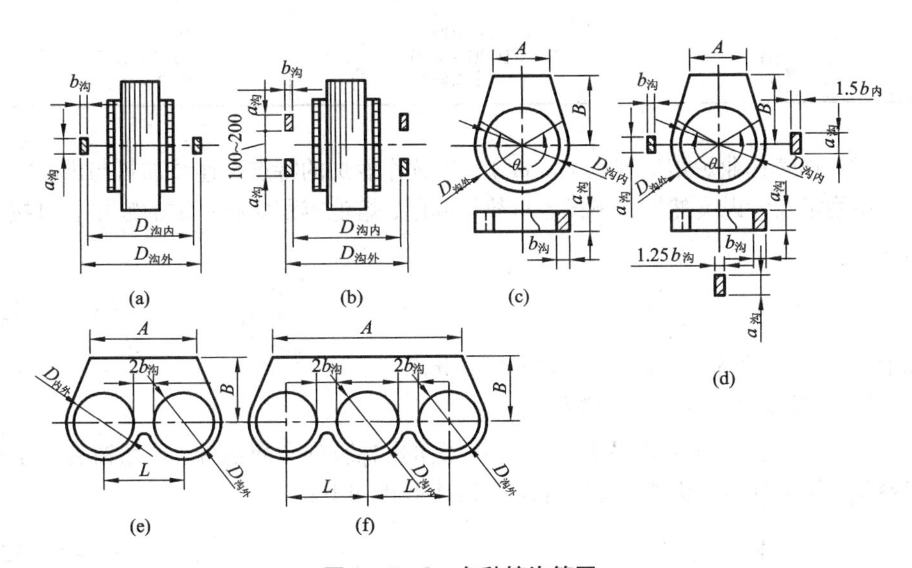

图 3－5－8　各种熔沟简图

(a)单相单熔沟位置　(b)单相双熔沟位置　(c)等截面环状熔沟
(d)不等截面单向流动熔沟　(e)等截面双联熔沟　(f)W 型双联熔沟(山形熔沟)

每炉产量低于0.75 t选单室、立式圆筒状；每炉产量1～3 t选单室、长方体状；每炉产量高于3 t选单室或多室、卧式转鼓状或长方体状。

此外，还需根据工艺操作特点设计装料口、金属放出口、测温孔、扒渣操作门，对某些炉还需设排烟口。

2. 熔池容积($V_{池}$)的计算

(1) 周期性作业炉熔池容积$V_{池}$(cm^3)：

$$V_{池}=\frac{A_{炉}(1+K_{起})}{\gamma_{液}} \tag{3-5-11}$$

式中 $A_{炉}$——每炉生产能力，kg/炉；

$K_{起}$——起熔体系数，见表3-5-6；

$\gamma_{液}$——熔体在浇铸温度时的密度，kg/m^3。

表3-5-6 起熔体系数

金属或合金	炉生产能力/kg·炉$^{-1}$	$K_{起}$
锌		0.6～1.0
铜及其合金	<1000 >1000	0.5～0.6 0.3～0.7
铸铁	10000～100000	0.25～0.4
铝	<1000 1000～4000 >4000	0.4～0.67 0.3～0.5 0.2～0.33

(2) 连续作业炉熔池容积$V_{池}$(m^3) 连续作业炉的特点是连续加料与出料。为使炉温稳定及考虑突然缺料和设备事故等问题，熔池容积应有一定的贮量。可按下式计算：

$$V_{池}=\frac{\tau_{贮}A_{时}}{\gamma_{液}} \tag{3-5-12}$$

式中 $\tau_{贮}$——贮备时间，h，一般取4～7 h。

3. 炉膛容积$V_{膛}$(m^3)的确定

炉膛容积除考虑装入最大量(包括一定的贮量)的金属液外，还须留有一定净空容积，作为加料、扒渣、排气等用。其计算式如下：

$$V_{膛}=\frac{V_{池}}{\beta_{容}} \tag{3-5-13}$$

式中 $\beta_{容}$——容积系数。一般为0.45～0.55，与加入物料形态、产渣量、产炉气量有关。

工频铁芯感应电炉的主要结构参数及技术指标见表3-5-7。

表 3-5-7　工频铁芯感应电炉主要技术性能实践数据

序号	指标名称	工厂												
		1	2	3	4	5	6	7	8	9	10	11	12	13
1	金属或合金	锌	锌	锌	黄铜	黄铜	黄铜	黄铜	黄铜	黄铜	铝及合金	铝及合金	铸铁	铸铁
2	炉子容量/t	28~30	3~3.5	0.75	0.30	0.60	0.75	1.5	3~5	5		0.23	5.0	12.50
3	炉子功率/kw	540	300	150	70	170	254	600	750	500	104	100		1000
4	炉子生产率/$kg \cdot h^{-1}$	4500	2000	750			1500	3000	5000	5000			5000	12000
5	额定电压/V	380	380	380	380	380	380	500	500	350	380	380	380	380
6	频率 Hz，相数	50,3	50,3	5,01	50,1	50,1	50,1	50,3	50,3	50,2	50,1	50,1	50,1	50,3
7	操作温度/℃	480~500	480	480	1200	1200	1200	1200	1200	1200		850	1450~1500	1450~1500
8	功率因数补偿前 补偿后	0.64 0.96	0.60 0.95	0.68 1.0	0.70 0.95~1	0.65 0.95~1	0.76 1.0	0.66 1.0	0.66 0.95	0.75 0.98	0.4	0.4 0.99		0.55 1.0
9	电效率 $\eta_{电}$/%	96			97.5	98		97	95.5	95.7	96			98
10	热效率 $\eta_{热}$/%	80	75	75				93	88.8	80.5				
11	单位电耗/$kW \cdot h \cdot t^{-1}$	120	120~130	120~130			220	200	200	37①		433		
12	感应器数目/个	6	3	1	1	1	1	6	6	4	1	1	1	3
13	熔沟数目/个	6	3	1	1	1	1	3	3	2	1	1	1	3
14	感应器冷却方式	风冷	风冷	风冷	混合冷	混合冷	混合冷	混合冷	混合冷	混合冷	混合冷	混合冷	水冷	混合冷
15	变压器容量/kVA	800						100	1000	2×500				1350
16	起熔体质量/kg		2500		150	200	200		3000	3000	200	200		4000
17	操作方式	连续	周期作业	同左	同左	同左	同左	同左	同左	同左	同左	同左	同左	同左
18	感应器室耐火衬料	干式振动料	水玻璃粘土质填打料		石英砂硼酸填打料	同左	同左	同左	同左	同左	同左		磷酸盐刚玉填打料	磷酸高铝质填打料

5.3.3 工频无芯感应炉

无芯(坩埚式)感应熔炼炉内不存在构成闭合磁路的铁芯，故俗称无芯感应熔炼炉，简称无芯炉。又因炉体为耐火材料坩埚，因此，也称为坩埚式感应熔炼炉(图3-5-9)。在有色金属材料生产中．无芯炉广泛用于铜、铝、锌等有色金属及其合金的熔炼。在钢铁工业中，用于合金钢与铸铁的熔炼。

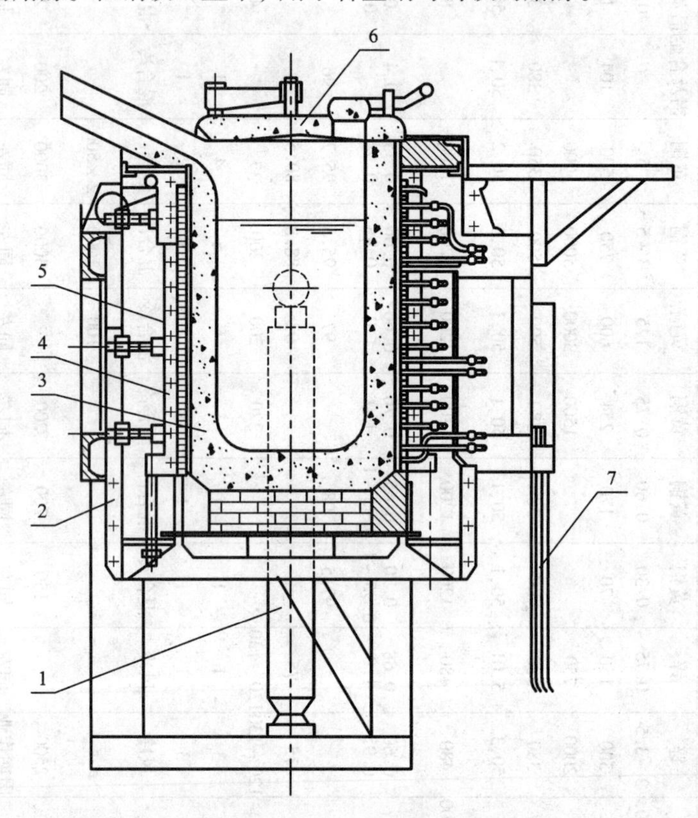

图3-5-9 无芯感应熔炼炉简图

1—倾炉油缸 2—炉架 3—坩埚 4—导磁体
5—感应线圈 6—炉盖 7—铜排或水冷电缆

5.3.3.1 工频无芯感应炉的结构特点

1. 组成及类型

无芯感应炉主要由炉体、炉架、辅助装置、冷却系统和电源及控制系统组成。炉体包括炉壳、炉衬(坩埚)、感应器、磁轭及紧固装置等。被熔化的金属置于坩埚之中，坩埚外有隔热与绝缘层，绝缘层外紧贴感应器(线圈)。感应器外均匀分布若干支磁轭(导磁体)，无芯感应炉的结构见图3-5-9。

按坩埚(炉衬)材质不同，无芯感应炉分为耐火材料坩埚无芯炉与导电材料坩埚无芯炉；按感应器的布置特点又可分为一般无芯坩埚熔炼炉与短线圈无芯炉。短线圈无芯炉通常是用于金属熔体保温，感应线圈布置在炉下部约1/4的位置上，此种炉子既具有一般无芯炉的优点，又像有芯炉一样，具有良好保温性能的熔池。

2. 坩埚(炉衬)材质

(1) 耐火材料坩埚　耐火材料坩埚有打结的、浇铸成型的或砌筑的。现用多为打结的，其材质按熔炼工艺要求分为酸性、碱性和中性。酸性材料主要是石英砂，其成分约为 $SiO_2 \geqslant 98\%$，$Fe_2O_3 \leqslant 0.5\%$，$CaO \leqslant 0.25\%$. $H_2O \leqslant 0.5\%$；粘结剂用工业硼酸晶体(或硼砂)。其成分为 $H_3BO_3 \geqslant 98\%$，$H_2O \leqslant 0.5\%$。碱性材料一般采用镁砂($MgO > 85\%$)，以8%～11%的卤水作粘结剂．也有用焦油或水玻璃的，为了提高炉衬的热稳定性。常将电熔镁砂掺入一般镁砂中或将电熔镁砂与电熔刚玉配合使用。中性炉衬有高铝刚玉($Al_2O_3 > 90\%$)、氧化铍、氧化锆等，经打结好的坩埚经过烘烤，烧结，使之具有一定的高温强度。

② 导电材料坩埚 导电材料坩埚有铸铁、铸钢、钢板、石墨等，常用导电材料坩埚的材质及其使用温度列于表3-5-8。

表3-5-8　导电材料坩埚材质及其使用温度

材料名称	使用温度/℃
普通铸铁($HT_{18-36}HT_{21-40}HT_{24-44}$)	500～600
含硅耐热铸铁 Si 5.5%	700～750
含铬耐热铁 Gr 0.6%～0.8%	500～600
含铬耐热铸铁 Gr 1.0%～1.4%	600～750
含铬耐热铸铁 Gr 1.4%～2.0%	750～800
含铝耐热铸铁 Al 5.5%～7.0%	700～900
低碳钢板	<500
石墨	>2000

3. 感应器(感应线圈)

无芯感应熔炼炉的感应器一般为密绕的圆筒形状。常用于制作感应线圈的铜导体截面形状见图3-5-7。

感应器传递功率的能力取决于线圈匝数与通过的电流强度．设计计算见有关参考书籍。

4. 磁轭(磁导)

磁轭主要起磁引导或磁屏蔽作用，以约束感应器的漏磁通向外散发，从而防止炉壳、炉架及其他金属构架发热，同时可提高炉子的电效率和功率因素。磁轭由0.2～0.35 mm厚的硅钢片叠制而成，一般选择多个磁轭，尽可能均匀地分布在感应器外圆的周边上。

5.3.3.2 耐火材料坩埚无芯炉的设计计算

1. 坩埚容量与尺寸

各部分尺寸符号见图3-5-10。

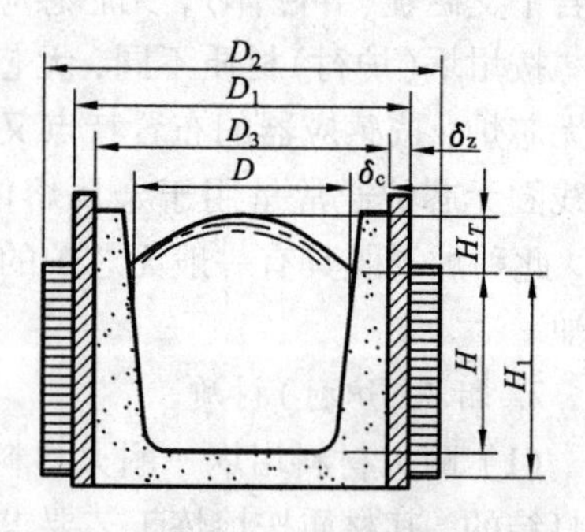

图3-5-10 工频无芯熔炼炉各部分尺寸符号

(1) 坩埚额定容量 G_G(kg)

$$G_G = \frac{N}{24}(\tau_R + \tau_P) \quad (3-5-14)$$

式中 N——昼夜处理量，kg/d；

τ_R，τ_P——熔炼时间和辅助作业时间，h。

τ_R，τ_P 由经验确定，τ_P 一般为15～30 min，炉子容量越大时间越长，τ_R 经验值如下（V_G——坩埚容量）：

V_G/t,	<0.25	0.2～0.5	0.5～1.5	1.5～10
τ_R/h,	0.8～1	1.0～1.5	1.5～2.0	2.0～2.5

(2) 坩埚容积与尺寸

坩埚的有效容积 V_G(cm^3)：

$$V_G = \frac{G_G}{\gamma_R} \times 10^{-3} \quad (3-5-15)$$

式中 G_G——坩埚额定容量，kg；

γ_R——液态熔体密度，kg/dm^3 或 t/m^3。

坩埚平均内径 D(m)与液态炉料高度 H(m)

$$D = 1.08 \times 10^{-3} \sqrt[3]{AV_G} \quad (3-5-16)$$

$$H = D/A \quad (3-5-17)$$

A 值与坩埚容量有关，根据经验大致范围见表3-5-9。国内部分无芯工频感应电炉有关参数见表3-5-10。

表3-5-9 A 与 δ_c 值选择表

A 和 δ_c/D	炉子容量/kg			
	<500	500～1500	1500～3000	>3000
$A=D/H$	0.5～0.7	0.7～0.75	0.75～0.8	0.8～1
δ_c/D	0.16～0.25	0.14～0.20	0.12～0.16	0.1～0.5

表 3－5－10 国内部分无芯工频感应电炉的有关参数

电炉容量/t		10	3	1.5	0.7	0.5	0.4	0.25	0.15	0.1	0.25	0.4	0.75	1.5	3	0.75
熔炼金属		铁	铁	钢、铁	铁	合金铸铁	钢	钢	钢、铁	钢	铜	铜	铜	铜	铜	锌
额定功率/kW		2700	750	420	300	180	135～200	120～150	96～112	100	170		215	420	620	80
变压器容量/kV·A		4000	1350	560	2×220							400				
电压/V		300～1050	260/290/320/450/500/550	380	500/700/1000	380/270/190	380/280/240/220	380	90～420	380/220	200～420	420/380/220/110/90	380	380	500	380/220
生产率/$t \cdot h^{-1}$		4.6	1.5	0.5～0.75	0.3～0.35	400					168		0.5	1.1	1.75	0.4
耗电量/$kWh \cdot t^{-1}$		600	500～700	600～650									407	380	380	
自然功率因数		0.185	0.164	0.18～0.24		0.17	0.2	0.2		≈0.2		0.14				
感应器	内径/cm	143	97	82	65	55	52	44	40	34	44	41.5				
	导线截面/mm	22(16)×8×2	22(16)×10.5×1.5	24×12×3	10×8×2	22×13×3	16×8×2	16×8×2	16×7×2	φ8×1.5	22(16)×8×2	22(16)×10.5×1.5				
	匝数/N	16+18+18	18+18	18+18	60	42/36	45/40	46	52	74/72/70	48	47/45/42/36				
坩埚	内径/cm	113	73	60～58	46	38	35	30	28	24	30	30	43	58	73	
	壁厚/cm	15	12	11～12	10.5	8.5	8.5	7.0	6.0	5.0	7.0	5.75	8	10	11.8	
	有效高度/cm	145	143	105	60	51		44	36			91.5	119	143		
补偿电容器	总容量/kvar	14400	4392	2295	1420	950	793	800	572	450	1000	1100	1580	3000	4520	240
	固定/kvar	7020	2232	1215	1080	600	260	400	351		380	350				
	可变/kvar	540,1080,1080,1080,1620,1620	40×54	45,45,90,180,180,180,180,180	100,240	50,80,100,120	13,26,26,78.156,234	30.50.90.110.120	39.78.104		10.20.50,80.100,.160,200	50.100,200.400				
冷却水压/$kg \cdot cm^{-2}$		1.2～2	2	2～3				2.5	1.7	0.8	2.0		1.5～2	2～3	2～4	

5.4 其他电炉

5.4.1 真空电弧炉

真空电弧炉是在真空条件下利用电弧热能熔炼金属的一类电炉。主要用于钛、锆、钨、钼、钽、铪、铌等高熔点活泼金属的熔炼(是生产钛的常用设备),也可用来熔炼耐热钢、不锈钢等合金钢。国内小容量真空电弧炉已系列化,有关电炉制造厂(如锦州电炉厂)可提供成套设备。

真空电弧炉有多种类型。常用炉型为自耗电极真空电弧炉(简称自耗炉),即电极由被熔金属原料制成(可用其他炉子熔化而得),在熔炼过程中电极逐步熔化、消耗,再经精炼、冷凝后铸锭。故自耗炉常作重熔(二次熔炼)之用。其优点是不须配备耐高温电极,且不存在电极材料污染产品的问题。

5.4.1.1 自耗电极真空电弧炉炉型结构

图3-5-11为常用的铸锭固定式自耗电极真空电弧炉示意图。炉体结构主要由真空炉壳、水冷结晶器、稳弧线圈、电极夹持与升降机构(图中未示出)、观察装置(光学观察装置或工业电视)等部分组成。真空炉壳一般用不锈钢板做成双层水冷式,底部与结晶器密封接触,顶部与电极杆之间为滑动密封结构,两者之间相互绝缘。

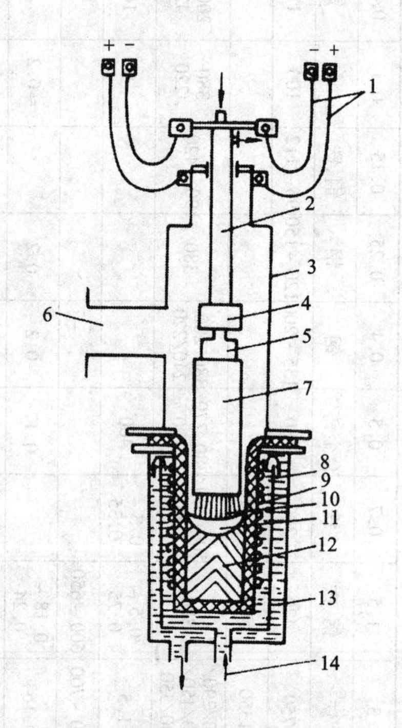

图3-5-11 自耗电极真空电弧炉示意图

1—电缆 2—水冷电极杆 3—真空炉壳 4—电极夹头 5—过渡电极 6 抽真空系统连接管 7 —自耗电极 8—铜结晶器 9—稳弧线圈 10—电弧 11—熔池 12—金属锭 13—结晶器的水冷套 14—冷却水进出口

真空电弧炉采用直流电源,熔池接正极(温度较高,有利于精炼),而电极接负极。

结晶器周围有稳弧线圈,其作用是当通入直流电时,产生上下磁场,依靠电磁力,消除电极与结晶器之间生成的边弧,且可促使熔池内金属熔体旋转,因而兼有搅拌作用。

直流电弧炉成套设备．除炉体以外，尚有供电系统（主要为硅整流设备）、电极自动调节系统、真空系统以及冷却水系统等。

5.4.1.2 **自耗电极真空电弧炉主要技术参数。**

自耗炉主要电参数计算公式与经验数据见表3－5－11。国产ZH系列自耗电极真空电弧炉技术参数列于表3－5－12。

表3－5－11 自耗电极真空电弧炉主要电参数计算

计算参数	计 算 公 式	说 明
工作电流 I	$I=(16\sim20)d(\mathrm{A})$	D——自耗电极直径，mm $d=(0.65\sim0.85)D$ D——结晶器内径，mm
工作电压 U	$U=U_{网}+U_{触}+U_{弧}(\mathrm{V})$ U的经验值有：钛28～25 V，钼35～38 V，锆28～32 V	$U_{网}$——短网电压降，V $U_{触}$——接触电阻的电压降，V；一般取：$U_{网}+U_{触}=8\sim15\ \mathrm{V}$ $U_{弧}$——电弧电压，V，计算见下
电弧电压 $U_{弧}$	$U_{弧}=U_0+\frac{kl}{d}I(\mathrm{V})$	U_0——阴极与阳极电压降之和，仅与熔炼的金属品种有关：钛19.8 V，用15.5 V k——电弧的电阻系数，钛$4\times10^{-3}\,\Omega$，钼$5.5\times10^{-3}\,\Omega$ l——电弧长度，mm
熔炼功率 P	$P=10^{-3}UI\ (\mathrm{kW})$	

表3－5－12 ZH系列自耗电极真空电弧炉技术参数

参数名称	ZH－0.005型	ZH－0.025型	ZH－0.2型
容量/t	0.005～0.015	0.025	0.2
成套设备电源	3相380 V50Hz	3相380 V50Hz	3相380 V50Hz
整流设备	硅整流器	硅整流器	硅整流器
工作电压/V	20～40	20～40	20～40
最大工作电流/A	3000	6000	12000
电极控制方式	自动及手动	自动及手动	自动及手动
极限真空度/Pa	6.5×10^{-3}	1.5×10^{-2}	6.5×10^{-3}
工作真空度/Pa	$1.5\times10^{-2}\sim1.5$	$1.5\times10^{-2}\sim1.5$	$1.5\times10^{-2}\sim1.5$
电极直径/mm	10～45	30～60	56～150
电极长度/mm	1350	1200	1745
铸锭直径/mm	50，80	100	100，220
铸锭长度/mm	130～135	400	670
冷却水量/$\mathrm{m^3\cdot h^{-1}}$	11.5	6	50
冷却水压/Pa	4.5×10^5	4.5×10^5	4.5×10^5

注：真空电弧炉的单位电能消耗，视炉子大小与熔炼金属品种而异，一般为1.5～2.5 kW·h/kg。

5.4.2 等离子炉

等离子炉依靠电能转化的等离子体能量加热、熔炼物料。等离子体通常指气体部分电离后形成的物质，是正离子、自由电子以及气体分子的混合体。由于其中正离子所带正电荷总数与自由电子所带负电荷总数相等，故得名为等离子体。通常用氩气作为等离子炉的工作气体，因其电离功较小，易于电离，又是价格低廉的惰性气体。

5.4.2.1 等离子炉的特点

等离子炉具有温度高(高于真空电弧炉，特殊条件下可达10000 ℃以上)、氩气保护以及熔炼质量好等技术优势。在提取冶金中，等离子炉可用于锆英石($ZrSiO_4$)、硫化钼(MoS_2)等难熔矿石的热分解，钛铁矿与其他铁矿石的还原，金属钛的制取，由高熔点金属氧化物(WO_3、MoO_3、Nb_2O_5 等)与金属卤化物($TiCl_4$、$ZrCl_4$、WCl_5 等)制取高纯超细金属粉末的还原冶炼。此外，等离子炉已用于钛、钼、钨等难熔与活泼金属的熔化和精炼，以及耐热钢、耐蚀钢、高强度钢等优质合金钢的熔炼。

5.4.2.2 等离子炉类型与结构

等离子炉有多种类型。在冶金工业中，目前应用的等离子炉主要为中空阴极型，常用于钛、锆、钼等金属与废屑的重熔。此炉型在美国和日本应用较多。

中空阴极型等离子炉的等离子枪结构简单，用一钽管制成，作为炉子的阴极，故称为中空阴极。金属钽易于进行热电子发射。在阴极与被熔金属(阳极)之间，除连接直流主电源之外，还须并联一启动电源(用高频电源或电压数百伏的直流电源)。炉内通入少量氩气，并保持低真空0.1～50 Pa。

此种等离子炉主要依靠钽管阴极进行热电子发射，形成电子束，在电场作用下加速，射向阳极被熔金属，在碰撞过程中高速电子动能转化为金属热能，使后者熔化。而维持钽管阴极进行热电子发射所需温度(2100～2400 ℃)，是依靠氩气分子由于热电离与碰撞电离生成等离子体，其中正离子在电场作用下加速飞向钽管阴极，碰撞过程中正离子动能转化为钽管阴极热能所致。所以，中空阴极等离子炉常称为等离子体电子束炉。其结构与设备连接示于图3－5－12。

5.4.2.3 中空阴极型等离子炉的参数与尺寸

中空阴极型等离子炉的若干参数见表3－5－13；中空阴极钽管尺寸列于表3－5－14。

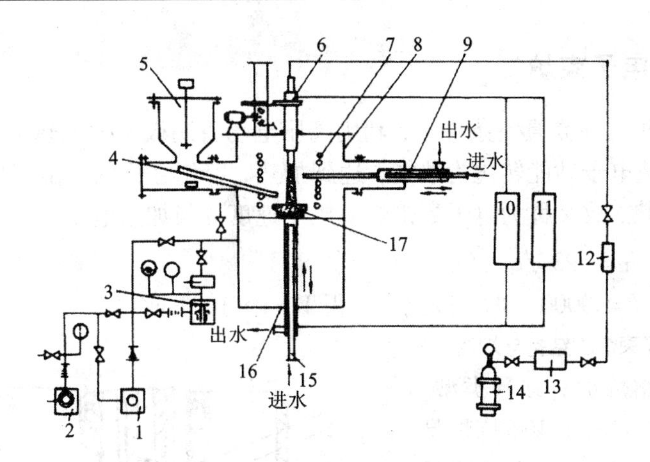

图 3-5-12　中空阴极等离子熔炼炉结构与设备图

1—机械增压泵　2—机械泵　3—油增压泵　4—震动式送料器　5—料斗　6—等离子枪及其升降机械　7—聚焦线圈　8—炉壳　9—棒料输送装置　10—启动电源　11—直流主电源　12—流量计　13—净化装置　14—氩气瓶　15—抽锭机构　16—真空密封　17—水冷铜结晶器

表 3-5-13　中空阴极钽管尺寸

等离子炉型号	PB-10	PB-80	PB-120	PB-400
阴极钽管外径/cm	∅1.1	∅1.9	∅4.0	∅6.6
阴极钽管内径/cm	∅0.8	∅1.5	∅3.6	∅6.0

表 3-5-14　几种中空阴极型等离子炉的若干参数

参数名称		等离子炉型号			
		PB-80	PB-120	PB-400	PB-2000
最大功率/kW		80	120	400	2000
启动电源频率/MHz		2	2	2	2
直流工作电源/V·A		75，1500	75，4000	90，6000	90，36000
正常工作电压/V		25~70	25~70	20~80	20~90
正常工作电流/A		200~1200	1000~3000	600~6000	2400~36000
水冷结晶器尺寸	熔炼钛、锆/mm	∅110	∅140	∅300	∅500
	熔炼铌、钽/mm	∅55	∅100	∅240	∅360
	铸锭长度/mm	500	800	1200	2400
	熔铸扁锭/mm	40×25×800	70×200×250		250×1120×2400
真空系统	极限真空度/Pa	1.5×10^{-2}	1.5×10^{-2}	1.5×10^{-2}	1.5×10^{-2}
	冶炼真空度/Pa	1~15	1.5	1~15	0.5~50
	最大抽速/$L\cdot s^{-1}$	2500	10000	20000	48000

5.4.3 等电子束炉

电子束炉是在高真空条件下，利用高压电场将阴极发射的热电子束加速，轰击物料，高速电子动能转化为热能，达到加热、熔化之目的。由于依靠高速电子轰击物料发热，故又称为电子轰击炉。电子速度 v 与加速电压 U 之间的关系为：

$$v = 593\sqrt{U} \quad (\mathrm{km/s}) \tag{3-5-18}$$

例如当 $U = 30000$ V 时，按此式求得 $V = 1 \times 10^5$ km/s。

5.4.3.1 电子束炉的结构与炉型

电子束熔炼炉有多种类型。其中，轴向枪式电子束熔炼炉是主要炉型。轴向电子枪又称远聚焦或皮尔斯电子枪，目前应用最广泛。其基本结构示于图3-5-13。由电子发射系统（包括阴极、聚束极与加速阳极）以及电子光路系统（包括磁透镜、偏转线圈）所组成。

1200 kW 轴向枪式横向进料型电子束熔炼炉整体结构示于图3-5-14。炉体主要由真空炉室、电子枪、进料机构、结晶器、抽锭机构以及观察装置等部分组成。配套设备有：供电及其控制设备、抽真空系统、水冷系统以及检测仪表等。

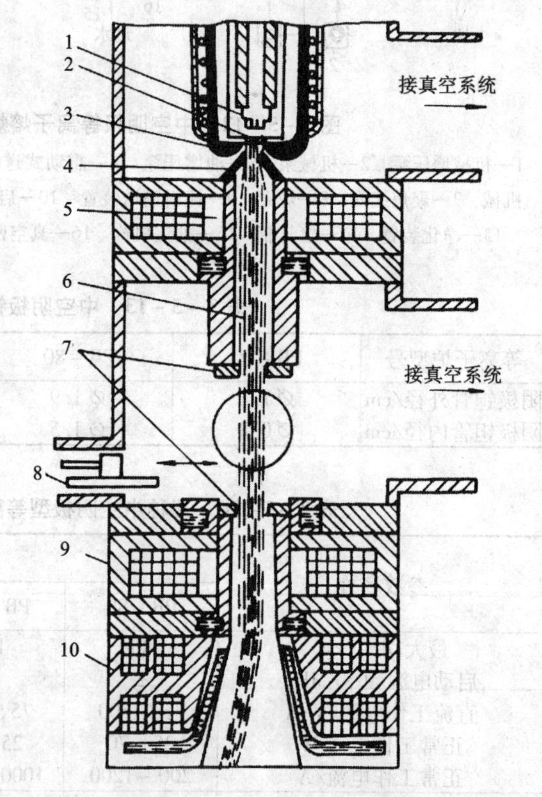

图3-5-13 轴向电子枪基本结构

1—钨丝 2—阴极 3—聚束极 4—加速阳极 5—第一磁透镜 6—电子束 7—钼环 8—闸阀 9—第二磁透镜 10—偏转器

5.4.3.1 电子束炉的特点

电子束炉功率密度大，可达 10^5 W/cm^2，因而温度高，有利于难熔金属的熔炼。

为避免电子束与气体分子碰撞而损耗能量，要求炉内残存气体分子自由程大、真空度高（一般残压低于 0.015 Pa），故熔炼金属的提纯效果好，杂质易于挥发。

熔炼功率和熔炼速度调节方便；电子束可加热熔炼物料的任意部位；

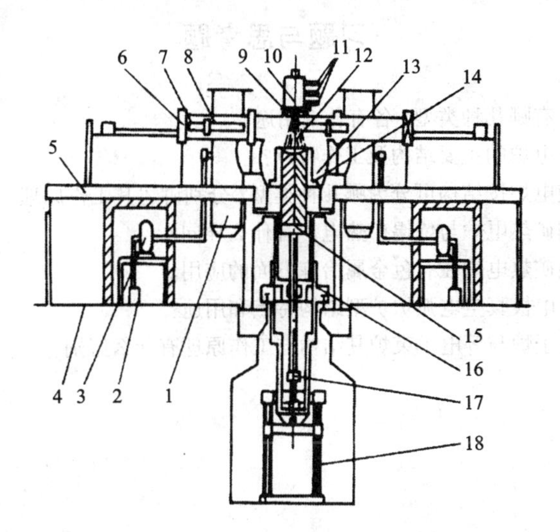

图 3－5－14　轴向枪式电子束熔炼结构示意图

1—油扩散泵　2—机械泵　3—罗茨泵　4—车间地面　5—操作平台　6—进料真空阀门　7—料棒推送机构　8—料棒　9—电子枪的偏转器　10—轴向电子枪　11—真空接口　12—电子束　13—真空炉室　14—结晶室　15—锭底座　16—运锭车　17—抽锭机构　18—抽锭机构架

但由于真空度高，杂质挥发的同时，被熔金属也有挥发损失；高速电子轰击物料，少部分能量转化为 X 射线放出，有害人体，须防护；设备复杂，投资大。

5.4.3.2　电子束炉的用途

（1）电子束炉适用于钽、铌、铪、钨与钼等高熔点活泼金属的熔炼。

（2）难熔金属的区域提纯，制取单晶。

（3）钛屑的回收重熔。

（4）铜、镍的提纯。

（5）在钢铁冶金中，电子束炉熔炼优质合金钢的应用发展很快。

（6）高温下能导电的难熔非金属材料的熔炼。

（7）电子束作为热源，还可用于金属的表面淬火、焊接、切割、钻孔、蒸发镀膜、表面沉积以及雾化制粉等。

习题与思考题

3-5-1 电炉有哪几种类型、各有什么用途?

3-5-2 矿热电炉的主要结构及工作特点?

3-5-3 感应电炉按结构可分为哪几种类型?分别讲述其工作原理。

3-5-4 炼铜矿热电炉与炼锡矿热电炉有什么异同?

3-5-5 简述矿热电炉在有色金属冶炼方面的应用。

3-5-6 自耗电极真空电弧炉炉型结构特点和用途?

3-5-7 等离子炉与等电子束炉其结构与工作原理有什么区别?

第四篇 融盐电解槽

1 概　述

铝、镁和碱金属及碱土金属在内的轻金属以及稀土金属具有许多共同的物理化学性质，它们与氧、卤族元素的化合物都非常稳定；在电化学次序表上，它们又都是负电性很强的元素。

轻金属的这些属性使得用碳直接还原其氧化物制取金属的过程很困难。以碳在高温下还原氧化铝的反应为例，反应的一次产物是铝的碳氧化物 Al_4O_4C，而不是金属铝或碳化铝，而从碳氧化铝是很难制取金属铝的。碳还原氧化镁的作用在高温下虽然可以得到镁蒸气，但反应中镁的平衡蒸气压远低于该温度下镁的饱和蒸气压，只有将反应产物迅速冷却，使镁的饱和蒸气压急剧降低到反应所得的镁蒸气压力之下；或者是在高温下立即将反应产出的一氧化碳与镁蒸气分离开来，才有可能使镁成为金属产出。前一种做法难度很大并且很不安全，后一种做法则是根本不可能的。碱金属和碱土金属也都与镁相似，也不适于采用碳热还原方法制取，而只能以沸点更高的金属为还原剂，用金属热还原法来法取法。

轻金属的负电性都很强，通过电解其盐类的水溶液的方法来制取金属也是不可能的。因为这时阴极析出的是氢和该金属的氢氧化物，阳极析出的则是氧。换言之，电解的只是水而已。所以只有用非水溶液电解质才能电解得到轻金属，这样的电解质主要是熔盐。轻金属的某些有机物也可以用作电解质。熔盐电解实际上是生产各种轻金属的主要的，有时甚至是惟一的工业方法，熔盐电解也是制取稀土金属的主要方法。熔盐电解槽是轻金属、稀土金属进行熔盐电解的主体设备，其地位非常重要，融盐电解槽的设计是否合理，直接影响到被电解金属的产量以及能耗等各项技术经济指标。因此，本篇主要介绍各种熔盐电解槽的构造、特征及有关设计计算。

2 铝电解槽

2.1 铝电解槽的工作原理

现代的铝工业生产，采用冰晶石-氧化铝融盐电解法，这是工业上惟一的炼铝方法。强大的直流电流通入电解槽，电解温度是950-970 ℃，阴极产物是液体铝，阳极产物是CO_2和CO。铝液用真空抬包抽出，经过净化澄清之后，浇铸成商品铝锭，其质量一般达到含铝99.5%~99.8%。铝电解生产流程如图4-2-1所示。原铝生产的物料流量见图4-2-2。

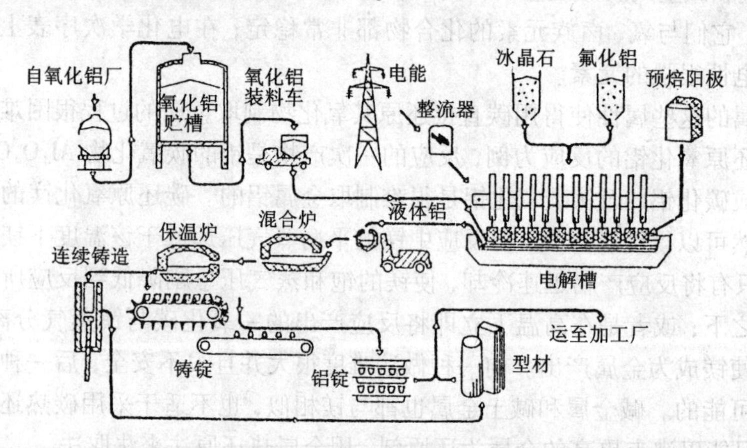

图4-2-1 铝电解生产流程

图4-2-3为冰晶石-氧化铝融盐电解槽简图。在此槽中有一个或几个碳阳极浸入电解液中，氧化铝中的氧在阳极上电解放电，生成过渡型产物氧。随后氧立即与碳阳极发生反应，并逐渐消耗碳阳极，生成CO_2。在电解液的下面有一层液态铝，液态铝是由电解还原熔融电解液中的氧化铝而制取的，电解液主要由冰晶石组成的，盛置在由碳素材料和保温材料构成的（外面是钢壳）槽膛内。铝在电解液-金属界面上生成，此金属层便是阴极，因此，铝电解的总反应式可写成：

$$2Al_2O_3(aq)+3C(s)=4Al(l)+3CO_2(g) \qquad (4-2-1)$$

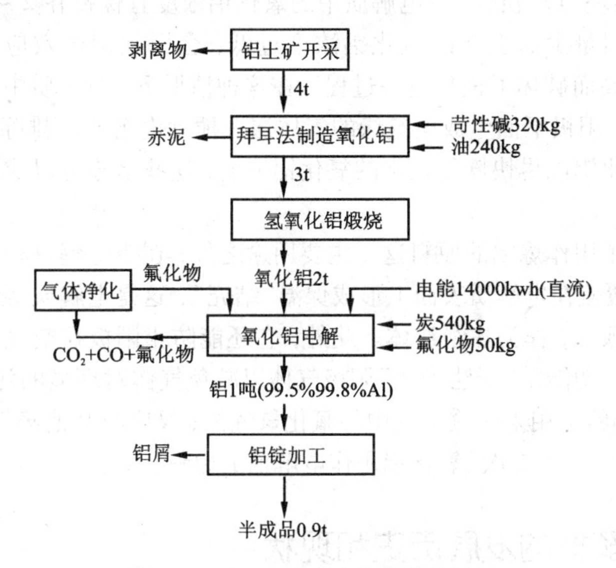

图4－2－2　原铝生产的物料流量图

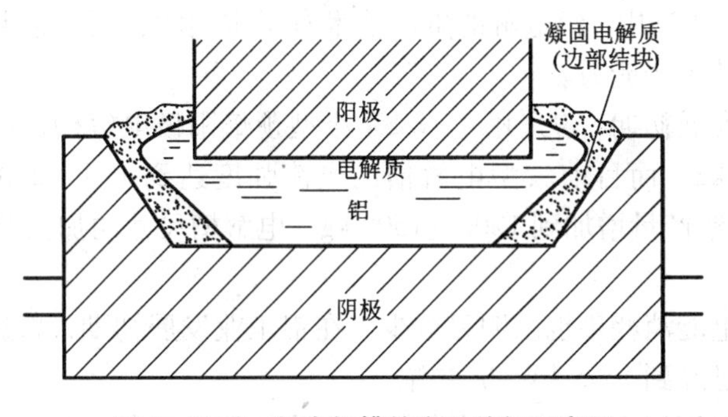

图4－2－3　铝电解槽的主要特征示意图

冰晶石具有独一无二的溶解氧化铝的能力。在电解过程中，冰晶石并不消耗，主要是因蒸发而有少许损失。

除了冰晶石作为主要组成之外，现代的氧化铝电解液一般含有[%(质量)]：氟化铝(AlF_3) 6% ~13；氟化钙(CaF_2) 4% ~6%，氧化铝(Al_2O_3) 2% ~4%。

在某些情况下还含有2% ~4%(质量)的氟化锂(LiF)和/或氟化镁(MgF_2)，此时，氟化铝的含量通常低于6% ~7%(质量)。

氧化铝由槽上部的料仓或料斗供入，用2 ~5 个定容下料器每隔1 ~2 min 连续加入1 ~2 kg 氧化铝。加入的氧化铝要在电解质中迅速地溶解并混合，而且不要生成任何“结块”或“沉淀”。电解质中的氧化铝浓度宜保持在2～4%(质量)范围内。由于下料量少而引起的氧化铝浓度过低，会引起阳极效应，造成槽电压(30～50 V)太高而破坏了正常电解过程。在这种情形下，电解质中的氟组分会发生电解，同时在阳极下面生成电绝缘的气体层。搅动电解质来排除此气体层，以及迅速加入氧化铝以尽快恢复正常的氧化铝浓度，这些措施可以成功地熄灭阳极效应。

氧化铝除了用作炼铝的原料这一主要用途之外，在铝电解过程中它还有两个重要功能；它覆盖在电解质表面上形成保温“结壳”，这是电解质凝结而成的。它还覆盖在阳极顶部，作为热绝缘体。此外，它还能防止阳极在空气中燃烧。氧化铝的第三个主要功能是“干法净化”阳极气体以减免气体对环境的污染。在“干法净化”中氧化铝粉末用来吸收烟气中的氟化氢气体，又吸收其他蒸气(主要是四氟铝酸钠 $NaAlF_4$)。此“二次”氧化铝用作电解槽的原料。

2.2 铝电解槽的发展历史和现状

冰晶石－氧化铝融盐电解法自从十九世纪末叶发明以来，已经有一百多年了，在这一百多年当中，铝电解的生产技术有了重大的进展，这主要表现在持续地增加电解槽的生产能力。

在铝工业发展初期，曾采用4～8 kA 小型预焙阳极电解槽，其每昼夜的铝产量约为20～40 kg。而目前大型电解槽的电流强度达到170～220 kA(成系列生产)，每昼夜的铝产量增加到1200～1500 kg。电解槽尺寸的加大是增大其电流强度的主要因素。

铝的单位电能消耗量也已明显减少。在铝工业发展初期，高达42 kW·h，现代大型预焙槽已降到13.5 kW·h 左右。

铝电解的电流效率，在铝工业发展初期只有70%左右，现在已提高到88%～90%，有的超过90%。

电解槽电流强度的加大的以及电能消耗率的不断降低，还与整流设备的更新，电极生产的改进，电解生产操作的完善，特别是机械化和自动化程度的提高有着密切的关系。

在铝工业发展初期，曾采用小型直流发电机组。电流只有数千安，后来改用了水银整流器，现代则采用大功率高效率的硅整流器，整流效率达到97%，系列电流强度增加到220 kA 甚至更大。

炭素电极生产技术的发展促进了电解槽阳极的演变，从而大力推进了铝电解工业的发展。在铝工业发展初期采用小型预焙阳极，这跟炭素工业的生产水平相适应。后来为了扩大阳极尺寸借以提高电流强度，在20世纪20年代，按照当时铁合金电炉上的连续自焙电极，在铝电解槽上装设了连续自焙阳极，采取旁插棒式。这种类型电解槽很快便在世界范围内推广采用。在20世纪40年代里，为了简化阳极操作提高机械化程度，又发展了上插棒式自焙阳极电解槽。连续自焙阳极的采用，标志着铝电解槽结构发展的第二阶段。但是自焙阳极本身所带的粘结剂沥青在槽上焙烧时进行分解，散发出有害的烟气，使劳动条件恶化，此外它本身的电压降大些。这些缺点唯有在后来炭素工业能够制造出高质量的大型预焙炭块之时才得到克服。于是在五十年代中期，改造了原来的小型预焙槽，使之大型化和现代化，成为新型预焙槽，同时西德创建了连续预焙阳极电解槽。因此预焙阳极的现代化是铝电解槽发展的第三个阶段。

在最近数十年内，自焙阳极电解槽的容量也在不断地扩大。旁插棒自焙阳极电解槽系列的电流强度最大的到过130～140 kA，而上插棒槽达到了150 kA。

铝电解槽的现代化与电解槽废气的净化和综合利用密切相关。历来成为严重灾害的环境污染问题，现在已经基本上解决。

铝电解槽的现代化还与生产操作的机械化和自动化紧紧地联结在一起。现在各项生产操作已经能够按照既定的程序自动进行，实现生产过程自动控制，因此劳动生产率显著提高。

现代铝工业上有两类四种电解槽：

（1）自焙阳极电解槽　旁插棒式（如图4－2－4所示）和上插棒式（如图4－2－5所示）。

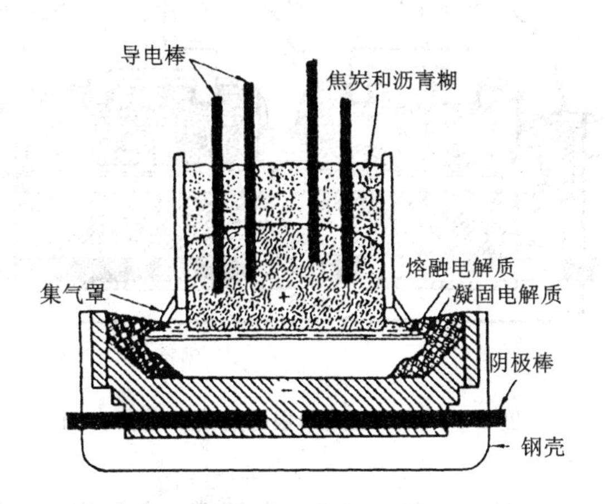

图4－2－4　旁插棒式自焙阳极电解槽

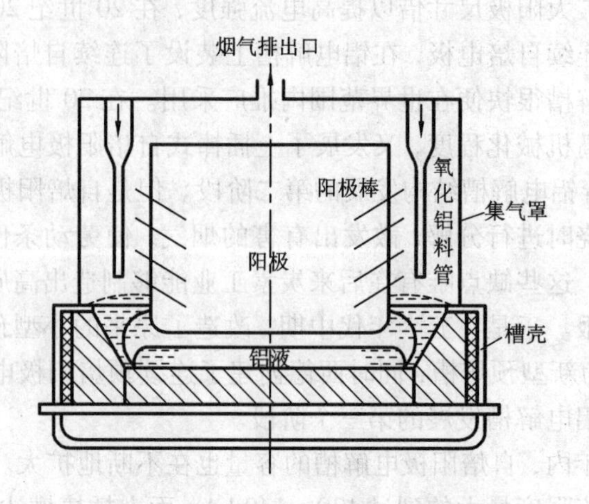

图 4-2-5 上插棒式自焙阳极电解槽

(2) 预焙阳极电解槽 不连续式(中部打壳式和边部打壳式)，如图 4-2-6 和图 4-2-7 所示；以及连续式(见图 4-2-22)。

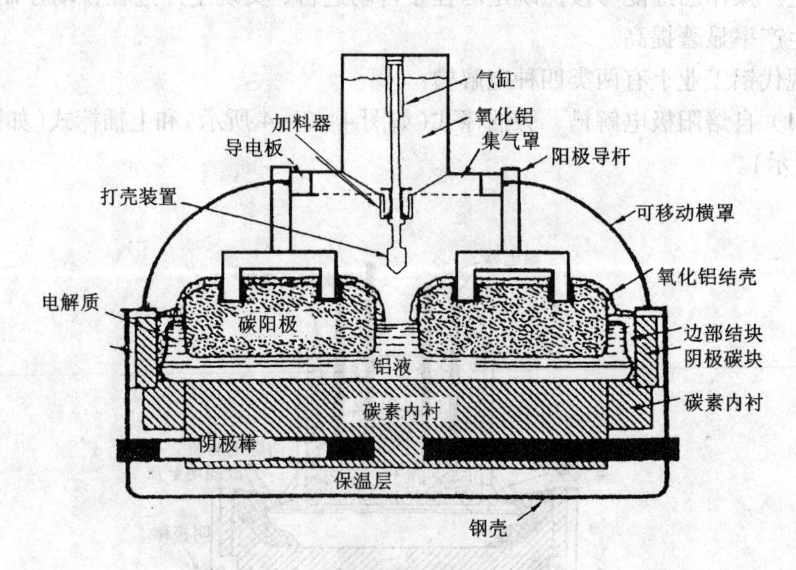

图 4-2-6 预焙阳极电解槽(中部打壳)

除了这四种类型之外，还有一种多室电解槽，它采用氯化铝电解质。多室槽的出现暗示着铝电解槽的发展又开始进入一个新的阶段。

在表 4-2-1 上列出了上述五种类型的电解槽的发展概况。

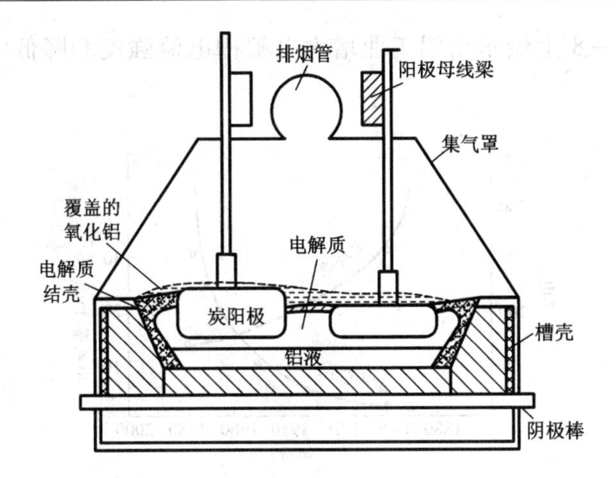

图4-2-7　预焙阳极电解槽(边部打壳)

表4-2-1　工业铝电解槽的发展概况

槽　　型	技术参数及指标	1888~1900年	~1930年	~1950年	~1970年后	1970年以来
不连续预焙阳极电解槽(Al_2O_3 电解)	电流/kA	4~8	20	50	125	150 kA 系列
	电流效率/%	70	70~80	88	89	170 kA 系列
	电能消耗率/$kWh \cdot kg^{-1}$	42	18~25	16	13.5~13.3	220 kA 系列 260 kA 系列
旁插棒自焙阳极电解槽(Al_2O_3 电解)	电流/kA		8~25	80	135	
	电流效率/%		80	87	89	
	电能消耗率/$kWh \cdot kg^{-1}$		20	16.0~16.5	15~16	
上插棒自焙阳极电解(Al_2O_3 电解)	电流/kA			1940年左右开始试验	100	150 kA 系列
	电流效率/%				89	
	电能消耗率/$kWh \cdot kg^{-1}$				13.8	
连续预焙阳极电解槽(Al_2O_3 电解)	电流/kA			1955年开始大型试验	110	120 kA 系列
	电流效率/%				88	
	电能消耗率/$kWh \cdot kg^{-1}$				15~16	
多室电解槽($AlCl_3$ 电解)	1976年开始工业性试验					

在图 4－2－8 上绘示出铝工业增大电解槽电流强度和降低电耗率的发展趋势。

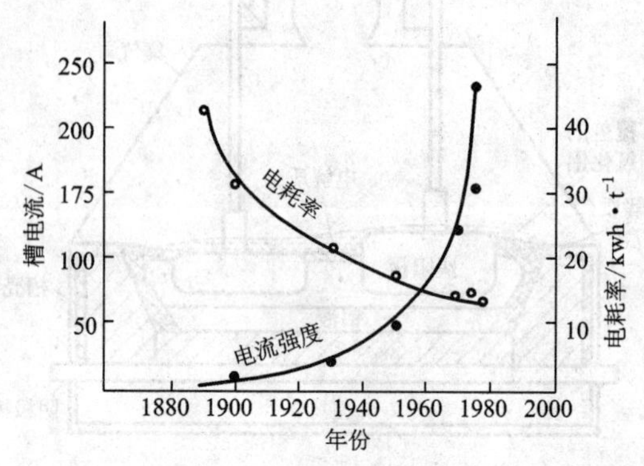

图 4－2－8　预焙阳极电解槽电流强度和电耗率的发展趋势

这几种电解槽各有优缺点，这里重点讨论目前铝工业上普遍采用的氧化铝电解槽。

在电解过程中，阳极大约以 0.3～1.0 mm·h^{-1}的速度消耗着。自焙阳极定期补充阳极糊，因而阳极可以连续使用，而预焙阳极消耗到一定高度时就要更换，不能连续使用(连续预焙阳极例外)。所以自焙阳极的连续性正好适应了电解生产过程的连续性。

但是，自焙阳极在电解槽上焙烧之时，会散发出有害的沥青烟气，污染厂房内外的空气，这是一个很大的缺点。所以需要采取密闭装置和排烟净化设施。反之，预焙阳极已经在专用的焙烧炉内焙烧过，它的沥青烟气正好当作燃料使用，不再在铝电解上散发出来。因此，采用预焙槽的电解厂房，烟害小些，当然预焙槽也需要密闭和气体净化设施，以排除 HF 气体。

以机械化和自动化程度而论，目前预焙槽最好，特别是中部下料型的预焙槽，上插槽次之。

阳极电压降，预焙阳极大约是 0.3 V，旁插棒阳极 0.4 V，而上插棒阳极稍大，是 0.4 V。

从投资来看，预焙槽的上部结构和阳极装置比较简单，因而造价稍低。但是采用预焙槽的工厂需要阳极成型、阳极焙烧和阳极组装等一整套设备，亦即需要一笔额外的投资。所以，在大型工厂内兴建预焙槽是适宜的。上插棒阳极电解槽的上部金属结构比较复杂，而且需要较好的机械化设施，所以投资较多。唯有旁插棒工厂的投资省些。

在表 4－2－2 上列出了这四种阳极的优缺点比较。

表 4-2-2　四种类型阳极的比较

	预　焙		自　焙	
	不连续式	连续式	旁插棒式	上插棒式
电流/kA	220	120	50~130	50~150
$d_{阳}/A\cdot cm^{-2}$	0.7~0.8	0.7	0.7~1.0	0.55~0.7
电耗/$kWh\cdot t^{-1}$	13000~16000	160000	150000~170000	150000~170000
阳极操作	简单	不复杂	复杂	很复杂
磁场隆起影响	轻微	感觉到	感觉到	强烈感觉到
废气捕集效率/%	90~95	无	60~70	40~60
气体净化	不复杂（只有粉尘和废气）	无	复杂（有焦化产物）	复杂（有焦化产物）
工时数/$h\cdot t^{-1}$	6.7	9.2	11.2	9.2

从1970年以来，全世界新建的大型电解槽大多数是预焙槽。

目前应用最广泛的槽型也是预焙槽，其中，中部下料预焙槽占52.4%，边部下料预焙槽占13.2%，上插自焙槽占13.0%，侧插自焙槽占21.4%。目前这种情况已有改变。

1975年世界预焙槽和自焙槽的铝生产能力几乎相等(图4-2-9)，但是预焙槽所占的比率在此后越来越大，因为除了新建预焙槽之外，一部分现有的自焙槽由于环境保护和节省电能的迫切要求正在改装成预焙槽，或者即将停止生产。例如法国彼施涅公司于1970年把奥札铝厂原有的40 kA上插棒槽系列改造成90 kA预焙槽系列，使电耗指标从148800$kWh\cdot t^{-1}$铝降低到12900$kWh\cdot t^{-1}$铝。加拿大阿尔维特铝厂共有45.8万t生产能力，其中11.4万t为预焙槽，34.4万t为自焙槽，由于环境保护的要求，现在打算把一部分自焙槽改造成预焙槽。这些显示了目前的一种发展趋势。

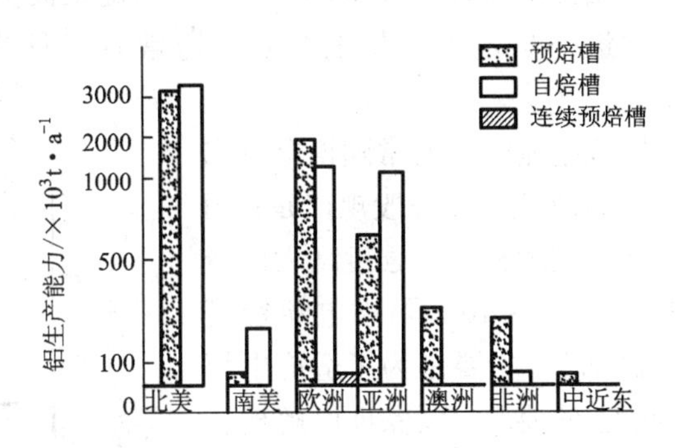

图4-2-9　全世界预焙槽与自焙槽生产能力对比

目前各种电解槽都在进行生产，旁插棒电解槽多年来已经有了成熟的经验，由于它的结构比较简易，投资较省，阳极可以连续使用，因此在中小型工厂里获得了广泛的应用。目前正在排除烟害和实现阳极操作机械化方面继续加以改进。预焙阳极电解槽的主要优点是可以大型化，操作的机构化程度较高，电耗率较低，烟害较小，所以在新建大型工厂时多采用这种电解槽。至于上插棒电解槽其投资费用虽较高，但是由于它生产操作的机械化程度较高，故也在铝工业中也有采用。

2.3 铝电解槽的构造及技术参数

工业铝电解槽的构造，主要包括阳极、阴极和母线三部分，视电解槽而异。下面分别介绍各种电解槽的构造特点。

2.3.1 预焙阳极电解槽

现代预焙阳极电解槽，按其加料方式不同分成两种：①边部打壳电解槽；②中部打壳电解槽。这两种预焙槽的构造，在打壳和加料装置方面是不同的，但在其他方面基本上相同，都有阳极装置、阴极装置、母线装置和槽罩等。

2.3.1.1 阳极炭块组与阳极电流密度

阳极炭块组包括阳极炭块、钢爪、铝导杆等三部分，铝导杆用夹具夹紧在阳极母线大梁上，或者夹在母线梁上下方的钢架上。

依据槽电流强度和阳极电流密度确定阳极炭块的水平面积，并依据阳极炭块的尺寸进一步定出炭块的数目。通常有三种炭块组，即单块组、双块组和三块组。

阳极电流密度通常随槽电流强度大小而改变，其一般规律是：阳极电流密度随槽电流强度增大而减小如图 4-2-10。阳极电流密度的这种改变，主要是为了适应电解槽生产上的要求，以保证电解槽在适当大的铝产量的前提下，能够以比较低的电耗率进行生产。在电流强度小的电解槽上，按照每安培电流强度核算的热损失量相对的多些，因而不得不采取高电流密度，减小电解槽的散热面积，才能保持其能量平衡。而在电流强度大的电解槽上，按照每安培电流强度核算的热损失量

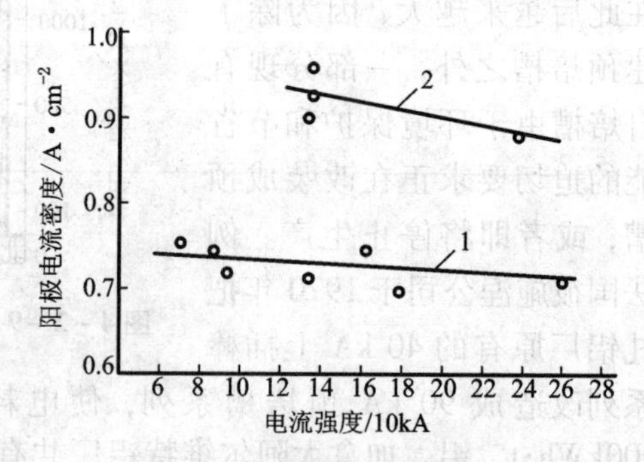

图 4-2-10 预焙槽阳极电流密度与电流强度关系

1—低电流密度型 2—高电流密度型

相对少些，因而有可能采取低电流密度来保持其能量平衡。电流密度降低，则槽电压也相应降低，电耗率可随之减少，单位产品铝的成本亦随之下降，这就具有技术和经济上的某些合理性。但是，阳极电流密度降低，又会使电解槽的尺寸加大，转而使基建投资增加，同样又会使生产成本增加。这是事物的正反两个方面。因此，在各种不同电流强度和各种不同结构的电解槽上，都应该各有一个经济电流密度，在该电流密度之下，各种互为影响的因素都处于各自适当的地位，使得铝生产的成本尽可能的降低。

但是计算经济电流密度需要大量的技术经济资料，而这些资料往往随地点和时间而有较大的变动。因而在一定程度上影响了计算结果的准确性。所以在选择铝电解槽阳极电流密度的时候，一方面要在尽可能取得可靠的技术经济资料的基础上进行电流密度的计算，另一方面又要以现有工厂的先进经验或者在专设的试验槽上进行试验所得的长期可靠数据作为参照，最后确定出适当的经济电流密度。

从大量的阳极电流密度数据中清楚地看出，阳极电流密度的选取往往同各国电力供应充沛与否、电价贵贱与否有着更加密切的关系，因而有两种不同类型的电流密度，即低电流密度和高电流密度。例如美国炼铝用的电力，49%用水电，35%用煤发电，15%用天然气发电，故电价较廉，在单位产品铝的成本中，电费只占17%，但工资、折旧等项较高。工资占8%～9%，折旧、利息、管理和销售费占24%。故美国铝厂一般宁愿选取较高的阳极电流密度，在增加铝产量的前提下，使单位产品铝的生产成本有所降低。反之，日本炼铝用的电力13%来自水电，71%来自石油发电，故电价较贵，每度电的电价差不多是美国的3倍，故趋向于采取较低的电流密度，以节省电能。

下面以160 kA的预焙槽为例，说明阳极炭块组的构造及制作：

铝导杆用铝合金(Al95% +Si5%)制作。

铝导杆下端与钢板之联接采取爆炸焊。钢板厚度为65 mm。钢板下面焊接⌀110的圆柱形钢爪4根。

阳极炭块用振动机成型。炭块呈异形。尺寸为1520×585×535 mm(高)。炭块上有4个洼穴(称为炭碗)，孔径⌀140/⌀130 mm，深120 mm。4根钢爪分别插入此炭碗中。在钢爪与炭碗之间浇注铸铁。铸铁之成分为C 3.0%～3.5%，Si 1.8%～2.5%，Mn 0.5%～1.0%，P 1.2%～1.7%，S 0.1(越少越好)。浇铸温度1200 ℃。用工频电炉熔化铸铁。

在浇铸完了后，在每个炭碗上方放置铝筒一只，套住钢爪，其直径为180～190 mm，高度为120 mm，铝筒筒壁厚度为1 mm，内中用炭糊捣固。此种炭糊在电解过程中自行烧结，可用来防止钢爪受电解质之侵蚀，并起到减小Fe－C电压降的作用。

阳极炭块上面喷涂铝，但有的不喷涂。

2.3.1.2 阴极槽膛

铝电解槽通常采用长方形刚体槽壳，外壁和槽底用型钢加固。在槽壳之内砌筑保温层和炭块，槽膛深度450～600 mm。

在槽膛之底部有一层炭块(阴极炭块)，其厚度大约是400～450 mm。阴极炭块下面有一层炭垫，用炭糊捣固而成，厚30～40 mm。再下面是2层耐火砖和2层保温砖，氧化铝粉填充在最下层。

在槽膛之侧壁有一层炭块(侧部炭块)和一层耐火砖。有的还在侧部炭块之内壁上用炭糊捣固成斜坡，构成人造"伸腿"，用来保护侧部炭块并收缩铝液镜面。近年来在大型电解槽上，特别是在中部下料的预焙槽上，侧部保温砖层有所减薄，以适应边部不下料之需要，让一层电解质凝结在"伸腿"之上，同样起到保温的作用，并且可以有效的防止在侧部炭块上进行电解。例如160 kA的中部下料预焙槽，在侧部仅用一层120 mm厚的炭块和一层65 mm厚的耐火砖。

阴极炭块组是由阴极炭块同埋设在炭块内的钢质导电棒构成，导电棒的数目可为一根或两根，在导电棒与炭块之间用生铁浇铸。阴极炭块组在槽内排成两行，炭块组与炭块组之间或者用炭糊捣固填充，或者用炭糊浆液灌注，但纵向中缝一般用炭糊捣固而成。有些电解槽为了保护炉底保温层，特意采用通长的阴极炭块，其中放设一根通长的阴极导电棒。

这是阴极装置的一般情况，但并非固定不变，往往随槽电流的大小和阳极的形式而有差异。

2.3.1.3 预焙阳极电解槽的结构计算及槽体安装方式

图4-2-11为预焙阳极电解槽的结构。

现以160 kA预焙槽为例进行铝电解槽的结构计算(中部下料式)：

(1) 阳极电流密度，取0.69 $A\cdot cm^{-2}$。

(2) 阳极面积：

$$S_{阳}=\frac{160000}{0.69}=232000\ cm^2=23.2\quad(m^2)$$

(3) 阳极炭块尺寸(图4-2-12)：1520×585×535 mm

(4) 阳极炭块数目：

$$每块阳极的水平截面积=152\times58.5=8892\ cm^2$$

阳极炭块数目，$N=\frac{232000}{8892}\approx26$ 块，即26组。分两行排列之，每行13组炭块。行间距离取280 mm，组间距离取45 mm。

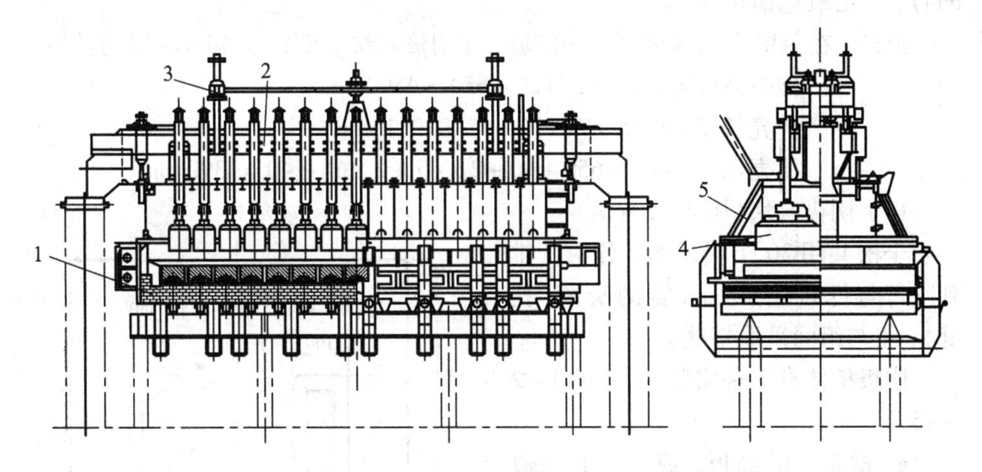

图 4－2－11　预焙阳极电解槽的结构示意图

1—阴极装置　2—阳极母线装置　3—阳极装置升降机构　4—阳极炭块　5—集气罩

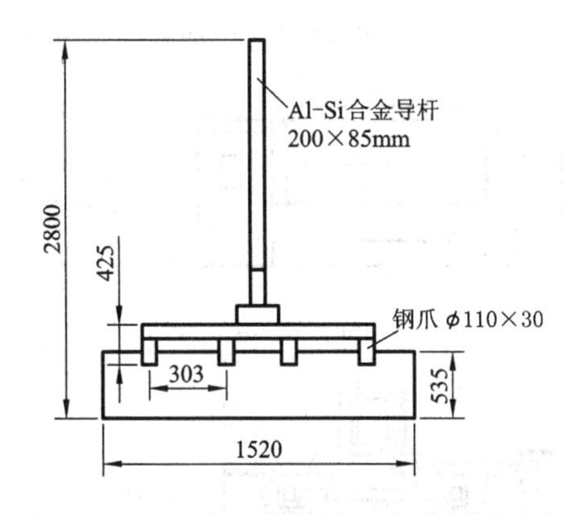

图 4－2－12　阳极炭块组示意图(单块组)

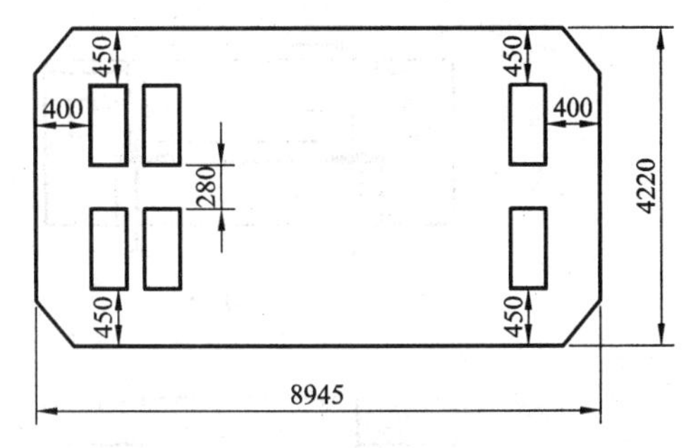

图 4－2－13　槽膛尺寸(mm)

(5) 槽膛尺寸(图 4－2－13)：

取阳极炭块组至槽膛侧壁之距离为 450 mm，至槽膛端壁之距离为 400 mm。

$$槽膛宽度 = 2 \times 450 + 2 \times 1520 + 280 = 4220\ \text{mm}$$

$$槽膛长度 = 13 \times 585 + 12 \times 45 + 2 \times 400 = 8945\ \text{mm}$$

$$槽膛深度 = 600\ \text{mm}$$

(6) 槽壳尺寸：

侧壁用一层炭块(120 mm)，一层耐火砖(65 mm)。

槽底用一层阴极炭块(450 mm)，2 层耐火砖(2 ×65 mm)，2 层保温砖(2 ×65

mm)，一层氧化铝粉(40 mm)。

此外，在侧壁上用炭糊打一层侧坡，在阴极炭块下面铺设40 mm厚的炭垫。

槽壳宽度 =4220 +2(120 +65) =4590 mm

槽壳长度：8945 +2(120 +65) =9315 mm

槽壳深度：600 +650 +40 +2 ×65 +2 ×65 +40 =1390 mm

(7) 阴极炭块(图4 -2 -14)：

全槽共用30个炭块组，分两行排列。行与行间扎50 mm宽的炭糊(扎缝)，组与组间采取挤缝。

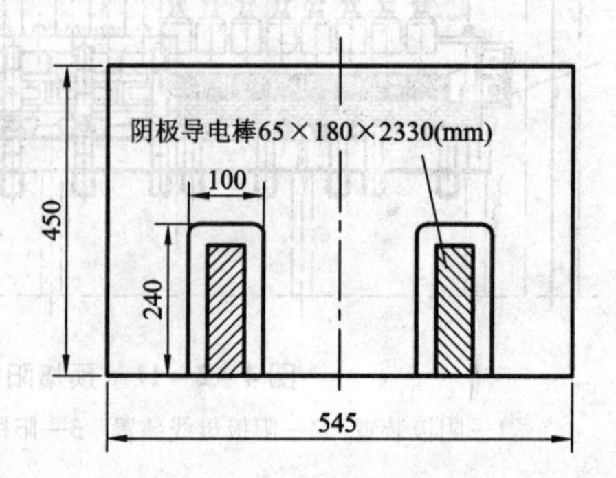

图4 -2 -14 阴极炭块组示意图

尺寸：1680 ×545 ×450(mm)

阴极槽体有三种安装方式(图4 -2 -15)。

a. 槽壳不带底板，或者仅有周边底板，直接安装在砖基础之上，用地脚螺丝把槽壳固定。前者称为无底槽，后者称为半无底槽。例如法国奥札(Auzat)铝厂的90 kA预焙槽，即采用

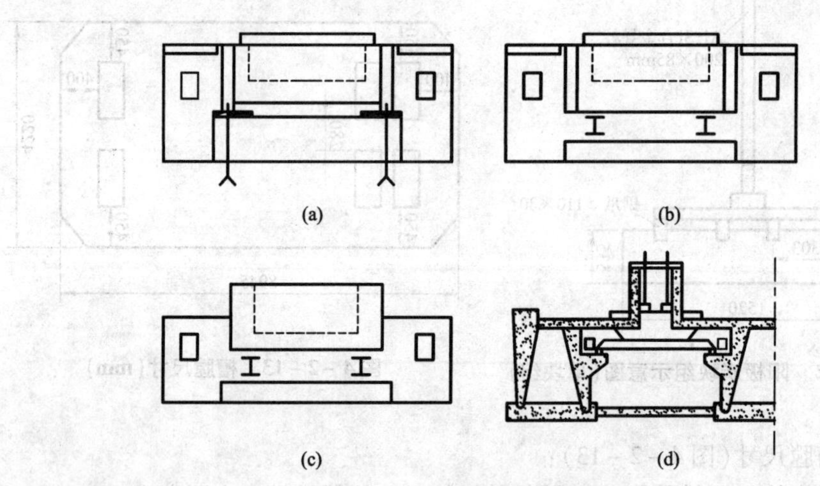

图4 -2 -15 阴极槽体的各种安装方式

(a)半无底式 (b)有底式，安装在地沟内

(c)有底式，部分高出地平面 (d)有底式，二层楼结构

半无底槽壳。其优点是槽底保温性能好，可省电，但内衬之大修理必须就地进行[图4 -2 -15(a)]。

b. 槽壳带底板和加固底板的型钢，安放在混凝土礅子上。槽沿板与厂房地

平面一平，或者高出地平面[图4-2-15(b)和(c)]。

③ 槽壳带底板和加固底板的型钢，安放在混凝土礅子上，但槽沿板与厂房的二层楼地平面一样平，以便在电解槽大修理时把槽体从厂房运出，在专门的车间内进行修理，同时把备用的槽体运入，安放在原位上。其优点是停产时间可大为缩短，能够增加铝产量，而且修理方便，其缺点是槽体的热损失量增多[图4-2-15(d)]。

2.3.1.4 铝母线及经济电流密度计算

铝电解槽有阳极母线、阴极母线和立柱母线，都用铝制作。铝母线有两种：压延母线和铸造母线，后者通用于高电流的大型电解槽。

铝母线有两个主要问题：配置方式和经济电流密度。

1. 母线配置

铝母线的配置方式视电解槽的排列方式和容量而异。现代铝工业上，大型预焙槽一般采取横向排列方式，而中型电解槽一般采取纵向排列方式。母线的配置方式，在前者采取双端进电；在后者采取双端进电或一端进电。所以，母线的配置方式可分为双端进电与一端进电两种。

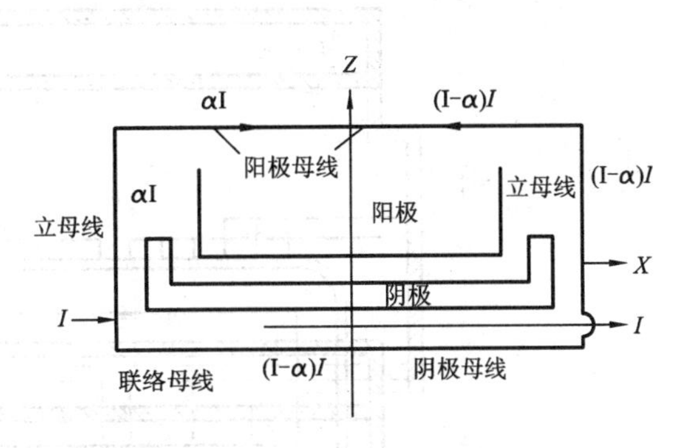

图4-2-16　铝电解槽纵向排列时的双端进电

在双端配置母线的情形下，如果电解槽按纵向排列，则从上一槽引来的电流分成两部分，一部分为aI，经左端立母线引入阳极母线；另一部分为$(l-a)I$，经联络母线导入右端立母线，然后引入阳极母线。a称为电流分配系数，该值一般为0.7(见图4-2-16)。

双端配置母线的另一种情形是电解槽横向排列。这有几种配置方案。

方案1：上一槽A侧阴极母线和B侧阴极母线直接引入下一槽的阳极母线。A侧引入的电流等于B侧引入的电流，而且阳级母线从左右两端引入的电流相等[见图4-2-17(a)]。

方案2：上一槽A侧阴极母线直接引到下一槽的阳极母线，而B侧阴极母线经槽底联络母线引到下一槽的阳极母线。A侧引入的电流等于B侧引入的电流，而且阳极母线左右两端的电流相等[见图4-2-17(b)]。

电解槽一端进电时，母线配置方式比较简便。上一槽A侧阴极母线和B侧阴极母线直接引到下一槽的左端立母线，然后引入阳极母线，依次类推。这种配置

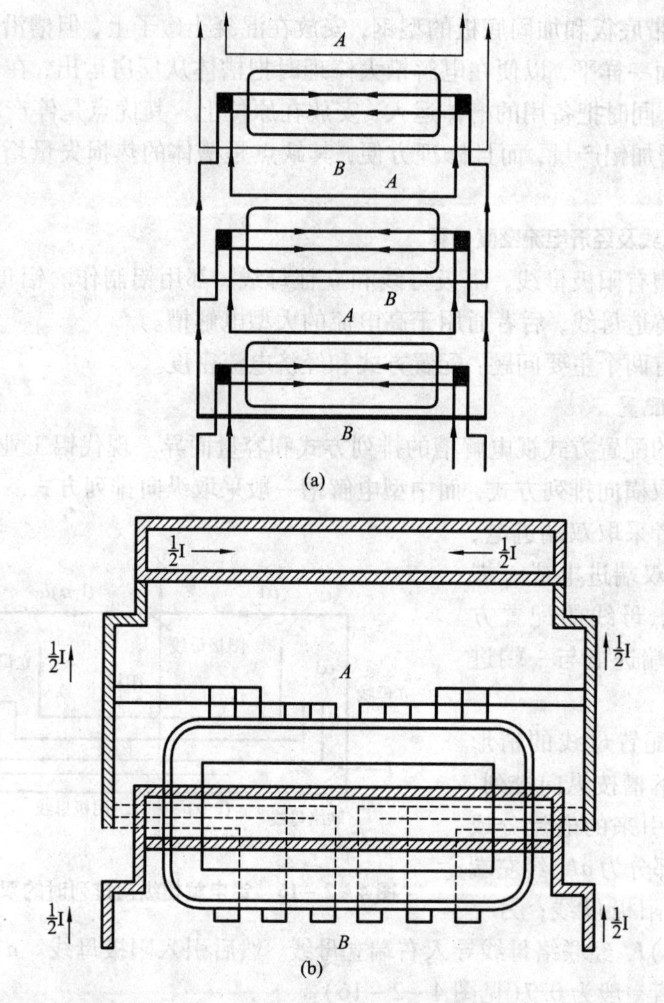

图 4－2－17　铝电解槽横向排列时的双端进电

适用于中小型电解槽（见图 4－2－18）。

研究铝母线的配置方案，是为了减小磁场对铝电解槽内铝液的影响。一般认为大型电解槽采取槽向排列和双端进电，可减小水平磁场强度，铝液隆起程度因而得以减轻。但要减小垂直磁场强度，却需要更加精心的设计，按照图［见 4－2－17（b）］的方案，铝液内的垂直磁场强度最大值不过 20 高斯。

现代大型电解槽一般采取横向排列以及母线双端对称进电方式。

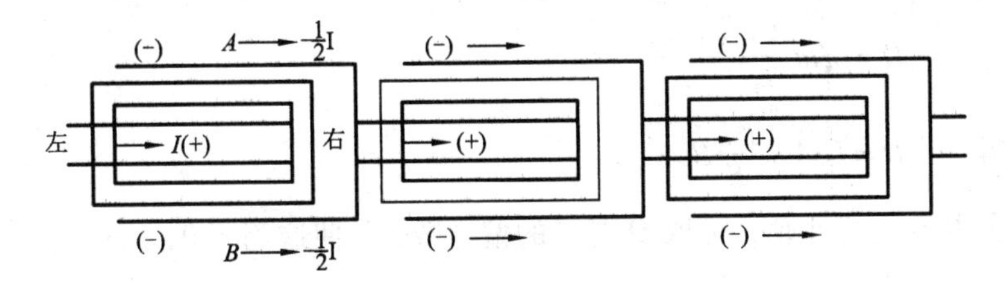

图4－2－18　铝电解槽纵向排列时的一端进电

2. 经济电流密度

通过电流的母线，当其截面积加大时，母线中消耗的电能减少，但母线购置费增多了，所以需要确定一个适当的电流密度，使得母线的总费用为最低，该电流密度称为经济电流密度。

设 D 为总费用

I——电流密度，A；

S——母线截面积，cm^2；

d——母线密度，$g \cdot cm^{-3}$；

b——母线价值，元$\cdot kg^{-1}$；

T——母线使用年数，a；

i——利率，%。

L——母线长度，cm；

ρ——母线电阻率，$\Omega \cdot cm$；

a——电价，元$\cdot kW^{-1} \cdot h^{-1}$；

c——母线残值，元$\cdot kg^{-1}$；

N——母线每年使用小时数，h；

当使用时间为零($t=0$)的时候，母线购置费：

$$A_0 = LSdb \tag{4-2-2}$$

在使用时间 T 年内，每年所花的电费是：

$$B_t = I^2 (\rho \frac{L}{S}) Na \tag{4-2-3}$$

在时间 $T+1$ 年的时候，收回的残值是：

$$B_t = I^2 (\rho \frac{L}{S}) Na \tag{4-2-4}$$

为使历年所花的费用便于加在一起，必须把它们换算到同一时间($t=0$)。只要把 B 值乘以$(1+i)^{-1}$，便能换算到 $t=0$ 时之值。

于是费用 D 可由下列各项组成：

$$D = LSdb - LSdc(1+i)^{-(T+1)} + I^2 (\rho \frac{L}{S}) Na[(1+i)^{-1} + (1+i)^{-2} + \cdots (1+i)^{-T}]$$

$$= LSd[b - c(1+i)^{-(T+1)}] + I^2 (\rho \frac{L}{S}) Na[\frac{1-(1+i)^{-T}}{i}]$$

令 $$A=d[b-c(1+i)^{-(T+1)}]$$

$$B=\rho Na\frac{1-(1+i)^{-T}}{i}$$

则得：$$D=LSA+\frac{I^2L}{S}B \tag{4-2-5}$$

为求得 D 之极小值，可取 D 对 S 的偏导数，并使这等于0，

$$\frac{\partial D}{\partial S}=LA-\frac{I^2L}{S^2}B=0$$

$$\frac{I^2LB}{S^2}=LA$$

$$\Delta=\frac{I}{S}=\sqrt{\frac{A}{B}} \tag{4-2-6}$$

$\frac{I}{S}$为铝母线在总费用为最低的条件下的电流密度，即其经济电流密度(Δ)。于是

$$D=ALI\sqrt{\frac{B}{A}}+BLI\sqrt{\frac{A}{B}}=LI\sqrt{AB}+LI\sqrt{AB}=2LI\sqrt{AB} \tag{4-2-7}$$

这就是说，在经济电流密度之下，母线总费用的两项是相等的，亦耗电费等于母线价值，这就是凯尔文定律。

因此，经济电流密度($A\cdot cm^{-2}$)的计算式是：

$$\Delta=100\sqrt{\frac{d[b-c(1+i)^{-(T+1)}]}{\rho Na}\cdot\frac{i}{1-(1+i)^{-T}}} \tag{4-2-8}$$

决定经济电流密度值的因素固然很多，但是其中最主要的是电价。如果电价低廉，则经济电流密度值可大些；如果电价较贵，则应小些，经济电流密度近似式是：

$$\Delta=\frac{44}{\sqrt{a}} \tag{4-2-9}$$

亦即 Δ 与电价之平方根成反比。

确定了经济电流密度之后，便可以计算一些简单电路的母线尺寸，例如一端进电的纵向排列电解槽，它的左右两侧电流各为$\frac{LI}{2}$，无论是阳极母线还是阴极母线都是这样，而且引导到下一台电解槽的母线长度相等，则各段母线宜取同一经济电流密度。

但是，在复合电路中并非如此简单。

例如，横向排列电解槽，其母线系统属于复合电路，既有并联，又有串联(见

图 4－2－19)。其中经阴极母线传导到下一槽阳极母线之电流，A、B 两侧各为$\frac{LI}{2}$，但路程长短不等，B 侧阴极母线到下一槽阳极母线之路程为 l_1，A 侧为 l_2，$l_1 > l_2$。如果我们取两侧阴极母线之截面积相等，各为 $l/4\Delta I$，则电流不会均匀地分配在这两侧母线之中。A 侧路程较短，它所承担的电流就会多些，反之，B 侧路程较长，电流少些。这就造成电流偏畸。所以在这样的复合电路里母线截面积应另行计算。

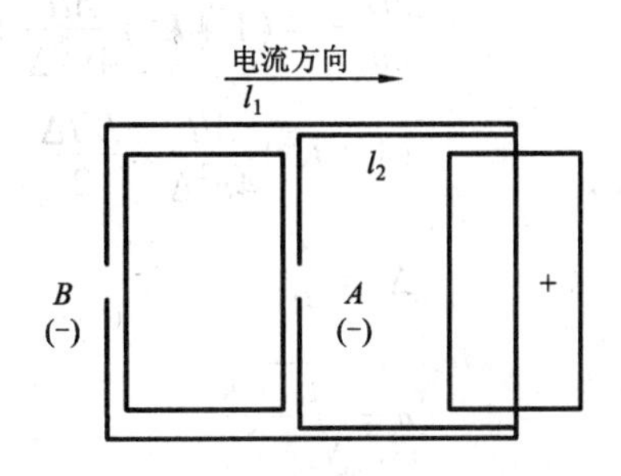

图 4－2－19　横向排列电解槽的复合电路

	A 侧母线(内圈)	B 侧母线(外圈)
电流	$\frac{1}{4}I$	$\frac{1}{4}I$
长度	$l(=l_2)$	$Kl(=l_1)$
电流密度	$n\Delta$	$\frac{n\Delta}{K}$
母线截面积	$\frac{1}{4n\Delta}I$	$\frac{1}{4n\Delta}KI$
线路电能损失(单位时间)	$\frac{\rho I \ln\Delta}{4}$	$\frac{\rho I \ln\Delta}{4}$
母线费用	$\frac{AlI}{4n\Delta}$	$\frac{AK^2 lI}{4n\Delta}$
电费	$\frac{BlIn\Delta}{4}$	$\frac{BlIn\Delta}{4}$

此时，母线电流密度与母线长度之关系可从电压降之关系求得：

$$u = \frac{1}{4}I \cdot \rho \frac{l_1}{S_1} = \frac{1}{4}I \cdot \rho \frac{l_2}{S_2} \tag{4-2-10}$$

亦即
$$\frac{Il_1}{S_1} = \frac{Il_2}{S_2} \tag{4-2-11}$$

母线长度之比等于母线电流密度之比的倒数。今设母线长度比为 X，则其电流密度比为 1/K。如 A 侧线路的长度为 l，其电流密度为经济电流密度(Δ)的 n 倍，B 侧线路之长度为 Kl，则其电流密度应为 $n\Delta/K$。

下面推求 n 与 K 之关系，总费用为：

$$D = \left(\frac{AlI}{4n\Delta} + \frac{4K^2 lI}{4n\Delta}\right) + \left(\frac{BlIn\Delta}{4} + \frac{BlIn\Delta}{4}\right) = (1 + K^2)\frac{AlI}{4n\Delta} + \frac{BlIn\Delta}{2}\ \frac{AlI}{4n\Delta} \tag{4-2-12}$$

$$\frac{\partial D}{\partial n}=-(1+K^2)\frac{AlI}{4n^2\Delta}+\frac{BlI\Delta}{2}$$

$$(1+K^2)\frac{AlI}{4n^2\Delta}=\frac{BlI\Delta}{2}$$

$$\because \quad \Delta^2=\frac{A}{B} \qquad \therefore \quad 1+K=2n^2$$

$$n=\sqrt{\frac{1+K^2}{2}} \tag{4-2-13}$$

这就是说，如果 B 侧线路（跑外圈的长线路）对 A 侧线路（跑内圈的短线路）的长度比为 K，则短线路的电流密度应为 $\Delta\sqrt{\frac{1+K^2}{2}}$，而长线路的电流密度应为 $\Delta\sqrt{\frac{1+K^2}{2K^2}}$，这样才能使左右两侧母线的电流负荷相等，而且使母线总费用为最少。

因此，横向配置的大型电解槽，如果取 $\Delta=0.25\ \mathrm{A\cdot mm^{-2}}$，$K=1.6$，则

A 侧线路之电流密度

$$d_A=0.25\sqrt{\frac{1+(1.6)^2}{2}}=0.25\times1.33=0.33\ \mathrm{A\cdot mm^{-2}}$$

B 侧线路之电流密度

$$d_B=0.25\sqrt{\frac{1+(1.6)^2}{2(1.6)^2}}=0.25\times0.83=0.21\ \mathrm{A\cdot mm^{-2}}$$

2.3.2 自焙阳极电解槽

自焙阳极电解槽的阳极碳块是利用电解过程中产生的热量以阳极糊焙烧而成，根据阳极母线结构特征可分为自焙阳极旁插棒式电解槽和自焙阳极上插棒式电解槽。

2.3.2.1 自焙阳极旁插棒式电解槽

自焙阳极旁插棒式电解槽适用于中小型电解铝厂。此种电解槽由于热损失多要加强保温。下面是中型槽的结构特点，见图 4-2-20。

1. 基础

电解槽通常设置地沟内的混凝土地基上面。在地基之上铺砌瓷板和石棉板，然后安放电解槽槽壳。在现代铝电解厂房里，整流器的输出电压高达 800～1000 V，故电解槽的基础应具有充分可靠的电绝缘性能。

2. 阴极

电解槽通常采用长方形刚体槽体，外部用型钢加固（槽钢或工字钢）。槽壳上

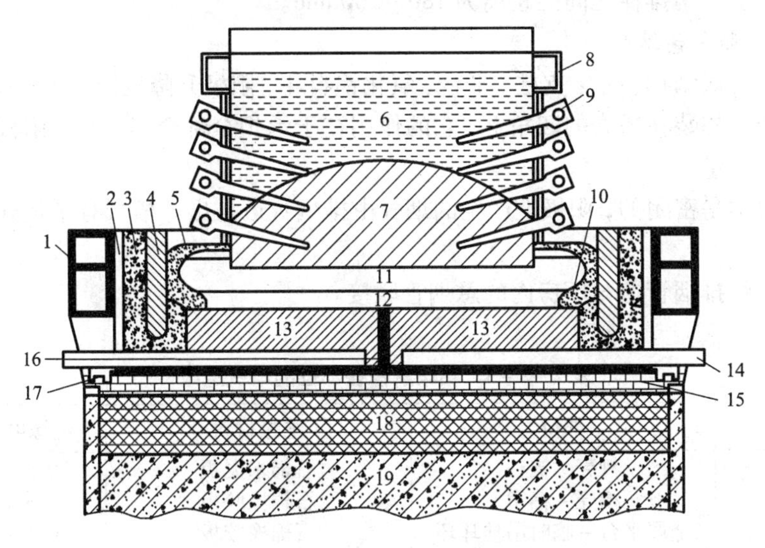

图 4-2-20　侧插自焙阳极铝电解槽

1—槽壳　2—伸缩缝　3—保温层　4—侧部炭块　5—表面结壳　6—阳极　7—阳极锥体　8—阳极框架　9—阳极棒　10—炉帮　11—电解质　12—铝液　13—阴极炭块　14—阴极棒　15—耐火粘土砖　16—炭糊缝子　17—地脚螺栓　18—红砖基础　19—混凝土基础

口有槽沿板，槽沿板上焊接着档料板，用以防止原料淌出。槽壳内部砌筑保温层，自下而上为二层石棉板(10 mm)、二至三层硅藻土砖、二层粘土耐火砖，其中还有一层 65 mm 厚的氧化铝层。保温层之上为炭素垫，它由无烟煤 27 ±1%、油焦 55 ±1% 和中硬沥青 18 ±2% 组成的“底糊”在 100 ~130 ℃下捣固而成，厚 30 ~40 mm。其作用是铺平耐火砖的表面，以便安放阴极炭块，保护耐火砖层免受电解质的侵蚀。然后在炭素垫的上面安放阴极炭块组。炭块组由炭块和阴极棒构成。阴极棒和炭块之间，用生铁浇铸。炭块组采取错缝排列，长的和短的错开，以保证槽底坚固耐久。炭块之间的缝隙为 30 ~40 mm，用炭素度糊分层扎固。阴极棒和槽壳“窗口”之间的缝隙用水玻璃石棉灰堵塞，以免空气进入使炭块氧化。

电解槽壳的侧壁上，通常砌筑二层石棉板、一层耐火砖和二层侧部炭块。槽膛深度一般为 500 mm。槽膛内壁上通常用炭糊构筑斜坡，用来收缩铝液镜面并提高电流效率。

3. 阳极

炭阳极外面有铝箱和钢质框架。铝箱用厚度为 1.5 mm 的薄铝板制作。阳极棒用软钢制作，直径为 60 ~80 mm，长度为 750 ~800 mm，从阳极侧面插入，与水平面成 15° ~20°角度，共有 4 排。其中上面 2 排棒不导电，属于备用，下面 2 排棒导电。上下两排棒之间的距离为180~200 mm。

4. 上部金属结构

上部金属结构包括：支柱、平台、氧化铝料斗、阳极升降机构、槽帘和排烟管道。四个支柱装在槽壳的四角上，它的作用在于承担全部金属结构、阳极和导电母线束的重量。

电解槽是密闭的，阳极上产生的烟气由排烟管道排出。槽帘有平板式和卷帘式两种。

槽上的排烟管道与厂房内的总烟管联接。

表4-2-3　铝电解槽各部位的电气绝缘

序号	部位	绝缘材料	绝缘电阻/Ω
1	槽壳-支柱	石棉水泥板	0.5×10^6
2	槽壳-槽帘	石棉橡胶板	0.5×10^6
3	金属平台-临时吊挂耳环	石棉橡胶板	0.5×10^6
4	金属平台-阳极母线束	石棉橡胶板	0.5×10^6
5	氧化铝料斗-下料管	石棉橡胶板	0.5×10^6
6	阳极框架-滑轮	石棉橡胶板	0.5×10^6
7	排烟管-地坪	石棉水泥	1×10^6
8	槽壳-砖	石棉板和瓷板	1×10^6
9	阴极母线束-砖垛	石棉板和瓷板	1×10^6
10	地 坪	沥青碎石和砂浆	1×10^6

5. 导电母线和绝缘设施

铝电解槽的阳极母线，阴极母线和立柱母线均用铝板制作。但是阳极小母线采用铜板和软铜片焊成。由于铜板价格较贵，故铜母线的电流密度较大，一般1 $A\cdot cm^{-2}$，约为铝母线电流密度的3~4倍。

由于铝电解厂房内系列电压很高，电流强度很大，所以金属结构之间或金属结构与铝母线之间都有绝缘设施，以防短路。铝电解槽各部位的电气绝缘要求列于表4-2-3中。

中型旁插棒电解槽的主要结构参数如下：

阳极　$S=180\times380\text{cm}^2=68400\ \text{cm}^2$

槽膛　$V=2.9\times4.8\times0.42\ \text{m}^3=5.85\ \text{m}^3$

槽壳　$V'=3.95\times6.00\times1.20\ \text{m}^3=28.4\ \text{m}^3$

上述电解槽的总重量约为60 t，其重量分配如下：

阳极	耐火砖	阴极炭块和炭糊	上部金属结构	槽壳
20 t	6 t	11 t	5 t	9 t

2.3.2.2　自焙阳极上插棒式电解槽

现在，自焙阳极上插棒式电解槽在工业上也被广泛地采用。图 4-2-21 为上插棒式电解槽的简图。由图看出，这种电解槽的阴极装置与旁插棒槽的相似。虽然它的阳极也是连续自焙阳极，但是阳极棒却是从阳极顶部插入。阳极棒一般是铝钢组合棒，铝合金导杆连接在钢棒的上端。阳极棒在水平面上按 4 排配置，而在垂直面上按 2~4 层配置，层间距离为 10~12 cm。铝合金导杆与阳极母线大梁之间用夹具夹紧。阳极母线系铸铝母线，用纵向的钢梁加固，它既作导电体，又作承重梁。炭阳极的外围有阳极框套，阳极框套由 10 mm 厚的钢板焊成，其下口比上口大 10 mm，并用垂直的和水平的型钢加固。阳极框套的下缘四周设有铸铁的集气罩，它延伸到槽面的氧化铝保温层内，从而创造了一定的密封条件，把阳极气体汇集起来并将其排送到槽面对角位置上的两个燃烧器内。阳极气体中的一氧化碳和沥青挥发分(H_2 和 C_nH_{2n+2}等)在燃烧器内燃烧，然后连同氟气一起排入净化装置。

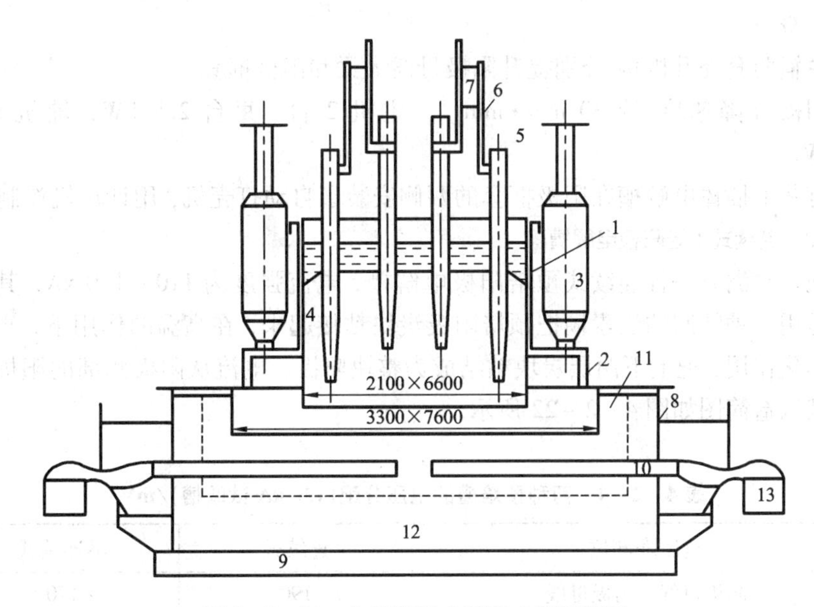

图 4-2-21　自焙阳极上插棒电解槽简图

1—阳极框套　2—集气罩　3—燃烧器　4—阳极　5—阳极棒　6—阳极棒的铝导杆　7—阳极母线梁　8—槽壳　9—槽壳底部的型钢　10—阴极棒　11—侧部炭块和底部炭块　12—保温层　13—阴极母线

阳极内发生的焦化作用，基本上同旁插棒槽。在焦化过程中，也形成了烧结锥体。阳极棒通过上层的液体糊，一直插到阳极锥体之内。其主要不同是拔棒后遗留下来的孔洞由上层的阳极糊来充填，结果生成所谓“二次阳极”。这对于阳极的质量有一定的影响。

在上插棒式电解槽上有两套运转速度相等的提升装置，主机用来提升阳极母线大梁，辅机用来提升阳极框套。

在电解过程中阳极逐渐消耗。为了保持恒定的极距，需要开动主提升机构使整个阳极下降，这时，为使阳极框套的位置不变，同样需要开动辅助提升机构使阳极框套以同一速度上升。这样，阳极框套的绝对运动速度就为零，它相对于电解槽槽壳和电解质结壳的位置就保持不变。

中型上插棒式电解槽的主要结构参数是：

阳极 $S=2.1\times6.6\ m^2=13.86\ m^2$

槽膛 $V=3.3\times7.6\times0.4\ m^3=10.0\ m^3$

槽壳(有底) $V'=3.89\times8.19\times1.18\ m^3\approx37.8\ m^3$

阳极母线，双端进电 配电比 =70:30(纵向排列时)

阳极棒 54 根，尺寸为∅90/∅120，长 1.7 m，阳极棒总截面积占阳极面积的 5.34%

主辅两套提升机构 分别提升阳极母线大梁和阳极框套

阳极升降速度 约 30 mm·min^{-1}。主机 2 台，每台 2.8 kW，辅机 1 台，1.7 kW。

有些上插棒电解槽在阳极框套的两侧安装了自动打壳机，用计算机控制。

2.3.2.3 连续式预焙阳极电解槽

现在欧洲有一种连续式预焙阳极电解槽，电流强度为 110 ~ 120 kA，其主要特点是用一种特制的炭素糊把预焙阳极炭块粘接起来，在高温的作用下，炭素糊发生焦化作用，把上下两层炭块粘结成为整块阳极。电流从阳极侧部的阳极棒导入。其构造简图如图 4 -2 -22 所示。

表 4 -2 -4 两种预焙槽的电压分配(120 kA 试验槽)/mV

电压降部位	连续式	不连续式
阳极母线、阴极母线	190	170
阳 极	500	220
电解质	3100	3100
阴 极	330	330
槽电压	4120	3820
阳极效应分摊的电压	80	80

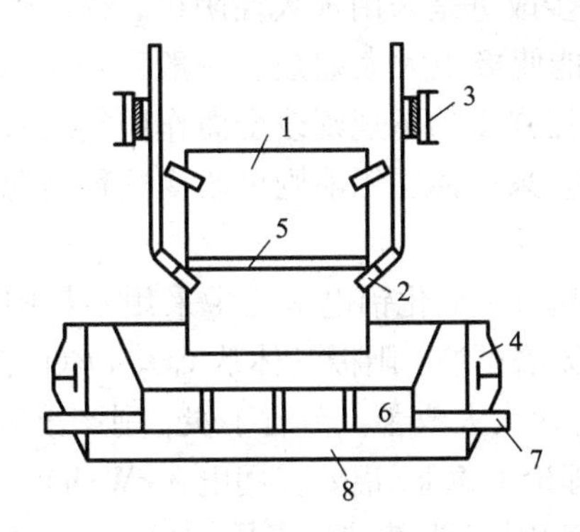

图4-2-22　连续式预焙阳极电解槽简图

1—阳极炭块　2—阳极棒　3—阳极母线　4—槽壳
5—炭块接缝　6—阴极炭块　7—阴极棒　8—保温层

这种电解槽的主要特点是不存在阳极残极，阳极可以连续使用，因而预焙炭块的单耗量大为减少。此外，阳极成为一个整体，能够消除一般不连续预焙阳极槽因阳极电流分布偏差而导致阳极消耗不均匀的缺点。但由于阳极上不能用氧化铝来保温，造成热损失增多，

而且炭块之间的接缝有一定的电压降，所以这种电解槽的槽电压比不连续式的稍高。表4-2-4列出这两种预焙槽的电压对比资料。

2.4　未来铝电解槽的改进

目前的铝电解槽尚存在一些问题：生产过程能量利用率较低，电流效率不太理想，单位产品的投资费用较高，控制污染的设备费用也很贵。现在对于电解槽的结构提出了许多改进的意见。这些意见可分两类：一类是基本上利用现有的电解槽，只是做一些改进；另一类是改用新的结构。

2.4.1　现有电解槽的改造

现有电解槽的改造包括阴极材料、阳极材料及槽内衬等的改造。

美国凯撒铝公司和日本住友铝公司的试验厂里正在试验新设计的电解槽。它包括采用预焙阳极，扩大阳极面积，采用石墨化电极作阴极，改进电解槽的罩子等措施。此外，还进一步注意控制磁场影响，加强槽的保温以及用计算机控制极距。预计，采取这些措施之后，电耗率可望降低到 13.2 $kWh \cdot kg^{-1}$ 铝以下，同时，槽寿命可延长，并降低劳动强度。

上述试验槽的进一步改进是采用永久性阴极，例如硼化钛 TiB_2 之类的阴极，并采取薄层铝液，这就能使极距大大缩短。一般工业电解槽所采取的厚层铝液，在磁场的作用下由于电流强度的不规则改变而作反复无常的摆动，对铝电解过程产生相当大的不良影响。采取薄层铝液则可改变这种情况，并使极距有可能大大缩短。

从长远考虑，在冰晶石－氧化铝电解法中采用不耗阳极，具有特别重大的意义。若能实现，则阳极无需更换，阳极气体从 $CO_2 + CO$ 变成 O_2（一种有用的副产品）。此时，劳动条件可以大大改善。节省了炭，副产出氧气并减少了劳动量，这足以补偿多花的电费（理论上每 kg 铝要多用电 3 kW·h）。虽然目前还处于探索阶段，例如试验以 SnO_2（氧化锡）为基础的半导体材料，尚未成功，但是一些贵金属阳极早已在实验室成功地使用了。今后不耗阳极如果试验成功，则可在多室槽上用作双极性电极。

电解槽壁采用超级耐火材料，可以增大阳极面积并缩短阳极至侧壁的距离。于是，在同样大小的槽壳内可以用增加电流的办法，来提高铝产量并节省单位产品的电能消耗量。例如，使用用氧氮化硅（$SiON_2$）粘结的氮化硅（Si_3N_4）砖作侧壁内衬材料，它不仅能抵御冰晶石的侵蚀作用，而且是一种良好的电绝缘体，可望取得好效果。

2.4.2 新型电解槽

几年前，Grjotheim 讨论了称做“理想槽”的设计问题。该槽具有一系列优点。在双极性电解槽设计中优先采用了不消耗的惰性阳极和可湿润性的耐热硬质金属阴极。阳极上析出的氧为环境允许的产物。低熔点电解质在返回电解槽之前，需经过净化和氧化铝富集阶段，采用这种电解质可使电解温度接近铝的熔点（660 ℃），铝液直接通过管路输送到铸造车间。需要测定电解质中氧化铝含量、电解质温度和电解质中杂质含量的传感器以选择最佳参数。环绕整个电解槽配置的热交换器将使能耗最低。图 4－2－23 示出了理想槽的示意图。

该电解槽的成功与新的更耐腐蚀的电极材料的研究开发有十分紧密的关系。迄今现有材料的性能和使用寿命差。因此，向材料科学技术领域的研究和开发工作者提出了寻求铝工业用新的阳极材料和阴极材料的更加困难的任务。新电极材料的研究开发也使采用各种类型过程连续控制传感器成为可能。

Grjotheim 推断，在霍尔—埃鲁法发明 200 年前，理想槽有可能投入运行。

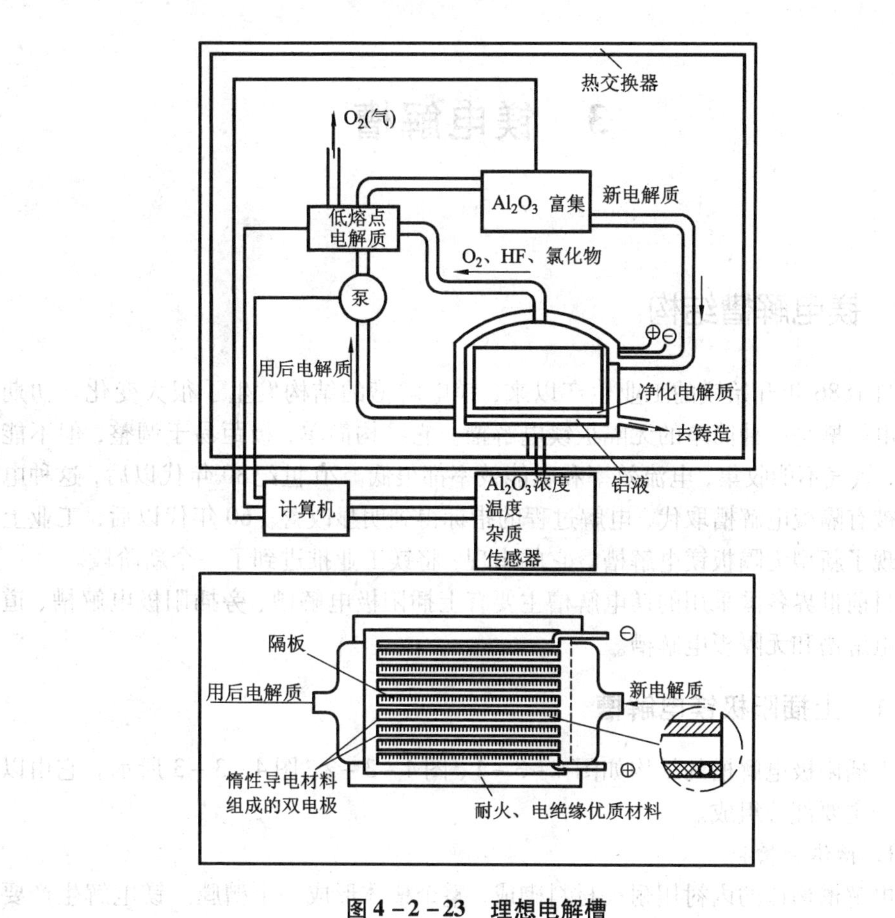

图 4－2－23　理想电解槽

上图：电解槽的主要附属装置　下图：电解槽水平断面放大图

习题及思考题

4－2－1　试述融盐电解的原理、特征及适用范围。

4－2－2　铝电解槽的类型有哪些？各有何优缺点？

4－2－3　阳极电流密度对铝电解技术经济指标的影响如何？与哪些因素有关？

4－2－4　铝母线的配置方式有几种？各适用于哪些槽型

4－2－5　什么叫经济电流密度？其大小如何确定？

4－2－6　铝电解槽的改进有哪些方面？

3 镁电解槽

3.1 镁电解槽结构

自1886年开始镁的工业生产以来，镁电解槽的结构发生了很大变化。初期的镁电解槽是一种简单的无隔板镁电解槽。它结构简单，极距易于调整，但不能密封，氯气不能收集，电流效率和电能效率都很低。20世纪30年代以后，这种电解槽被有隔板电解槽取代，电解过程的指标得到明显改善。60年代以后，工业上又出现了新型无隔板镁电解槽。它的出现，将镁工业推进到了一个新阶段。

目前世界各国采用的镁电解槽主要有上插阳极电解槽、旁插阳极电解槽、道屋型电解槽和无隔板电解槽。

3.1.1 上插阳极镁电解槽

上插阳极电解槽的结构如图4－3－1、图4－3－2、图4－3－3所示。它由以下几个主要部分组成。

1. 槽体和槽壳

电解槽槽体的内衬用耐火材料砌成，整个槽体形成一个槽膛。镁电解生产要求槽体具有足够的化学稳定性、热稳定性和机械强度，在高温下能经得起电解质、镁和氯气的侵蚀，不变形、不破损。槽体变形将使各部件位置发生变化，正确的衔接配置遭到破坏，阳极设施、阴极设施和槽体的密闭性受到影响，槽体的破坏也可能导致电解质的渗漏。为了防止槽体的破损，除对砌筑材料和砌筑质量应有严格要求以外，槽体外部还有由厚钢板构成的槽壳加固。为提高槽壳的强度，槽壳表面还焊有补强板、槽沿板等。

2. 阳极设施

阳极设施由两组隔板和一个阳极构成。隔板嵌入电解槽纵墙内衬上的凹槽中，配置在阳极的两边，起着隔离阳极产物和阴极产物的作用。隔板上盖着耐火混凝土制成的阳极盖。阳极盖如一个开口朝下的箱罩，在顶部有阳极插入口，后端壁上有氯气排出孔。这样，隔板和阳极盖就构成了一个口朝下的箱式罩，氯气收集在这里，并从这里排出。

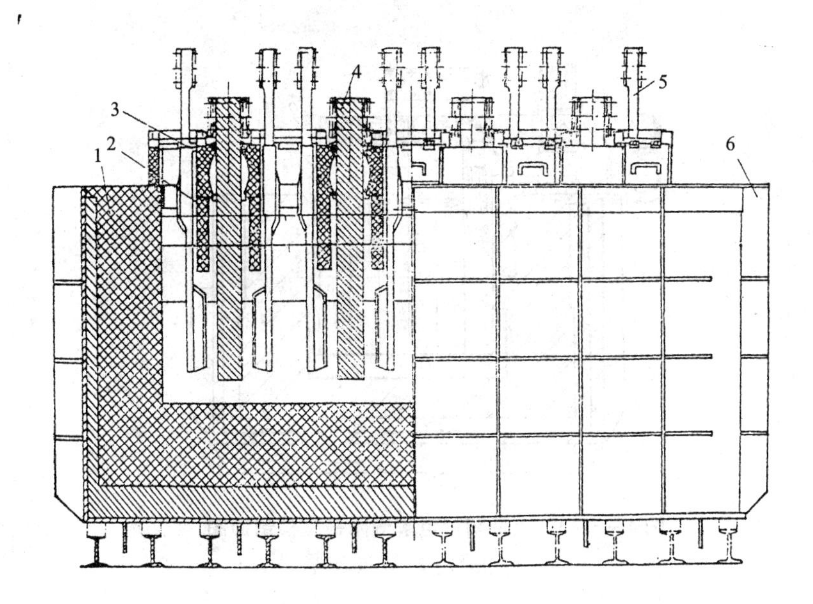

图 4-3-1　上插阳极有隔板镁电解槽(纵剖面)

1—槽内衬　2—隔板　3—阳极框罩　4—阳极

5—阴极　6—槽壳　7—电解质最高液面　8—电解质最低液面

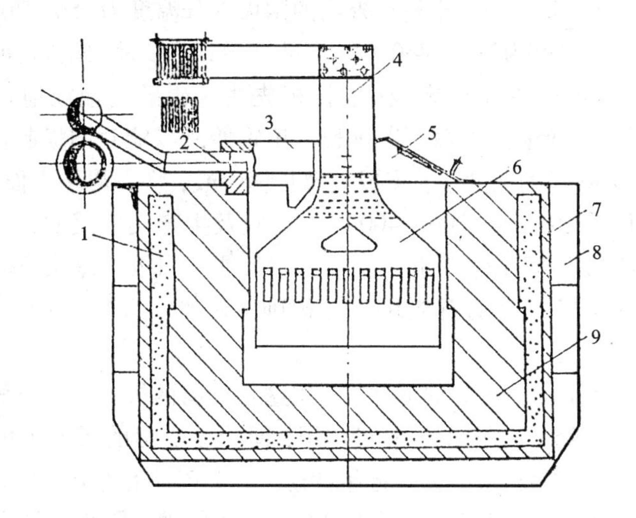

图 4-3-2　上插阳极电解槽阴极室横剖面图

1—粘土砖　2—阴极室出气口　3—阴极室盖　4—阴极头

5—阴极室前盖板　6—阴极　7—槽壳　8—补强板　9—绝热层

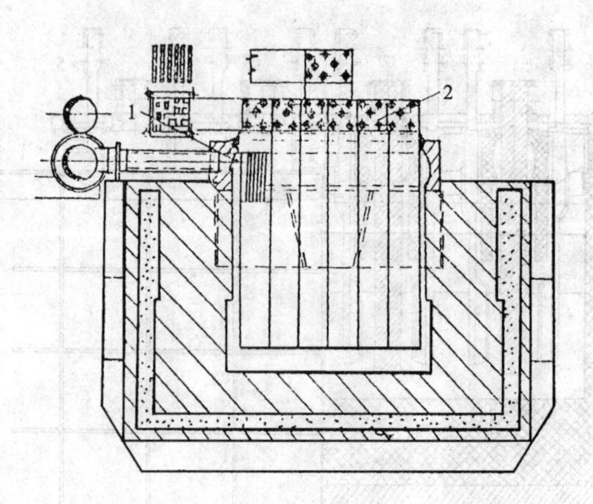

图 4－3－3　上插阳极电解槽阳极室横剖面图

1—氯气出口　2—阳极母线

阳极由几块石墨彼此用石墨粉—水玻璃粘结料粘结而成。阳极由阳极盖上的插入口插入电解槽，阳极与阳极盖之间的缝隙用石棉绳严密堵塞，并灌以矾土泥砂浆。阳极借助铜母线连接到导电母线上，铜母线以钢板用螺钉紧夹在阳极头上。在生产条件下，槽内露在电解质外面的阳极部分温度为 650 ~ 700 ℃，露在阳极盖外面的阳极头温度为 300 ~ 450 ℃。温度高于 200 ℃时，阳极就明显氧化。为防止阳极的氧化损失，在生产实践中，阳极先用正磷酸溶液浸泡。浸泡后的阳极，抗氧化能力大大提高，寿命可以延长。正磷酸所以能对阳极起保护作用，是因为它在 270 ~ 290 ℃的温度下转变成玻璃状偏磷酸，将石墨块表面的孔隙覆盖，使石墨的抗氧化温度提高到 300 ~ 400 ℃。试验及生产实践表明，若用偏磷酸钠浸泡，效果更好，阳极寿命可延长一倍以上。为便于阳极气体从阳极室空间经排气管排出，靠近排气口处的石墨块往往被削去一些，以减少阳极气体排出的阻力。

隔板是电解槽上非常重要的部件，其用途是分离两极产物。电解时，由于隔板浸入电解质 20 ~ 25 cm，产生了液封作用，使阳极析出的氯与阴极析出的镁得以分开。对隔板质量要求很高，不能有裂缝，孔隙率不能大于 16%；在电解温度下应能经受温度的变化，抵抗氯气、镁和电解质的侵蚀。隔板通常由三块耐火材料板凹凸嵌接而成，或用耐酸混凝土预制而成。

3. 阴极和阴极盖

阴极是由铸钢阴极体和焊在阴极体上的钢板组成，板面向阳极方伸出。在铸钢阴极体上有供电解质循环和使镁珠移向阴极室的孔。为了保护露在电解质外面的阴极体不被氧化和不受氯气的侵蚀，在其表面涂以硅酸盐(水玻璃和长石粉)保护涂料。

阴极盖分前盖、中盖和后盖。中盖部分有两根铸钢条，横搁在相邻的两个阴极盖上，阴极头的挂耳就悬挂在铸钢条上。阴极前盖是一块钢板。打开前盖便可进行加 $MgCl_2$ 熔体、出镁、出渣和排除废电解质等操作。后盖是一块预制的耐火材料盖。在后盖处的电解槽纵墙上有阴极气体排出口，与阴极排气系统相联。

4．母线装置

如图4-3-4所示，电解槽母线装置由下列元件构成：阳极导电母线、阴极导电母线、阳极支路母线和阴极支路母线。阳极支路母线一端与阳极铜导电板相接，另一端与阳极导电母线相接。阴极支路母线一端与阴极相接，另一端与阴极导电母线相接。

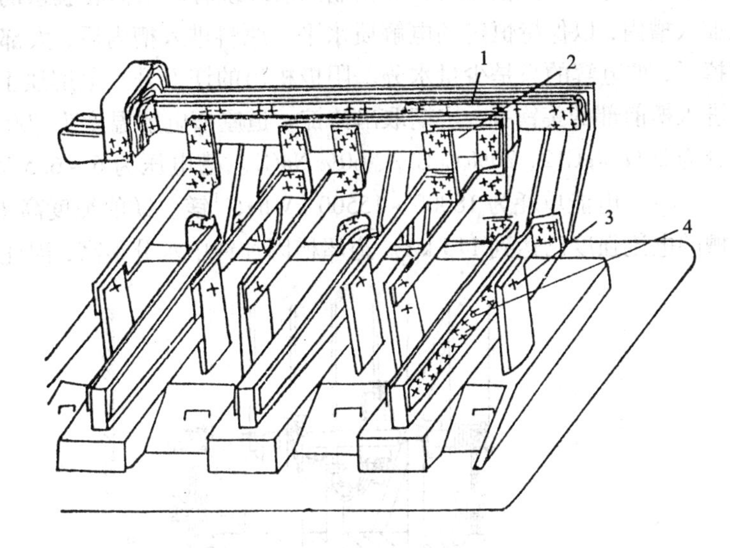

图4-3-4　镁电解槽母线装置

1—阳极导电母线　2—阴极导电母线　3—阴极　4—阳极

在电解厂房中电解槽是互相串联的，通常一个系列的电解槽配置在一个厂房中，电解槽通常排成两排，中部有过道。导电母线配置在电解槽的上部，侧部或下部地下室中。

3.1.2　旁插阳极镁电解槽

旁插阳极镁电解槽与上插阳极电解槽的区别主要在于阳极的安装方式不同。

旁插阳极电解槽阳极的两端插入侧墙，用浇铸的方法与生铁杆相接。生铁杆作为导电体穿过侧墙与外部母线相接，将电流引入槽内。阳极全部浸没在电解质中。与上插槽相比，侧插槽的优点是阳极室密封好，阳极气体浓度高，以及由于阳极上电路较短，因而电压降较低。其缺点是阳极更换较困难。此外，熔体浸入阳极生铁接点，使铁溶解，导致电流效率下降，甚至发生电解质的外流。若阳极从槽底插入槽内，则生铁溶解的现象就较轻微。

3.1.3 道屋型镁电解槽

道屋型镁电解槽为美国道屋化学公司使用的一种槽型。它是一个钢制槽子，设有内衬，安装在砖砌炉内，用天然气补充加热。电解原料为含水氯化镁（$MgCl2\cdot 1.5H_2O$）。90 kA 的道屋型电解槽如图 4－3－5 所示。圆柱型石墨阳极通过耐火盖板悬挂到槽内，每一个阳极都有一个钢制阴极环绕着。未彻底脱水的粒状料连续缓慢地加入槽内，以保持恒定的电解质水平。原料进入槽内后，大部分水分很快就蒸发掉了，被电解的只是少量水分。阴极析出的镁上升到电解质上部，然后经过倒槽进入槽前部的集镁井，定期取出铸锭。道屋槽电解温度为 700～720 ℃。电解质成分为 20% MgC12，20% CaC12，60% NaC1。槽电压为 6～6.5 V，电流效率为 75% ～85%，电能单耗为 18000～15500 $kWh\cdot t^{-1}$镁。镁的纯度高于 99.9%。这种电解槽的电流强度已达到 115 kA。道屋槽因加料中水分很高，因此除电流效

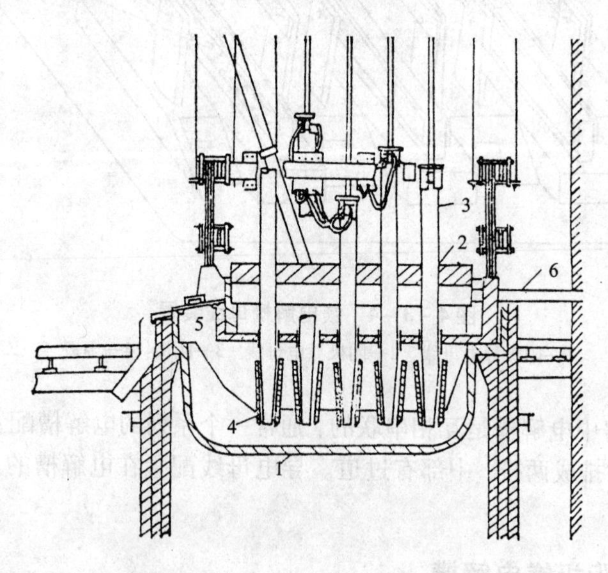

图 4－3－5 90 kA 道屋型镁电解槽

1—钢槽子 2—陶瓷盖板 3—石墨阳极 4—阴极 5—集镁井 6—氯气引出管

率较低外，渣量也多，阳极消耗较快。

3.1.4　无隔板镁电解槽

20 世纪 60 年代以来，某些国家的镁工业生产采用了所谓无隔板镁电解槽。目前，这种电解槽有两种类型：一种是借电解质的循环运动使镁进入集镁室，其结构示意图如图 4－3－6 所示；另一种是借导镁槽使镁进入集镁室，其结构如图 4－3－7 所示。

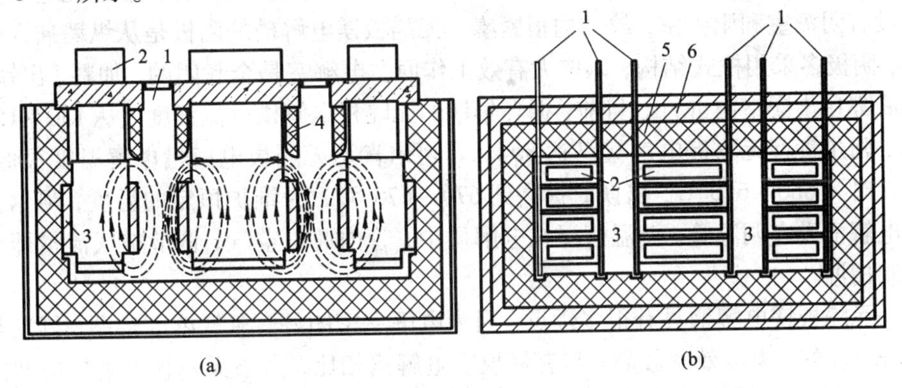

图 4－3－6　借电解质循环集镁的无隔板电解槽（框式阴极）

（a）横剖面图　（b）顶视图

1—阴极　2—阳极　3—集镁室　4—隔板　5—内衬　6—槽壳

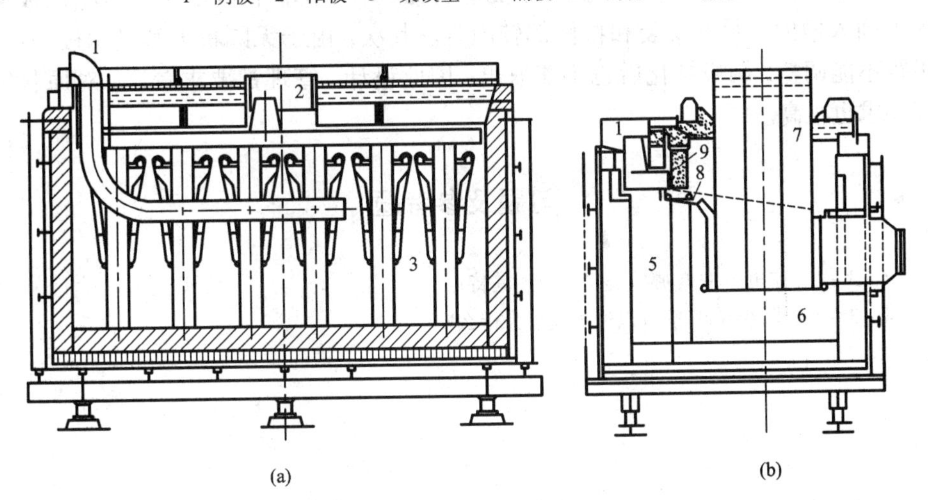

图 4－3－7　阿尔肯型无隔板电解槽（框式阴极）

1—调温管　2—出镁井　3—阴极　4—集镁室盖　5—集镁室

6—电解室　7—阳极　8—导镁槽　9—隔墙

无隔板电解槽由电解室和集镁室组成。阳极和阴极都在电解室内。集镁室收集由电解室来的金属镁。集镁室和电解室之间用隔墙隔开，因此镁和氯被隔离。在循环集镁的无隔板槽中，电解质在电解室和集镁室之间循环流动。借此循环流动，镁从电解室进入集镁室。在用导镁槽集镁的无隔板槽中，导镁槽焊在阴极顶部，朝集镁室方向向上倾斜一定角度。阴极析出的镁上浮进入导镁槽中，在电解质浮力的作用下顺着导镁槽流入集镁室。由于无隔板电电解槽有专门收集金属镁的集镁室，因此在电解室中的不设隔板。另外，阴极是双面工作的，因此电解室中没有阴极室和阳极室，故结构很紧凑。无隔板镁电解槽的阴极是从纵墙插入槽内；阴极多采用框式结构，以增大有效工作面。电解室是全封闭的，加料、出镁、出渣都在集镁室内进行。目前，循环集镁的无隔板电解槽电流强度已达 130 ~ 150 kA；阿尔肯型无隔板电解槽已达 80 kA。阿尔肯型无隔板电解槽电解温度很低，正常时为 660 ~ 670 ℃，出镁时提高到 670 ~ 675 ℃。为维护恒定的温度，阿尔肯型电解槽设有调温管，调温管浸在电解质中，管内通以空气，调节空气流量即可控制槽温。

无隔板镁电解槽具有很多优点：因为电解室密闭好，氯气浓度较高；氯气与镁分离较好，电流效率较高；与有隔板镁电解槽相比，由于无隔板电解槽电解室结构紧凑，电解室面积与集镁室面积的比又很高，因而单位槽底面积镁的生产率较高；无隔板镁电解槽没有阴极排气，集镁室排气又不多，因此热损失降低，极距可以缩短，加上电流效率较高，故能量消耗显著下降。但无隔板电解槽阴极从纵墙插入槽内，所以安装和检修都较困难。其次，由于无隔板电解槽阴极固定，极距不能调整，阴极钝化后也不能取出，因此设计、管理都要求较严，对原料纯度要求也很高。

习题及参考题

4-3-1　镁电解槽有哪些类型？简述其特点。

4-3-2　镁、铝电解槽可以通用吗？为什么？

4　稀土金属熔盐电解槽

熔盐电解法被广泛用来制取稀土金属，与金属热还原法相比，它比较经济、方便，还可连续生产。熔盐电解法制取稀土金属有两种方法：一是在碱或碱土金属熔融氯化物中电解无水稀土氯化物；二是稀土氧化物在氟化物熔体中电解。两类方法的电解原理基本相同，不同的是电解质组分变了，阳极过程也不同。

电解无水稀土氯化物的电解槽示于图4－4－1至图4－4－4。以氧化物为原料，电解制取稀土金属的电解槽分别示于图4－4－5至图4－4－6。

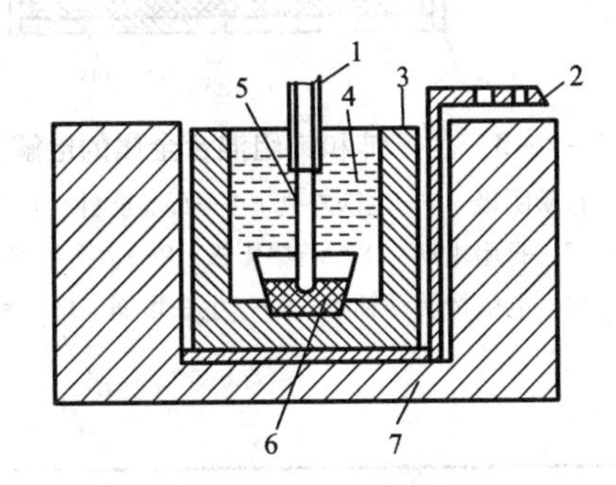

图4－4－1　小型上插阴极电解槽

1—瓷保护管　2—阳极导电板　3—石墨坩埚　4—电解质　5—钼阴极　6—稀土金属　7—炉衬

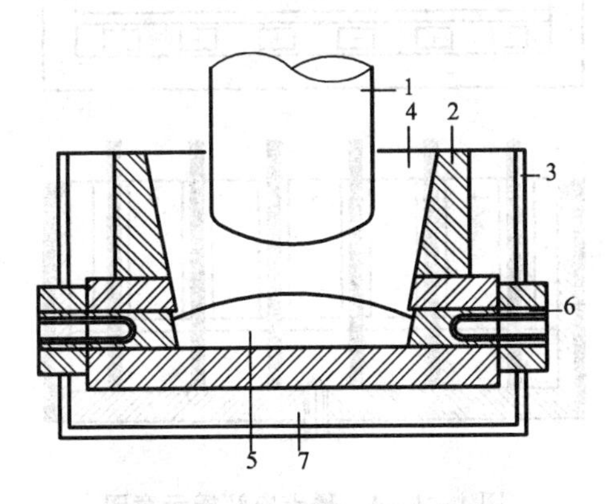

图4－4－2　下插阴极电解槽

1—石墨阳极　2—耐火砖槽体　3—铁外壳　4—电解质　5—稀土金属　6—铁阴极　7—保温材料

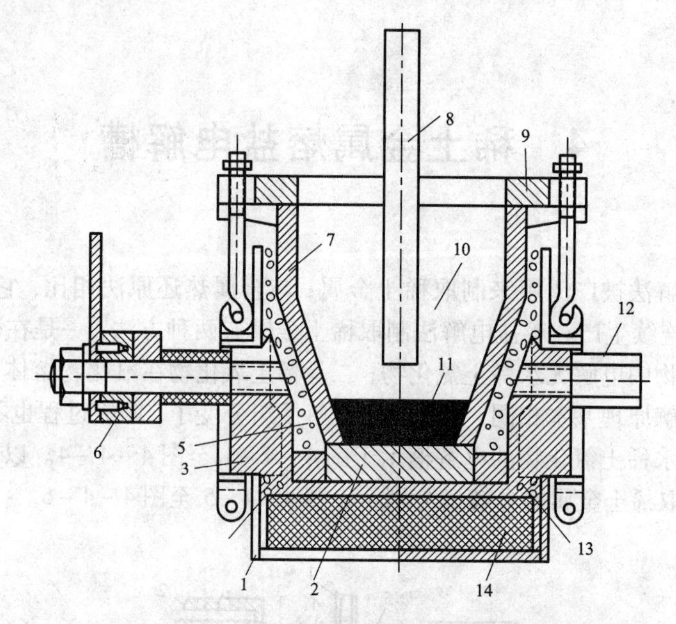

图 4-4-3 生产铈和铈组混合金属的电解槽

1—钢外壳 2—石墨阴极 3—生铁外壳 4—石墨填料 5—粘土填料
6—阴极导电板 7—石墨坩埚 8—石墨阳极 9—生铁垫圈 10—电解质
11—稀土金属 12—电解槽转动轴颈 13—生铁坩埚 14—粘土砖砌底

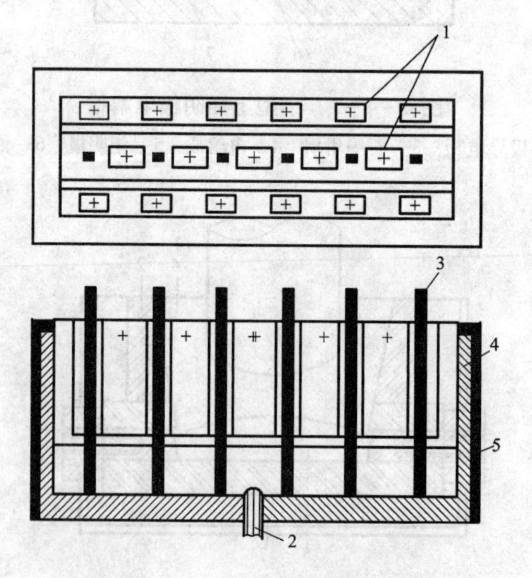

图 4-4-4 稀土电解槽示意图

1—石墨阳极 2—阴极 3—辅助阴极(钼棒) 4—耐火砖砌槽体 5—钢外壳

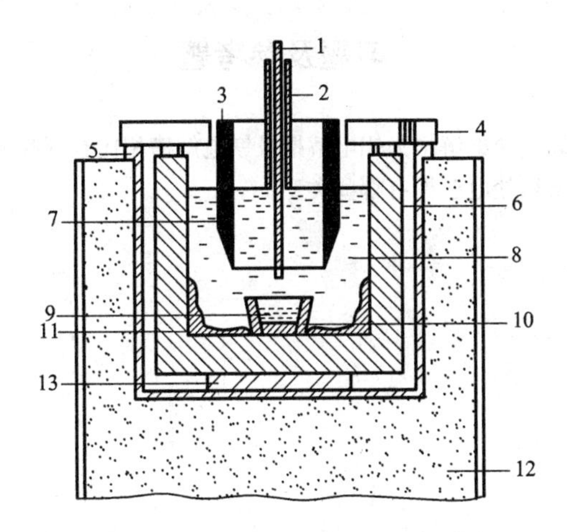

图 4-4-5　间断操作的电解槽

1—钨或钼阴极　2—保护管　3—加料孔　4—阳极导线接头　5—绝缘体　6—石墨坩埚　7—阳极
8—电解质　9—稀土金属　10—钼坩埚　11—电解质结壳　12—炉体保温层　13—耐火砖支承

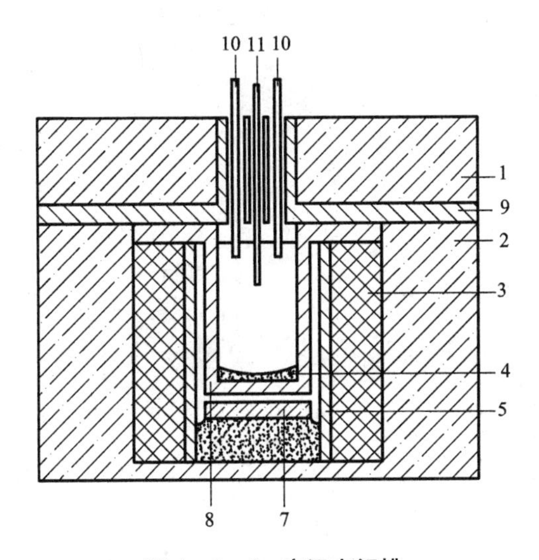

图 4-4-6　高温电解槽

1—可卸顶盖　2—莫来石耐火砖　3—氧化铝砖　4—电解质结壳　5—刚玉管
6—氧化铝粉　7—冷却水管　8—石墨坩埚　9—石墨盖　10—石墨阳极　11—钨阴极

习题及参考题

4－4－1　稀土金属熔盐电解槽为铝电解槽及镁电解槽相比有哪些不同？有哪些特点？

4－4－2　稀土金属熔盐电解槽有哪些类型？

附　录

I　耐火材料和固体材料的性质

I -1　中低温绝热材料的主要性能

材料名称			体积密度/kg·m^{-3}	最高使用温度/℃	导热系数/W·(m·℃)$^{-1}$
硅藻土质	硅藻土粉	生料	680	900	$0.10+0.28\times10^{-3}t$
		熟料	600		$0.08+0.21\times10^{-3}t$
	硅藻土隔热板	A级	500	900	$0.07+0.21\times10^{-3}t$
		B级	550		$0.08+0.21\times10^{-3}t$
		C级	650		$1.0+0.23\times10^{-3}t$
	硅藻土焙烧管板	A级	450	900	$0.38+0.19\times10^{-3}t$
		B级	550		$0.048+0.20\times10^{-3}t$
	硅藻土石棉粉		280~320	600	$0.066+0.15\times10^{-3}t$
石棉制品	石棉绳		~800	300	$0.07+0.31\times10^{-3}t$
	石棉板		1000~1400	600	$0.16+0.19\times10^{-3}t$
	碳酸镁石棉管板		280~360	450	$0.10+0.33\times10^{-3}t$
	碳酸镁石棉灰		<140	350	<0.05
	石棉粉	一级	<600	500	<0.05
		二级	<800		<0.05
矿棉制品	粒状高炉渣		500~550	600	$0.09+0.29\times10^{-3}t$
	矿渣棉	一级	<125	600	
		二级	<150		$0.04+0.19\times10^{-3}t$
		三级	<200		$0.05+0.19\times10^{-3}t$
	水玻璃矿渣棉制品		400~450	750	<0.07
蛭石制品	膨胀蛭石	一级	100	1000	0.05~0.06
		二级	200		0.05~0.06
		三级	300		0.05~0.06
	水泥蛭石制品		430~500	600	0.06~0.14
	水玻璃蛭石制品		400~450	800	0.08~0.10
	沥青蛭石制品		300~400	70~90	0.08~0.10

续表

材料名称			体积密度/kg·m^{-3}	最高使用温度/℃	导热系数/W·(m·℃)$^{-1}$
珍珠岩制品	膨胀珍珠岩	一级	<65	800	0.019~0.029
		二级	66~160		0.029~0.038
		三级	161~300		0.047~0.062
	水玻璃珍珠岩制品		<250	650	0.07
	水泥珍珠岩制品		<400	800	0.13
	磷酸盐珍珠岩制品		<220	1000	$0.05+0.29\times10^{-3}t$
玻璃棉制品	超细玻璃棉		20	450	0.033
	超细树脂毡		20	250	0.033
	超细保温管壳		80	250	0.033
	无碱超细玻璃棉		20	600	0.033
	高硅氧玻璃纤维		70	1000	0.037~0.040

Ⅰ-2 耐火可塑料的性能

项目	成分或条件	1	2	3	4	5
化学成分/%	Al_2O_3	52	54	63	64	70
	SiO_2	39	40	29	26	19
耐火度/℃		1750~1770		1790	1790	>1790
荷重软化度/℃	开始点			1440	1330	
	变形4%点			1510	1520	
烘干和烧后耐压强度/MPa	110 ℃	18	15	23	15	12.5
	800 ℃	26	18	15.5	20	12.5
	1400 ℃	32.5	30	37.5	38	49
高温耐压强度/MPa	1000 ℃			20	33	62
	1400 ℃			3	4	3.5
烧后抗拉强度/MPa	110 ℃	3.3	4.5		5	3.5
	800 ℃	3.3	5		2.5	2.4
	1400 ℃	6	9		7.5	10
烧后线变化/%	800 ℃	−0.31	−1.8		−0.10	−0.12
	1400 ℃	+0.34	−0.6		+0.22	−0.03
膨胀系数/℃	20~1200 ℃			3.3×10^{-6}	5.1×10^{-6}	5.4×10^{-6}
抗热震性/次				100	110	130
显气孔率/%		16.8	17.5	21		
体积密度//kg·m^{-3}		229	2300			
烘干密度/kg·m^{-3}				2210	1160	2600

Ⅰ－3　镁质和铬质耐火捣打料参考配比

名 称	原料及配比/%(质量)	使用部位	备　注
镁砂捣打料	镁砂　91.5～89 脱水煤焦油　7～9 煤沥青　1.5～2	电炉炉底	
镁砂捣打料	镁砂：煤粉　7：3 卤水	炉底 反拱 下垫层	镁砂粒度：0.2～0.5 mm，70% 1.5～3.0 mm，30% 卤水：适量，密度 1.3～1.35 $kg \cdot L^{-1}$
镁铁捣打料	镁砂　89 氧化铁粉　2 脱水煤焦油　9	电炉 炉底 和堤坡	镁砂粒度：1.5～3.5 mm，10% 0.5～1.5 mm，50% 0.2～0.5 mm，40%
镁铁捣打料	镁砂　54 氧化铁粉　40 脱水煤焦油　6	反射炉 烧结炉 底上层	1. 镁砂：$MgO > 85\%$，$SiO_2 < 5\%$ $CaO < 3.5\%$，$H_2O < 0.5\%$ 粒度级配比： 粗(3～6 mm)：中(1～3 mm)：细(0～1 mm) 上层　45　：　40　：　15 下层　20　：　25　：　55 料坡　50　：　25　：　25 2. 氧化铁：0.147～0.104 mm $FeO + Fe_2O_3 > 95\%$，$SiO_2 < 4\%$ 3. 卤水：密度 1.3～1.35 $kg \cdot L^{-1}$
	镁砂　68 氧化铁粉　25 脱水煤焦油　7	反射炉 烧结炉 底下层	
	镁砂　52 氧化铁粉　42 脱水煤焦油　6	反射炉 烧结料坡	
铬质捣打料	铬铁矿(0～3 mm)/体积比　90 氧化铁粉(0～3 mm)/体积比　5 NF－34 细粒粘土耐火泥/体积比　5 水玻璃(外加)/体积比　7.5	环形 加热炉炉 底砌体上	铬铁矿化学成分：$Cr_2O_3 > 35\%$， $SiO_2 < 8\%$， $CaO < 2\%$ 水玻璃密度：1.37 $kg \cdot L^{-1}$

Ⅰ-4 常用固体材料的重要性质

类别	名称	密度/kg·m^{-3}	导热系数/J·(m·s·℃)$^{-1}$	比热/kJ·(kg·℃)$^{-1}$
金属	钢	7850	45.36	0.46
	不锈钢	7900	17.45	0.50
	铸铁	7220	62.80	0.50
	铜	8800	383.79	0.41
	青铜	8000	63.97	0.38
	黄铜	8600	85.48	0.38
	铝	2670	203.52	0.92
	镍	9000	58.15	0.46
	铅	11400	34.89	0.13
塑料	酚醛	1250~1300	0.13~0.26	0.26~1.67
	脲醛	1400~1500	0.3	0.26~1.67
	聚氯乙烯	1380~1070	0.16	1.84
	聚苯乙烯	1050~1070	0.08	1.34
	低压聚乙烯	940	0.29	2.55
	高压聚乙烯	920	0.26	2.22
	有机玻璃	1180~1190	0.14~0.20	—
建筑材料、绝热材料、耐酸材料及其他	干砂	1500~1700	0.45~0.58	0.79
	粘土	1600~1800	0.46~0.53	0.75(-20~20℃)
	锅炉炉渣	700~1100	0.19~0.30	—
	粘土砖	1600~1900	0.46~0.67	0.92
	耐火砖	1840	1.05	0.88~1.00
	绝缘砖(多孔)	600~1400	0.16~0.37	—
	混泥土	2000~2400	1.28~1.55	0.84
	松木	500~600	0.07~0.10	2.72(0~100℃)
	软木	100~300	0.04~0.06	0.96
	石棉板	770	0.12	0.82
	石棉水泥板	1600~1900	0.35	—
	玻璃	2500	0.74	0.67
	耐酸陶瓷制品	2200~2300	0.93~1.05	0.75~0.79
	耐酸砖和板	2100~2400	—	—
	耐酸搪瓷	2300~2700	0.99~1.05	0.84~1.26
	橡胶	1200	0.16	1.38
	冰	900	2.32	2.11

Ⅰ－5 耐火浇注料的理化指标(GB3712－83)

分类		粘土耐火浇注料			水泥耐火浇注料							有机耐火浇注料			
					高铝水泥耐火浇注料						硅酸盐水泥耐火浇注料	硅酸盐耐火浇注料			水玻璃耐火浇注料
牌号		NL_2	NL_1	NN	G_3L	G_2L	G_2N	G_1L	G_1L_2	G_1N_1	GL	LL_2	LL_1	LN	BN
指标	Al_2O_3/%，≮	65	55	45	85	60	42	60	42	30	30	75	60	45	40
指标	耐火度/℃，≮	1730	1710	1690	1790	1690	1650	1690	1650	1610		1770	1730	1710	
指标	烧后线变化，保温 3 h，≯1% 的试验温度 ℃	1450	1350	1300	1500	1400	1350	1400	1350	1300	1200	1450	1450	1450	1000
指标 105～110 ℃，烘干后	耐压强度/MPa，≮	3	3	3	25	20	20	10	10	10	20	15	15	15	20
指标 105～110 ℃，烘干后	抗折强度//MPa，≮	0.5	0.5	0.5	5	4	4	3.5	3.5	3.5		3.5	3.5	3.5	
最高使用温度/℃		1450	1350	1300	1650	1400	1350	1400	1350	1300	1200	1600	1500	1450	1000

Ⅱ 燃料燃烧

Ⅱ－1 燃烧产物的平均比热及热含量的近似值

名称		温度/℃																			
		100	200	300	400	500	600	700	800	900	1000	1100	1200	1300	1400	1500	1600	1700	1800	1900	2000
比热	烟灰/ $kJ\cdot kg^{-1}\cdot ℃^{-1}$	0.762	0.795	0.829	0.862	0.896	0.929	0.963	0.992	1.022	1.047	1.068	1.089	1.105	1.118	1.130	1.143	1.151	1.160	1.168	1.172
比热	烟气/ $kJ\cdot m_{标}^{-3}\cdot ℃^{-1}$	1.424	1.424	-	1.457	-	1.491	-	1.520	-	1.545	-	1.566	-	1.591	-	1.616	-	1.641	-	1.666
热含量	烟灰/ $kJ\cdot kg^{-1}$	75.36	159.10	247.02	343.32	447.99	556.84	674.07	795.49	921.10	1046.7	1176.49	1306.28	1436.07	1565.86	1695.65	1829.63	1959.42	2089.21	2219	2344.61
热含量	烟气/ $kJ\cdot m_{标}^{-3}$	142.35	284.70	-	582.80	-	894.3	-	1215.85	-	1544.93	-	2046.51	-	2227.38	-	25856.77	-	2954.20	-	332.69

Ⅱ－2　常用气体的平均恒压比热（×4.187 kJ·m^{-3}·℃$^{-1}$）（标准状态）

℃	C_{CO_2}	C_{N_2}	C_{O_2}	C_{H_2O}	$C_{干空气}$	$C_{湿空气}$	C_{CO}	C_{H_2}	C_{H_2S}	C_{CH_4}	$C_{C_2H_4}$	$C_{产}$
0	0.3870	0.3103	0.3123	0.3562	0.3107	0.3164	0.311	0.305	0.362	0.374	0.422	0.340
100	0.4180	0.3108	0.3115	0.3587	0.3117	0.3174	0.311	0.308	0.368	0.395	0.503	0.340
200	0.4318	0.3112	0.3193	0.3624	0.3128	0.3186	0.313	0.310	0.376	0.422	0.556	0.340
300	0.4492	0.3124	0.3244	0.3673	0.3148	0.3207	0.315	0.311	0.384	0.452	0.604	0.344
400	0.4642	0.3146	0.3255	0.3724	0.3177	0.3237	0.318	0.311	0.393	0.483	0.650	0.344
500	0.4885	0.3175	0.3345	0.3781	0.3210	0.3271	0.325	0.312	0.402	0.512	0.691	0.352
600	0.4918	0.3205	0.3390	0.3840	0.3244	0.3305	0.325	0..313	0.411	0.542	0.728	0.350
700	0.5034	0.3237	0.3432	0.3902	0.3278	0.3340	0.328	0.314	0.420	0.569	0.726	0.360
800	0.5139	0.3268	0.3420	0.3965	0.3311	0.3374	0.332	0.315	0.428	0.596	0.762	0.363
900	0.5234	0.3300	0.3502	0.4028	0.3342	0.3406	0.335	0.316	0.437	0.620	0.824	0.366
1000	0.5318	0.3329	0.3535	0.4092	0.3372	0.3437	0.338	0.317	0.445	0.644	0.85 2	0.369
1100	0.5350	0.3357	0.3663	0.4155	0.3400	0.3466	0.341	0.319	0.452	0.665	—	0.372
1200	0.5566	0.3383	0.3588	0.4217	0.3426	0.3493	0.344	0.321	0.459	0.686	—	0.374
1300	0.5581	0.3413	0.3612	0.4277	0.3452	0.3520	0.346	0.323	0.465	—	—	0.377
1400	0.5590	0.3433	0.3635	0.4335	0.3475	0.3544	0.349	0.325	0.471	—	—	0.380
1500	0.5645	0.3456	0.3657	0.4392	0.3497	0.3567	0.351	0.327	0.477	—	—	0.383
1600	0.5696	0.3476	0.3678	0.4447	0.3518	03589	0.353	0.329	—	—	—	0.386
1700	0.5742	0.3493	0.3698	0.4500	0.3537	0.3609	0.355	0.331	—	—	—	0.389
1800	0.5786	0.3512	0.3716	0.4551	0.3556	0.3629	0.357	0.333	—	—	—	0.392
1900	0.5829	0.3530	0.3735	0.4598	0.3573	0.3647	0.358	0.334	—	—	—	0.395
2000	0.5864	0.3547	0.3753	0.4645	0..3590	0.3664	0.360	0.336	—	—	—	0.398
2100	0.5899	0.3562	0.3770	0.4689	0.3605	0.368o	0.361	0.338	—	—	—	—
2200	0.5932	0.3578	0.3786	0.4732	0.3624	0.3697	0.363	0.340	—	—	—	—
2300	0.5964	0.3590	0..3803	0.4773	D.3635	0.37	0.364	0.342	—	—	—	—
2400	0.5994	0.3603	0.3819	0.4812	0.3648	0.3725	0.365	0.344	—	—	—	—
2500	0.6022	0.3617	0.3835	0.4850	0.3664	0.3740	0.367	0.346	—	—	—	—

Ⅱ-3 烟气(CO_2=13%，H_2O=11%，N_2=76%)物理参数(101325 Pa)

温度/℃	P /$kg\cdot m^{-3}$	C_p /$kJ\cdot(kg\cdot℃)^{-1}$	$\lambda\cdot10^2$ /$W\cdot(m\cdot℃)^{-1}$	$a.102$ /$m^2\cdot h^{-1}$	$\mu\cdot10^5$ /$kg\cdot s\cdot m^{-2}$	$\nu\cdot10^6$ /$m^2\cdot s^{-1}$	P_r
0	1.295	1.043	2.28	6.08	1.609	12.20	0.72
100	0.950	1.068	3.13	11.10	2.079	21.54	0.69
200	0.748	1.097	4.01	17.60	2.497	32.80	0.67
300	0.617	1.122	4.84	25.16	2.878	45.81	0.65
400	0.525	1.151	5.70	33.94	3.230	60.38	0.64
500	0.457	1.185	6.56	43.61	3.553	76.30	0.63
600	0.405	1.214	7.42	54.32	3.860	93.61	0.62
700	0.363	1.239	8.27	66.17	4.148	112.1	0.61
800	0.3295	1.264	9.05	79.09	4.422	131.8	0.61
900	0.301	1.289	10.01	92.87	4.680	152.5	0.59
1000	0.275	1.306	10.90	109.21	4.930	174.3	0.58
1100	0.257	1.323	11.75	124.37	5.169	197.1	0.57
1200	0.240	1.340	12.62	141.27	5.402	221.0	0.56

Ⅱ-4 烟气的主要物理参数(101325 Pa)

温度/℃	平均比热/$kJ\cdot(m^3\cdot K)^{-1}$				热含量/$kJ\cdot m^{-3}$				导热系数λ /MJ·$(m\cdot h\cdot K)^{-1}$	运动粘度 $\nu\times10^6$ /$m^2\cdot s^{-1}$
	湿烟气	干烟气/%			湿烟气	干烟气/%				
		$12CO_2$ $8O_2$	$14CO_2$ $6O_2$	$16CO_2$ $4O_2$		$12CO_2$ $8O_2$	$14CO_2$ $6O_2$	$16CO_2$ $4O_2$		
0	1.424	1.3297	1.33641	1.3427	0	0	0	0	0.0821	12.2
100	1.424	1.3477	1.3557	1.3636	142.4	134.8	135.7	136.5	0.1126	21.5
200	1.424	1.3628	1.3720	1.3812	284.7	272.6	274.2	276.3	0.1444	32.8
300	1.440	1.3787	1.3892	1.3992	432.1	414.1	416.6	419.9	0.1742	45.8
400	1.457	1.4047	1.4076	1.4185	582.8	558.5	563.1	567.3	0.2052	60.6
500	1.474	1.4143	1.4260	1.4382	736.9	707.2	713.0	719.3	0.2361	76.3
600	1.491	1.4206	1.4436	1.4562	894.3	858.3	866.2	873.8	0.2671	93.6
700	1.507	1.4499	1.4633	1.4763	1055.1	1014.9	1024.5	1033.3	0.2977	112.1
800	1.520	1.4666	1.4805	1.4927	1215.8	1173.1	1184.4	1195.3	0.3295	131.7
900	1.532	1.4830	1.4972	1.5114	1379.1	1334.8	1347.3	1360.3	0.3475	152.5
1000	1.545	1.4976	1.5123	1.5269	1544.9	1497.6	1512.3	1526.9	0.3726	174.2
1100	1.557	1.5119	1.5269	1.5420	1712.2	1663.0	1679.4	1096.1	0.3977	197.1
1200	1.560	1.5261	1.5412	1.5567	2046.5	1831.3	1849.3	1868.2	0.4543	221.0
1300	1.578	1.5386	1.5541	1.5696	2052.0	2000.5	2020.5	2040.6	0.4857	245.0
1400	1.591	1.5500	1.5659	1.5818	2227.4	2170.0	2192.2	2214.4	0.5192	272.0
1500	1.604	1.5613	1.5776	1.5935	2405.3	2340.4	2365.5	2390.7	0.5527	297.0

Ⅱ-5 各种不同发热量燃料燃烧需要的理论空气量和烟气量

燃料种类	发热量/kJ·(kg·m³)⁻¹	空气量/m³·(kg·m³)⁻¹	烟气量/m³·(kg·m³)⁻¹
固体燃料（湿）	12560	3.54	4.25
	16747	4.54	5.18
	20934	5.55	6.10
	25121	6.56	7.02
	29308	7.58	7.94
	33494	8.59	8.86
石油	40193	10.20	10.90
发生炉煤气(干)	4605	0.97	1.84
	5024	1.05	1.90
	5443	1.13	1.97
	5862	1.21	2.03
	6280	1.29	2.10
高炉煤气	3768	0.714	1.56
	4187	0.792	1.62
	4605	0.871	1.69
焦炉、高炉混合煤气	5862	1.23	2.05
	7536	1.67	2.47
	9211	2.11	2.90
	10886	2.55	3.32
水煤气	11242	2.35	2.90

Ⅱ-6　空气及煤气的饱和水蒸气含量(101325 Pa)

温度/℃	蒸汽压力/kPa	含水汽量				温度/℃	蒸汽压力/kPa	含水汽量			
		质量/g·m^{-3}		气体百分数/%				质量/g·m^{-3}		气体百分数/%	
		对干气体	对湿气体	对干气体	对湿气体			对干气体	对湿气体	对干气体	对湿气体
-20	0.103	0.82	0.81	0.102	0.101	24	2.983	24.4	23.6	3.04	2.94
-15	0.165	1.32	1.31	0.164	0.163	25	3.167	26.0	25.1	3.24	3.13
-10	0.262	2.07	2.05	0.257	0.256	26	3.360	27.6	26.7	3.43	3.32
-8	0.309	2.46	2.45	0.306	0.305	27	3.564	29.3	28.3	3.65	3.52
-6	0.368	2.85	2.84	0.364	0.353	28	3.779	31.2	30.0	3.88	3.73
-5	0.401	3.19	3.18	0.367	0.3 95	29	3.999	33.1	31.8	4.12	3.95
-4	0.346	3.48	3.46	0.432	0.430	30	4.242	35.1	33.7	4.37	4.19
-3	0.475	3.79	3.77	0 471	O.4590	31	4.493	37.1	35.6	4.65	4.44
-2	0.517	4.12	4.10	0.512	0.510	32	4.754	39.6	37.7	4.93	4.69
-1	0.562	4.49	4.46	0.558	0. 555	33	5.035	42.0	39.9	5.21	4.96
0	0.610	4.87	4.84	0.605	0.602	34	5.319	44.5	42.2	5.54	5.25
1	0.657	5.24	5.21	0.652	0.648	35	5.623	47.3	44.6	5.89	5.56
2	0.700	5.64	5.60	0.701	0.697	36	5.940	50..1	47.1	6.23	5.86
3	0.756	6.05	6.01	0.753	0.748	37	6.275	53.1	49.8	6.60	6.20
4	0.813	6.51	6.46	0.810	0.804	38	6.624	55.3	52.7	7.00	6.55
5	0.872	6.97	6.91	0.868	0.860	39	6.991	59.6	.55.4	7.40	6.90
6	0.935	7.48	7.42	0.930	0.922	40	7.375	63.1	58.5	7.85	7.27
7	1.001	8.02	7.94	0.998	0.998	42	8.199	70.8	65.0	8.8	8.1
8	1.072	8.59	8.52	1.070	1.060	44	9.100	79.3	72.2	9.9	9.0
9	1.147	9.17	9.10	1.140	1.130	46	10.085	88.8	80.0	11.0	9.9
10	1.227	9.81	9.73	1.220	1.210	48	11.164	99.5	88.5	12.40	11.0
11	1.312	10.50	10.40	1.310	1.290	50	12.0330	111.4	97.9	13.85	12.18
12	1.402	11.2	11.1	1.40	1.38	52	13.610	125.0	108.0	15.60	13.5
13	1.479	12.1	11.99	1..50	1.48	54	15.004	140.0	119.0	17.40	14 80
14	1.599	12.9	12.7	1.60	1.58	56	16.501	15 6.0	131.0	19.60	16.40
15	1.705	13.7	13.5	1.71	1.68	60	19.920	196.0	158.0	24.50	19.70
16	1.817	14.6	14.4	1.82	1.79	65	24.500	265.0	199.0	32.80	24.70
17	2.071	15.7	15.5	1.95	1.93	70	31.160	361.0	249.0	44.90	31.60
18	2.063	16.7	16.4	2.08	2.04	75	38.542	499.0	308.0	62.90	39.90
19	2.179	17.8	17.4	2.22	2.17	80	47.342	715.0	379.0	89.10	47.10
20	2.338	19.0	18.5	2.36	2.30	85	57.810	1061.0	463.0	135.80	5 .00
21	2.486	20.2	19.7	2.52	2.46	90	70.100	1870.0	563.0	233.00	70.00
22	2.643	21..5	21.0	2.68	2.51	95	83.431	404.0	679.0	545.00	84.50
23	2.809	22.9	22.3	2.86	2.78	100	101.323	无穷大	816.0	无穷大	100.00

Ⅱ-7 燃料在空气中的着火温度和燃气空气混合物的着火浓度

燃料种类及名称		着火温度/℃		着火浓度极限/%	
		最低	最高	上限	下限
固体燃料	木材	250	350	–	–
	烟煤	400	500	–	–
	无烟煤	600	700	–	–
	褐煤	250	450	–	–
	泥煤	225	280	–	–
	木炭	350	–	–	–
	焦炭	700	–	–	–
液体燃料	汽油	415	–	–	–
	煤油	604	609	–	–
	重油	580	–	–	–
	石油	531	590	–	–
	苯	730	–	–	–
气体燃料	氢气(H_2)	550	609	1.0~9.5	65.0~75.0
	一氧化碳(CO)	630	672	12.0~15.6	70.9~75.0
	甲烷(CH_4)	800	850	4.9~6.3	11.9~15.4
	乙烷(C_2H_6)	540	594	3.1	12.5
	丙烷(C_3H_8)	525	583	2.0	9.5
	丁烷(C_4H_{10})	490	569	1.93	8.4
	乙烯(C_2H_4)	540	550	3.0	28.6
	乙炔(C_2H_2)	335	500	2.5	80.0
	焦炉煤气	556	650	5.6~5.8	28.0~30.8
	发生炉煤气	700	800	20.7	77.4
	高炉煤气	700	800	35.0~40.0	56.0~73.5
	天然气	750	850	5.1~5.8	12.1~13.9

Ⅱ-8 燃烧反应的热反应(标准状态)

序号	反应式	分子量	反应前后状态	反应热/kJ			
				反应前的物质			燃烧产物
				1 kmol	1 kg	1 m^3	1 m^3
1	$C+O_2=CO_2$	12+32=44	s	408841	34072	–	18250
2	$C+0.5O_2=CO$	12+16=28	s	125478	10459	–	5602
3	$CO+0.5O_2=CO_2$	28+16=44	g	283363	10119	12648	12648
4	$S+O_2=SO_2$	32+32=64	s	296886	9278	–	13255
5	$H_2+0.5O_2=H_2O(l)$ $H_2+0.5O_2=H_2O(g)$	2+16=18	g	286210 242039	143105 121019	12778 10806	– 10806
6	$H_2O(g)\rightarrow H_2O(l)$	18	g	44171	2453	1972	–
7	$H_2S+1.5O_2=SO_2+H_2O(l)$ $H_2S+1.5O_2=SO_2+H_2O(g)$	34+48=64+18	g	563166 578996	16563 15265	25142 23170	– 11585
8	$CH_4+2O_2=CO_2+2H_2O(l)$ $CH_4+2O_2=CO_2+2H_2O(g)$	16+64=44+36	g	893882 805540	55869 50346	39904 35960	– 11987
9	$C_2H_4+3O_2=2CO_2+2H_2O(l)$ $C_2H_4+3O_2=2CO_2+2H_2O(g)$	28+95=88+36	g	1428117 1339776	51004 47851	64008 59813	– 14955
10	$C_2H_6+3.5O_2=2CO_2+3H_2O(l)$ $C_2H_6+3.5O_2=2CO_2+3H_2O(g)$	30+112=88+54	g	1558745 1426233	51958 47541	69585 63673	– 12736
11	$C_3H_6+4.5O_2=3CO_2+3H_2O(l)$ $C_3H_6+4.5O_2=3CO_2+3H_2O(g)$	42+144=132+54	l	2052369 1919857	48864 45711	– —	– 14285
12	$C_3H_6+4.5O_2=3CO_2+3H_2O(l)$ $C_3H_6+4.5O_2=3CO_2+3H_2O(g)$	42+144=132+54	g	2080002 1947490	49526 46369	92855 86939	— 14491
13	$C_3H_8+5O_2=3CO_2+4H_2O(l)$ $C_3H_8+5O_2=3CO_2+4H_2O(g)$	44+160=132+72	g	2203513 201385	50078 46151	98369 90485	– 12933
14	$C_4H_8+6.5O_2=4CO_2+4H_2O(l)$ $C_4H_8+6.5O_2=4CO_2+4H_2O(g)$	56+192=176+72	g	2709697 2533014	48387 45230	120969 113383	– 14172
15	$C_4H_{10}+6.5O_2=4CO_2+5H_2O(l)$ $C_4H_{10}+6.5O_2=4CO_2+5H_2O(g)$	58+208=176+90	g	2861259 260405	49333 45523	128070 117875	– 13084
16	$C_5H_{10}+7.5O_2=5CO_2+5H_2O(l)$ $C_5H_{10}+7.5O_2=5CO_2+5H_2O(g)$	70+240=222+90	l	3332693 3111839	47608 44555	– —	– 13892
17	$C_5H_{10}+7.5O_2=5CO_2+5H_2O(l)$ $C_5H_{10}+7.5O_2=5CO_2+5H_2O(g)$	70+240=222+90	g	3364512 3143659	48064 44903	150034 140375	– 14038
18	$C_6H_6+7.5O_2=6CO_2+3H_2O(l)$ $C_6H_6+7.5O_2=6CO_2+3H_2O(g)$	78+240=264+54	l	3405543 3147427	43689 40352	– —	– 15613
19	$C_6H_6+7.5O_2=6CO_2+3H_2O(l)$ $C_6H_6+7.5O_2=6CO_2+3H_2O(g)$	78+240=264+54	g	3295844 3163127	41964 40553	147296 141221	– 15692

Ⅱ－9　几种主要燃料的特性

	燃料种类	燃料成分 固体、液体燃料%（质量），气体燃料%（体积）											发热量/kJ·(kg·m³)⁻¹	空气量/m³	废气量/m³	空气成分/%				废气理论热含量/kJ·m⁻³
		H_2	CO	CH_4	C_2H_4	C	S	CO_2	H_2O	N_2	O_2	H_2S				CO_2	H_2O	N_2	SO_2	
气体	高炉煤气	3.3	27.4	0.9	–	–	–	10.0	–	58.4	–	–	4174	0.82	1.67	23.0	3.0	74.0	–	2500
	焦炉煤气	50.8	5.4	26.5	1.7	–	–	2.3	0.4	11.9	1.0	–	16663	4.06	4.82	7.9	22.1	70.0	–	3458
	空气发生炉煤气	0.9	33.4	0.5	–	–	–	0.6	–	64.2	–	4605	0.893	1.71	20.1	1.3	78.4	0.20	2692	
	水煤气	50.0	40.0	0.5	–	–	–	4.5	–	5.0	–	–	10660	2.19	2.74	16.6	18.6	65.0	–	3852
	混合发生炉煤气：																			
	用无烟煤作原料	13.5	27.5	0.5	–	–	–	5.5	–	52.6	0.2	0.2	5150	1.03	1.82	18.4	8.1	73.4	0.1	2830
	用气煤作原料	13.5	26.5	2.3	–0.3	–	–	5.0	–	51.9	0.2	0.3	5862	1.23	2.03	16.9	9.45	73.5	0.15	2889
	用褐煤作原料	14.0	25.0	2.2	0.4	–	–	6.5	–	50.5	0.2	1.2	5903	1.27	2.07	16.7	9.9	72.8	0.6	2847
	天然煤气	2.0	0.6	93.0	0.4	–	–	0.3	–	3.0	0.5	0.2	3422	8.98	9.93	9.54	19.03	71.4	0.03	3429
液体	重油（低硫）10号	12.3	–	–	–	85.6	0.5	–	1.0	–	0.5	–	41701	10.9	11.6	13.7	11.95	74.32	0.03	3596
	重油（低硫）20号	11.5	–	–	–	85.3	0.6	–	2.0	–	0.5	–	40738	10.64	11.32	14.08	11.62	74.26	0.04	3601
	重油（低硫）40号	10.5	–	–	–	85.0	0.6	–	3.0	–	0.7	–	39649	10.37	11.01	14.42	11.02	74.52	0.04	2601
	重油（低硫）80号	10.2	–	–	–	84.0	0.7	–	4.0	–	0.8	–	39398	10.18	10.82	14.52	11.02	74.41	0.05	3638
	含硫重油10号	11.5	–	–	–	84.2	2.5	–	1.0	–	0.7	–	40486	10.54	11.27	14.02	11.60	74.23	0.15	3596
	含硫重油20号	11.3	–	–	–	83.1	2.9	–	2.0	–	0.5	–	40068	10.40	11.08	14.03	11.65	74.12	0.20	3622
	含硫重油40号	10.6	–	–	–	82.6	3.1	–	3.0	–	0.4	–	39230	10.16	10.84	14.34	11.30	74.16	0.20	3617
固体	焦炭	–	–	–	–	81.0	1.7	–	7.3	–	–	–	27633	7.24	7.32	2.5	1.3	78.10	0.1	3776
	无烟煤	1.8	–	–	–	86.3	1.9	–	3.5	–	1.7	–	31401	7.28	7.62	21.0	3.0	75.9	0.1	4120
	气煤	4.6	–	–	–	68.9	2.0	–	6.7	–	9.2	–	27549	7.1	7.48	17.1	8.0	74.8	0.1	3684
	褐煤	3.0	–	–	–	62.0	–	–	21.0	–	18.0	–	17166	4.9	5.2	19.0	6.5	74.5	–	3308
	木柴	4.5	–	–	–	40.0	–	–	22.0	–	32.5	–	–	3.8	4.5	16.6	16.0	67.4	–	2889
	泥煤	3.7	–	–	–	35.7	–	–	29.0	–	23.8	–	–	3.52	4.2	16.0	17.1	66.9	–	2742

Ⅲ 环境卫生及安全的有关数据

Ⅲ-1 作业地带空气中粉尘的最高容许浓度

物质名称	最高容许浓度 /mg·m^{-3}	物质名称	最高容许浓度 /mg·m^{-3}
1. 矿物粉尘		氧化镉	0.1
含有10%以上的游离二氧化硅的粉尘	2	钍	0.05
石棉粉生及含有10%以上石棉粉尘	2	五氧化二钒烟	0.1
含有10%以下游离二氧化硅的滑石粉尘	4	五氧化二钒粉尘	0.5
含有10%以下游离二氧化硅的水泥粉尘	6	钒铁合金	1
含有10%以下游离二氧化硅的煤尘	10	硫化铅	0.5
其他各种粉尘	10	碱性气溶胶(换算成NaOH)	0.5
2. 金属、非金属及其化合物		铅及其无机化合物	0.01
二氧化锡	0.1	铍及其化合物	0.001
三氧化二砷及五氧化二砷	0.3	铀(可溶性化合物)	0.015
三氧化铬、铬酸盐,重铬酸盐(换算成Cr_2O_3)	0.1	铀(不溶性化合物)	0.075
升 汞	0.1	钼(可溶性化合物)	4
氧化锌	7	钼(不溶性化合物)	6
铝、氧化铝、铝合金	2	锰及其化合物(换算成MnO_2)	0.3
钨及碳化钨	0.1		

Ⅲ-2 气体和蒸气爆炸浓度极限

物质名称	对空气而言的密度	闪点/℃	在空气中爆炸浓度极限			
			按容积计/%		按浓度计×10^3/mg·m^{-3}	
			上限	下限	上限	下限
甲烷	0.55	–	2.50	15.4	16.7	103
乙烷	1.04	–	2.50	15.4	31.2	187
丙烷	1.52	–	2.00	9.5	36.6	174
丁烷	2.01	–	1.55	8.50	37.4	202
乙烯	0.97	–	2.75	35.0	35.0	406
丙烯	1.41	–	2.00	11.1	34.8	169
丁烯	1.93	–	1.70	9.0	39.5	209
苯	2.72	–15 ~ +10	1.30	9.5	42.0	308
萘	4.49	+80	0.44	–	23.5	–
甲醇	1.11	–1 ~ +32	3.50	38.5	46.2	512
乙醇	1.59	+9 ~ +32	2.60	19.0	50.0	363

续表Ⅲ-2

物质名称	对空气而言的密度	闪点/℃	在空气中爆炸浓度极限			
			按容积计/%		按浓度计 $\times 10^3$/mg·m^{-3}	
			上限	下限	上限	下限
丙醇	2.20	+22 ~ +45	2.55	9.2	63.7	230
乙醛	1.50	-27	3.97	57.0	72.6	1040
丙酮	2.00	-20	1.60	13.0	38.6	314
莰酮(樟脑)	5.25	-	0.61	3.5	38.0	213
乙醚	2.60	-41 ~ -20	1.20	51.0	38.6	1580
乙酸(醋酸)	2.07	+38	3.10	12.0	76.0	284
汽油(沸度105 ℃)	-	-	2.40	4.9	137	281
汽油(沸度64 ~ 94 ℃)	-	-	1.90	5.1	-	-
汽油	-	+30	1.00	6.0	37.2	223
粗汽油	-	+8	1.40	6.1	-	-
煤油	-	+28	1.10	7.0	-	-
石油汽	-	-	3.20	13.6	-	-
松节油	-	+30	0.73	-	41.3	-
氨	0.59	-	15.50	27.0	112.0	189
氰	1.79	-	6.60	42.6	-	-
二硫化碳	-	-	1.00	5.0	31.5	158
硫化氢	1.19	-	4.30	44.5	61.0	628
氢	0.07	-	4.00	80.0	3.4	66.4
一氧化碳	0.96	-	12.50	80.0	14.5	928
纯水煤气	0.80	-	4.00	80.0	38.0	76.0
水煤气	0.54	-	12.00	66.0	81.5	424
发生炉煤气	2.90	-	20.70	73.7	221	785
高炉煤气	-	-	35.00	74.0	315	666
照明用煤气	0.5	-	8.00	24.5	47.5	145
石油煤气	-	-	3.20	13.6	-	-
二氰	1.8	-	6.60	42.6	-	-
天然煤气	-	-	4.80	13.5	24.0	67.5

主要参考文献

[1] 赵天从. 重金属冶金学(上、下册). 北京: 冶金工业出版社, 1981, 12
[2] 梅 炽. 有色冶金炉. 北京: 冶金工业出版社, 1994. 6
[3] 刘人达. 冶金炉热工基础. 北京: 冶金工业出版社, 1980. 7
[4] 刘士星. 化工原理. 北京: 中国科学技术出版社, 1994. 6
[5] 孙佩极. 冶金化工过程及设备. 北京: 冶金工业出版社, 1980. 12
[6] 陈文修等. 有色金属提取冶金手册·现代化设备. 北京: 冶金工业出版社, 1980. 12
[7] 梅 炽. 有色冶金炉设计手册. 北京: 冶金工业出版社, 2000. 9
[8] 《有色金属冶炼设备》编委会. 火法冶金设备(《有色金属冶炼设备》第一卷). 北京: 冶金工业出版社, 1993. 12
[9] 《铜铅锌冶炼设计参考资料》编写组. 铜铅锌冶炼设计参考资料(上、中、下册). 北京: 冶金工业出版社, 1978. 7
[10] 任鸿九等. 有色金属熔池熔炼. 北京: 冶金工业出版社, 2001. 12
[11] 谭牧田. 氧气转炉炼钢设备. 北京: 机械工业出版社, 1983
[12] 丁永昌. 特种熔炼. 北京: 冶金工业出版社, 1995
[13] 罗吉敖. 炼铁学. 北京: 冶金工业出版社, 1996. 5
[14] 陈家祥. 钢铁冶金学(炼钢部分). 北京: 冶金工业出版社, 1990
[15] 邱竹贤. 预焙槽炼铝. 北京: 冶金工业出版社, 1980. 6
[16] 邱竹贤. 铝电解. 北京: 冶金工业出版社, 1982. 6
[17] 徐日瑶. 有色金属提取冶金手册·镁. 北京: 冶金工业出版社, 1992. 12